电工1000个怎么办系列书

建筑电工
1000个怎么办

阳鸿钧 等 编著

中国电力出版社
CHINA ELECTRIC POWER PRESS

内 容 提 要

 本书就建筑电工在实际工作中经常遇到的基础概念、知识和技术难点进行了全面、翔实的解答，内容涉及建筑施工基础知识、现场临时用电的相关知识，建筑电气安装的实际技能、安全技能。同时还介绍了建筑电工识图方法、建筑电气的设计方法与特点。附录的1000道试题是建筑电工需要掌握的通用知识点，同时也为建筑电工入职考试、继续教育，以及在工作中巩固知识提供帮助。

 本书编写既注重基础夯实，又注重实际一线工作技巧、方法的训练，保证不同层次的建筑电工全面提升技能水平，更迅速地适应工作环境的需要。

 本书可供从事建筑电气施工的技术人员、建筑电工自学或培训使用，也可供中、高等院校相关专业的师生参考。

图书在版编目（CIP）数据

 建筑电工1000个怎么办/阳鸿钧等编著. —北京：中国电力出版社，2015.8

 （电工1000个怎么办系列书）

 ISBN 978 - 7 - 5123 - 7789 - 9

 Ⅰ. ①建… Ⅱ. ①阳… Ⅲ. ①建筑工程-电工技术-问题解答 Ⅳ. ①TU85 - 44

 中国版本图书馆 CIP 数据核字（2015）第 105598 号

中国电力出版社出版、发行

（北京市东城区北京站西街 19 号 100005 http://www.cepp.sgcc.com.cn）

北京丰源印刷厂印刷

各地新华书店经售

*

2015 年 8 月第一版 2015 年 8 月北京第一次印刷

850 毫米×1168 毫米 32 开本 20 印张 657 千字

印数 0001—3000 册 定价 **45.00** 元

前言 Preface

　　建筑的开发与建设，离不开建筑电工。建筑电工既需要为现场施工提供用电安全与保障，也会涉及一些建筑主体建设中的电气有关敷设，以及建筑主体竣工后的一些安装等工作。因此，建筑电工的地位在建筑开发与建设的前期、中期、后期都是不可忽略的。为此，加强建筑电工知识的学习与解决学习中的疑问是很有必要的。

　　基于此，我们编写了《建筑电工1000个怎么办》。

　　全书共分为9章。具体内容包括：建筑基础知识、电工基础、建筑电工常识、建筑电工用材用具与设备电器、建筑电气设计、建筑电工识图、安装与检查、施工现场临时用电、电工安全。

　　本书实用性强，学习性强，查阅方便。

　　本书的编写得到了许多同行、朋友及有关单位的帮助，在此深表谢意。

　　本书在编写过程中参阅了一些珍贵的资料和文献，因暂时未能查找到出处，未一一列出，期待再版时完善，同时向这些资料和文献的作者表示由衷的感谢。

　　由于编者的经验和水平有限，书中难免有不尽如人意之处，愿广大读者批评指正。

编　者

2015 年 7 月

电工1000个怎么办系列书

建筑电工1000个**怎么办?**

目 录 Contents

第2章 电工基础

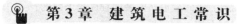

第3章 建筑电工常识

第4章 建筑电工用材用具与设备电器

第5章 建筑电气设计

第6章 建筑电工识图

第7章 安装与检查

第8章　施工现场临时用电

第9章 电 工 安 全

電工1000个怎么办系列书

建筑电工1000个怎么办？

第1章 Chapter1

建筑基础知识

1-1　什么是建筑？它有什么特点？

答　建筑也称为建筑物，是指用建筑材料构筑的一定空间与实体，可以供人们居住、进行各种活动的一种场所。建筑包括住房、宫殿、寺庙、写字楼等场所。

建筑具有功能变异性、产权边界复杂性、不可位移性等特点。

1-2　建筑功能是什么？具体有哪些功能？

答　建筑功能是指建筑物在物质、精神方面必须满足的使用要求，不同的建筑功能会产生不同的建筑类型。建筑功能的一些要求如下：

（1）使用要求。不同类型的建筑具有不同的使用要求。例如，交通建筑要求人流线路流畅，观演建筑要求有良好的视听环境，工业建筑要求符合生产工艺流程。

（2）空间要求。建筑必须满足人体尺度与人体活动所需要的空间尺度。

（3）人的生理要求。建筑必须满足人的生理要求，如要求建筑具有良好的朝向、保温隔热、隔声、防潮、防水、采光、通风、必要的水电需求等。

1-3　建筑的物质技术条件有哪些？

答　建筑技术是建造房屋的手段，建筑不可能脱离技术而存在。

建筑技术包括建筑材料与制品技术、结构技术、施工技术、设备技术等。其中，材料是物质基础，结构是构成建筑的空间骨架，施工技术是实现建筑的生产过程与方法，设备是改善建筑环境的技术条件。

1-4　建筑形象的因素有哪些？

答　构成建筑形象的因素有建筑的体型、光影变化、材料的质感与色彩、内外部空间的组合、立面构图、细部与重点装饰处理等。

1-5　建筑物与构筑物有哪些区别？

答　建筑物是用建筑材料构筑的空间与实体，供人们居住与进行各种活动的场所。构筑物是不具备、不包含或不提供人类居住功能的人工建造物，如水塔、澄清池、水池、烟囱、过滤池、沼气池、堤坝等。

许多情况下，建筑物与构筑物是相对而言的。同样是固定人造物，建筑物侧重于其具备的审美形象或者围合了可使用的空间，也就是强调其相对直接地被人观赏或进入活动。构筑物偏指其他为了满足某种使用需求、相对间接地为人服务的固定人造物。

在水利水电工程中就江河、渠道上的所有建造物都称为建筑物，如水工建筑物。

1-6 建筑有哪些类型？

答 建筑的类型见表 1-1。

表 1-1   建 筑 的 类 型

依据	类型	解 说
使用情况	居住建筑	居住建筑包括住宅、宿舍、公寓等
	公共建筑	公共建筑主要是指提供人们进行各种社会活动的一种建筑物。公共建筑包括以下 13 个方面。 （1）行政办公建筑。例如，机关、企业单位的办公楼等。 （2）文教建筑。例如，学校、图书馆、文化宫、文化中心等。 （3）托教建筑。例如，托儿所、幼儿园等。 （4）科研建筑。例如，研究所、科学实验楼等。 （5）医疗建筑。例如，医院、诊所、疗养院等。 （6）商业建筑。例如，商店、商场、购物中心、超级市场等。 （7）观览建筑。例如，电影院、剧院、音乐厅、影城、会展中心、展览馆、博物馆等。 （8）体育建筑。例如，体育馆、体育场、健身房等。 （9）旅馆建筑。例如，旅馆、宾馆、度假村、招待所等。 （10）交通建筑。例如，航空港、火车站、汽车站、地铁站、水路客运站等。 （11）通信广播建筑。例如，电信楼、广播电视台、邮电局等。 （12）园林建筑。例如，公园、动物园、植物园、亭台楼榭等。 （13）纪念性建筑。例如，纪念堂、纪念碑、陵园等

续表

依据	类型	解　说
使用情况	工业建筑	建筑物根据其使用性质，一般可以分为生产性建筑、非生产性建筑（也就是民用建筑）两大类。工业建筑属于生产性建筑。工业建筑包含各种生产与生产辅助用房。生产辅助用房包括仓库、动力设施等
	农业建筑	农业建筑包括饲养牲畜、储存农具、农产品、农业机械用房等
层数	非高层	非高层建筑为建筑物总高度 24m 以下，包括低层、多层、中高层建筑物。工业建筑也有单层、多层、单层多层混合的类型
	高层	高层建筑为建筑物两层以上，高度 24m 以上，包括 10 层以上的建筑
规模	大量性建筑	大量性建筑是指量大面广，与人们生活密切相关的建筑。例如，住宅、学校、商店、医院等
	大型性建筑	大型性建筑是指规模宏大的建筑。例如，大型办公楼、大型体育馆、大型剧院、大型火车站等。大型性建筑规模巨大，耗资大，不可能到处都修建。大型性建筑与大量性建筑比较，其具有修建量有限性、一个国家或一个地区代表性，对城市的面貌影响较大
承重构件（指墙、柱、楼板、屋顶等）采用的材料	砖木结构	砖木结构耐火性能差、耗费木材多。目前，已经很少采用
	砖混结构	砖混结构多用于层数不多（一般六层或六层以下）的民用建筑及小型工业厂房中
	钢筋混凝土结构	钢筋混凝土结构形式普遍应用于单层或多层工业建筑、大型公共建筑、高层建筑中
	钢结构	钢结构类型多用于某些工业建筑、高层、大空间、大跨的民用建筑中

依据	类型	解　说
建筑物承重结构体系类型	墙承重的梁板结构建筑	墙承重的梁板结构建筑是以墙、梁板为主要承重构件，同时又是组成建筑空间的围护构件的结构形成的一种建筑。砖混结构建筑、装配式板材结构建筑均为该种结构形式的建筑
	骨架结构建筑	骨架结构建筑是用梁、柱、基础组成的结构体系来承受屋面、楼面传递的荷载的建筑。骨架结构建筑的墙体仅起围护与分隔建筑空间的作用。常用的骨架结构形式主要有以下两种。 　　(1) 门架。门架又称为刚架，是用柱与横梁组成门字形的平面构成，通过纵向与横梁组成门字形的平面构成，通过纵向梁把一个个门架联成三度空间的建筑。 　　(2) 框架。框架是由梁、柱构成。框架与框架间用联系梁连成三度空间，该种结构形式常用钢或钢筋混凝土结构，一般多用于多层与高层建筑。层数不多而内部要求有较大空间的建筑(如食堂、商场等)，可用由外墙与内部钢筋混凝土梁柱共同构成的结构体系。该种结构类型称作内骨架结构建筑
	剪力墙结构	剪力墙结构是把建筑物的墙体(包括内墙、外墙)，做成可抗剪力的剪力墙，作为抗侧向力(地震力、风力)以及能够承受与传递竖向荷载的构件。剪力墙一般采用钢筋混凝土墙。该种结构类型常用在横墙有规律布置的高层建筑中
	大跨度结构建筑	大跨度结构建筑是横向跨越 30m 以上空间的各类结构形成的一种建筑。其结构类型有：折板、壳体、网架、悬索、充气、篷帐张力结构等。该结构类型一般用于民用建筑中的影剧院、体育馆、航空港候机大厅、其他大型公共建筑、工业建筑中的大跨度厂房、飞机装配车间等建筑

依据	类型	解　说
施工方法	现浇现砌式建筑	现浇现砌式建筑物的主要承重构件均是在施工现场浇筑与砌筑而成的
	预制装配式建筑	预制装配式建筑物的主要承重构件是在加工厂制成预制构件，在施工现场进行装配而成的
	部分现浇现砌、部分装配式建筑	部分现浇现砌、部分装配式建筑物是一部分构件（如墙体）在施工现场浇筑或砌筑而成，一部分构件（如楼板、楼梯）则采用在加工厂制成的一种预制构件

1-7　土建工程分为哪些类型？

答　根据建筑工程的结构、高度、跨度、施工技术复杂程度，土建工程可以划分如下几类：

（1）一类建筑工程。一般土建工程符合下列条件之一者，属于一类建筑工程。

1）钢网架屋盖工程，或者升板结构楼盖工程。

2）设有双层吊车，或者吊车起重能力在 50t 以上的工业厂房。

3）单位工程建筑面积在 1 万 m² 以上的建筑物。

4）十二层（根据能够计算建筑面积的）以上的，或者檐口高度在 36m 以上的多层建筑。

5）跨度在 24m 以上，或者檐口高度在 18m 以上的单层建筑。

6）钢及钢筋混凝土结构，高度在 500m 以上，或者直径（其他形状为最小边长）在 20m 以上的构筑物。

7）外墙为曲线型，或者为其他复杂形状，其工程量占整个外墙工程量的 30% 以上者，以及檐口高度在 30m 以上的多层建筑物。

8）砖石或砖混结构，高度在 60m 以上者，或者直径（其他形状为最小边长）在 20m 以上的构筑物。

9）钢或钢筋混凝土结构，形状复杂（如球形、椭圆形、双曲线形、圆锥形等）的构筑物与设备基础。

土建构件的专业吊装及打桩工程，凡符合下列条件之一者属于一类建筑工程。

1）跨度在 30m 以上的钢筋混凝土屋架的吊装。

2）跨度在 36m 以上的钢屋架的吊装。

3）柱顶标高在 25m 以上的构件吊装。

4）单根桩重量在 20t 以上的柱吊装。

5）断面周长为 1.6m 以上的预制方桩。

6）预应力空心管桩及各类特种桩。

7）夯击能为 200t·m 以上的强夯地基工程。

8）直径为 600mm 以上的，并且以卵石层、微风化层为持力层的机械钻孔桩。

9）挖孔深度为 20m 以上的人工挖孔桩，或者孔径为 1.4m 以下，孔深 10m 以上的人工挖孔桩。

（2）二类建筑工程。一般土建工程凡达不到一类工程标准，符合下列条件之一者属于二类建筑工程。

1）九层到十二层，或者檐口高度在 26m 以上到 36m 的多层建筑物。

2）跨度在 18m 以上到 24m，或者檐口高度在 12m 以上到 18m 的单层建筑。

3）没有吊车，其起重能力为 30t 以上到 50t 的工业厂房。

4）单位工程建筑面积在 6000m² 以上到 10 000m² 的建筑物。

5）钢筋混凝土结构的储仓、囤仓、江边钢筋混凝土水泵房。

6）钢筋混凝土各种形式的支架、栈桥、微波塔。

7）外墙为曲线形或为其他复杂形状，其工程量占整个外墙工程量的 15% 以上者，并且檐口高度在 20m 以上的多层建筑物。

8）钢及钢筋混凝土结构，高度在 45m 以上到 50m，或者直径（其他形状为最小边长）12m 以上到 20m 的构筑物。

9）砖石或砖混结构，高度在 45m 以上到 60m，或者直径（其他形状为最小边长）12m 以上到 20m 的构筑物。

10）一级施工企业总包的大型、中型工业建设项目的生产性建筑物，或者构筑物中有低于二类工程标准的单位工程根据二类工程计费。

11）钢结构工程（不含钢网架），或者有后张法预应力，后张自锚法预应力结构，其面积占整个面积的 50% 以上的工程。大板或框架轻板工程，内浇外挂、内浇外砌工程或全部现浇钢筋混凝土剪力墙工程，六层以上的钢筋混凝土框架结构工程。

土建构件的专业吊装及打桩工程，凡达不到一类工程标准，符合下列条件之一者属于二类工程。

1) 直径在 600mm 以内的机械钻孔桩。

2) 断面周长为 1.6m 以下的预制方桩。

3) 跨度在 24m 以上到 30m 的钢筋混凝土屋架的吊装。

4) 跨度在 30m 以上到 36m 的钢屋架的吊装。

5) 柱顶标高在 20m 以上到 25m 的构件吊装。

6) 夯击能为 100t·m 以上到 200t·m 的强夯地基工程。

7) 挖孔深度在 10m 以上到 20m 的人工挖孔桩，或者孔径 1.4m 以下，并且孔深 1m 以上到 10m 的人工挖孔桩。

（3）三类工程。一般土建工程，凡达不到一类、二类工程标准，符合下列条件之一者属于三类工程。

1) 六层以上到八层，或者檐口高度在 20m 以上到 26m 的多层建筑物。

2) 设有吊车，其起重能力为 30t 以下的工业厂房。

3) 单位工程建筑面积在 3000m² 以上到 6000m² 的建筑物。

4) 二级企业总包的工业建设项目的生产性建筑物，或者构筑物中有低于三类工程标准的单位工程，按三类工程取费。

5) 外墙为曲线形或为其他复杂形状，并且檐口高度在 20m 以下的多层建筑物。

6) 高度在 30m 以上到 45m 的砖烟囱，水塔或直径（其他形状为最小边长）在 8m 以上到 12m 的构筑物，8m 高以上的砖石挡土墙、护坡。除一、二类工程以外的钢及钢筋混凝土构筑物。形状简单的设备基础。

7) 跨度在 12m 以上到 18m，或者檐口高度 10m 以上到 12m 的单层工业厂房，或者跨度在 15m 以上到 18m 或檐口高度在 12m 以上的单层公共建筑。

8) 三层以上到六层的钢筋混凝土框架结构的工程，或者屋面梁、屋架、吊车梁、托架、柱、墙板是预应力构件（不含预应力空心板、屋面板、门窗框和门窗扇等），或者钢筋混凝土装配式结构的工程。

土建构件的专业吊装及打桩工程，凡达不到一类、二类工程标准，符合下列条件之一者，属于三类工程。

1) 人工钻孔灌注桩。

2）柱顶标高在20m以下的构件吊装。

3）挖孔深度在10m以下的人工挖孔桩。

4）夯击能为100t·m以下的强夯地基工程。

5）跨度在24m以下的钢筋混凝土屋架吊装。

6）跨度在30m以下的钢屋架的吊装。

（4）四类建筑工程。一般土建工程，凡达不到一类、二类、三类工程标准，符合下列条件之一者属于四类工程。

1）三层以下的钢筋混凝土框架结构工程。

2）金属结构的围墙，或者以混凝土为主体的围墙。

3）二层到六层，或者檐口高度在6m以上到20m的多层建筑物。

4）单位工程建筑面积在500m²以上到3000m²的建筑物。

5）30m以下的烟囱、水塔，直径为8m以下的砖石水池、油池，5m以上的挡土墙，独立的室外钢筋混凝土结构的零星工程，如化粪池等。

6）跨度在6m以上到12m，或者檐口高度在6m以上到10m的工业建筑，或者跨度6m以上到15m，檐口高度6m以上到12m的单层公共建筑。

（5）五类工程。一般土建工程，凡达不到一类、二类、三类、四类工程标准，符合下列条件之一者属于五类工程。

1）单位工程建筑面积在500m²以下的建筑物。

2）室外零星工程，如砖、刺丝网围墙、排水沟、排水渠、小型挡土墙、护坡、独立的砖石化粪池、窨井、排水陶土管的铺设。

3）单层或檐口高度在6m以下，或者跨度在6m以下的砖混、砖木、砖石结构的工程。

说明：

1）多跨厂房，或者仓库根据主跨度，或者高度划分工程类别。

2）构筑物的高度是指构筑物从设计正负零到构筑物的最高点的标高。

3）工程分类均根据单位工程划分，附属于单位工程的零量构件并入单位工程内一并计算。

4）超出屋面封闭的楼梯出口间、电梯间、水箱间、塔楼、瞭望台、屋面天窗，大于顶层面积50%以上的计算高度和层数。

5）同一单位工程内，如高类别结构部分的建筑面积，或者体积占本单位工程总建筑面积或体积30%以上者，根据高类别结构部分划分工程类别。

6）建筑物檐口高度（或高度）是指室外设计地坪至檐口滴水的垂直距离，平顶屋面有天沟者算到天沟底，无天沟者算到屋面板底。

1-8　观演类建筑有哪些类型？其规模有多大？

答　观演建筑类型包括各类剧场、各式电影院、音乐厅、杂技马戏场、书场曲艺、大型综合性文艺中心等。根据剧场建筑的规模可以分为以下类型。

（1）小型：观众容量 300～800 座。

（2）中型：观众容量 801～1200 座。

（3）大型：观众容量 1201～1600 座。

（4）特大型：观众容纳 1601 座以上。

1-9　建筑风格有哪些类型？

答　（1）根据民族地域来分类：地中海建筑风格、法式建筑风格、意大利建筑风格、英式建筑风格、北美建筑风格、新古典建筑风格、现代建筑风格、中式建筑风格等。

（2）根据历史发展潮流来分类：古典主义建筑风格、新古典主义建筑风格、现代评论风格、后现代主义风格等。

（3）根据建筑方式来分类：哥特式建筑风格、巴洛克建筑风格、洛可可建筑风格、木条式建筑风格、园林风格、概念式风格等。

1-10　住宅区与建筑物命名的特点是怎样的？

答　（1）住宅区与建筑物名称一般由专名、通名两部分组成。其中，专名是根据实际需要提出的专有名称，通名是表明该住宅区与建筑物性质、类别、形态、功能等属性的通用名称。专名一般在前，通名一般在后，联合来使用。

（2）住宅区与建筑物可使用的常见通名，包括园、苑、厦、寓、墅、舍、庐、居、邸、湾、府、庭、台、楼、阁、榭、轩、筑、庄、里、坊、公寓、小区、新村、城、中心、广场、山庄等。

（3）大厦一般为 12 层以上高层与大型独栋（含裙楼）建筑物。

（4）花园、花苑、山庄一般是绿地率不低于 50% 的建筑物（群），并且山庄必须依山而建的。

（5）中心对占地面积有具体的要求，并且要求以某一专项功能为主的非纯居住性质的建筑物（群）。

（6）小区一般应具有较完善的基础设施、公共服务设施，以及用地面积、住宅楼有一定要求的大型居民住宅区。

（7）公寓、新寓一般是用以命名高层住宅楼或多栋住宅楼群。

（8）新村一般是指具有一定要求的占地面积、建筑面积的大型住宅区。

（9）城是指封闭式或半封闭式的，以及对占地面积有一定要求的，并且具有居住、商用、办公、娱乐等多功能的大型建筑群。

（10）苑、园是主要指从事文化、艺术、科技等活动较集中的建筑群体或花草林木面积较大的居民住宅区。

（11）广场是指应有宽阔的公共场地，对占地面积有具体的要求。

1-11　板式高层与塔式高层有哪些区别？

答　（1）塔式高层又叫作点式高层，其一般是以共用楼梯、电梯为核心布置多套住房的高层住宅。

（2）塔式楼房平面的长度与宽度大致一样，并且户型不能够南北对流通风，采光较差。

（3）塔式高层一层住户一般超过三户，并且一般围绕楼梯、电梯布置。

（4）板式一般可以实现南向面宽大，进深短，南北通透的格局，以及在南北开窗的情况下，通过自然通风形成对流。

（5）板式高层一般是一单元两户的多层住宅，加上电梯，往往几个单元联排在一起。

（6）板式结构住宅一般是指由多个住宅单元组合而成的住宅，每单元一般为一梯 2～3 户。

（7）板式住宅可以分为板式多层住宅、板式高层住宅。

（8）一般认为 10 层及以上属于高层建筑。公共建筑与综合性建筑总高度超过 24m 的属于高层建筑，但是高度超过 24m 的单层建筑就不属于高层建筑。

1-12　什么是点式住宅？

答　点式住宅就是没有正南正北的房子，朝向一般是东南、东北、西南、西北。点式住宅的房子，采光较好，但是通风不如板式楼好。在同等面积，一层楼可以四家。

市场上泛指的点式住宅就是指点式的一梯两户的板式楼。高层点式楼具有节约用地，可以利用规划中的边角地，灵活安排，另外，点式楼视野宽阔，前后毫无遮挡的窗外景观，户型均好性差，每个楼层中总有几套住宅的朝向不佳等特点。

1-13　住宅高的定义与计算公式是什么？

答　住宅高是指下层地板面或楼板上表面到上层楼板下表面间的距离。净高与层高的关系计算公式如下：

$$净高＝层高－楼板厚度$$

净高也就是层高与楼板厚度的差。

1-14　5A 建筑的评定标准是怎样的？

答　（1）狭义的 5A：OA 办公智能化、BA 楼宇自动化、CA 通信传输智能化、FA 消防智能化、SA 安保智能化。

（2）广义的 5A：楼宇品牌标准 A 级、地理位置标准 A 级、客户层次标准 A 级、服务品质标准 A 级、硬件设施标准 A 级。

1-15　有关绿色办公建筑的基本概念有哪些？

答　绿色办公建筑的基本概念见表 1-2。

表 1-2　　　　　　　　有关绿色办公建筑的基本概念

名称	英文	解　说
绿色办公建筑	green office building	在办公建筑的全寿命周期内，最大限度地节约资源（节能、节地、节水、节材）、保护环境与减少污染，为办公人员提供健康、适用、高效的使用空间，与自然和谐共生的办公建筑
建筑环境质量（Q）	building environmental quality	建筑项目所界定范围内的影响使用者的环境品质，包括室内环境、室外环境以及建筑系统本身对使用者生活与工作在健康、舒适、便利等方面的影响
建筑环境负荷（L）	building environmental load	建筑项目对外部环境造成的影响或冲击，包括能源、材料、水等各种资源的消耗，污染物排放、日照、风害等
建筑环境负荷的减少（LR）	building environmental load reduction	评价绿色办公建筑时，为方便评估建筑环境负荷降低而产生的正面效益，将建筑环境负荷转化为建筑环境负荷的减少，作为一项指标来评价，建筑的环境负荷降低得越多，其得分数值越高

名称	英文	解　说
维护结构节能率	energy-saving rate of building envelope performance	设计建筑通过优化建筑维护结构而使采暖与空气调节负荷降低的比例
空气调节和采暖通风系统节能率	energy-saving rate of HVAC systems	与参照建筑对比，设计建筑通过优化空气调节与采暖通风系统节能的比例
可再生能源替代率	utilization rate of renewable energy	设计建筑所利用的可再生能源替代常规能源的比例
雨水回用率	rate of rainwater harvest	实际收集、回用的雨水量占可收集雨水量的比率

1-16　酒店式公寓、产权式公寓、公寓式酒店之间有什么区别？

答　（1）酒店式公寓是一种提供酒店式管理服务的公寓，集住宅、酒店、会所多功能于一体，具有自用与投资两大功效，与普通住宅楼比较，其结构与设计均有所不同，但是其本质仍然是住宅类物业。

（2）产权式公寓酒店的实质是酒店，其软硬件配套均是根据酒店的标准来配置的。产权式公寓酒店的本质，在于购买者的目的不是自住，而是将客房委托给酒店管理公司统一经营与出租，以获取客房利润分红与获得酒店管理公司赠送一定期限的免费入住权等。

（3）公寓式酒店属于酒店类物业，是非住宅类物业。

1-17　建筑物的基本构成有哪些？

答　根据系统工程来分，建筑物的基本构成主要有基础、墙体与柱，见表1-3。

表 1 - 3   建筑物的基本构成

名称	解　说
基础	基础是建筑物的基本组成部分，是建筑物地面以下的承重构件，用来支撑其上部建筑物的全部荷载，以及将这些荷载与基础自重传给下面的地基。建筑物的基础必须坚固，稳定而可靠。 　　地基不是建筑物的组成部分，而是承受由基础传下来的荷载的土体或岩体。建筑物必须建造在坚实可靠的地基上，为保证地基的坚固、稳定，以及防止发生加速沉降或不均匀沉降，地基需要满足以下要求： 　　（1）有足够的承载力。 　　（2）有均匀的压缩量，从而保证有均匀的下沉。 　　（3）能够防止产生滑坡、倾斜方面的能力。 　　基础埋深是由室外地坪到基础底皮的高度尺寸。基础埋深由勘测部门根据地基情况决定。持力层是直接承受建筑荷载的土层，持力层以下的土层为下卧层
墙体、柱	墙体和柱均是竖向承重构件，它们支撑着屋顶、楼板等作用，以及将这些荷载与自重传给基础等功能。 墙的一些具体作用如下： 　　（1）分隔作用。 　　（2）装饰作用。 　　（3）承重作用。 　　（4）维护作用。 对墙体的一些要求如下： 　　（1）具有一定的隔声性能。 　　（2）具有一定的防火性能。 　　（3）具有足够的强度与稳定性。 　　（4）满足热工方面，如保温、隔热、防止产生凝结水等方面的性能

◢ 1 - 18　建筑工程中的基础有哪些基本概念？如何分类？

　　答　建筑工程中基础的基本概念及分类见表 1 - 4。

表 1-4　　　　　　　建筑工程中基础的基本概念及分类

名称	解　说
基础埋深	基础埋深是指从室外设计地坪到基础底面的垂直距离
深基础	埋深大于等于 5m 的基础叫做深基础
浅基础	埋深在 0.5～5m 的基础叫做浅基础，基础埋深不得浅于 0.5m
建筑物的基础分类	（1）根据使用材料，分为砖基础、毛石基础、混凝土基础、钢筋混凝土基础等。 （2）根据构造形式，分为独立基础、条形基础、井格基础、板式基础、筏形基础、箱形基础、桩基础等。 （3）根据使用材料受力特点，分为刚性基础、柔性基础等

1-19　建筑承载区域有哪些？

答　建筑的承载区域见表 1-5。

表 1-5　　　　　　　　建筑的承载区域

名称	解　说
给排水系统	给排水系统是指保证人员与大楼用水的系统，具体包括进户管、水箱、管网、水泵、饮用水、中水、废水、污水、用水器具、冷水、热水、雨水、空调水、消防水管网等
建筑系统	建筑系统包括建筑物的屋面、地面、内外围护墙体、门窗等部分
结构系统	结构系统是建筑物的骨架，主要承载建筑物内荷载等作用
气系统	气系统是指大楼所需气体管网系统，具体包括天然气、蒸汽等
弱电系统	弱电系统是指满足人员对信息的要求的管网系统，具体包括电话、宽带、卫星、电视、广播、无线信号等管网
通风空调系统	通风空调系统是指改善室内空气环境的设备、管道，具体包括采暖、空调、排气、排烟等
消防系统	消防系统是指保证人员防火安全的系统，具体包括报警、防火墙、防火卷帘、消防广播、喷洒、防火栓、灭火器、防火门、防火楼梯消防照明等
装饰系统	装饰系统是指与人接触的室内空间环境面，具体包括天花、音响、家具、墙面、地面、灯光、艺术品、植物等

✦ 1-20 建筑墙体有哪些类型？

答 建筑墙体的类型见表 1-6。

表 1-6 建筑墙体的类型

依据	类型	解 说
建筑物中所处的位置	外墙	外墙一般位于建筑物四周，是建筑物的维护构件，主要起到挡风、保温、隔热、遮雨、隔声等作用
	内墙	内墙一般位于建筑物内部，主要起分隔内部空间、隔声、防火等作用
建筑物中的方向	纵墙	纵墙是指沿建筑物长轴方向布置的墙
	横墙	横墙是指沿建筑物短轴方向布置的墙，其中外横墙也称为山墙
受力情况	承重墙	承重墙是指直接承受梁、楼板、屋顶等传下来的荷载的墙
	非承重墙	非承重墙是指不承受外来荷载的墙，一些非承重墙的特点如下： （1）承自重墙。非承重墙中一般仅承受自身重量，以及将其传给基础的墙，称为承自重墙。 （2）隔墙。非承重墙仅起到分隔空间的作用，自身重量由楼板或梁来承担的墙，称为隔墙。 （3）填充墙。在框架结构中，墙体不承受外来荷载，其中填充柱间的墙，称为填充墙。 （4）幕墙。悬挂在建筑物外部以装饰作用为主的轻质墙板组成的墙，称为幕墙
使用的材料	砖墙	—
	石块墙	—
	小型砌块墙	—
	钢筋混凝土墙	—

续表

依据	类型	解　说
构造	实体墙	实体墙是用黏土砖与其他实心砌块砌筑而成的一种墙
	空心墙	空心墙是墙体内部中有空腔的墙，这些空腔可以通过砌块方式形成，也可以用本身带孔的材料组合而成
	复合墙	复合墙是指用两种以上材料组合而成的墙

1-21　建筑墙体墙厚如何确定？

答　砖墙的厚度以我国标准黏土砖的长度为单位，现行黏土砖的规格为

$$240mm \times 115mm \times 53mm（长 \times 宽 \times 厚）$$

如果连同灰缝厚度 10mm 在内，砖的规格为：

$$长：宽：厚 = 1：2：4$$

现行墙体厚度用砖长作为确定依据，常见的种类如下：

（1）半砖墙。图纸标注一般为 120mm，实际厚度为 115mm。

（2）一砖墙。图纸标注一般为 240mm，实际厚度为 240mm。

（3）一砖半墙。图纸标注一般为 370mm，实际厚度为 365mm。

（4）二砖墙。图纸标注一般为 490mm，实际厚度为 490mm。

（5）3/4 砖墙。图纸标注一般为 180mm，实际厚度为 180mm。

（6）其他墙体（如钢筋混凝土板墙、加气混凝土墙体等）：需要符合模数的规定。

（7）钢筋混凝土板墙用作承重墙时，其厚度一般为 160mm 或 180mm。

（8）钢筋混凝土板墙用作隔断墙时，其厚度一般为 50mm。

（9）加气混凝土墙体用于外围护墙时，一般常用 200～250mm。

（10）加气混凝土墙体用于隔断墙时，一般常用 100～150mm。

1-22　怎样辨别承重墙？

答　（1）判断墙体是否是承重墙，关键需要看墙体本身是否承重。

（2）建筑施工图中的粗实线部分与圈梁结构中非承重梁下的墙体均是承重墙。

（3）墙体上无预制圈梁的墙一般是承重墙。

（4）一般而言，砖混结构的房屋所有墙体均是承重墙。

（5）框架结构的房屋内部的墙体一般不是承重墙。

（6）一般标准砖的墙是承重墙，加气砖的是非承重墙。

（7）一般 150mm 厚的隔墙是非承重墙。

（8）一般墙与梁间紧密结合的地方是承重墙，采用斜排砖的地方一般是非承重墙。

（9）敲击墙体，如果出现清脆且较大的回声的墙，一般是轻墙体。敲击承重墙时，一般没有太大的声音。

1-23 什么是芯柱？什么是构造柱？

答 （1）芯柱是指在砌块内部空腔中插入竖向钢筋并浇灌混凝土后，形成的砌体内部的钢筋混凝土小柱，不插入钢筋的成为素混凝土构造柱。

（2）为了提高多层建筑砌体结构的抗震性能，一般要求在房屋的砌体内适宜部位设置钢筋混凝土柱，使其与圈梁连接，共同加强建筑物的稳定性。这种钢筋混凝土柱称构造柱。

1-24 建筑物勒脚有什么特点与要求？

答 勒脚主要具有防止地面水、屋檐滴下的雨水的侵蚀，从而保护墙面，也可以保证室内干燥，提高建筑物的耐久性等作用。

勒脚的高度一般不低于 700mm。勒脚部位外抹水泥砂浆或外贴石材等防水耐久的材料，需要与散水、墙身水平防潮层形成闭合的防潮系统。

1-25 建筑变形缝有哪些构造？

答 建筑变形缝包括伸缩缝、沉降缝、防震缝。它们的主要作用是保证房屋在温度变化、基础不均匀沉降或地震时能够有一些自由伸缩，以防止墙体开裂、结构破坏。变形缝的特点见表 1-7。

表 1-7　　　　　　　变 形 缝 的 特 点

名称	解　　说
伸缩缝	伸缩缝也就是温度缝，其主要作用是防止房屋因气温变化而产生裂缝。一般从基础顶面开始，沿建筑物长度方向每隔一定距离预留缝隙，将建筑物分成若干段。由于基础埋在地下，受气温影响较小，因此，不考虑其伸缩变形。伸缩缝的宽度一般为 20～30mm，缝内一般需要填保温材料

名称	解　说
沉降缝	房屋相邻部分的高度、荷载、结构形式差别很大，地基又较弱时，房屋产生不均匀沉降，致使某些薄弱部位开裂而产生的裂缝。为防止建筑物的不均匀沉降引起房屋破坏所设置的垂直缝称为沉降缝。沉降缝的两侧需要各有基础与砖墙。沉降缝设置的一些原则如下： 　　(1) 建筑物复杂的平面与体形转折的部位。 　　(2) 地基处理的方法明显不同处。 　　(3) 建筑物的基础类型不同，以及分期建造房屋的交界处。 　　(4) 建筑的高度与荷载差异较大处。 　　(5) 过长建筑物的适当部位。 　　(6) 地基土的压缩性存在显著差异处
防震缝	为了防止地震使房屋破坏，一般用防震缝把房屋分成若干形体简单、结构刚度均匀的独立部分。防震缝的宽度，一般根据建筑物高度与所在地区的地震烈度来确定，最小缝隙尺寸一般为50～70mm。缝的两侧需要有墙，缝隙需要从基础顶面开始，贯穿建筑物的全高。 　　地震设防地区，当建筑物需设置伸缩缝或沉降缝时，需要统一按防震缝来对待

1-26　建筑的年限是怎样的？

答　一级建筑：耐久年限在100年以上，适用于重要的建筑与高层建筑，如纪念馆、博物馆等。

二级建筑：耐久年限在50～100年，适用于一般性建筑，如城市火车站、宾馆等。

三级建筑：耐久年限在25～50年，适用于次要的建筑，如学校、医院等。

四级建筑：耐久年限在15年以下，适用于临时性建筑，如临时建筑。

1-27　建筑物有哪些耐火等级？

答　耐火等级标准是根据房屋主要构件的燃烧性能与耐火极限确定的。燃烧性能是指组成建筑物主要构件在明火或高温作用下，燃烧与否，以及燃烧的难易程度。耐火极限是指建筑构件遇火后能够支持的时间。根据时间温度标准曲线进行耐火试验，从受到火作用起，到失去支撑能力或完整性被破坏或失去隔火作用时为止的这段时间，一般用小时表示，就是该构件的耐火时间。

耐火等级常见的类型如下：

（1）非燃烧体。

（2）难燃烧体。

（3）燃烧体。

1-28　建筑工程中工期的基本概念有哪些？

答　建筑工程中工期的基本概念见表 1-8。

表 1-8　　　　　　　　建筑工程中工期的基本概念

名称	解　说
建设工期	建设工期一般是指建设项目中构成固定资产的单项工程、单位工程从正式破土动工到按设计文件全部建成到竣工验收交付使用所需的全部时间
合理建设工期	合理建设工期是建设项目在正常的建设条件、合理的施工工艺、合理的管理，建设过程中对人力、财务、物力资源合理有效地利用，使项目的投资方与各参建单位均获得满意的经济效益的工期
定额工期	定额工期是在一定的经济与社会条件下，在一定时间内由建设行政主管部门制订、发布的项目建设所消耗的时间标准。定额工期具有一定的法规性、指导性
合同工期	合同工期是在定额工期的指导下，由工程建设的承发包双方根据项目建设的具体情况，经招标投标或协商一致后在承包合同书中确认的建设工期。合同工期一经确定，合同双方具有约束作用，受到合同法的保护与制约
建设周期	建设周期是指建设总规模与年度建设规模的比值。建设周期反映国家、一个地区或行业完成建设总规模平均需要的时间，以及建设速度与建设过程中人力、物力、财力集中的程序。建设周期可用总投资额与年度投资额来表示： 建设周期（年）＝总投资额/年度投资额 建设周期也可以用项目总个数与年度竣工项目个数来表示： 建设周期（年）＝项目总个数/年建成项目个数

续表

名称	解　说
建设工期定额	建设工期定额是指建设项目或单项工程从破土到设计文件全部建成交付使用所需的定额时间。建设工期定额具有法规性、普遍性、科学性
工日	工日是表示工作时间的一种计算单位。一般以 8 小时为一个标准工日，一个职工的一个劳动日，习惯上也叫作一个工日

🖊 1-29　建筑工程中造价的基本概念有哪些？

答　建筑工程中造价的基本概念见表 1-9。

表 1-9　　　　　　　建筑工程中造价的基本概念

名称	解　说
单位造价	单位造价是根据工程建成后所实现的生产能力，或者使用功能的数量核算每单位数量的工程造价
工程造价	工程造价在不同的场合，具体含义不同。工程造价可以指建设工程造价、建安工程造价，也可以指其他相应的含义
工程造价动态管理	由于概算、预算所采用的计价依据，以及工程造价的计定的控制，均是建立在时间变迁上，市场变化基础上的，因此，为了能够适应客观实际走势，实际控制工程的实际造价在预期造价的允许误差范围内需要进行相应的管理，一般称为工程造价动态管理
工程造价管理	工程造价管理是运用科学、技术原理与方法，在统一目标、各负其责的原则下，为确保建设工程的经济效益与有关各方面的经济权益而对建设工程造价、建安工程价格所进行的全过程、全方位符合政策与客观规律的全部业务行为与组织活动
工程造价合理计定	工程造价合理计定是采用科学的计算方法与切合实际的计价依据，通过造价的分析比较，促进设计优化，确保建设项目的预期造价核定在合理的水平上

续表

名称	解　说
工程造价全过程管理	工程造价全过程管理是为确保建设工程的投资效益，对工程建设从可行性研究开始经初步设计、扩大设计、施工图设计、承发包、施工、调试、竣工、投产、决算、后评估等的整个过程，也就是围绕工程造价所进行的全部业务行为与组织活动
工程造价有效控制	工程造价有效控制是在对工程造价进行全过程管理中，从各个环节着手采取措施，合理使用资源，管好造价，从而保证建设工程在合理确定预期造价的基础上，实际造价能够控制在预期造价允许的误差范围内

1-30　建筑工程中投资的基本概念有哪些？

答　建筑工程中投资的基本概念见表 1-10。

表 1-10　　　　　　建筑工程中投资的基本概念

名称	解　说
静态投资	静态投资是指编制预期造价时，以某一基准年、月的建设要素单位价为依据所计算出的造价时值。 静态投资包括因工程量误差可能引起的造价增加，不包括以后年月因价格上涨等风险因素增加的投资，以及因时间迁移发生的投资利息支出
动态投资	动态投资是指完成了一个建设项目预计所需投资的总和，具体包括静态投资、价格上涨等因素引起需要的投资，以及预计所需要的投资利息支出

1-31　建筑工程中定额与指标的基本概念有哪些？

答　建筑工程中定额与指标的基本概念见表 1-11。

表 1-11　　　　　　建筑工程中定额与指标的基本概念

名称	解　说
定额	根据一定的技术条件与组织条件，规定完成一定的合格产品或者工作所需要消耗人力、物力、财力的数量标准

续表

名称	解　说
定额水平	定额水平是指在一定时期内，定额的劳动力、材料、机械台班消耗量的变化程序
概算指标	概算指标是指以某一通用设计的标准预算作为基础，然后根据100m²等计量单位人工、材料、机械消耗数量的标准。概算指标比概算定额更具有综合扩大等特点。概算指标是编制初步设计概算的依据
估算指标	估算指标是在项目建议书可行性与编制设计任务书阶段编制的投资估算。计算投资需要使用估算指标
劳动定额	劳动定额是指在一定的生产技术与生产组织条件下，为生产一定数量的合格产品，或者完成一定量的工作所必需的劳动消耗标准。 劳动定额分为时间定额、产量定额，它们间的关系如下： 时间定额 ×产量定额＝1
万元指标	万元指标是以万元建筑安装工作量为单位，制定人工、材料、机械消耗量的一种标准
其他直接费定额	其他直接费定额是指与建筑安装施工生产的个别产品无关，而为企业生产全部产品所必需的，为维护企业的经营管理所必需发生的各项费用开支达到的标准

1-32　建筑工程中估结算的基本概念有哪些？

答　建筑工程中估结算的基本概念见表1-12。

表 1-12　　　　　　建筑工程中估结算的基本概念

名称	解　说
单位估价表	单位估价表是用表格的形式来确定定额计量单位建筑安装分项工程直接费用的一种文件
工程结算	工程结算是指施工企业向发包单位交付竣工工程或点交完工工程取得工程价款收入的结算业务

续表

名称	解　说
竣工决算	竣工决算是考核投资效果的依据，也是办理交付、动用、验收的依据
设计概算	设计概算是指在初步设计或扩大设计阶段，根据设计要求对工程造价进行概略的计算
施工图预算	施工图预算是确定建筑安装工程预算造价的一种文件。一般是在施工图设计完成后，根据施工图、预算定额、费用标准，以及地区工人、材料、机械台班的预算价格进行编制
投资估算	投资估算是指整个投资决策过程中，根据现有资料与一定的方法，对建设项目的投资数额进行估计

1-33　建筑工程中密度和率的基本概念有哪些？

答　建筑工程中密度和率的基本概念见表 1-13。

表 1-13　　　　　建筑工程中密度和率的基本概念

名称	解　说
建筑密度	建筑密度就是项目总占地基地面积与总用地面积的比值，一般用百分数来表示
建筑使用率	建筑使用率也叫做得房率，是指使用面积占建筑面积的百分数
绿地率（绿化率）	绿地率是项目绿地总面积与总用地面积的比值，一般用百分数表示
容积率	容积率就是项目总建筑面积与总用地面积的比值，一般用小数表示

1-34　建筑工程中常说的"三大"是指什么？

答　建筑工程中的"三大"见表 1-14。

表 1-14　　　　　　　建筑工程中的"三大"

名称	解　说
建筑中的三大材	建筑中的三大材指的是钢材、水泥、木材

名称	解　说
建筑安装工程费三大组成	建筑安装工程费三大组成为人工费、材料费、机械费

1-35　建筑工程中有关的尺寸有哪些？

答　建筑工程中有关的尺寸见表1-15。

表1-15　　　　　　　　　建筑工程中有关的尺寸

名称	解　说
标志尺寸	标志尺寸是用来标注建筑物定位轴线间开间、进深的距离大小，与建筑制品、建筑构配件、有关设备位置的界限间的尺寸。标志尺寸需要符合模数制的有关规定
构造尺寸	构造尺寸是建筑制品、建筑构配件的设计尺寸。构造尺寸需要小于或大于标志尺寸。一般情况下，构造尺寸加上预留的缝隙尺寸，或者减去必要的支撑尺寸等于标志尺寸
实际尺寸	实际尺寸是建筑制品、建筑构配件的实有尺寸。实际尺寸与构造尺寸的差值，应为允许的建筑公差数值
标高尺寸	建筑物的某一部位与确定的水基准点的高差，称为该部位的标高
绝对标高尺寸	绝对标高也叫做海拔高度，我国把青岛附近黄海的平均海平面定为绝对标高的零点，全国各地的标高均以此为基准进行标记
相对标高尺寸	相对标高就是以建筑物的首层室内主要房间的地面为零点（+0.00），也就是表示某处距首层地面的高度

1-36　建筑工程中有关的模数有哪些？

答　建筑工程中有关的模数见表1-16。

表1-16　　　　　　　　　建筑工程中有关的模数

名称	解　说
分模数	分模数是导出模数的一种，其数值为基本模数的分倍数。分模数共有三种：1/10M（10mm）、1/5M（20mm）、1/2M（50mm）。建筑中较小的尺寸应为某一分模数的倍数

续表

名称	解　说
基本模数	基本模数就是模数协调中选用的基本尺寸单位，一般用 M 表示，1M＝100mm
扩大模数	扩大模数也是导出模数的一种，其数值是基本模数的倍数。扩大模数共有 6 种：3M（300mm）、6M（600mm）、12M（1200mm）、15M（1500mm）、30M（3000mm）、60M（6000mm）。建筑中较大的尺寸需要为某一扩大模数的倍数
统一模数制	统一模数制就是为了实现设计的标准化而制定的一套基本规则，使不同的建筑物与各分部间的尺寸统一协调，使之具有通用性与互换性，从而加快设计速度、提高施工效率、降低造价等作用

1-37　建筑面积与使用面积如何进行区别和换算？

答　商品房建筑面积一般由套内建筑面积与分摊共有建筑面积组成。其中，套内建筑面积一般由套内使用面积与套内墙体面积、阳台面积组成。实用率就是指套内建筑面积与建筑面积之比，使用率就是套内使用面积与建筑面积之比。一般情况下，设计合理的楼房的使用率，高层塔楼住宅使用率为 $72\%\sim75\%$，高层板楼住宅为 $78\%\sim80\%$，多层住宅建筑为 85% 左右。

建筑住宅使用面积就是指每套住宅户门内除墙体厚度外全部净面积的总和。包括卧室、起居室、过厅、过道、厨房、卫生间、储藏室、壁柜、户内楼梯（按投影面积）等的面积总和。

利用坡屋顶内空间作房屋时，其一半的面积净高不低于 2.1m，其余部分最小净高不低于 ±1.5m，符合以上要求的可以计入使用面积，否则不算使用面积。

每户阳台（无论凹阳台、凸阳台）面积在 6m² 以下的，一般不计算使用面积。如果超过 6m² 的，超过部分一般按阳台净面积的 1/2 折算计入使用面积。

建筑面积与使用面积的换算关系为

使用面积×1.3＝建筑面积

🖋 1-38   建筑的五证两书是指什么？

答　（1）五证：《国有土地使用证》《国有土地规划许可证》《建设工程规划许可证》《建设工程施工许可证》《商品房销售（预售）许可证》。

（2）两书：《商品房质量保证书》《商品房使用说明书》。

🖋 1-39   建筑的七通一平与三通一平是指什么？

答　（1）七通一平：道路通、上水通、下水通、煤气通、热源通、电通、通信通、地平。

（2）三通一平：水通、电通、路通、地平。

🖋 1-40   不扰民施工措施有哪些？

答　常见的不扰民施工措施如下。

（1）教育好相关人员遵纪守法，严禁相关人员骚扰附近单位、居民。

（2）施工现场需要公布施工投诉电话，虚心接受他人的批评意见。

（3）一般晚上十点到早上六点，原则上停止一切建筑施工活动，特别是噪声较大的施工活动，以免影响周围单位、居民的休息。不可避免要在该时段内施工作业时，施工前需要先取得周围的单位、居民或居委会的同意，以及到政府有关部门办理相应施工许可手续。

（4）施工过程中所产生的垃圾、废水、废气等有可能污染周围环境的，需要采取相应措施及时处理，不能够随意倾倒、排放。

（5）施工过程中，如果造成周围环境地面、空气污染，需要及时中止施工，采取有力措施及时清理、及时整改。

（6）施工现场周围需要设置安全警示牌，以提醒路人注意施工可能对其造成影响。如果施工需要破附近的路面，或者在路边挖坑，一定要设防护，夜间要设照明与警示灯。在接近行人出入的附近施工，需要设置封闭的防高空坠物走道，以及悬挂安全警示牌。

（7）施工现场材料的运输车辆要冲洗干净，才能够进出现场。运送散装材料的车辆，需要具有防散落、防飘落措施。运送砂、石的车辆在卸车时，需要避开居民休息时段。

（8）施工现场车辆进、出场时，要避开每日上班（学）、下班（学）时段，不要造成施工现场周围交通堵塞。

（9）要经常与当地单位、居委会保持联系，交流情况，征求其意见，及时消除施工所带来的扰民隐患。

🖋 1-41   施工现场防噪声污染有哪些措施？

答　建筑施工噪声就是指在建筑施工过程中产生干扰周围生活环境的声

音。施工现场防噪声污染的常用措施见表 1-17。

表 1-17　　　施工现场防噪声污染的常用措施

名称	解　说
人为噪声的控制	施工现场需要建立健全控制人为噪声的管理制度，尽量减少人为的大声喧哗
强噪声作业时间的控制	凡在居民稠密区进行强噪声作业的，严格控制作业时间，一般晚间作业不超过 22 时，早晨作业不早于 6 时，特殊情况需连续作业（或夜间作业）的，应尽量采取降噪措施，事先做好周围群众的工作，并报有关主管部门备案后才可以施工
强噪声机械的降噪措施	1. 牵扯到产生强噪声的成品、半成品加工、制作作业，尽量放在工厂、车间完成，减少因施工现场加工制作产生的噪声。 2. 尽量选用低噪声设备，或者采用有消声降噪的设备
加强施工现场的噪声监测	加强施工现场环境噪声的长期监测，一般采用专人专管，认真测量记录

1-42　建筑业企业资质的主要指标有哪些？

答　建筑业企业部分资质主要指标见表 1-18、表 1-19。

表 1-18　　　建筑业企业部分资质主要指标（总承包类）

名称	解　说
房屋建筑工程施工总承包企业特级资质	1. 企业注册资本金 3 亿元以上。 2. 企业净资产 3.6 亿元以上。 3. 企业近 3 年年平均工程结算收入 15 亿元以上
房屋建筑工程施工总承包企业一级资质	1. 企业注册资本金 5000 万元以上。 2. 企业净资产 6000 万元以上。 3. 企业近 3 年最高年工程结算收入 2 亿元以上
公路工程施工总承包企业一级资质	1. 企业注册资本金 6000 万元以上。 2. 企业净资产 8000 万元以上。 3. 企业近 3 年最高年工程结算收入 4 亿元以上
市政公用工程施工总承包企业一级资质	1. 企业注册资本金 4000 万元以上。 2. 企业净资产 5000 万元以上。 3. 企业近 3 年最高年工程结算收入 1.6 亿元以上

续表

名　称	解　　说
机电安装工程 施工总承包 企业一级资质	1. 企业注册资本金 5000 万元以上。 2. 企业净资产 6000 万元以上。 3. 企业近 3 年最高年工程结算收入 2 亿元以上

注　表中数据为参考数据。

表 1-19　　建筑业企业部分资质主要指标（专业承包类）

名　称	解　　说
建筑装饰装修 工程专业承包 一级资质	1. 企业注册资本金 4000 万元以上。 2. 企业净资产 5000 万元以上。 3. 企业近 3 年最高年工程结算收入 1.6 亿元以上
建筑幕墙工程专 业承包一级资质	1. 企业注册资本金 1000 万元以上。 2. 企业净资产 1200 万元以上。 3. 企业近 3 年最高年工程结算收入 4000 万元以上
钢结构工程 专业承包 企业一级资质	1. 企业注册资本金 1500 万元以上。 2. 企业净资产 1800 万元以上。 3. 企业近 3 年最高年工程结算收入 3000 万元以上
电梯安装工程 专业承包企业 一级资质	1. 企业注册资本金 500 万元以上。 2. 企业净资产 600 万元以上。 3. 企业近 3 年最高年工程结算收入 500 万元以上
消防设施工程 专业承包企业 一级资质	1. 企业注册资本金 500 万元以上。 2. 企业净资产 600 万元以上。 3. 企业近 3 年最高年工程结算收入 2500 万元以上
附着升降脚手 架专业承包 企业一级资质	1. 企业注册资本金 500 万元以上。 2. 企业净资产 600 万元以上。 3. 企业近 3 年最高年工程结算收入 800 万元以上
起重设备安装 工程专业承包 一级资质	1. 企业注册资本金 200 万元以上。 2. 企业净资产 250 万元以上。 3. 企业近 3 年最高年工程结算收入 200 万元以上
机电设备安装 工程专业承包 一级资质	1. 企业注册资本金 1500 万元以上。 2. 企业净资产 1800 万元以上。 3. 企业近 3 年最高年工程结算收入 4000 万元以上

名称	解　说
爆破与拆除工程专业承包一级资质	1. 企业注册资本金 600 万元以上。 2. 企业净资产 720 万元以上。 3. 企业近 3 年最高年工程结算收入 3000 万元以上
建筑智能化工程专业承包一级资质	1. 企业注册资本金 1000 万元以上。 2. 企业净资产 1200 万元以上。 3. 企业近 3 年最高年工程结算收入 3000 万元以上
机场场道工程专业承包一级资质	1. 企业注册资本金 5000 万元以上。 2. 企业净资产 6000 万元以上。 3. 企业近 3 年最高年工程结算收入 5000 万元以上
管道工程专业承包企业一级资质	1. 企业注册资本金 4000 万元以上。 2. 企业净资产 5000 万元以上。 3. 企业近 3 年最高年工程结算收入 1 亿元以上
体育场设施工程专业承包一级资质	1. 企业注册资本金 1000 万元以上。 2. 企业净资产 1200 万元以上。 3. 企业近 3 年最高年工程结算收入 4000 万元以上
特种专业工程专业承包企业资质	1. 企业注册资本金 100 万元以上。 2. 企业净资产 120 万元以上

注　表中数据为参考数据。

◢ 1-43　有关地震的基本概念有哪些？

答　有关地震的基本概念见表 1-20。

表 1-20　　　　　　　有关地震的基本概念

项目	解　说
地震	地震就是由于某种原因引起的一种地面运动
地震类型	根据成因，地震可以分为三种类型：火山地震、陷落地震、构造地震。其中，构造地震为数最多，约占地震总数的 90% 以上
地震烈度	地震烈度就是指某一地区的地表与各类建筑物遭受某一次地震影响的强弱程度。发生一次地震，震级只有一个，但因震中周围地质条件的不同与距震中远近的不同，则会出现多种不同的烈度

续表

项目	解　说
基本烈度	基本烈度就是预测某一地区在未来一百年内一般场地条件下可能遭遇的最大地震烈度
极震区	极震区就是地震灾害最严重的地区。多数情况下，震中区与极震区大体上是一致的
建筑抗震设计的基本思想	建筑抗震设计的基本思想就是小震不坏、中震可修、大震不倒的原则
抗震设防烈度	抗震设防烈度就是一个地区作为建筑物抗震设防依据的地震烈度，一般情况下可采用基本烈度
浅源地震	震源深度在60km以内的地震叫做浅源地震
震级	震级就是表示地震本身大小的一种量度，它与震源发出的能量大小有直接关系，震级每增加一级，地震能量约增加30倍
震源	震源就是地震在地壳深处的发源地
震源深度	震源深度就是从地表算起的深度
震中	地面上与震源正对着的地方称为震中
震中区	震中附近地区叫做震中区

1-44　常见建筑材料的特点是什么？

答　古代建筑主要使用天然的材料。现代建筑使用的材料有砖、水泥、钢筋、石灰、玻璃、铝合金、瓷砖、涂料等。其中，混凝土是常见的建筑材料。

混凝土是把水泥、砂、石、水按一定的比例混在一起，然后搅拌一段时间，形成一种有流动性的混合物。混凝土随着时间的推移会慢慢地凝固，可以承受很大的压力。但是，混凝土不抗拉力，因此，在混凝土中放进能够承受很大拉力的钢筋，这样就形成了常见的建筑材料钢筋混凝土。

1-45　建筑工程怎样选择供电电压？

答　选择供电方案时，需要考虑经济性与供电质量。对于电动机、水泵等动力设备需要考虑电压。各种电压的电力线路的合理输送容量与输送距离的选择见表1-21。

表 1-21　　　　　　　　线路的合理输送容量与输送距离

线路电压（kV）	线路种类	输送容量（kW）	输送距离（km）
0.23	架空线路	<50	0.15
0.23	电缆线路	<100	0.2
0.40	架空线路	100	0.25
0.40	电缆线路	175	0.35
6	架空线路	2000	3～10
6	电缆线路	3000	<8
10	架空线路	3000	5～15
10	电缆线路	5000	<10
35	架空线路	2000～10 000	20～50

1-46　建筑工程岗位中二十七大员有哪些?

答　建筑工程岗位中二十七大员见表 1-22。

表 1-22　　　　　　　建筑工程岗位二十七大员

分类	人员
土建类岗位	财会员 定额员 机械管理员 计划员 劳资员 审计员 统计员 土建安全员 土建材料员 土建施工员 土建预算员 土建质检员

续表

分类	人　员
安装类岗位	安装工程安全员 安装工程材料员 安装工程机械管理员 安装工程质检员 安装预算员 电气安装施工员 管道安装施工员 机械设备安装施工员 通风空调安装施工员
装饰类岗位	装饰安全员 装饰材料员 装饰机管员 装饰施工员 装饰预算员 装饰质检员

1-47　建筑工程造价概预算岗位如何分类？

答　建筑工程造价概预算岗位的分类见表 1-23。

表 1-23　　　　　建筑工程造价概预算岗位的分类

名称	解　说
概预算人员	概预算人员一般是通过培训，具有一定的同类工程相关专业知识，从事具体咨询业务工作的专业人员
审核人员	审核人员一般是经咨询单位技术管理部门授权，具有同类工程相关专业知识，全面参与咨询业务，对咨询成果文件进行全面复核的造价工程师，其专业层次不得低于编制人员
项目负责人	项目负责人一般是由咨询单位法定代表人书面授权，具有同类工程相关专业知识、经验，负责咨询合同的履行，主持咨询业务工作，具有最终咨询成果文件与相关咨询成果文件签发权的造价工程师

续表

名称	解　说
校核人员	校核人员一般是经咨询单位技术管理部门授权从事咨询业务校对核查的专业人员，其专业层次不得低于编制人员
造价工程师	造价工程师是经全国统一考试（考核）合格，取得执业资格证书，以及经注册从事建设工程造价业务活动的专业技术人员
专业造价工程师	专业造价工程师是根据咨询业务岗位职责分工与项目负责人的安排，具有同类工程同类专业知识、经验，负责实施某一专业或某一方面的咨询工作，具有相应咨询成果文件签发权的造价工程师

1-48　建筑施工特种作业的工种有哪些?

答　建筑施工特种作业的工种见表 1-24。

表 1-24　　　　建筑施工特种作业的工种

名称	解　说
高处作业吊篮安装拆卸工	高处作业吊篮安装拆卸工是指在施工现场从事高处作业吊篮的安装与拆卸作业的人员
建筑电工	建筑电工主要是指在施工现场从事临时用电作业的人员，也就是在建筑工程施工现场从事临时用电作业的人员，或者在建筑施工现场直接从事临时供电线路、用电设备（装置）的敷设、安装、测试、维修、检查、拆除等作业的人员。有时，建筑电工也指建筑电气、设备相关安装人员，也就是负责建筑工程电气安装作业的建筑电气安装电工。具体工作范围视具体情况而定
建筑附着升降脚手架架子工	建筑附着升降脚手架架子工是指在建筑工程施工现场从事附着式升降脚手架的安装、升降、维护和拆卸作业的人员
建筑焊工	建筑焊工是指在建筑工程施工现场从事钢材（钢筋）焊接、切割等作业的人员
建筑普通脚手架架子工	建筑普通脚手架架子工是指在建筑工程施工现场从事落地式脚手架、悬挑式脚手架、模板支架、外电防护架、卸料平台、洞口临边防护等登高架设、维护、拆除作业的人员
建筑起重司索工	建筑起重司索工是指在建筑工程施工现场从事对起吊物体进行绑扎、挂钩等司索作业和起重指挥作业的人员

名称	解　说
建筑施工升降机安装拆卸工	建筑施工升降机安装拆卸工是指在建筑工程施工现场从事施工升降机安装和拆卸操作的人员
建筑施工升降机司机	建筑施工升降机司机是指在建筑工程施工现场从事施工升降机驾驶操作的人员
建筑塔式起重机安装拆卸工	建筑塔式起重机安装拆卸工是指在建筑工程施工现场从事固定式、轨道式、内爬式塔式起重机安装、附着、顶升、拆卸操作的人员
建筑塔式起重机司机	建筑塔式起重机司机是指在建筑工程施工现场从事固定式、轨道式、内爬式塔式起重机驾驶操作的人员
建筑物料提升机安装拆卸工	建筑物料提升机安装拆卸工是指在建筑工程施工现场从事物料提升机安装与拆卸操作的人员
建筑物料提升机司机	建筑物料提升机司机是指在建筑工程施工现场从事物料提升机驾驶操作的人员

1-49　建筑电工申请条件有哪些?

答　建筑电工申请条件，是在参加建筑电工培训，并且必须同时具备以下一些条件。

（1）年满 18 周岁以上到 60 岁以下，并且符合相应特种作业规定的年龄要求。

（2）需要经区、县级以上医院体检合格，并且无妨碍从事相应特种作业的疾病与生理缺陷。

（3）初中或以上学历。

（4）符合相应特种作业规定的其他条件。

1-50　从事电气系统设备设施作业的人员需要遵守哪些规程?

答　（1）不要使用有故障的电气设备与接线板。

（2）不要戴金属饰品进行电气作业。

（3）只有经过培训取得相应证书的技术人员才能够进行电气作业。

（4）必须能够熟悉使用特殊的个人防护用品、绝缘工具与屏蔽材料。

（5）所有电气设备需要符合使用环境安全等级要求。

✎ 1-51　建筑电气有关术语有哪些?

答　建筑电气有关术语见表 1-25。

表 1-25　　　　　　　　　　建筑电气有关术语

名称	英文	解　说
安全照明	safety lighting	安全照明属于应急照明的一类,是保证人们防止陷入潜在危险境地的一种照明
半间接照明	semi-indirect lighting	半间接照明借助于灯具的光强度分布特性,可以将 10%~40% 的光通量直接照射到无假定边界的工作面上的一种照明
半硬质套管	flexible conduit	半硬质套管是无须借助工具能够手工弯曲的一种套管
半直接照明	semi-direct lighting	半直接照明是借助于灯具的光强度分布特性,能够将 60%~90% 的光通量直接照射到无假定边界的工作面上的照明
保护导体 (PE)	protective conductor (PE)	保护导体是为防止发生电击危险而与下列部件进行电气连接的一种导体:裸露导电部件、外部导电部件、主接地端子、接地电极(接地装置)、电源的接地点或人为的中性接点等
备用照明	stand-by lighting	备用照明是应急照明的一类,是用于保证正常活动能够持续不被中断的一种照明
波纹套管	corrugated conduit	波纹套管是轴向具有规则的凹凸波纹的套管
布线系统	wiring system	布线系统是一根电缆(电线)、多根电缆(电线)或母线以及固定它们的部件的组合。有的布线系统还包括封装电缆(电线)的部件、母线的部件等
插脚式灯头	pin cap; pin base (USA)	插脚式灯头是灯头上带有一个或几个插脚的灯头。 国际命名为:单插脚为 F 型;两个或多个插脚为 G 型

名称	英文	解　说
触发器	ignitor	触发器自身或与其他部件配套产生起动放电灯所需的电压脉冲，但是对电极不提供预热的装置
导管	conduit	导管是在电气安装中，用来保护电线或电缆的圆形或非圆形的布线系统的一部分。导管应有足够的密封性，使电线电缆只能从纵向引入，而不能够从横向引入
电气设备	electrical equipment	电气设备是发电、输电、变电、配电或用电环节中所有用电设备的总称
电气装置	electrical installation	电气装置是为实现一个或几个具体目的，以及特性相配合的电气设备的组合
调光器	dimmer	调光器是为了改变照明装置中光源的光通量，而安装在电路中的一种装置
定位照明	localised lighting	定位照明是为了提高某一特殊位置的照度而设置的一种照明
定向照明	directional lighting	定向照明是投射到工作面，或物体上的光主要是从特定方向发出的一种照明
泛光照明	flood lighting	泛光照明是使用投光器使场景或物体的照度明显高于四周环境的一种照明
非冷弯型硬质套管	self-recovering conduit	非冷弯型硬质套管是指在相关规定的试验条件下，不能够弯曲的一种硬质套管
非螺纹套管	non-threadable conduit	非螺纹套管是不用螺纹连接的一种套管
非阻燃套管	flame propagating conduit	非阻燃套管是被点燃后，在规定的时间内火焰不能自熄的一种套管
分区一般照明	localized lighting	分区一般照明是指将某一特定区域设计成不同的照度来照亮该区域的一般照明

续表

名称	英文	解　说
混合照明	mixed lighting	混合照明是由一般照明与局部照明组成的一种照明
家居管理系统	（HMS）house management system	家居管理系统是将住宅建筑（小区）各个智能化子系统的信息集成在一个网络与软件平台上进行统一的分析、处理、保存，从而实现信息资源共享的一种综合系统
家居控制器	（HC）house controller	家居控制器是住宅套（户）内各种数据采集、控制、管理、通信的一种控制器
家居配电箱	house electrical distributor	家居配电箱是住宅套（户）内供电电源进线及终端配电的一种设备箱
家居配线箱	（HD）house tele-distributor	家居配线箱是住宅套（户）内数据、语音、图像等信息传输线缆的接入及匹配的一种设备箱
间接照明	indirect lighting	间接照明就是借助于灯具的光强度分布特性，将0～10％的光通量直接照射到无假定边界的工作面上的一种照明
建筑电气工程（装置）	electrical installation in building	建筑电气工程（装置）是指为实现一个或几个具体目的，以及特性相配合的，由电气装置、布线系统、用电设备电气部分的组合。该组合能够满足建筑物预期的使用功能、安全要求、安全需要
金属导管	metal conduit	金属导管是由金属材料制成的一种导管
景观照明	landscape lighting	景观照明是为表现建筑物造型特色、艺术特点、功能特征、周围环境布置的一种照明工程
警卫照明	security lighting	警卫照明是主要用于警戒而安装的一种照明

名称	英文	解　说
局部照明	local lighting	局部照明是特殊目视工作用照明，作为普通照明辅助并与其分开控制的一种照明
聚光照明	spotlighting	聚光照明是使用小型聚光灯使一限定面积或物体的照度明显高于四周环境的一种照明
绝缘导管	insulating conduit	绝缘导管是没有任何导电部分，由绝缘材料制成的一种导管
绝缘套管	insulating conduit	绝缘套管是由电绝缘材料制成的一种套管
卡口式灯头	bayonet cap；bayonet base（USA）	卡口式灯头是灯头壳体带有可卡于灯座槽内的销钉的一种灯头，国际命名为 B 型
卡口销钉	bayonet pin	卡口销钉是从灯头壳体上凸出的金属部件，它与灯座上的槽口卡合使灯头固定
冷弯型硬质套管	piable conduit	冷弯型硬质套管是在相关规定的试验条件下可弯曲的一种硬质套管
绿色照明	green lights	绿色照明就是节约能源保护环境有利于提高人们生产工作学习效率、生活质量，保护身心健康的一种照明
螺口式灯头	screw cap；screw base（USA）	螺口式灯头是灯头壳体带有螺纹状与灯座配套的一种灯头，国际命名为 E 型
螺纹套管	threadable conduit	螺纹套管是带有连接用螺纹的一种平滑套管
平滑套管	plain conduit	平滑套管是套管轴向内外表面为平滑面的一种套管
普通照明	general lighting	普通照明是一个场地的基本均匀照明，而不提供特殊局部照明
启动器	starter	启动器是为电极提供所需的预热，以及与镇流器串联施加在灯的电压产生脉冲的启动装置，一般用于荧光灯

名称	英文	解　说
视觉作业	visual task	视觉作业是在工作与活动中，对呈现在背景前的细部与目标的观察过程
疏散照明	escape lighting	疏散照明是应急照明的一部分，主要用于确保疏散通道被有效地辨识与使用的照明
套（户）型	dwelling unit	套（户）型是根据不同使用面积、居住空间、厨卫组成的成套住宅单位
套管	conduit	套管是建筑电气安装工程中用于保护，以及保障电线或电缆布线的一种管道
套管壁厚	wall thickness	套管壁厚就是套管的外径与内径之差的一半
套管材料厚	material thickness	波纹套管材料厚度是一个波纹周期厚度的平均值，平滑套管材料厚度等于壁厚
套管配件	boxesand fitting	套管配件是指所有与套管连接或装配使用的器件
眩光	glare	眩光是由于视野中的亮度分布或亮度范围的不适宜，或者存在极端的对比以致引起不舒适感觉，或者降低观察细部或目标的能力的一种视觉现象
一般照明	general lighting	一般照明是为照亮整个场所而设置的一种均匀照明
应急照明	emergency lighting	应急照明是在正常照明失效时采用的一种照明
硬质套管	rigid conduit	硬质套管只有借助设备或工具才可能弯曲的一种套管
用电设备	current-using equipment	用电设备是将电能转换成其他形式能量的设备
预聚焦式灯头	prefocus cap; prefocus base （USA）	预聚焦式灯头是在制造过程中将发光体装在相对于灯头某一特定位置的一种灯头，这样可以使灯泡装入配套灯座内时精确重复性定位，国际命名为 P 型

续表

名称	英文	解　说
圆筒式灯头	shell cap；shell base（USA）	圆筒式灯头成光滑圆筒形，国际命名为S型
障碍照明	obstacle lighting	障碍照明是在可能危及航行安全的建筑物或构筑物上安装的一种标志灯
镇流器	ballast	镇流器是连接在电源与一支或几支放电灯间，主要用于将灯电流限制到规定值
正常照明	normal lighting	正常照明是在正常情况下使用的一种室内外照明
直接照明	direct lighting	直接照明就是借助于灯具的光强度分布特性，将90%～100%的光通量直接照射到无假定边界的工作面上的一种照明
值班照明	on-duty lighting	值班照明是非工作时间为值班所设置的一种照明
中保护导体（PEN）	PEN conductor	中保护导体是一种同时具有中性导体与保护导体功能的接地导体
住宅单元	residential building unit	住宅单元是由多套住宅组成的建筑部分，该部分内的住户可通过共用楼梯、安全出口进行疏散
阻燃套管	non-flame propagating conduit	阻燃套管是指套管不易被火焰点燃，或虽能够被火焰点燃，但是点燃后无明显火焰传播，以及当火源撤去后，在规定时间内火焰可以自熄的一种套管

1-52　有关房屋、建筑的名词与术语有哪些？

答　有关房屋、建筑的名词与术语见表1-26。

表1-26　　　　　　　有关房屋、建筑的名词与术语

名称	解　说
5A写字楼	5A写字楼也就是甲级写字楼。所谓5A，是指智能化5A，具体包括OA办公自动化系统、CA通信自动化系统、FA消防自动化系统、SA安保自动化系统、BA楼宇自动控制系统

名称	解　说
hm² 面积单位	1. hm² 为面积单位，表示公顷，一般用于土地面积的计算。其中，h 表示百米，hm² 表示百米的平方，也就是 10 000m²。 2. 公顷还可以用 ha 表示，也就是面积单位公顷（hectare）的英文缩写。国内不推荐使用 ha，而一般应用 hm²。 3. 我国规定的土地面积单位常见的有：平方米（m²）、公顷（hm²）、平方千米（km²）。 4. 一些单位的换算关系如下： 1hm²≈15 亩，1 亩≈667m²
安居工程住房	安居工程住房是指直接以成本价向城镇居民中低收入家庭出售的住房，一般优先出售给无房户、危房户、住房困难户，以及在同等条件下优先出售给离退休职工、教师中的住房困难户。一般不售给高收入家庭。安居工程住房成本价一般由征地与拆迁补偿费、住宅小区基础设施建设费、勘察设计与前期工程费、建安工程费、1%～3% 的管理费、贷款利息与税金等几项因素构成
半地下室	房间地面低于室外地平面的高度超过该房间净高的 1/3，以及不超过 1/2 者的建筑房间
半幅道路施工	半幅道路施工就是将道路分成两幅进行施工，也就是先施工一边，另一边通行车辆，等先一边施工好后，再施工另一边
别墅	别墅一般是指带有私家花园的低层独立式住宅
层高	层高是指建筑物的层间高度，以及本层楼面或地面到上一层楼面或地面的高度
成套住宅	成套住宅是指由若干卧室、卫生间、起居室、厨房、室内走道、室内客厅等组成的供一户单独使用的建筑房间。住宅一般按套统计。如果两户合用一套的住宅，按一套统计。如果一户用两套住宅，或者两套以上住宅按实际套数统计
成套住宅建筑面积	成套住宅建筑面积是指成套住宅的建筑面积总和
承重墙	承重墙是指在砌体结构中支撑着上部楼层重量的墙体。承重墙在工程图上，一般为黑色墙体。如果打掉承重墙，则会破坏整个建筑结构

续表

名称	解　说
城市综合体	城市综合体是把城市中的商业、办公、展览、餐饮、居住、旅店、会议、文娱、交通等城市生活空间的三项以上进行组合，以及在各部分间建立一种相互依存、相互助益的能动关系，从而形成一个多功能、高效率的综合建筑体
存量房	存量房是指已经被购买，或者自建并且取得所有权证书的一种房屋
大放脚	埋入地下的墙叫做基础墙，基础墙的下部一般做成阶梯形的砌体，叫做大放脚（大方脚）
单元式高层住宅	单元式高层住宅是由多个住宅单元组合而成，每单元均设有楼梯、电梯的高层住宅
低层住宅	低层住宅一般是指一层到三层的住宅
地下室	地下室是指房屋全部或部分在室外地坪以下的部分，包括层高在 2.2m 以下的半地下室。也就是房间地面低于室外地平面的高度超过该房间净高的 1/2 的房间
定位轴线	定位轴线是用以确定主要结构位置标志尺寸的线，如确定建筑的开间或柱距、进深或跨度的线
多层住宅	多层住宅是指四层到六层的住宅
筏板基础	筏板基础是由底板、梁等整体组成。如果建筑物荷载较大，地基承载力较弱，则常采用混凝土底板。承受建筑物荷载，形成筏基
防潮层	为了防止地下潮气沿墙体上升与地表水对墙面的侵蚀，需要采用防水材料把下部墙体与上部墙体隔开。该隔开的阻断层就是防潮层。防潮层的位置一般在首层室内地面（+0.00）下 60～70mm 处，以及标高−0.06～−0.07m 处
房改房	房改房是已购的公有住房，是指城镇职工根据国家、县级以上地方人民政府有关城镇住房制度改革政策规定，根据成本价或者标准价购买的已建公有住房。如果根据成本价购买的，房屋所有权归职工个人所有。如果按照标准价购买的，职工拥有部分房屋所有权，一般在 5 年后归职工个人所有

名称	解　说
房屋	房屋一般是指其上有屋顶、周围有墙，能够防风避雨，御寒保温，供人们在其中工作、生活、学习、娱乐、储藏物资，以及具有固定基础，层高一般在2.2m以上的永久性场所。根据一些地方的生活习惯，可供人们常年居住的窑洞、竹楼等也属于房屋范畴
房屋层数	房屋层数是指房屋的自然层数，一般根据室内地坪±0以上计算。采光窗在室外地坪以上的半地下室，其室内层高在2.20m以上（不含2.20m）的，计算自然层数。房屋总层数为房屋地上层数与地下层数之和。假层、附层（夹层）、阁楼（暗楼）、插层、装饰性塔楼、突出屋面的楼梯间、突出屋面水箱间一般不计层数
房屋减少建筑面积	房屋减少建筑面积是指报告期由于拆除、倒塌，以及因各种灾害等原因实际减少的房屋建筑面积
房屋建筑面积	房屋建筑面积是指含自有（私有）房屋在内的各类房屋建筑面积的和。也就是指房屋外墙（柱）勒脚以上各层的外围水平投影面积，包括阳台、挑廊、地下室、室外楼梯等
房屋使用面积	房屋使用面积是指房屋户内全部可供使用的空间面积。一般根据房屋的内墙面水平投影来计算
非成套住宅	非成套住宅是指供人们生活居住的，但是不成套的一种房屋
非承重墙	非承重墙是指隔墙不支撑着上部楼层重量的墙体，只起到把一个房间与另一个房间隔开的作用
钢、钢筋混凝土结构	钢、钢筋混凝土结构是指承重的主要构件是用钢、钢筋混凝土建造的一种结构形式
钢混结构住宅	钢混结构住宅的结构材料是钢筋混凝土，也就是钢筋、水泥、粗细骨料（碎石）、水等的一种混合体。该种结构的住宅具有抗震性能好、整体性强、抗腐蚀能力强、经久耐用、房间的开间较大、房间的进深较大、空间分割较自由、结构工艺比较复杂、建筑造价较高等特点。目前，多、高层住宅多采用该种结构
钢结构	钢结构是建筑物主要承重构件由钢材（钢材料）构成的结构，包括悬索结构。其具有自重轻、强度高、延性好、施工快、抗震性好、造价高等特点。钢结构一般用于超高层建筑中

名称	解说
钢筋混凝土结构	钢筋混凝土结构是指承重主要构件是用钢筋混凝土建造的，具体包括薄壳结构、大模板现浇结构、使用滑模/升板等建造的钢筋混凝土结构
高层住宅	高层住宅是指十层及十层以上的住宅
高端住宅	高端住宅一般包括中心区域的高价公寓、近郊的资源别墅
搁楼（暗楼）	搁楼（暗楼）一般是指房屋建成后，因各种需要，利用房间内部空间上部搭建的楼层
工程变更	工程变更是指设计变更、进度计划变更、施工条件变更、原招标文件与工程量清单中没有包括的增减工程等情况
工程计量	工程计量就工程某些特定内容进行的计算度量工作。工程造价的计量是指为计算工程造价就工程数量或计价基础数量进行的度量统计的一种工作
工程进度款	工程进度款是指在施工过程中，按逐月，或者形象进度、或控制界面等，完成的工程数量计算的各项费用总和
工程签证	根据承、发包合同约定，一般由承发包双方代表就施工过程中涉及合同价款之外的责任事件所作的签认证明
工程造价的控制	工程造价的控制是指在优化建设方案，设计方案的基础上，在建设程序的各个阶段，采用一定的方法、措施把工程造价控制在合理的范围与核定的造价限额内
工程造价的确定	工程造价的确定是指在工程建设的各个阶段，合理确定投资估算、概算、预算、合同价、竣工结算价、竣工决算价等
工程造价鉴证	针对鉴证对象，由造价工程师根据鉴证目的、提供的资料、现行规定、合同约定，以及遵循工程造价咨询规则、程序，运用工程造价咨询方法、手段，对工程造价作出的客观、公正的判断
工业用房	工业用房是指独立设置的各类工厂、车间、手工作坊、发电厂等从事生产活动的一种房屋建筑
公用设施用房	公用设施用房是指自来水、泵站、燃气、供热、污水处理、变电、垃圾处理、环卫、公厕、殡葬、消防等市政公用设施的一种房屋建筑

续表

名称	解说
公寓	公寓是集合式住宅的一种，中国内地称为单元楼或居民楼，港澳地区称为单位。 公寓特指不能分割产权的生活设施，主要表现为生产、教育、科研、医疗、服务等用地内配套的生活设施用房。 公寓可以分为住宅公寓、服务式公寓。其中，服务式公寓有酒店式公寓、创业公寓、青年公寓、白领公寓、青年 SOHO 等多种类型
公寓式住宅	公寓式住宅相对于独院独户的西式别墅住宅而言。一般是高层，标准较高，每一层内有若干单户独用的套房
拱券	拱券是桥梁、门窗等建筑物上筑成弧形的部分
箍筋	箍筋是用来满足斜截面抗剪强度，连接受拉主钢筋与受压区混凝土使其共同工作，以及用来固定主钢筋的位置使梁内各种钢筋构成钢筋骨架的一种钢筋
挂梁	在悬臂梁桥桥或 T 构中，用于连接两悬臂梁或用于连接两 T 构的梁段。挂梁两端一般多放置在牛腿上，如果同悬挂，因此，叫做挂梁
过梁	当墙体上开设门窗洞口时，为了支撑洞口上部砌体所传来的各种荷载，以及将这些荷载传给窗间墙，常在门窗洞口上设置横梁，该梁就称做过梁
合同图纸	合同图纸是指作为招标文件发放给投标单位，以及在招标过程中补充、完善，作为施工承包合同价款计算依据的图纸与相关技术要求
合同咨询	咨询机构对委托方与第三方签订的合同，就合同形式选取，条款内容的有效设定等提供全面咨询
横向	横向是指建筑物的宽度方向
横向轴线	横向轴线是沿建筑物宽度方向设置的轴线，其编号方法一般采用阿拉伯数字从左到右编写在轴线圆内
红线	红线是指规划部门批给建设单位的占地面积，一般用红笔圈在图纸上，具有法律效力

名称	解　说
花园式住宅	花园式住宅也叫做西式洋房、小洋楼、花园别墅。一般都是带有花园草坪、车库的独院式平房或二、三层小楼。该建筑建筑密度低，内部居住功能完备，装修豪华，住宅水电暖供给一应俱全
混合结构	混合结构是指承重主要构件是用钢筋混凝土与砖木建造的
基本完好房屋	基本完好房屋是指主体结构完好，少数部件虽有损坏，但是不严重，经过维修就能修复的房屋
集体宿舍	集体宿舍是指机关、学校、企事业单位的单身职工、学生居住的房屋
集资房	集资房一般由国有单位出面组织，并且提供自有的国有划拨土地用作建房用地，国家予以减免部分税费，由参加集资的职工部分，或者全额出资建设，房屋建成后归职工所有，不对外出售。产权也可以归单位与职工共有，在持续一段时间后过渡为职工个人所有。集资房属于经济适用房的一种
架空层	架空层是指仅有结构支撑而无外围护结构的开敞空间层。目前，在房地产方面架空层的利用主要是为了增加楼盘的活动空间等目的，架空层的层高并不一定低，有的可以达到 6～9m，但主要供高层（100m）以下的建筑采用。普通的也可达到 3m
假层	假层是指建房时建造的，一般用于比较低矮的楼层，其前后沿的高度大于 1.7m，面积不足底层的 1/2 的部分
剪力墙	剪力墙英文为 shear wall，又称为抗风墙、抗震墙、结构墙。剪力墙是房屋或构筑物中主要承受风荷载，或者地震作用引起的水平荷载的墙体
剪力墙结构	剪力墙结构是指竖向荷载由框架与剪力墙共同承担，水平荷载一般由框架承受 20%～30%，剪力墙承受 70%～80%的结构。剪力墙长度一般根据每建筑平方米 50mm 的标准来设计
建筑面积	建筑面积是指建筑物长度、宽度的外包尺寸的乘积再乘以层数。建筑面积一般由使用面积、交通面积、结构面积组成
建筑总高度	建筑总高度是指室外地坪到檐口顶部的总高度
交通面积	交通面积是指走道、楼梯间、电梯间等交通联系设施的净面积
结构面积	结构面积是指墙体、柱所占的面积

名称	解　说
解困房	解困房是指各级地方政府为解决本地城镇居民中特别困难户、困难户、拥挤户住房的问题而专门修建的住房
进深	进深是指一间独立的房屋或一幢居住建筑内从前墙的定位轴线到后墙的定位轴线间的实际长度，也就是一间房屋的深度及两条纵向轴线间的距离。住宅的进深一般采用下列常用参数：3.0m、3.3m、3.6m、3.9m、4.2m、4.5m、4.8m、5.1m、5.4m、5.7m、6.0m
经济适用住房	经济适用住房是指根据国家经济适用住房建设计划安排建设的住宅。该住宅一般由国家统一下达计划，用地一般实行行政划拨的方式，免收土地出让金，对各种经批准的收费实行减半征收，出售价格实行政府指导价，然后根据保本微利的原则来确定
经营用房	经营用房是指各种开发、装饰、中介公司等从事各类经营业务活动所用的房屋
井架	井架是指矿井、油井等用来装置天车、支撑钻具等的金属结构架，一般竖立在井口。井架用于钻井或钻探时，也叫做钻塔
净高	净高是指房间的净空高度，以及地面到天花板下皮的高度
酒店式服务公寓、酒店式公寓	酒店式服务公寓是指提供酒店式管理服务的公寓
居住区	居住区是城市中在空间上相对独立的各种类型与各种规模的生活居住用地的统称。居住区包括居住小区、居住组团、住宅街坊、住宅群落
开间	住宅的宽度是指一间房屋内一面墙的定位轴线到另一面墙的定位轴线间的实际距离。就一自然间的宽度而言，又称为开间。住宅建筑的开间常采用下列参数：2.1m、2.4m、2.7m、3.0m、3.3m、3.6m、3.9m、4.2m。规定较小的开间尺度，可缩短楼板的空间跨度，增强住宅结构整体性、稳定性、抗震性。 　　砖混住宅，住宅开间一般不超过 3.3m。目前，我国大量城镇住宅房间的进深一般都限定在 5m 左右，不能够任意扩大

名称	解　说
开间进深	横墙是沿建筑物短轴布置的墙。纵墙是沿建筑物长轴方向布置的墙。开间就是两横墙间距离进深。开间进深也就是指住宅的宽度与住宅的实际长度。 住宅开间一般为 3.0～4.5m
可行性研究	可行性研究是通过对项目的主要内容与配套条件进行调查研究、分析比较，以及对项目建成后可能取得的经济、社会、环境效益进行预测，为项目决策提供一种综合性的系统分析方法
可行性研究评估	根据委托人的要求，在可行性研究的基础上，根据一定的目标，由另一咨询单位对投资项目的可靠性进行分析判断、权衡各种方案的利弊，以及向业主提出明确的评估结论
跨度	跨度就是建筑物中，梁、拱券两端的承重结构间的距离，两支点中心间的距离
跨数	在板柱结构中，两柱间算一跨
框架—剪力墙结构住宅	框架—剪力墙结构也称框剪结构，该种结构是在框架结构中布置一定数量的剪力墙，构成灵活自由的使用空间，满足不同建筑功能的要求，又有足够的剪力墙，有相当大的刚度
框架结构	框架结构是指由柱子、纵向梁、横向梁、楼板等构成的骨架作为承重结构，墙体是围护结构的一种建筑结构
框架结构住宅	框架结构住宅是指以钢筋混凝土浇捣成承重梁柱，再用预制的加气混凝土、膨胀珍珠岩、浮石、蛭石、陶栏等轻质板材隔墙分户装配而成的住宅
框剪结构	框剪结构主要结构是框架，由梁柱构成，小部分是剪力墙，墙体全部采用填充墙体。框剪结构适用于平面或竖向布置繁杂、水平荷载大的高层建筑
勒脚	勒脚是指建筑物的外墙与室外地面，或者散水接触部位墙体的加厚部分；勒脚的主要作用是防止地面水、屋檐滴下的雨水的侵蚀，从而保护墙面，保证室内干燥。勒脚的高度一般不低于700mm。勒脚部位外抹水泥砂浆或外贴石材等防水耐久的材料，需要与散水、墙身水平防潮层形成闭合的防潮系统。勒脚的高度一般为室内地坪与室外地坪的高差

名称	解说
廉租住房	廉租住房是指政府与单位在住房领域实施社会保障职能，向具有城镇常住居民户口的最低收入家庭提供的租金相对低廉的普通住房
明沟	明沟是靠近勒脚下部设置的排水沟。其主要作用是为了迅速排出从屋檐滴下的雨水，防止因积水渗入地基而造成建筑物的下沉
内墙	内墙是指室内的墙体，主要起到隔音、分隔空间、承重等维护作用的墙体
女儿墙	女儿墙在古代时叫女墙，是仿照女子睥睨的形态，在城墙上筑起的墙垛。女儿墙特指房屋外墙高出屋面的矮墙，在现存的明清古建筑物中我们还能看到
平价房	平价房是根据国家安居工程实施方案的有关规定，以城镇中、低收入家庭住房困难户为解决对象，通过配售形式供应、具有社会保障性质的经济适用住房
期房	开发商从取得商品房预售许可证开始至取得房地产权证（大产证）止，在这一期间的商品房称为期房
轻钢屋架	轻钢屋架是指单榀（一个房架称一榀）重量在 1t 以内，并且用小型角钢或钢筋、管材作为支撑拉杆的钢屋架
圈梁	砌体结构房屋中，在砌体内沿水平方向设置封闭的钢筋混凝土梁，以提高房屋空间刚度、增加建筑物的整体性、提高砖石砌体的抗剪、抗拉强度，防止由于地基不均匀沉降、地震或其他较大振动荷载对房屋的破坏，在房屋的基础上部的连续的钢筋混凝土梁叫做基础圈梁，也叫做地圈梁。在墙体上部，紧挨楼板的钢筋混凝土梁叫上圈梁。 圈梁应在同一水平面上连续、封闭，但是当圈梁被门窗洞口隔断时，需要在洞口上部设置附加圈梁进行搭接补强。附加圈梁的搭接长度一般不应小于两梁高差的两倍，也不应小于 1000mm
全剪力墙结构	全剪力墙结构是利用建筑物的内墙（或内外墙）作为承重骨架，用来承受建筑物竖向荷载与水平荷载的结构
日照间距	日照间距就是根据日照时间要求，确定前后两栋建筑间的距离。日照间距的计算，一般以冬至这一天正午正南方向房屋底层窗台以上墙面，能被太阳照到的高度为依据

名称	解　说
散水	散水是与外墙勒脚垂直交接倾斜的室外地面部分，用来排出雨水，保护墙基免受雨水侵蚀，也就是靠近勒脚下部的排水坡。 　　散水的宽度需要根据土壤性质、气候条件、建筑物的高度与屋面排水形式确定，一般为600～1000mm。当屋面采用无组织排水时，散水宽度需要大于檐口挑出长度200～300mm。为保证排水顺畅，一般散水的坡度为3%～5%，散水外缘高出室外地坪30～50mm。散水常用材料为混凝土、水泥砂浆、卵石、块石等。 　　年降雨量较大的地区，可以采用明沟排水。一般在年降雨量为900mm以上的地区，采用明沟排出建筑物周边的雨水。明沟宽一般为200mm左右，材料为混凝土、砖等。 　　建筑中，为防止房屋沉降后，散水或明沟与勒脚结合处出现裂缝，在此部位需要设缝，用弹性材料进行柔性连接
商品房	商品房是指由房地产开发企业开发建设，以及出售、出租的房屋
商业用房	商业用房是指各类商店、粮油店、菜场、理发店、门市部、饮食店、照相馆、浴室、旅社、招待所等从事商业与为居民生活服务所用的房屋
商住楼	商住楼是指商业用房与住宅组成的建筑
商业住宅	商业住宅是soho（居家办公）住宅观念的一种延伸。其属于住宅，同时又融入写字楼的诸多硬件设施，使居住者在居住的同时又能够从事商业活动的一种住宅形式
涉外房产	涉外房产是指中外合资经营企业、中外合作经营企业、外资企业、外国政府、社会团体、国际性机构所投资建造或购买的房产
施工工程标底	施工工程标底是由招标单位自行编制，或者委托具有编制标底资格、能力的工程造价咨询单位代理编制，并且以此作为招标工程在评标时参考的预期价格
施工合同	施工合同是发包方与承包方为完成商定的建筑、安装工程，明确相互权利义务关系的一种协议
使用率	使用率也叫做得房率，是指使用面积占建筑面积的百分数
使用面积	使用面积是指主要使用房间与辅助使用房间的净面积。其中，净面积为轴线尺寸减去墙厚所得的净尺寸的乘积

名称	解说
水景商品房	水景商品房是指依水而建的房屋
私有（自有）房产	私有（自有）房产是指私人所有的房产，包括中国公民、港澳台同胞、海外侨胞、在华外国侨民、外国人所投资建造、购买的房产，以及中国公民投资的私营企业所投资建造、购买的房屋
塔式高层住宅	塔式高层住宅是以共用楼梯、电梯为核心布置多套住房的高层住宅
踢脚	踢脚是外墙内侧和内墙两侧与室内地坪交接处的构造。踢脚的主要作用是防止扫地时污染墙面。踢脚的高度一般为120～150mm
天然地基	天然地基就是自然状态下即可满足承担基础全部荷载要求，不需要人工处理的地基。天然地基土可以分为岩石、碎石土、砂土、黏性土等种类
通廊式高层住宅	通廊式高层住宅是指共用楼梯、电梯，然后通过内、外廊进入各套住宅的高层住宅
筒体结构	筒体结构是由框架—剪力墙结构与全剪力墙结构综合演变与发展而来。筒体结构是将剪力墙或密柱框架集中到房屋的内部、外围而形成的空间封闭式的筒体。筒体结构多用于写字楼建筑
投标报价书	投标报价书是投标商根据招标文件对招标工程承包价格作出的要约表示，是投标文件的核心内容
土方工程	挖土、填土、运土的工作量一般用立方米来计算。一立方米叫做一个土方，那么该类的工程也就是土方工程
外墙	外墙是指对建筑主体结构起维护作用，抵抗外界物理、化学、生物破坏的一种维护结构
完好房屋	完好房屋是指主体结构完好，具有不倒、不塌、不漏、庭院不积水、门窗设备完整、上下水道通畅、室内地面平整，能够保证居住安全与正常使用的房屋，或者虽有一些漏雨、轻微破损，或缺乏油漆保养，经过小修能够及时修复的房屋
危险房屋	危险房屋是指结构已严重损坏，或者承重构件已属危险构件，随时有可能丧失结构稳定与承载能力，不能够保证居住与使用安全的房屋

名称	解　　说
危险房屋建筑面积	危险房屋建筑面积是指结构已经严重损坏或承重构件已属危险构件，随时有可能丧失结构稳定与承载能力，不能够保证居住与使用安全的房屋建筑面积
微利房	微利房也称为微利商品房，是指由各级政府房产管理部门组织建设与管理，以低于市场价格与租金、高于福利房价格和租金，用于解决部分企业职工住房困难与社会住房特困户的房屋
屋盖	屋盖是房屋最上部的围护结构，其需要满足相应的使用功能要求，以及为建筑提供适宜的内部空间环境。屋盖也可以是房屋顶部的承重结构，其受材料、结构、施工条件等因素的制约
屋架	屋架是房屋组成部件之一，平房、中式楼房中屋架可分为中式屋架、人字架、钢屋架、钢混屋架等几类
屋面	屋面是指建筑物屋顶的表面，主要是指屋脊与屋檐间的部分，该部分占据了屋顶的较大面积，或者说屋面是屋顶中面积较大的部分
现房	现房是指消费者在购买时，具备即买即可入住的商品房，也就是开发商已经办妥所售的商品房的大产证的商品房，与消费者签订商品房买卖合同后，立即可以办理入住手续，以及取得产权证的房屋
小高层住宅	小高层住宅是指七层到九层的住宅
写字楼	写字楼是指为商务、办公活动提供空间的一种建筑及附属设施、设备、场地
芯柱	在砌块内部空腔中插入竖向钢筋，并且浇灌混凝土后形成的砌体内部的钢筋混凝土小柱。芯柱就是在框架柱截面中部 1/3 左右的核心部位配置附加纵向钢筋与箍筋而形成的内部加强区域
悬臂梁	梁的一端为不产生轴向、垂直位移、转动的固定支座，另一端为自由端
严重损坏房屋	严重损坏房屋是指年久失修、破损严重，但是没有倒塌危险，需要大修，或者有计划的翻修、改建的一种房屋
檐高	房屋建筑顶层屋面出外墙面部分叫屋檐。檐高是指设计室外地坪到屋檐底的高度，如果屋檐有檐沟，则为到檐口底的高度

名称	解　说
檐口	檐口是指结构外墙体与屋面结构板交界处的屋面结构板顶，檐口高度即为檐口标高处，到室外设计地坪标高的距离。一般所说的屋面的檐口是指大屋面的最外边缘处的屋檐的上边缘，也就是上口，不是突出大屋面的电梯机房、楼梯间的小屋面的檐口
一般损坏房屋	一般损坏房屋是指主体结构基本完好、屋面不平整、经常漏雨、内粉刷部分脱落、地板松动、门窗有的腐朽变形、下水道经常阻塞、墙体轻度倾斜开裂，需要进行正常修理的一种房屋
有限产权房	有限产权房是房屋所有人在购买公房中按照房改政策以标准价购买的住房或建房过程中得到了政府或企业补贴，房屋所有人享有完全的占有权、使用权、有限的处分权与收益权的住房
预可行性研究	预可行性研究也叫初步可行性研究，是在投资机会研究的基础上，对项目方案进行的进一步技术经济论证，从而得出初步判断
跃层住宅	跃层住宅是套内空间跨跃两楼层及以上的住宅
再上市房	再上市房是指职工按照房改政策购买的公有住房或经济适用房首次上市出售的房屋
栈桥	栈桥就是形状像桥的建筑物，一般建在车站、港口、矿山、工厂，主要用于装卸货物、上下旅客。在土木工程中，为运输材料、设备、人员而修建的临时桥梁设施，根据采用的材料不同，可以分为木栈桥、钢栈桥
招标文件	招标文件是工程建设的发包方以法定方式吸引承包商参加竞争，择优选取施工单位的一种书面文件
找平层	找平层是在原结构面因存在高低不平，或者坡度而进行找平铺设的基层，这有利于在其上面铺设面层或防水、保温层
中高层住宅	中高层住宅是指七层到九层的住宅
住宅	住宅是指专供居住的房屋，包括别墅、公寓、职工家属宿舍、集体宿舍等。但是不包括住宅楼中作为人防用、不住人的地下室等，也不包括托儿所、病房、疗养院、旅馆等具有专门用途的房屋。 住宅也就是供家庭居住使用的建筑
住宅建筑面积	住宅建筑面积是指供人居住使用的房屋建筑面积

名称	解　说
住宅使用面积	住宅使用面积是指住宅中以户（套）为单位的分户（套）门内全部可供使用的空间面积。其包括日常生活起居使用的卧室、起居室、客厅（堂屋）、亭子间、厨房、卫生间、室内走道、楼梯、壁橱、阳台、地下室、假层、附层（夹层）、阁楼、暗楼等面积。 　住宅使用面积一般按住宅的内墙线来计算
砖混结构	房屋的竖向承重构件采用砖墙或砖柱，水平承重构件采用钢筋混凝土楼板、屋顶板
砖木结构	砖木结构是指承重的主要构件是用砖、木材建造的
纵墙、横墙	纵墙是沿建筑物长轴方向布置的墙，横墙是沿建筑物短轴方向布置的墙
纵向	纵向是指建筑物的长度方向
纵向轴线	纵向轴线是沿着建筑物长度方向设置的轴线，其编号方法一般采用大写字母从上到下编写在轴线圆内（说明：字母 I、O、Z 不用）

第2章 Chapter2

电 工 基 础

✎ **2-1 什么是电?**

答 电是能的一种形式,是一种自然现象。电分为负电、正电两大类。

✎ **2-2 什么是电路,它的组成、功能是什么?**

答 电路是电流的通路,也就是为了某种需要由电工设备或电路元件根据一定方式组合而成,即其一般由电源、负载、连接电源和负载的中间环节等部分组成。

(1)电源:提供电能的装置,其主要是将其他形式的能转化为电能。例如,发电机、电池等可以作为电源。

(2)负载:消耗电能的设备,其主要是将电能转化为其他形式的能。例如,电动机、电灯等可以作为负载。

(3)中间环节:传送、分配、控制电能的部分,如导线、熔断器、开关等可以作为中间环节。

一般电路由内电路与外电路两部分组成。内电路也就是电源内部的电流通路,电流由电源负极指向正极。外电路也就是除电源外的电路,电流由电源正极指向负极。

电路的主要作用为:① 实现电能的传输、分配、转换;② 实现信号的传递与处理。

✎ **2-3 什么是电流,它的符号与大小是怎样的?**

答 电荷的定向移动就形成了电流。电流的大小就是单位时间内通过导体截面的电量。

直流电流一般用大写 I 表示,交流电流一般用小写 i 表示。

电流的单位一般用安培表示,符号为 A。常见的单位还有毫安(mA)、千安(kA)等,它们的关系如下:

$$1kA=1000A$$
$$1A=1000mA$$
$$1mA=1000\mu A$$
$$1\mu A=1000nA$$
$$1nA=1000pA$$

2-4 电压、电位与电动势、电功率的概念是什么？

答 （1）电路中两点间的电压：单位正电荷由点1移到点2电场力所做的功。

（2）电位差：电路中1、2两点间的电压等于1、2两点的电位差。

（3）电动势：电动势是衡量外力，即非静电力做功能力的物理量。外力克服电场力把单位正电荷从电源的负极搬运到正极所做的功就是电源的电动势。

（4）电动势的实际方向：电动势的实际方向与电压实际方向相反，也就是由负极指向正极。

（5）电功率：单位时间内电路元件吸收或输出的电能叫作电功率，一般用 P 表示。电功率的单位为瓦特，一般用 W 表示。

2-5 串联与并联的特点是什么？

答 （1）串联就是将电路元件（如电阻、电容、电感等）逐个顺次首尾相连接。把各用电器串联起来组成的一种电路叫作串联电路。串联电路中通过各用电器的电流都相等，也就是 $I_总=I_1=I_2\cdots$。

（2）并联就是电路中的各用电器并列地接到电路的两点间的连接方式。并联电路电流特点如下。

1）电流不"偏心"：电流会走每一条支路。

2）电流能省则省：如果支路中出现短路，则电流会走短路。

3）电流不走回头路：绝不会倒回到电源正极。

2-6 电流有哪些类型？各有什么特点？

答 电流可以分为交流电流、直流电流。

（1）交流电流（交流电）：大小与方向均随时间发生周期性变化的电流。建筑生活民用电一般是交流 220V 电源。交流电压、交流电流统称为交流电。

（2）直流电流（直流电）：方向不随时间发生改变的电流。生活中使用的可移动外置式电源提供的电流一般是直流电。例如，手电筒的干电池、手机的锂电池等。

✈ 2 - 7　什么是线电压、线电流、相电压、相电流？

答　三相电路中，线电压就是线路上任意两相线间的电压，一般用 $U_{线}$ 表示。

三相电路中，相电压就是每相绕组两端的电压，一般用 $U_{相}$ 表示。

三相电路中，相电流就是流过每相的电流，一般用 $I_{相}$ 表示。

三相电路中，线电流就是流过任意两相线的电流，一般用 $I_{线}$ 表示。

✈ 2 - 8　三相四线制的特点是什么？

答　三相四线制就是 3 条相线、1 条中性线的供电体制。3 条相线具有频率相同、幅值相等、相位互差 120° 的正弦交流电压，也就是三相对称电压。

单相交流电就是三相交流电路中的一相。因此，三相交流电路可视为 3 个特殊的单相电路的组合。

✈ 2 - 9　三相五线制的特点是什么？

答　三相四线制系统中，中性线干线除了起到保护作用外，有时还需要流过零序电流。如果三相用电不平衡的情况下，以及低压电网中性线过长阻抗过大时，即使没有大的漏电流发生，中性线也会形成一定的电位。因此，在三相四线制供电系统中，把中性线干线的两个作用分开，也就是用一根线做工作中性线 N，用另外一根线做保护中性线 E，这样就形成了三相五线制系统。

三相五线制系统可以应用于采用保护接零的低压供电系统中。

三相五线制具有如下特点：

（1）用绝缘导线布线时，保护中性线一般用黄绿双色线，工作中性线一般用黑色线。

（2）工作中性线一般由变压器中性点瓷套管引出，保护中性线一般由接地体的引出线引出。

（3）用低压电缆供电的，需要选用五芯低压电力电缆。

（4）终端处，工作中性线与保护中性线一定分别与中性线干线相连接。

（5）重复接地需要根据要求一律在保护中性线上。

✈ 2 - 10　什么是低压？

答　新建、改建、扩建的工业与民用建筑，以及市政基础设施施工现场临时用电工程中的电源中性点直接接地的 220/380V 三相四线制低压电力系统中，交流额定电压在 1kV 及以下的电压属于低压。

2-11 什么是高压？

答 新建、改建、扩建的工业与民用建筑，以及市政基础设施施工现场临时用电工程中的电源中性点直接接地的 220/380V 三相四线制低压电力系统中，交流额定电压在 1kV 以上的电压属于高压。

有的高压电气设备主要是指 1000V 以上供配电系统中的设备或装置。

2-12 电力系统是由什么组成的？

答 电力系统就是由发电厂中的电气部分、各类变电站、输电/配电线路、各种类型的用电设备组成的统一体。一些组成部分的作用如下。

（1）发电厂：主要生产电能。

（2）电力网：主要变换电压、传送电能。其主要由变电站与电力线路组成。

（3）配电系统：主要将系统的电能传输给电力用户。

（4）用电设备：主要消耗电能。

（5）电力用户：高压用户额定电压一般在 1kV 以上，低压用户额定电压一般在 1kV 以下。

2-13 什么是动力系统？

答 动力系统就是在电力系统的基础上，把发电厂的动力部分（如水力发电厂的水库/水轮机、核动力发电厂的反应堆等）包含在内的一种系统。

通常将发电厂电能送到负荷中心的线路叫输电线路。负荷中心到各用户的线路叫配电线路。负荷中心一般设变电站。

电力系统中的动力系统与物业建筑中的动力系统是不同的。物业建筑中的动力系统主要是针对照明系统而言的以电动机为动力的设备以及相应的电气控制线路、设备。高层建筑常见的动力设备有电梯、水泵、风机、空调电力等。

物业建筑中的动力受电设备一般需要对称的 380V 三相交流电源供电。使用对称的 380V 三相交流电源供电的动力受电设备一般不需要中性线或者零线。

2-14 负载星形联结有什么特点？

答 负载星形联结的一些特点如下。

（1）负载的星形联结方式（Y联结）就是把负载的三相绕组的末端 X、Y、Z 连成一结点，其始端 A、B、C 分别用导线引出接到电源上。

（2）如果忽略导线的阻抗不计，则负载端的线电压就与电源端的线电压相等。

（3）星形联结分为有中线星形联结、无中线星形联结两种。其中，有中线星形联结的低压电网叫做三相四线制。无中线星形联结的低压电网叫做三相三线制。

（4）星形联结线电流等于相电流。

（5）星形联结线电压相位超前有关相电压 30°。

（6）星形联结线电压有效值是相电压有效值的 $\sqrt{3}$ 倍。

2-15　电源的三角形联结与星形联结各有什么特点？

答　电源的三角形联结与星形联结的特点见表 2-1。

表 2-1　　　　　　　　　**电源的三角形联结与星形联结的特点**

名称	解　说
电源的三角形联结	电源的三角形联结（△联结）就是将三相电源的绕组，依次首尾相连接构成的闭合回路，然后以首端 A、B、C 引出导线接到负载。三角形联结时，每相绕组的电压即为供电系统的线电压
电源的星形联结	电源的星形联结方式（Y联结）就是将电源的三相绕组的末端 X、Y、Z 连成一节点，而始端 A、B、C 分别用导线引出接到负载 　　三绕组末端所连成的公共点叫做电源的中性点。如果从中性点引出一根导线，该线叫作中性线或零线。三相电源星形联结时，线电压是相电压的 $\sqrt{3}$ 倍，并且线电压相位超前有关相电压 30°

2-16　什么是中性点位移现象？

答　三相电路中电源电压三相对称的情况下，不论有无中性线，中性点的电压一般等于零。如果三相负载不对称，并且没有中性线或中性线阻抗较大的情况下，则三相负载中性点会出现电压，该种现象就是中性点的位移现象。

2-17　对称的三相交流电路有什么特点？

答　对称的三相交流电路的一些特点如下。

（1）对称的三相交流电路中，相电动势、线电动势、线电流、相电流、线电压、相电压的大小分别相等，相位互差 120°，三相各类量的相量和、瞬时值的和均为零。

（2）三相绕组与输电线的各相阻抗大小与性质均相同。

（3）三相总的电功率等于一相电功率的 3 倍并且等于线电压与线电流有效值乘积的 $\sqrt{3}$ 倍，不论是星形联结或三角形联结。

(4) 星形联结中,相电流与线电流大小、相位均相同。线电压等于相电压的 $\sqrt{3}$ 倍,并且超前于有关的相电压 $30°$。

(5) 三角形联结中,相电压与线电压大小、相位均相同。线电流等于相电流的 $\sqrt{3}$ 倍,并且滞后于有关的相电流 $30°$。

2-18 什么是正弦交流电?电网输电为什么采用交流电?

答 正弦交流电就是指电路中的电流、电压、电势的大小均随着时间按正弦函数规律变化。这种大小与方向均随时间做周期性变化的电流叫做交变电流,也就是交流。

远距离输电时,一般通过升高电压减少线路损耗。使用时,再通过降压变压器把高压变成低压。这样,在使用时既有利于安全,又能够降低对设备的绝缘要求。

另外,交流电动机比直流电动机构造简单、维护简便等,并且又可通过整流设备将交流电变换为直流电。因此,输电时一般直接输送的是交流电。

2-19 三相三、四、五线制各自有什么特点?各自的主要应用场合有哪些?

答 三相三、四、五线制各自的特点见表 2-2。

表 2-2　　　　三相三、四、五线制各自的特点

名称	解　说
三相三线制丫—△输配电系统	三相三线制输电线路,负载如果接成三角形则构成丫—△输配电系统
三相三线制丫—丫输配电系统	三相三线制输电线路,负载如果接成星形则构成丫—丫输配电系统
三相三线制输电线路	三相电源一般接成星形,向输电线路引出 3 根相线
三相四线制丫—丫输配电系统	三相四线制输电线路,负载如果接成星形则构成丫—丫输配电系统
三相四线制输电线路	如果三相电源接成星形,向输电线路引 3 根相线与 1 根中线
三相五线制输电线路	如果三相电源接成星形,向输电线路引 3 根相线与 2 根中线,其中一根中线用于工作中线,另一根中线作为安全保护用

三相三、四、五线制各自主要应用场合见表 2 - 3。

表 2 - 3　　　　　三相三、四、五线制各自主要应用场合

名称	解　说
三相三线制	三相三线制主要用于高压输电线路、对称三相负载的丫—丫系统与丫—△系统
三相四线制	三相四线制一般用于低压输配电系统，如工厂变配电所的变压器低压侧接成三相四线制
三相五线制	三相五线制将逐步取代三相四线制，其主要用于保护接零的用电系统

2 - 20　强电与弱电有什么区别？

答　强电与弱电的区别见表 2 - 4。

表 2 - 4　　　　　　　　强电与弱电的区别

项目	强　电	弱　电
传输方式	以输电线路传输	传输分有线、无线。无线电一般以电磁波传输
电流大小	一般以 A（安）、kA（千安）计	一般以 mA（毫安）、μA（微安）计
电压大小	一般以 V（伏）、kV（千伏）计	一般以 V（伏）、mV（毫伏）计
功率大小	一般以 kW（千瓦）、MW（兆瓦）计	一般以 W（瓦）、mW（毫瓦）计
交流频率	一般为 50Hz（赫），也就是工频（强电中也有高频——数百 kHz 与中频设备，但是电压较高，电流也较大）	往往是高频或特高频，一般以 kHz（千赫）、MHz（兆赫）计
用途	用于动力能源	用于信息传递

2 - 21　什么是电器与低压电器？

答　电器就是指能够根据外界要求，或者所施加的信号，自动或手动地接通或断开电路，从而连续地或断续地改变电路的参数或状态，实现对电路或

非电对象的切换、控制、保护、检测、调节的一种电气设备。

电器根据工作电压的高低，分为高压电器和低压电器。其中，低压电器一般是指采用交流 50Hz 或 60Hz，额定电压为 1200V 及以下、直流额定电压为 1500V 及以下的电路中，起通断、保护、控制、调节等作用的一种电器。

✈ 2-22 什么是温升？温升与绝缘等级有什么关系？

答 温升就是指电动机或变压器某部件的温度与周围介质的温度、周围环境温度的差。温升限度、温升限值就是指电动机各部件温升的允许极限值。

国家标准对电动机或变压器的绕组、铁心、冷却介质、轴承、润滑油等部分的温升，均有明确的规定。

温度值与温升限值间的关系如下：

$$温升限值＝许用温度－环境温度－热点温差$$

说明：国家标准中规定＋40℃为环境温度。

热点温差就是指当电动机为额定负载时，绕组最热点的稳定温度与绕组平均温度（也就是测得的温度）的差。

✈ 2-23 最高、平均、高峰、低谷负荷的定义是怎样的？

答 最高、平均、高峰、低谷负荷的定义见表 2-5。

表 2-5　　　　　最高、平均、高峰、低谷负荷的定义

名称	解　说
低谷负荷	低谷负荷就是出现的最小负荷
高峰负荷	高峰负荷就是在一昼夜内出现的最大负荷。高峰负荷又分为早高峰、午高峰、晚高峰等
平均负荷	平均负荷就是指在某一时间范围内电力负荷的平均值。平均负荷一般用符号 P_p 表示，单位一般用 kW 或 MW 表示
最高负荷、最大负荷	电力负荷的大小是随时间变化而变化的，因此，在某个时间间隔内会出现一个最大值，也就是最高负荷、最大负荷。在 0～24h 内出现的最高负荷叫做日最高负荷，一般用 P_{max} 表示，单位一般用 kW、MW 等表示

✈ 2-24 触电的类型及其特点是怎样的？

答 生产与生活中不注意安全用电，可能会带来灾害。根据触电事故的构成方式，触电事故可以分为电击、电伤。它们的特点见表 2-6。

表 2-6　　　　　　　　　　　电击、电伤的特点

名称	解　说
电击	电击就是电流对人体内部组织的一种伤害，是最危险的一种伤害，大约 85% 以上的触电死亡事故都是电击造成的。 电击的主要特征为：致命电流较小、伤害人体内部、在人体的外表没有显著的痕迹等。 根据发生电击时的电气设备的状态，电击可以分为直接接触电击、间接接触电击。对电击而言，工频电流比高频电流危险要大
电伤	电伤就是由电流的热效应、化学效应、机械效应等对人体造成的一种伤害。电伤包括电烧伤、皮肤金属化、电烙印、机械性损伤、电光眼等伤害。其中，最为严重的是电弧烧伤

2-25　触电方式有哪些特点？

答　根据人体触电与带电体的方式，以及电流流过人体的途径，电击可以分为单相触电、两相触电、跨步电压触电。它们的特点见表 2-7。

表 2-7　　　　　　　　　　　触电方式的特点

名称	解　说
单相触电	单相触电就是当人体直接接触带点设备其中的一相时，电流会通过人体流入大地，从而引起触电的一种现象。 对于高压带电体，人体虽然没有直接接触，但是由于相距安全距离以及以上距离，高电压会对人体放电，从而造成单相接地引起触电，这也属于单相触电。 低压电网一般采用变压器低压侧中性点直接接地与中性点不直接接地（或者通过保护间隙接地）的接线方式，这两种接线方式发生单相触电的情况如下图所示：

名称	解 说
单相触电	在中性点直接接地的电网中，通过人体的电流为 $$I_r = \frac{U}{R_r + R_o}$$ 式中　U——电气设备的相电压； 　　　R_o——中性点接地电阻； 　　　R_r——人体电阻。 低压中性点直接接地的电网中，单相触电事故在地面潮湿时容易发生。单相触电是危险的，因此，施工操作时需要注意安全，以及采取必要的安全措施
两相触电	两相触电也叫做相间触电，是指在人体与大地绝缘的情况下，同时接触到两根不同的相线，或者人体同时触及到电气设备的两个不同相的带电部位时，电流由一根相线经过人体到达另一根相线，形成闭合回路。两相触电比单相触电更危险，因为此时加在人体心脏上的电压是线电压。两相触电示意如下图所示：
跨步电压触电	如果线路中的相线断线落地，落地点的电位即导线电位，电流会从落地点流入地中。离落地点越远，则电位越低。如果有人走近导线落地点，由于人的两脚电位不同，则在两脚间出现电位差，该电位差就叫做跨步电压。 　　根据实际测量，在离导线落地点 20m 以外的地方，由于入地电流非常小，地面的电位近似等于零。距离电流入地点越近，人体承受的跨步电压越大；距离电流入地点越远，人体承受的跨步电压越小。 　　下列情况与部位可能发生跨步电压电击。 　　（1）正常时有较大工作电流流过的接地装置附近，流散电流在地面各点产生的电位差造成跨步电压电击。

名称	解说
跨步电压触电	（2）高大设备或高大树木遭受雷击时，极大的流散电流在附近地面各点产生的电位差造成跨步电压电击。 （3）带电导体，特别是高压导体故障接地处，流散电流在地面各点产生的电位差造成跨步电压电击。 （4）接地装置流过故障电流时，流散电流在附近地面各点产生的电位差造成跨步电压电击。 （5）防雷装置遭受雷击时，极大的流散电流在附近地面各点产生的电位差造成跨步电压电击。 （6）跨步电压的大小受接地电流大小、鞋、地面特征、两脚间的跨距、两脚的方位以及离接地点的远近等因素的影响。 （7）人的跨距一般按 0.8m 考虑。由于跨步电压受很多因素的影响以及地面电位分布的复杂性，几个人在同一地带遭到跨步电压电击完全可能出现截然不同的后果

🖊 2-26 电流对人体的危害是怎样的？

答 电流对人体的危害见表 2-8。

表 2-8 电流对人体的危害

项目	解说
电流对人体作用的机理、征象	电流通过人体时会破坏人体内细胞的正常工作，主要表现为生物学效应，以及热效应、化学效应、机械效应。 小电流通过人体，会引起麻感、打击感、痉挛、疼痛、针刺感、压迫感、呼吸困难、心律不齐、窒息、血压异常、昏迷、心室颤动等症状。数安培以上的电流通过人体，还可能导致严重的烧伤。 小电流电击使人致命的最危险、最主要的原因是引起心室颤动。中止呼吸、麻痹、电休克也可能导致死亡，但其危险性比引起心室颤动要小一些。在心室颤动状态下，如果不及时抢救，心脏很快就会停止跳动，以及导致生物性死亡。 电休克状态可以延续数十分钟到数天，其后果可能是得到有效的治疗而痊愈，也可能由于重要生命机能完全丧失而死亡

项目	解　说
电流大小的影响	通过人体的电流越大，人的生理反应、病理反应越明显，引起心室颤动所用的时间越短，致命的危险性越大。根据人体呈现的状态，可将预期通过人体的电流分为感知电流、摆脱电流、室颤电流
感知电流	一定概率下，通过人体引起人有任何感觉的最小电流有效值叫做该概率下的感知电流。概率为50％时，成年男子平均感知电流约为 1.1mA，成年女子约为 0.7mA
摆脱电流	当通过人体的电流超过感知电流时，肌肉收缩会增加，刺痛感觉会增强，感觉部位会扩展。当电流增大到一定程度时，中枢神经反射、肌肉收缩痉挛，触电人将不能自行摆脱带电体。在一定概率下，人触电后能自行摆脱带电体的最大电流叫做该概率下的摆脱电流。 概率为50％时，成年男子与成年女子的摆脱电流分别为 16mA 和 10.5mA ；摆脱概率为99.5％时，成年男子与成年女子的摆脱电流分别为 9mA 和 6mA。 摆脱电流时，人体可以忍受但一般尚不致造成不良后果的电流。电流如果超过摆脱电流后，会感到异常痛苦、恐慌、难以忍受。如果超过摆脱电流时间过长或者摆脱电流接触过长，则可能会出现昏迷、窒息，以及死亡等。 摆脱电流是有较大危险的界限
室颤电流	室颤电流就是通过人体引起心室发生纤维性颤动的最小电流。一旦发生心室颤动，数分钟内即可导致死亡。小电流（不超过数百毫安）的作用下，电击致命的主要原因，是电流引起心室颤动。 实验表明，室颤电流与电流持续时间有很大关系。 （1）电流持续时间短于心脏搏动周期时，人的室颤电流约为数百毫安。 （2）电流持续时间超过心脏搏动周期时，人的室颤电流约为50mA。 （3）电流持续时间在 0.1s 以下时，如电击发生在心脏易损期，500mA 以上乃到数安培的电流可引起心室颤动。 （4）同样电流下，如果电流持续时间超过心脏跳动周期，则可能会导致心脏停止跳动

项目	解　说
电流持续时间的影响	电击持续时间越长，电击危险性越大
电流途径的影响	人体在电流的作用下，没有绝对安全的途径。 （1）电流通过心脏会引起心室颤动、心脏停止跳动而导致死亡。 （2）电流通过中枢神经与有关部位，会引起中枢神经强烈失调而导致死亡。 （3）电流通过头部，严重会损伤大脑，也可能会使人昏迷不醒而死亡。 （4）电流通过脊髓会使人截瘫。 （5）电流通过人的局部肢体，也可能会引起中枢神经强烈反射而导致严重后果。 （6）左手到前胸是最危险的电流途径。 （7）流过心脏的电流越多、电流线路越短的途径是电击危险性越大的途径。 （8）右手到前胸、单手到单脚、单手到双脚、双手到双脚等也都是很危险的电流途径

2-27　人体阻抗有什么特点？

答　人体阻抗是确定、限制人体电流的参数之一。人体阻抗是包括皮肤、肌肉、血液、细胞组织与其结合部在内的含有电阻与电容的阻抗。

人体电阻是皮肤电阻、体内电阻之和。接触电压大致在 50V 以下时，由于皮肤电阻的变化，人体电阻也会有较大范围内的变化。接触电压较高时，人体电阻与皮肤电阻的变化关系不大，而且皮肤击穿后，近似等于体内电阻。

皮肤状态对人体电阻的影响很大。干燥条件下，人体电阻为 1000～3000Ω。皮肤沾水、皮肤表面沾有导电性粉尘等情况下，会使人体电阻下降。同时，随着接触电压升高人体电阻会急剧降低。电流持续时间越长，则人体电阻由于出汗等原因会下降。接触面积增大、接触压力增加，则人体电阻也会降低。

体内电阻是除去表皮电阻后的人体电阻，其主要决定于电流途径、接触面积。接触面积仅数平方毫米的情况下，体内电阻会增大。

⚡ 2-28 有关接地的术语有哪些？

答 有关接地的术语见表 2-9。

表 2-9   有关接地的术语

名称	解　说
接地	接地就是电气设备的某部分用金属与大地作良好的电气连接
接地体	接地体就是为了接地而埋入地中的各种金属构件
接地线	接地线就是连接设备与接地体的金属导线
接地装置	接地装置就是接地体与接地线的总和
工作接地	工作接地就是能够保证电气设备在正常与事故情况下，可靠地工作而进行的接地
保护接地	保护接地就是在中性点不接地的低压系统中，将电气设备在正常情况下不带电的金属部分与接地体间作良好的金属连接。中性点不接地的系统中，不采取保护接地是很危险的，这是因为在中性点不接地系统中，任何一相发生接地，系统虽仍可照常运行，但这时大地与接地的中性线将形成等电位，接在中性线上的用电设备的外壳对地的电压将等于接地的相线从接地点到电源中性点的电压值，因此，是危险的。 中性线的存在既能够保证相电压对称，又能够使接零设备的外壳在意外带电其电位为零。为此，零线绝不能断路，也不能在中性线上装设开关与熔断器
重复接地	重复接地就是采用保护接零时，除系统的中性点工作接地外，接中性线上的一点或多点与地再作金属连接。 如果不采取重复接地，一旦出现中性线折断的情况，接在折断处后面的用电设备相线碰壳时，保护装置就不动作，该设备与后面的所有接零设备外壳都存在接近于相电压的对地电压，也就是相当于设备既没有接地又没有接零。 为此，中性线断路故障应尽量避免
防雷接地	防雷接地系统一般由接闪器、引下线、接地装置等组成，其作用是将雷电电荷分散引入大地，避免建筑与其内部电器设备遭受雷电侵害
屏蔽接地	屏蔽接地就是为了干扰电场在金属屏蔽层感应所产生的电荷导入大地，而将金属屏蔽层接地

名称	解　说
专用电气设备的接地	专用电气设备的接地包括一些医疗设备、电子计算机等的接地。电子计算机的接地主要有：直流接地（也叫做逻辑接地，也就是计算机逻辑电路、运算单元、CPU 等单元的直流接地）、安全接地。另外，还有信号接地、功率接地等类型
各种接地的电阻值要求	（1）重复接地要求其接地电阻小于 10Ω。 （2）屏蔽接地一般要求其接地电阻小于 10Ω。 （3）低压配电系统中：工作接地的电阻值小于 4Ω。 （4）电气设备的安全保护接地一般要求其接地装置的电阻小于 4Ω。 （5）防雷接地一类、二类建筑防直接雷的接地电阻小于 10Ω，防感应雷的接地电阻小于 5Ω。 （6）三类建筑的防雷接地电阻小于 3Ω

2-29　什么是保护接零？

答　保护接零又称为接零保护，是在中性点接地的系统中，将电气设备在正常情况下不带电的金属部分与中性线作良好的金属连接的一种保护。

2-30　电力系统的组成与特点是怎样的？

答　电力系统就是将各个地区、各种类型的发电机、变压器、输电线、配电、用电设备连成一个统一的整体。电力系统示意图如图 2-1 所示。

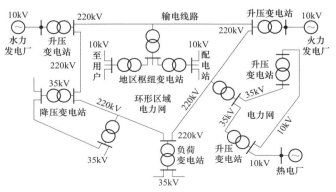

图 2-1　电力系统示意图

电力系统的组成部分及其特点见表 2-10。

表 2-10 电力系统的组成部分及其特点

名称	解 说
发电厂	发电厂是将自然界蕴藏的一次能源（包括水能、热能、核能、风能、太阳能等）转换为电能的工厂。我国主要以水力、火力发电为主。发电机组发出的电一般为 6～10kV
变电站	变电站是接受电能、变换电能、分配电能的场所。变电站分为升压变电站、降压变电站。升压变电站就是将低电压转换为高电压，降压变电站就是将高电压变换为合适的电压等级
输送电能	输电就是将电能输送到各个地方或直接输送到大型用电户。一般输电网是由 35kV 及其以上的输电线路与其连接的变电站组成。输电网是电力系统的主要网络。 输电是联系发电厂与用户的中间环节。输电网将发电机组发出的 6～10kV 的高压经升压变压器变换为 35～550kV 的高压，然后通过输电线路可远距离地将电能送到各个地方。进入用电区前，再利用降压变压器将其降为 6～10kV 的高压
电力线路	电力线路分为输电线路、配电线路，其主要任务就是输送、分配电能。 输电线路电压等级高，一般为 35kV、110kV、220kV、330kV、500kV 等，主要用于电能的长距离输送，一般采用架空线路。 配电线路电压等级低，一般为 35kV 以下（10kV、6kV），主要为用电单位或者是城乡供电的线路，可以采用架空线路与电缆线路。 输电线路与配电线路的划分因时因地也各有不同，并不是一成不变的
配电所	配电所就是单纯地用来接受、分配电能，而不改变电压的场所，其主要功能是分配电能
电力负荷	电力负荷就是在电力系统中，一切消耗电能的用电设备。常见的电力负荷有动力用电设备、工艺用电设备、电热用电设备、照明用电设备、试验用电设备。电力负荷能够将电能转换为机械能、热能、光能等不同形式的能
电压等级	（1）1kV 以上的电压称为高压。常见的有：1kV、3kV、6kV、10kV、35kV、110kV、220kV、330kV、550kV 等。 （2）1kV 及其以下的电压称为低压。常见的有：220V、380V、12V、24V、36V 等

2-31 工业与民用建筑供电的情况是怎样的?

答 工业与民用建筑供电的情况如下。

(1) 小型民用建筑的供电。小型民用建筑一般只建立一个简单的降压变电站,把 6~10kV 的高压经过降压变压器变换为 220V/380V 的低压,再向用设备供电,示意如图 2-2 所示。

(2) 中型民用建筑的供电。中型民用建筑一般电源进线为 6~10kV 的高压,先经过高压配电所分配后,再用几路高压配电线将其分别送到各建筑物变电站,然后经各建筑物的降压变电站降为 220V/380V 的低压,再向用电设备供电。

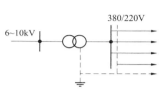

图 2-2 小型民用建筑的供电示意

(3) 大型民用建筑的供电。大型民用建筑一般电源进线为 35kV 的高压,先经过总变电站将其降为 6~10kV 的高压,然后经配电所进行分配后,再用高压电线分别送到各建筑物的降压变电站,最后降为 220V/380V 的低压,再向用电设备供电。

说明:

1) 220kV 以上的电压等级,一般用于大电力系统的主干级,输送距离为几百千米以上。

2) 110kV 电压,一般用于中、小电力系统的主干线,输送距离在 100km 左右。

3) 35kV 电压,一般用于电力系统的二次网络或大型工厂的内部供电,输送距离在 30km 左右。

4) 6~10kV 电压,一般用于送电距离为 10km 左右的城镇与工业民用建筑施工供电。

5) 电动机、电热器等用电设备,一般采用三相电压 380V 与单相电压 220V 供电。

6) 照明用电一般采用 220V/380V 三相四线制供电。

2-32 电力负荷怎样计算?

答 电力负荷的计算主要是用来正确选择变压器、开关设备、导线的截面积、合理配置电源、合理布局供电线路。另外,准确的负荷计算能为合理设计方案打下可靠的基础。

电力计算负荷是根据发热条件选择导线、选择电气设备时所使用的一个假想负荷。由于计算负荷与实际变动负荷长期运行所产生的最大热效应相等。因此，可以根据计算负荷在满足电气设备发热条件的基础上来进行供配电的设计。

确定计算负荷的方法比较多，实际的配电设计中，采用需要系数法比较常见。该方法适用于计算没有特别大容量的用电场所的计算负荷。需要系数法是根据统计规律，以及不同负荷类别，先分类进行计算，最后计算总的电力负荷的一种方法。

另外，也可以采用二项式法计算负荷。采用二项式法计算负荷需要注意以下一些事项。

（1）需要将计算范围内的所有设备统一划组，而不是逐级计算。

（2）计算多个用电设备组的负荷时，如果每组中的用电设备台数小于最大用电设备台数 n 时，则需要取小于 n 的两组，或更多组中最大用电设备的附加功率的和作为总的附加功率。

（3）不考虑同时系数。

（4）当用电设备等于或少于 4 台时，该用电设备组的计算负荷需要根据设备功率乘以计算系数求得。

2-33 负荷计算的内容包括哪些？

答 负荷计算的一些内容如下。

（1）计算负荷：作为根据发热条件来选择配电变压器、选择导体、选择电器的依据，以及用来计算电压损失、功率损耗。工程上为方便计算，也可以作为电能消耗量、无功功率补偿的计算依据。

（2）季节性负荷：作为从经济运行条件出发，用来考虑变压器的台数、容量。

（3）一级负荷、二级负荷：作为用来确定备用电源、应急电源的依据。

（4）尖峰电流：作为用来校验电压波动、选择保护电器的依据。

2-34 电力负荷的分类与供电要求是怎样的？

答 电力系统运行的最基本要求是供电可靠性，为了正确地反映电力负荷对供电可靠性要求的界限，恰当选择供电方式，以及提高电网运行的经济效率，一般将电力负荷分为一级负荷、二级负荷、三级负荷。

（1）一级负荷。一级负荷就是指供电中断造成人身事故及重要设备的损坏，在政治上造成重大影响，在经济上造成重大损失，发生中毒、引发火灾及爆炸等严重事故的负荷。一级负荷具有以下特点。

1）中断供电，将会造成人身伤亡者。

2）中断供电，将会造成重大政治影响者。

3）中断供电，将会造成重大经济损失者。

4）中断供电，将会造成公共场所秩序严重混乱者。

对于某些特等建筑，如重要的交通枢纽、重要的通信枢纽、国宾馆、国家级及承担重大国事活动的会堂、国家级大型体育中心，以及经常用于重要国际活动的大量人员集中的公共场所等也属于一级负荷，属于特别重要的负荷。

另外，中断供电，将会影响实时处理计算机与计算机网络正常工作，或者中断供电后将发生爆炸、火灾、严重中毒的一级负荷，也属于特别重要的负荷。

（2）二级负荷。二级负荷就是指中断供电导致大量减产或破坏大量居民的正常生活的负荷。二级负荷具有以下特点。

1）中断供电，将会造成较大政治影响者。

2）中断供电，将会造成较大经济损失者。

3）中断供电，将会造成公共场所秩序混乱者。

（3）三级负荷。三级负荷就是指除一级、二级负荷以外的负荷。

各级负荷的供电要求如下。

（1）一级负荷。一级负荷必须由两个独立电源供电，两个电源不会同时丢失，当一个电源发生故障时，另一个电源会在允许的时间内自动投入运行。对于在一级负荷中特别重要的负荷，还需要增设应急电源。为保证对特别重要负荷的供电，严禁将其他负荷接入应急供电系统。一级负荷容量较大或有高压用电设备时，需要采用两路高压电源。例如，一级负荷容量不大时，需要优先采用从电力系统或邻近单位取得第二低压电源，也可以采用应急发电机组。如果一级负荷仅为照明或电话站负荷时，一般采用蓄电池组作为备用电源。

常用的应急电源有以下几种。

1）蓄电池。

2）独立于正常电源的发电机组。

3）供电网络中有效地独立于正常电源的专门馈电线路。

根据允许的中断供电时间可以分别选择以下应急电源。

1）快速自动起动柴油发电机组，适用于允许中断供电时间为 1.5s 以上的供电。

2）静态交流不间断电源装置适用于允许中断供电时间为毫秒级的供电。

3）带有自动投入装置的独立于正常电源的专门馈电线路，适用于允许中断时间为 1.5s 以上的供电。

（2）二级负荷。二级负荷的供电系统需要做到当发生电力变压器故障或线路常见故障时，不致中断供电，或中断后能够迅速恢复。在负荷较小或地区供电条件困难时，二级负荷可由一回 6kV 及以上专用架空线供电。二级负荷可以由两个独立电源供电，当一个电源发生故障时，另一个电源由操作人员投入运行。当只有一个独立电源时，采用两回路供电线路。

（3）三级负荷。三级负荷对供电电源没有特殊要求，可仅由一个回路供电。

2-35　建筑电气照明控制要点有哪些？

答　建筑电气照明控制的一些要点如下。

（1）体育馆、影剧院、候机厅、候车厅等公共场所一般采用集中控制，以及根据需要采取调光或降低照度的控制措施。

（2）旅馆的每间（套）客房一般设置节能控制型总开关。

（3）居住建筑有天然采光的楼梯间、走道的照明，除应急照明外，一般采用节能自熄开关。

（4）每个照明开关所控光源数不宜太多。每个房间灯的开关数不宜少于 2 个（只设置 1 只光源的除外）。

（5）公共建筑与工业建筑的走廊、楼梯间、门厅等公共场所的照明，一般采用集中控制，以及根据建筑使用条件、天然采光状况采取分区和分组控制措施。

（6）有条件的场所，一般采用以下控制方式。

1）天然采光良好的场所，根据该场所照度自动开关灯或调光。

2）个人使用的办公室，根据采用人体感应或动静感应等方式自动开关灯。

3）大中型建筑，根据具体条件采用集中或集散的、多功能或单一功能的自动控制系统。

4）旅馆的门厅、电梯大堂、客房层走廊等场所，一般采用夜间定时降低照度的自动调光装置。

（7）房间或场所装设有两列或多列灯具时，一般根据以下方式分组来控制。

1) 生产场所根据车间、工段或工序来分。

2) 所控灯列与侧窗平行。

3) 电化教室、会议厅、多功能厅、报告厅等场所，根据靠近或远离讲台来分组。

🖋 2-36　建筑电气照明配电系统要点有哪些?

答　建筑电气照明配电系统的一些要点如下。

(1) 插座一般不与照明灯接在同一分支回路。

(2) 在电压偏差较大的场所，有条件时，一般设置自动稳压装置。

(3) 照明配电一般采用放射式与树干式结合的系统。

(4) 照明配电箱一般设置在靠近照明负荷中心便于操作维护的位置。

(5) 供给气体放电灯的配电线路宜在线路或灯具内设置电容补偿，功率因数不应低于 0.9。

(6) 当采用 I 类灯具时，灯具的外露可导电部分一般需要可靠接地。

(7) 安全特低电压供电一般采用安全隔离变压器，其二次侧不应做保护接地。

(8) 配电系统的接地方式、配电线路的保护，需要符合国家现行相关标准的有关规定。

(9) 疏散照明的出口标志灯与指向标志灯一般采用蓄电池电源。安全照明的电源一般与该场所的电力线路分别接自不同变压器，或者不同馈电干线。

(10) 三相配电干线的各相负荷宜分配平衡，最大相负荷不宜超过三相负荷平均值的 115%，最小相负荷不宜小于三相负荷平均值的 85%。

(11) 每一照明单相分支回路的电流一般不超过 16A，所接光源数一般不超过 25 个；连接建筑组合灯具时，回路电流一般不超过 25A，光源数一般不超过 60 个；连接高强度气体放电灯的单相分支回路的电流一般不超过 30A。

(12) 居住建筑一般根据户设置电能表。工厂在有条件时，一般根据车间设置电能表。办公楼一般根据租户或单位设置电能表。

(13) 供照明用的配电变压器的设置需要符合下列要求。

1) 电力设备无大功率冲击性负荷时，照明与电力一般共用变压器。

2) 当电力设备有大功率冲击性负荷时，照明一般与冲击性负荷接自不同变压器。如果条件不允许，需要接自同一变压器时，照明应由专用馈电线供电。

3）照明安装功率较大时，一般采用照明专用变压器。

（14）应急照明的电源，需要根据应急照明类别、场所使用要求、该建筑电源条件，采用以下方式。

1）应急发电机组。

2）接自电力网有效地独立于正常照明电源的线路。

3）蓄电池组，包括灯内自带蓄电池、集中设置或分区集中设置的蓄电池装置。

4）以上任意两种方式的组合。

（15）在气体放电灯的频闪效应对视觉作业有影响的场所，需要采用下列措施。

1）相邻灯具分接在不同相序。

2）采用高频电子镇流器。

2-37 建筑电气照明电压确定要点有哪些？

答 建筑电气照明电压确定的一些要点如下。

（1）一般照明光源的电源电压需要采用220V。

（2）1500W及以上的高强度气体放电灯的电源电压一般采用380V。

（3）照明灯具的端电压不宜大于其额定电压的105%，也不宜低于其额定电压的下列数值。

1）一般工作场所为95%。

2）远离变电站的小面积一般工作场所难以满足一般工作场所为95%要求时，可为90%。

3）应急照明与用安全特低电压供电的照明可为90%。

（4）移动式、手提式灯具需要采用Ⅲ类灯具，用安全特低电压供电，其电压值需要符合以下要求。

1）在潮湿场所不大于25V。

2）在干燥场所不大于50V。

2-38 电气工程室外照明方式、照明有哪些种类？

答 室外作业场地，需要根据下列要求确定照明方式。

（1）通常需要设一般照明。

（2）同一场地内的不同区域有不同照度要求时，需要采用分区一般照明。

（3）对于部分作业场地照度要求较高的，只采用一般照明不合理的场地的，需要采用混合照明。

（4）特殊条件下的，可以采用单独的局部照明。

室外作业场地，需要根据下列要求来确定照明的种类。

（1）需要设置正常的照明。

（2）下列情况需要设置应急照明。

1）正常照明因故障熄灭后，需要确保人员安全疏散的出口、通道，应设置疏散照明。

2）正常照明因故障熄灭后，需要确保正常作业或活动继续进行的场地，应设置备用照明。

3）正常照明因故障熄灭后，需要确保处于潜在危险中的人员安全的场地，应设置安全照明。

4）非工作时，需要值班的场地需要设置值班照明。

5）有警卫任务的场地，需要根据警戒范围的要求设置警卫照明。

6）危及航行安全的建筑物、构筑物上，需要根据航行要求设置障碍照明。

2-39 建筑物照明方式与亮度水平控制需要符合哪些要求？

答 建筑物照明方式与亮度水平控制需要符合的一些要求如下。

（1）建筑物自身设置照明灯具时，需要使窗墙形成均匀的光幕效果。

（2）采用安装于行人水平视线以下位置的照明灯具时，需要避免出现眩光。

（3）景观照明的灯具安装位置，需要避免在白天对建筑外观产生不利的影响。

（4）喷水照明的设置需要使灯具的主要光束集中于水柱、喷水端部的水花。使用彩色滤光片时，需要根据不同的透射比正确选择光源功率。

（5）对体形较大且具有较丰富轮廓线的建筑，可以采用轮廓装饰照明。如果同时设置轮廓装饰照明与投射光照明时，投射光照明需要保持在较低的亮度水平。

（6）对体形高大，并且具有较大平整立面的建筑，可以在立面上设置多组霓虹灯、彩色荧光灯，或者彩色 LED 灯构成的大型灯组。

（7）采用玻璃幕墙，或者外墙开窗面积较大的办公、商业、文化娱乐建筑，一般需要采用以内透光照明为主的景观照明方式。

（8）建筑物泛光照明需要考虑整体效果。光线的主投射方向一般需要与主视线方向构成 $30°\sim70°$ 夹角。不应单独使用色温高于 6000K 的光源。

（9）一般需要根据受照面的材料表面反射比、颜色选配灯具，确定安装位置，并且使建筑物上半部的平均亮度高于下半部。当建筑表面反射比低于0.2时，一般不采用投射光照明方式。

（10）可以采用在建筑自身或在相邻建筑物上设置灯具的布灯方式，或者将两种方式结合，也可以将灯具设置在地面绿化带中。

2-40 哪些情况下需要设置专用变压器？

答 需要设置专用变压器的一些情况如下。

（1）出于功能需要的某些特殊设备，可以设置专用变压器。

（2）季节性负荷容量较大，或者冲击性负荷严重影响电能质量时，可以设置专用变压器。

（3）电力、照明采用共用变压器将会严重影响照明质量、光源寿命时，可以设置照明专用变压器。

（4）在电源系统不接地，或者经高阻抗接地，电气装置外露可导电部分就地接地的低压IT系统，照明系统需要设置专用变压器。

（5）单相负荷容量较大，由于不平衡负荷引起中性导体电流超过变压器低压绕组额定电流的25%，或者只有单相负荷其容量不是很大时，可以设置单相变压器。

2-41 建筑物内照明系统监控有哪些节能措施？

答 建筑物内照明系统监控的一些节能措施如下。

（1）工作分区设置与工作状态自动转换措施。

（2）工作时段设置与工作状态自动转换措施。

（3）可利用自然光的场所，可以采用光电传感器的调光控制方式的措施。

（4）人员活动有规律的场所，可以采用时间控制、分区控制两种组合控制方式的措施。

2-42 公共照明系统的监控需要符合哪些规定？

答 公共照明系统的监控需要符合的一些规定如下。

（1）室内照明系统一般采用分布式控制器，当采用第三方专用控制系统时，该系统应有与建筑设备监控系统网络连接的通信接口。

（2）室内照明一般按分区时间表程序开关控制，室外照明可以根据时间表程序开关控制，也可以采用室外照度传感器进行控制，室外照度传感器需要考虑设备防雨防尘的防护等级。

（3）室内照明系统的控制器一般有自动控制、手动控制等功能。正常工作时，一般采用自动控制。检修或故障时，一般采用手动控制。

（4）照明控制箱一般由分布式控制器与配电箱两部分组成，可以选择一体的，也可以选择分体的。控制器与其配用的照度传感器，一般选用现场总线连接方式。

2-43　怎样选择室外场地灯具？

答　室外场地灯具的选择需要符合以下一些规定。

（1）有腐蚀性气体的场地，需要采用相应等级防腐蚀的灯具。

（2）振动、摆动环境下，需要使用的灯具具有防振、防脱落等措施的。

（3）露天场地，需要采用防护等级不低于 IP54 的灯具。

（4）有顶棚场地，需要采用防护等级不低于 IP43 的灯具。

（5）环境污染严重时，需要采用防护等级不低于 IP65 的灯具。

（6）有爆炸或火灾危险场地使用的灯具，需要符合国家现行相关标准、规范的规定。

（7）易受机械损伤、光源自行脱落可能造成人员伤害或财物损失的场地，需要使用的灯具具有防护措施。

2-44　怎样选择电气工程室外照明光源及其附件？

答　选择电气工程室外照明光源及其附件的方法与要点如下。

（1）选择光源时，在满足显色性、起动时间等要求条件下，需要根据光源、灯具、镇流器等的效率、寿命、价格进行技术经济综合比较确定。

（2）应急照明需要选用快速点燃的光源。

（3）照明设计时，需要根据识别颜色要求、场地特点，选用相应显色指数的光源。

（4）高强度气体放电灯的触发器与光源的安装距离需要符合国家现行有关产品标准的规定。

（5）照明设计时，需要根据以下一些规定来选择光源。

1）不应采用普通照明用白炽灯。

2）一般选用高压钠灯、金属卤化物灯、荧光灯、其他新型高效照明光源。

3）一般不采用荧光高压汞灯和自镇流荧光高压汞灯。

（6）照明设计时，需要根据以下规定来选择镇流器。

1）直管形荧光灯需要配用电子镇流器，或者节能型电感镇流器。

2）高压钠灯、金属卤化物灯需要配用节能型电感镇流器。功率较小者，可以配用电子镇流器。在电压偏差较大的场地，需要配用恒功率镇流器。

2-45 金属卤化物灯的接线线路是怎样的？

答 金属卤化物灯照明广泛应用于广场、高大厂房、要求高照明度的场所。金属卤化物灯的内管充有惰性气体、卤化物。卤化物是由碘、溴、锡、钠等元素生成的金属化合物。金属卤化物灯从起动到稳定正常发光大约需要15min，其接线线路如图2-3所示，其中有采用380V电源电压接线线路，则需要专制的镇流器；有接工频电压220V的接线线路，则需要一只漏磁变压器。

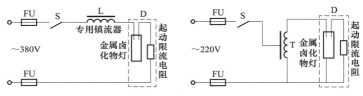

图2-3 金属卤化物灯接线线路

2-46 钠灯照明接线线路是怎样的？

答 钠灯常用于路灯照明，其具有光线柔和、发光效率高等特点。钠灯又可以分为低压钠灯、高压钠灯。低压钠灯发出的是单色荧光，其发光效率很高，一般一个90W的钠灯，相当于一个250W的高压水银灯泡。

高压钠灯是将钠的蒸汽压力提高，并且充进少量的水银。其光谱线为黄色，或红色。高压钠灯发光效率高、寿命长，其广泛用于道路、车站、广场、厂矿企业照明。高压钠灯线路如图2-4所示。其中，一种是高压钠灯的常用接线线路，另一种是带起动器的接线图。

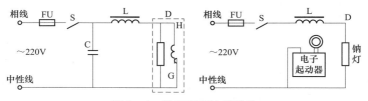

图2-4 钠灯照明接线线路

2-47 路灯光电自控电路是怎样的？

答 路灯光电自控电路要实现白天暗、晚上亮的控制功能。图2-5就是一路灯光电自控电路。白天，光电管 TLP104 受光照，内阻很低，则晶闸管 VS CR02AM8 截止，灯泡 HL 不亮。晚上，TLP104 没有光照，内阻呈高阻，则晶闸管 VS CR02AM8 触发信号导通，灯泡 HL 亮。从而实现了路灯光电自控功能。

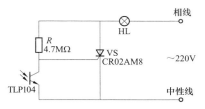

图 2-5　路灯光电自控电路

2-48　架空线路为什么多采用多股绞线？

答　架空线路一般都采用多股绞线，很少采用单股绞线，主要有以下一些原因。

1）导线受风力作用而产生振动时，单股纹线容易折断，多股绞线则不易折断。

2）截面较大时，单股绞线由于制造工艺、外力等原因造成缺陷，从而不能够保证其机械强度。多股绞线在同一处都出现缺陷的概率小。相对而言，多股绞线的机械强度也比单股绞线高。

3）截面较大时，多股绞线较单股绞线柔性高、制造、安装、存放都较容易。

2-49　怎样选择架空导线的截面积？

答　选择架空导线的截面积的一些方法与原则见表 2-11。

表 2-11　　选择架空导线的截面积的一些方法与原则

方法与原则	解　说
1kV 以下动力或照明线路	对于 1kV 以下的动力或照明线路，负载电流较大，需要根据最大工作电流来选择，以及校核电压损失。对于电缆线路，还需要根据短路时的热稳定来校核
10～35kV 的高压线路	10～35kV 的高压线路需要根据经济电流密度来选择
6～12kV 配线	对于 6～12kV 配线，长度超过 2km 时，需要重点校核电压损失。高压架空线路等，需要校核机械强度
变压器容量较小，125kVA 以下时	变压器容量较小，即 125kVA 以下时，线路电流很小，选择导线时需要重点校核机械强度

续表

方法与原则	解　说
根据短路热稳定的最小截面积来选择	根据短路热稳定的最小截面积来选择，在短路情况下，导线必须保证在一定时间内，安全承受短路电流通过导线时所产生的热作用，从而保证安全供电
根据发热条件来选择	在最大允许连续负荷电流下，导线发热不超过线芯所允许的温度，不会因过热引起导线绝缘损坏，或者加速老化
根据机械强度来选择	正常工作状态下，导线需要有足够的机械强度，从而保证安全运行
根据经济电流密度来选择	从降低电耗、减少投资、节约有色金属等方面综合考虑，选择符合总经济利益的导线截面积，即经济电流密度
根据允许的电压损失来选择	线路电压损失需要低于最大允许值，从而保证供电质量
根据容量较大，供电距离又远的线路来选择	容量较大，并且供电距离又远的线路，则需要重点校核电压损失

2-50　电力电缆布线有哪些规定？

答　电力电缆布线的一些规定如下。

（1）电力电缆一般在进户处、街头、电缆终端头、地沟、隧道中需要留有一定裕量。

（2）铠装电缆、铅包电缆的金属外皮在两端需要可靠接地。

（3）电缆在室内、电缆沟、电缆隧道、电气竖井内明敷时，不能够采用易延燃的外护层。

（4）电缆不宜在有热力管道的隧道、沟道内敷设，当需要敷设时，需要采取隔热措施。

（5）电缆在任何敷设方式及全部路径的任何弯曲部位，需要满足电缆允许弯曲半径的要求。

（6）正确选择电缆的路径：使电缆不易受到机械性外力、过热、腐蚀等危害；避开场地规划中的施工用地或建设用地；便于敷设、维护；满足安全条件下，电缆路径最短的原则。

（7）支撑电缆的构架，如果采用钢制材料时，需要采取热镀锌等防腐措施。在有严重腐蚀的环境中，需要采取相应的防腐措施。

2-51 变电室、配电室有哪些基本要求？

答 变电室、配电室的一些基本要求如下。

（1）变电室、配电室需要采用阻燃材料构成，耐火等级一般为 1 级。

（2）变电室、配电室需要具备良好的自然通风条件，门窗材料必须是耐火的，并能够防止小动物、雨水的侵入。同时，门应向外开启。

（3）变压器室内的尺寸与低压配电室内各种通道的宽度，需要符合各种规定的要求。

（4）变电室、配电室的变压器重 60kg 以上的，需要设置单独变压器室与低压配电室。

2-52 电网过电压有哪些保护措施？

答 电网过电压的一些保护措施有：装设避雷针保护、架设避雷线保护、装设避雷器保护等。

2-53 住宅（小区）供配电系统有哪些规定与要求？

答 住宅（小区）供配电系统的一些规定与要求如下。

（1）多层住宅小区、别墅群一般分区设置 10（6）/0.4kV 预装式变电站。

（2）住宅小区 10（6）kV 的供电系统，一般采用环网方式。

（3）高层住宅一般在底层，或者地下一层设置 10（6）/0.4kV 户内变电站，或者预装式变电站。

2-54 怎样选择断路器剩余电流动作值？

答 选择剩余电流动作值的方法与要点如下。

（1）住宅的电源总进线断路器整定值不大于 250A 时，断路器的剩余电流动作值一般选择 300mA。

（2）住宅的电源总进线断路器整定值为 250～400A 时，断路器的剩余电流动作值一般选择 500mA。

（3）住宅的电源总进线断路器整定值大于 400A 时，需要在总配电柜的出线回路上分别装设若干组具有剩余电流动作保护功能的断路器，其剩余电流动作值根据整定值来选择动作值。

（4）电源总进线处的剩余电流动作保护装置的报警除在配电柜上有显示外，还需要在小区值班室设有声光报警。

（5）消防设备供电回路的剩余电流动作保护装置不需要作用于切断电源，只需作用于报警。

2-55　建筑电气工程是怎样划分的？

答　根据建筑电气工程的功能，习惯把电气工程分为强电（电力）工程、弱电（信息）工程。强电处理的对象是能源（电力），具有电压高、电流大、功率大、频率低等特点，主要考虑的问题是减小损耗、提高效率、安全用电。弱电处理的对象主要是信息，具有电压低、电流小、功率小、频率高等特点，主要考虑的问题是信息传送的效果。

比较大的建筑工程，可以分为地基与基础、主体结构、建筑装饰装修、建筑屋面、建筑给排水及采暖、智能建筑、通风与空调、建筑电气、电梯等几个分部工程。

建筑电气分部工程可以分为室外电气、电气动力、电气照明安装、变配电室、供电干线、备用、不间断电源安装、防雷、接地安装等几个子分部工程。

智能建筑分部工程可以分为通信网络系统、办公自动化系统、综合布线系统、智能化集成系统、建筑设备监控系统、火灾报警、消防联动系统、安全防范系统、电源与接地、环境、住宅（小区）智能化系统等几个子分部工程。

各个子分部工程又可以分为若干个分项工程。

2-56　建筑电气系统基本要求与特点是怎样的？

答　建筑电气系统基本要求与特点见表 2-12。

表 2-12　　　　　　建筑电气系统基本要求与特点

名称	解　说
IT 系统	电力系统的带电部分与大地间无直接连接，或者一点经足够大的阻抗接地，如下图所示，受电设备的外露可导电部分通过保护线接到接地极。IT 系统中的电磁环境适应性比较好，任何一相故障接地时，大地即作为相线工作，可以减少停电的机会。IT 系统一般用于煤矿、工厂等希望尽量少停电的系统。 　建筑电气 IT 系统的一些基本要求如下。 　（1）在 IT 系统中，所有带电部分需要对地绝缘或配电变压器中性点应通过足够大的阻抗接地。电气设备外露可导电部分可单独接地或成组地接地。 　（2）电气设备的外露可导电部分应通过保护导体或保护接地母线、总接地端子与接地极连接。

续表

名称	解　说
IT 系统	（3）IT 系统必须装设绝缘监视及接地故障报警，或显示装置。 （4）无特殊要求的情况下，IT 系统不需要引出中性导体。 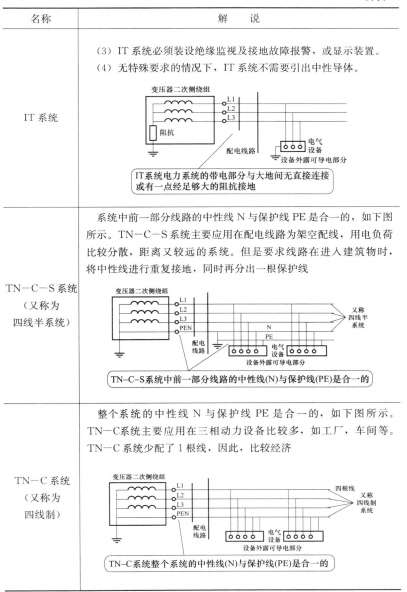
TN−C−S 系统 （又称为 四线半系统）	系统中前一部分线路的中性线 N 与保护线 PE 是合一的，如下图所示。TN−C−S 系统主要应用在配电线路为架空配线，用电负荷比较分散，距离又较远的系统。但是要求线路在进入建筑物时，将中性线进行重复接地，同时再分出一根保护线
TN−C 系统 （又称为 四线制）	整个系统的中性线 N 与保护线 PE 是合一的，如下图所示。TN−C 系统主要应用在三相动力设备比较多，如工厂，车间等。TN−C 系统少配了 1 根线，因此，比较经济

续表

名称	解　说
TN—S 系统（又称为五线制系统）	整个系统的中性线 N 与保护线 PE 是分开的，如下图所示。TN—S 系统可以安装漏电保护开关。TN—S 系统在高层建筑或公共建筑中得到广泛采用 TN-S系统中性线(N)与保护线(PE)是分开的
TN 系统	电力系统中性点直接接地，受电设备的外露可导电部分通过保护线与接地点连接。根据中性线与保护线组合情况，又可以分为 TN—S、TN—C、TN—C—S 等形式。 　　建筑电气接地 TN 系统的基本要求如下。 　　（1）TN 系统中，配电变压器中性点应直接接地。所有电气设备的外露可导电部分应采用保护导体（PE）或保护接地中性导体（PEN）与配电变压器中性点相连接。 　　（2）保护导体单独敷设时，需要与配电干线敷设在同一桥架上，并且需要靠近安装。 　　（3）保护导体上不需要设置保护电器、隔离电器，可以设置供测试用的只有用工具才能够断开的接点。 　　（4）保护导体或保护接地中性导体需要在靠近配电变压器处接地，并且需要在进入建筑物处接地。对于高层建筑等大型建筑物，为在发生故障时，保护导体的电位靠近地电位，需要均匀地设置附加接地点。附加接地点可以采用有等电位效能的人工接地极或自然接地极等外界可导电体

续表

名称	解　说
TT 系统	电力系统中性点直接接地，受电设备的外露可导电部分通过保护线接到与电力系统接地点无直接关联的接地极，如下图所示。TT 系统中，保护线可以各自设置，由于各自设置的保护线互不相关，因此，电磁环境适应性较好，但是保护人身安全性较差。目前，TT 系统仅在小负荷系统中应用 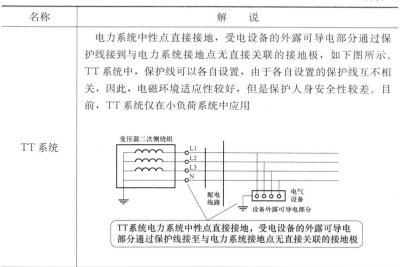

2-57　照明方法有哪些？基本概念是什么？

答　照明方法及其概念见表 2-13。

表 2-13　　　　　　　　　照明方法及其概念

名称	解　说
层叠照明法	层叠照明法英文为 layering lighting，是对室外一组景物，使用若干种灯光，只照亮那些最精彩、富有情趣的部分，并且有意让其他部分保持黑暗的一种照明
多元空间立体照明法	多元空间立体照明法英文为 multiple space modeling lighting，其从景点或景物的空间立体环境出发，综合利用多元（或称多种）照明方式或方法，对景点和景物赋予最佳的照明方向，适度的明暗变化，清晰的轮廓和阴影，充分展示其立体特征和文化艺术内涵的一种照明
泛光照明	泛光照明英文为 floodlighting，其一般用投光灯来照射某一情景、目标，并且其照度比其周围照度明显高的一种照明方式

续表

名称	解　说
功率因数	直流电路里，电压乘以电流就是有功功率。但是在交流电路里，电压乘以电流为视在功率，而能够起到做功的一部分功率（也就是有功功率）将小于视在功率。有功功率与视在功率之比叫做功率因数，一般用 $\cos\varphi$ 来表示。 功率因数最简单的测量方式就是测量电压与电流间的相位差，得出的结果就是功率因数
功能照明法	功能照明法英文为 lighting used functional light，是利用室内外功能照明灯光（含室内灯光、广告标志、橱窗灯光、工地作业灯光、机动车道的路灯等）装饰室外夜景的一种照明
剪影照明法	剪影照明法英文为 silhouetic lighting，也叫背景照明法，是利用灯光将被照景物与它的背景分开，使景物保持黑暗，以及在背景上形成轮廓清晰的影像的一种照明
建筑化夜景照明法	建筑化夜景照明法英文为 structural space modeling lighting，其光源或灯具、建筑立面的墙、柱、檐、窗、墙角、屋顶部分的建筑结构连为一体的一种照明
交变电磁场	交变电磁场就是彼此相互联系的交变电场、磁场。交变电磁场中，磁场的变化会引起电场的相应变化，而电场的变化也会引起磁场的相应变化。该种交变电磁场不仅存在于电荷、电流的周围，而且能够在空间中传播
轮廓照明	轮廓照明英文为 contour lighting，是利用灯光直接勾画建筑物，或者构筑物轮廓的一种照明方式
内透光照明	内透光照明英文为 lighting form interior lights，是利用室内光线向外透射形成的一种照明方式
特种照明方法	特种照明方法英文为 special lighting，是利用光纤、导光管、硫灯、激光、发光二极管、太空灯球、投影灯和火焰光等特殊照明器材、技术来营造夜景的一种照明方法
月光照明法	月光照明法英文为 moonlighting，也叫做月光效果照明法，是将月光等安装在高大树枝、建筑物、空中，好比朦胧的月光效果，并且使树的枝叶或其他景物在地面形成光影的一种照明

第3章 Chapter3

建 筑 电 工 常 识

✎ 3-1 用电的类型及其特点是怎样的?

答 用电的类型有住宅用电、商业用电、工业用电、非工业用电、稻田排灌用电、农业生产用电等,各自的特点如下。

(1) 住宅用电。住宅用电就是城镇居民住宅中正常的居家生活使用的电力,包括居家的照明、家用电器用电、温度调节用电等。如果是举办家庭商业,其经营性用电执行商业用电分类。

农村的住宅用电也属于住宅用电。

(2) 商业用电。在流通过程中企业专门从事商品交换 (含组织生产资料流转) 与为客户提供商业性、金融性、服务性的有偿服务,并且以盈利为目的这些经营活动所需的一切电力叫做商业用电。

商业用电包括商业企业 (百货商店、信托商店、贸易中心、粮店、货栈、饮食、旅业、照相、连锁店、超级商场、理发、洗染、浴池、修理)、物资企业,旅游、娱乐、金融、仓储、储运、房地产业的用电及信息业用电。

电力部门判断是否商业用电,原则上是根据房屋的用途来决定的。商业用电的电价比生活用电贵。

(3) 工业用电。工业用电就是利用电力作为初始能源从事工业性产品 (劳务) 的生产经营活动的企业,运用物理、化学、生物等技术进行加工、维持功能性活动所需要的一切电力。

采掘工业、加工工业、修理厂、电气化铁路牵引机车 (不论企业经济性质、或者行业、主管部门的归属) 的生产经营用电均属于工业用电。

受电变压器总容量在315kVA及以下受电者称为普通工业用电。受电变压器总容量在315kVA及以上者称为大工业用电。

工业用电企业用电是三相380V供电,或者直接高压电线进户。工业用电大多情况是使用三相电压。

工业用电与居民用电的区别在于工业用电大多使用三相电压，居民用电一般采用单相220V AC。居民用电价格低，工业用电价格高。工业用电的电压往往高于居民用电。

（4）非工业用电。非工业用电就是指除工业用电、商业用电、稻田排灌用电、农业生产用电外的其他用电均列为（属于）非工业用电，具体包括邮电业、建筑安装施工用电、地质勘探的生产经营活动使用的电力、医院、学校、文化教育机构、非营利的传媒机构、政府机关、社团使用电力、市政用电、部队军事、经营性的交通运输业（除了电气牵引车外的铁路运输、公路运输、水上运输、民用航空、城市公共交通、装卸）用电。

（5）稻田排灌用电。稻田排灌用电就是指农场或乡村农户稻田排灌用电，具体包括固定的电动排灌站、临时使用的电动水泵为稻田排水与灌溉使用的电力。

（6）农业生产用电。农业生产用电就是指农村、农场、农业生产基地的电犁、打井、积肥、育秧、捕虫、非经营性的农民口粮加工、牲畜饲料加工、种植、栽培果树、蔬菜、植树造林、牲畜饲养、水产养殖、捕捞、灌溉抽水（除了稻田排灌用电）等用电。

3-2 用户受电端的供电电压允许偏差是多少？

答 电力系统正常状况下，供电企业供到用户受电端的供电电压允许偏差如下。

（1）220V单相供电的，允许偏差为额定值的+7%、−10%。

（2）10kV及以下三相供电的，允许偏差为额定值的±7%。

（3）35kV及以上电压供电的，电压正、负偏差的绝对值之和不超过额定值的10%。

在电力系统非正常状况下，用户受电端的电压最大允许偏差不应超过额定值的±10%。380V供电系统电压，允许偏差为380（1−7%）～380（1+7%）V，即353.4～406.6V。

如果用户用电功率因数达不到相关规则规定的要求，则其受电端的电压偏差可能偏离该限制。

3-3 什么是阶梯式电价？

答 阶梯式电价英文为Multistep electricity price，Ladder−type price，也称为阶梯式递增电价、阶梯式累进电价、阶梯电价，是指把用户均用电量设置为若干个阶梯分段，或者分档次定价计算费用。

阶梯式电价的一些内容如下。

（1）第一阶梯为基数电量，该阶梯内电量较少，电价也较低。

（2）第二阶梯电量较高，电价也较高。

（3）第三阶梯电量更多，电价也更高。

3-4　高压用户怎样办理用电事宜?

答　用电需要用交流变压器容量在 50kVA 及以上，或者用电负荷在 50kW 及以上时，可以采用高压方式供电。高压供电是指供电企业以 10kV 及以上电压向客户供电，专用输配电设施，需要自行投资建设。

高压供电新装或增容的办理流程如下：提交申请→供电方案审批→受电工程设计审查→中间检查→受电工程验收→营业手续办理→正式用电。

其中，新增用电需求时，可以直接到当地供电企业营业厅申请。申请时可能需要提供的资料如下：营业执照或机构代码证原件与复印件、用电地点、电力用途、用电性质、用电设备清单、用电工程项目批准的文件、用电负荷、保安电力、用电规划等。

申请后，供电企业一般将会进行现场查勘。然后在综合考虑用电需求与供电条件后，会书面答复供电方案。审查单电源需求比审查双电源需求时间要短一些。供电方案有效期一般为一年。逾期没有实施将被注销。如果有特殊情况，需要延长供电方案有效期，则需要在有效期到期前 10 天提出申请，并且办理延长手续。但是，一般延长时间不会超过一年。

收到供电方案后，就是委托具有设计资质的单位进行受电工程设计，设计完成后，需要提交设计文件与有关资料连同《客户受电工程设计资料审查表》，由供电企业审核。只有审核合格后，才能够委托具有施工资质的单位进行工程施工。审核不合格者，供电企业将以书面形式提出意见，然后根据意见进行改进，直到能够审核合格。

设计文件与有关资料常包括：受电工程设计与说明书、负荷组成、负荷性质、保安负荷、影响电能质量的用电设备清单、继电保护方式、过电压保护方式、电能计量装置的方式、隐藏工程设计资料、配电网络布置图、主要电气设备一览表、节能设备、主要生产设备、生产工艺耗电、允许中断供电时间、高压受电装置一/二次接线图与平面布置图、用电功率因数计算及无功补偿方式、自备电源及路线方式、用电负荷分布图、供电企业认为必须提供的其他资料。

受电工程安装防雷、接地等隐蔽工程期间，需要提出中间检查申请，以及填写《客户受电工程中间检查表》，供电企业会组织中间检查，对检验不合格的，供电企业一般将以书面形式通知改正。

受电工程施工完毕后，需要提出工程竣工验收申请，填写《客户受电工程竣工检验表》，以及提交竣工相关资料。供电企业会组织检验，对检验不合格的，供电企业一般会以书面形式通知改正。改正后应予以再次检验，直到合格。

工程竣工工程报告资料通常包括：工程竣工图与说明、隐藏工程的施工与实验记录、运行管理的有关规定与制度、电气实验与保护鉴定调试记录、安全用电实验报告、值班人员名单与资格、其他资料或记录、营业手续办理等。

检验合格后，供电企业一般会书面通知缴纳的营业费用。如果是两回以上或多回路供电的客户，可能需要缴纳高可靠性供电费用。

申请新装与增容的两回及以上多回路供电（含备用电源，保安电源），除了供电容量最大的一条回路不收取高可靠性供电费用外，其余回路可能均收取高可靠性供电费用。

3-5 低压用户怎样办理用电事宜？

答 用电需要用变压器容量在 50kVA 以下，或者用电负荷在 50kW 以下时，可以采用低压方式供电。

低压供电是指供电企业以 380/220V 的电压向低压用户供电。低压用户供电需要的专用输配电设施，需要自行投资建设。

低压供电低压用户新装或增容的办理流程如下：提交申请→供电方案审批→受电工程验收→营业手续办理→正式用电→各环节办理细则→申请提交。

新增用电需求时，可以直接到当地供电企业营业厅申请，以及提交以下资料：个人申请用电、产权人的身份证与复印件、产权证明与复印件、户名以产权证上的产权人登记。如果属于租用，还需要提供租赁合同、授权委托书、承租人的身份证复印件、申请设备容量清单等。

如果单位申请用电，则需要提供营业执照或机构代码证等原件与复印件、政府部门有关本项目立项的批复文件、负荷组成、用电设备清单等。

申请后，供电企业将会进行现场查勘，然后在综合考虑用电需求与供电条件后，会书面答复供电方案。

受电工程竣工后，供电企业会及时组织验收。另外，供电企业一般会书面通知缴纳营业费用，在签订供电合同后，将安装电能表接通电源。

3-6 居民怎样办理用电事宜？

答 居民用电就是指家庭生活照明、家用电器设备用电的城乡居民用电。居民用电一般供电电压为单相 220V，特殊情况下也可以为 380V。目前，一般采用一户一表用电安装方式。

居民用电新装或增容办理的程序为：提交申请→现场查勘→营业手续办理→正式用电。

新增用电需求时，可以直接到当地供电企业营业厅申请，还可能需要提供以下资料：合表用户申请一户一表、办理者与产权所有者的身份证原件及复印件、房产证或购房合同及复印件、近期合用表的电费发票或复印件、户名以产权证所有者登记等。

一户一表申请新装或增容可能需要提供以下资料：办理者与产权所有者的身份证原件及复印件、增容需最近一次电费发票或复印件、大容量家用电器情况等。

房屋租赁户申请新装可能需要提供以下资料：户主的授权委托书、产权证明、租赁合同、承租人的身份证原件及复印件、户名以委托代理人登记等。

受理申请后，供电企业一般将会进行现场查勘，确定供电方案。然后在确认具备供电条件后，会通知缴纳营业费用，以及装表接电等工作。

3-7　新建房屋怎样申请用电？

答　新建房屋用电，需要到当地营业厅办理低压用电申请，并且提供以下书面材料：户主的身份证及复印件、政府相关部门有关建设批复证明、建筑总平面图和地理位置图、填写低压用电申请书等。

低压用电申请书的内容包括用户户名、用电地点、项目性质、申请容量、要求供电的时间、联系人、联系电话等。

供电公司制订供电方案后，一般会通知申请方。然后采购工程所需的设备材料，委托具有施工资质的施工单位根据供电方案进行施工。最后，供电公司对工程进行检查验收，验收合格后，才能够签订供用电合同，装表接电。

3-8　永久用电怎样办理新装、增容业务？

答　（1）单位报装。单位报装包括公司、企业、机关、事业单位、其他组织、新成立的企业需要办理新装、增容业务。一般需要提供相应的申办用电业务基本资料。如果属于特殊行业，还需要提供相关政府部门的批复文件，根据要求填写用电申请表与用电设备清单等。

（2）租赁经营户报装。一般需要向供电企业提供相应的申办用电业务基本资料、租赁合同、业主担保协议、业主身份证明等资料。

（3）住宅用电报装。

1）如果是业主报装，则需要向供电企业提供相应的申办用电业务基本资料，以及填写申请表。

2）如果是租住户报装，则个人住宅租住户用电需要由业主办理，然后根据业主报装进行报装。

（4）住宅小区报装。

1）如果业主购房后，自行办理的与业主报装一样。

2）如果委托开发商或物业公司办理的，则需要提供开发商或物业公司的申办用电业务基本资料、业主委托书、开发商的（预）售房许可证或物业管理公司的物业管理合同。

3）如果以开发商或物业管理公司名义统一报装的，一般只适用在房地产项目销售前必须装表用电的情况，需要提供相应的申办用电业务基本资料。

4）如果开发商对住宅小区，其永久供电方案需要在办理临时基建用电时一同落实。开发商还需要提供已确定的永久供电方案资料与申办用电业务基本资料。

3-9 怎样办理改变供电电压等级？

答 改变供电电压等级也就是改压，即因一定的原因需要在原址改变供电电压等级。改压首先需要向供电企业提出申请。供电企业会根据下列规定办理。

1）改为低一等级电压供电时，改压后的容量不大于原容量，一般收取两级电压供电贴费标准差额的供电贴费。如果超过原容量，超过部分一般需要根据增容手续办理。

2）改为高一等级电压供电，并且容量不变者，一般免收其供电贴费。如果超过原容量，超过部分一般需要根据增容手续来办理。

3）改压引起的工程费用一般需要由用电户负担。如果由于供电企业的原因引起客户供电电压等级变化的，改压引起的相关外部工程费用则一般由供电企业负担。

3-10 迁移变压器需要办哪些手续？

答 迁移变压器首先需要到供电企业客户服务中心办理用电申请，并且可能需要提供以下书面材料：企业营业执照或组织机构代码证、企业法人身份证、企业近期电费收据、填写用电申请书等。

供电企业在受理用电申请后，一般会进行现场勘察、供电方案制订。施工前，供电企业一般需要对施工单位的设计、施工资质进行审核。审核通过后，才可以实行变压器迁移施工。施工期间，供电企业将对施工过程进行检查。变压器迁移工程竣工后，需要将相关资料报送供电企业，经验收合格后，即可签订供用电合同，以及装表接电等工作。

🖋 3-11　怎样办理暂换变压器申请手续？

答　变压器出现故障而无相同容量变压器替代，需要临时更换较大容量的变压器时，可以首先向当地供电营业厅提出暂换变压器申请。

一般规定，10kV 以下的变压器暂换使用时间不得超过 2 个月，必须在原受电地点内替换整台受电变压器，并且经过检验合格后才能够投入运行。

另外，暂换变压器期间增加容量一般不收供电贴费。如果是因为电力主管部门对大工业企业实行两部制电价，即根据容量与电量两部分来计收电费，而基本电价是根据工业企业的变压器容量或最大需用量作为计算电价的依据。为此，在替换之日起，根据替换的变压器容量计收基本电费。

🖋 3-12　怎样办理变压器暂停用电手续？

答　（1）减容期满后的用户以及新装、增容用户，两年内不得申办减容或暂停。如果确需继续办理减容或暂停的，减少或暂停部分容量的基本电费，需要根据 50% 计算收取。

（2）315kVA 以上的用户其电费由基本电费、电度电费、功率因素调整电费三部分组成。

（3）变压器容量计收基本电费的用电用户，暂停用电必须是整台或整组变压器停止运行。

（4）供电企业在受理暂停申请后，一般会根据用户申请暂停的日期对暂停设备加封。

（5）变压器从加封之日起，一般按原计费方式减收其相应容量的基本电费。

（6）用户在每一日历年内，可以申请全部或部分用电容量的暂时停止用电两次，每次不得少于 15 天，一年累计暂停时间不得超过 6 个月。

（7）暂停期满或每一日历年内累计暂停用电时间超过 6 个月者，不论用户是否申请恢复用电，供电企业需要从期满之日起，根据合同的容量计收其基本电费。

（8）暂停期限内，用户申请恢复暂停用电容量用电时，需要在预定恢复日前 5 天向供电企业提出申请。暂停时间少于 15 天者，暂停期间基本电费照收。

（9）如果全部停产，可以申请销户，则无需再支付基本电费。

3-13 转让变压器容量怎样办理？

答 转让变压器办理容量，首先需要到当地供电企业用电营业场所提出申请，办理分户业务，然后进行转让，再持双方签字盖章的有效协议前往供电企业用电营业场所提出申请。供电企业一般会根据下列规定办理。

（1）分户后受电装置需要经供电企业检验合格，由供电企业分别装表计费。

（2）在用电地址、供电点、用电容量不变，以及其受电装置具备分装的条件时，允许办理分户。

（3）在与供电企业结清电费的情况下，可以再办理分户手续。分立后，再与供电企业重新建立供用电关系。

（4）用电容量由分户者自行协商分割。需要增容的，分户后另行向供电企业提供用电工程项目批准的文件，以及一般需要提供用电地点、用途、用电设备清单、用电负荷、保安用电、用电规划等有关资料。另外，分户引起的工程费用一般由分户者负担。

3-14 如何办理临时换装变压器手续？

答 办理临时换装变压器，首先需要向当地供电企业提出书面申请。然后供电企业一般会现场核实，确实是变压器故障需要检修的方可批准其进行临时换装。

临时换装变压器的一些要求如下。

（1）换装变压器一般应为原容量，如果无原容量变压器，只允许其容量比原来变压器容量高一个等级。

（2）使用期限的要求：10kV 用电客户，一般不超过 3 个月；35kV 及以上用电客户不超过 6 个月。

（3）换装容量使用期满后，用户需要及时恢复原变压器容量用电，以免按违章与增容私增用电处理。

（4）如果是实行两部制电价的用户，一般自换装之日起追收超容量基本电费。如果是高供低计的，一般会追收变压器的损失电量。

3-15 闲置的旧变压器能否再次使用？

答 如果闲置的旧变压器不属于强制性淘汰设备，则该旧变压器可以使用。如果属于强制性淘汰设备，就不能再次使用。

变压器与配电设施必须有入网许可证、3C 认证、产品质量合格证，并经检验合格后才可以使用。

另外，变压器等设备安装必须由资质的施工队进行施工，设备投入运行后需要有资质的电工进行维护，以确保安全。

3－16　怎样办理临时用电转永久用电？

答　临时用电转永久用电需要向供电企业提交永久用电的申请报告，以及相应资料。然后经供电企业现场查勘后，制订供电方案答复单，才可以请设计单位设计线路，提交图纸审核。审核后，才能够进行工厂内部的配电设计，施工需要找相关资质施工单位组织施工。工程完成后，需要向供电企业提交竣工报告。供电企业验收合格后，即可转为永久用电。

3－17　怎样办理用电迁址？

答　迁址一般需要提前向当地供电营业厅提出申请，办理原地址的终止用电手续并且销户，新址用电将被优先受理。如果迁移后的新用电地址不在原供电点供电，新址用电容量不超过原址容量，一般不需要交纳供电贴费，但是需要负担新址用电引起的工程费用。如果迁移后的新地址仍在原供电点，而新址用电容量超过原址用电容量的，则超过的部分需要根据增容办理。

3－18　怎样办理改类用电手续？

答　用户改类用电，首先需要向供电企业提出申请，供电企业一般会根据下列规定办理。

（1）在同一受电装置内，电力用途发生变化而引起用电电价类别改变时，允许办理改类手续。

（2）不允许擅自改变用电类别。

（3）改变用电类别，需要首先办理更名业务，也就是首先申请、提交相关资料、提供改类依据等，然后供电企业一般会到现场核查用电性质与当前电表读数。最后，供电企业才签订变更用电业务相关事宜。

3－19　什么情况下可以办理临时用电？

答　基建工地、农田水利、市政建设、抢险救灾等非永久性用电，供电企业可供给临时电源，也就是可以办理临时用电。

办理临时用电手续时，需要注意以下一些事项。

（1）临时用电期限除经供电企业核许外，一般不得超过 6 个月。如果逾期不办理延期或永久性正式用电手续的，供电企业有权终止供电。

（2）在供电前，供电企业需要按临时供电的有关内容与临时用电户签订临时供用电合同。

（3）临时用电需要根据规定的分类电价，装设计费电能表收取电费。如果因紧急任务或用电时间较短，也可以不装设电能表，但是按用电设备容量、用电时间、规定的电价计收电费。

（4）使用临时电源的用户不得向外转供电，也不得转让给其他用户，供电企业也不受理其变更用电事宜。如果需要改为正式用电，则需要根据新装用电办理。

3-20 什么是违约使用电费？

答 违约使用电费就是用户违反供用电合同用电，而需要交纳的费用。另外，用户在供电企业规定的期限内，没有交清电费时，也需要承担电费滞纳的违约责任，电费违约金一般是从逾期之日起计算到交纳日止，每日电费违约金将根据下列规定来计算。

（1）居民用户每日根据欠费总额的1‰来计算。

（2）其他用户。

1）当年欠费部分，每日根据欠费总额的2‰来计算。

2）跨年度欠费部分，每日根据欠费总额的3‰来计算。

3）电费违约金收取总额根据日累加计收，总额不足1元一般按1元收取。

3-21 用户需要承担哪些电能表维护责任？

答 （1）电能计费表计装设后，用户需要妥善保护。

（2）不得开启计量柜、计量箱、表计封印。

（3）不得在计费表前堆放影响抄表，或者计量准确及安全的物品。

（4）发生计费电能表丢失、损坏，或者过载烧坏等异常情况，需要及时告知供电企业。

这里需要说明的，因供电企业责任或不可抗力致使计费电能表出现故障、异常，则电能计费表需要供电企业负责换表，并且不收取费用。

3-22 电能表损坏追收的电费怎样计算？

答 （1）用户使用的电力电量，以计量检定机构依法认可的用电计量装置的记录为准。

（2）供电企业需要根据国家核准的电价与用电计量装置的记录，向用户计收电费。

（3）居民生活用电，一般根据上一个抄表周期与上年同期电能量求平均值计算出应收电费。

（4）大客户用电，一般根据企业生产记录与参考上年同期电能量来确定计算应收电费。

✈ 3-23　**电费违约金的收取标准是怎样的？**

答　电费违约金的计算公式为

电费违约金＝欠费总额×天数×违约金收取比例

电费违约金从逾期之日起计算到交纳日止，一般根据以下规定来计算。

（1）居民用户，每日一般是根据欠费总额的 1‰来计算。

（2）其他用户，当年欠费部分，每日一般是根据欠费总额的 2‰来计算。

（3）跨年度欠费部分，每日一般是根据欠费总额的 3‰来计算。

（4）电费违约金收取总额一般是根据日累加计收，总额不足 1 元的一般是按 1 元收取。

✈ 3-24　**电能表脉冲指示灯为何闪烁频率不一样？**

答　正常用电时，电能表运行脉冲指示灯应闪烁，并且用电负荷越大，指示灯闪烁的频率越高。不用电时，电能表的脉冲指示灯一般不闪烁或长亮。

如果电能表的脉冲指示灯缓慢地闪烁，则可能是以下原因引起的。

（1）一些带发光二极管的开关，以及家用电器尽管没有使用，但是没有拔下电源插头，处于待机状态，需要消耗少量电量，因此，电能表的脉冲指示灯可能会缓慢地闪烁。

（2）负荷线因绝缘破损等原因出现泄漏电流时，电能表的脉冲指示灯可能会缓慢地闪烁。

（3）如果电能表运行脉冲指示灯不闪烁或长亮，则说明该电能表可能存在故障。

✈ 3-25　**能否自己更换电表箱？**

答　电表箱不得私自开启、更动计量装置，也不开启、撕毁计量封印。计量装置可以申请，要求供电企业购置、安装、移动、更换。

✈ 3-26　**哪些行为是属于危害用电安全、扰乱供用电秩序的？**

答　（1）擅自改变用电类别。

（2）擅自超过计划分配的用电指标。

（3）擅自超过合同约定的容量用电。

（4）未经供电企业许可，擅自引入、供出电源或者将自备电源擅自并网。

（5）擅自使用已经在供电企业办理暂停使用手续的电力设备，或者擅自启用已经被供电企业查封的电力设备。

（6）擅自迁移、更动，擅自操作供电企业的用电计量装置、电力负荷控制装置、供电设施、约定由电力企业调度的用户受电设备等行为。

3-27 怎样确定电力线路保护区的范围？

答 架空电力线路保护区指导线边线向外两侧延伸所形成的两平行线内的区域。电力电缆线路保护区每边向外侧延伸的距离应不小于 0.75m。

一般地区各级电压的架空电力线路其每边向外侧延伸的距离规定为：1～10kV 为 5m；35～110kV 为 10m；154～330kV 为 15m；500kV 为 20m。

市区、城镇人口密集的地区的架空电力线路保护区的宽度可略小于一般地区的规定，具体标准需要根据城市规划管理部门与电力管理部门的相关确定要求来判断。

这里需要说明的是，电力线路保护区范围内不得新建建筑物。

3-28 怎样确定供电设施的维护管理范围？

答 （1）电缆供电，分界点由供电企业与用户协商确定。

（2）产权属于用户的线路，以公用线路分支杆或专用线路接引的公用变电站第一基电杆为分界点，专用线路第一基电杆属于用户。

（3）公用低压线路，以接户线用户端最后支持物为分界，支持物属于供电企业。

（4）10kV 及以下公用高压线路，以用户厂界外或配电室前的第一个断路器或支持物为分界点，第一断路器或支持物属于供电企业。

（5）35kV 及以上公用高压线路，以用户厂界外或客户变电站外第一基电杆为分界点，第一基电杆属于供电企业。

3-29 怎样办理终止用电与销户手续？

答 办理终止用电与销户手续，首先需要申请销户业务，并且需要提供相关的资料：身份证原件及复印件、结清供用电双方相关费用等。

销户就是合同到期终止用电的简称。下列情况之一者，供电企业需要按销户办理。

（1）用电户迁址，原址根据终止用电办理，供电企业按销户处理。

（2）用电户依法破产，供电企业应予销户，终止供电。

（3）用电户连续 6 个月不用电，也不申请办理暂停用电手续者，供电企业须以销户终止其用电，用户须在用电时，根据新装用电办理。

（4）用电户申请拆表销户者，供电企业检查员到现场检查核实，用户在办理过户前需要结清电费，向供电企业提出书面申请，其中包括户号、户名、地址、销户原因，并在申请单上盖好章。

用电销户，供电企业一般会做出以下一些工作或者事项：销户必须停止全部用电容量的使用，用电户需要向供电企业结清电费，检查用电计量装置及封印完好性，记录拆表和电能表示数信息，执行拆表操作，对无表客户拆除电源，与客户终止供用电合同，并在合同上注明销户字样。

3-30　架空线路与杆上电气设备安装的程序是怎样的？

答　（1）对线路方向与杆位、拉线坑位测量埋桩，并且需要经过检查确认，才能够挖掘杆坑、拉线坑。

（2）对杆坑、拉线坑的深度与坑型检查确认，才能够立杆、埋设拉线盘。

（3）杆上高压电气设备交接试验合格后，才能够通电。

（4）架空线路需要做绝缘检查，经单相冲击试验合格，才能够通电。

（5）架空线路的相位，需要经过检查确认，才能够与接户线连接。

3-31　变压器、箱式变电站安装的程序是怎样的？

答　变压器、箱式变电站安装的程序如下。

（1）对变压器、箱式变电站的基础进行验收，对埋入基础的电线导管、电缆导管、变压器进/出线预留孔、相关预埋件进行检查，合格后，才能够安装变压器、箱式变电站。

（2）对杆上变压器的支架紧固需要检查，合格后，才能够吊装变压器，就位固定。

（3）变压器、接地装置交接需要试验合格后，才能够通电。

3-32　成套配电柜、控制柜、控制屏、控制台与动力、照明配电箱、照明配电盘安装的程序是怎样的？

答　成套配电柜、控制柜、控制屏、控制台与动力、照明配电箱、照明配电盘安装的程序如下：

（1）对埋设的基础型钢，以及柜、屏、台下的电缆沟等相关建筑物需要检查，合格后，才能够安装柜、屏、台。

（2）室内外落地动力配电箱的基础需要进行验收，对埋入基础的电线导管、电缆导管进行检查，合格后，才能够安装箱体等。

（3）墙上明装的动力配电箱、照明配电箱的预埋件，需要在抹灰前预留、预埋。暗装的动力/照明配电箱的预留孔、动力/照明配线的线盒、电线导管等，需要经过检查，确认到位后，才能够安装配电箱。

（4）接地 PE、接零 PEN 连接完成，核对柜、屏、台、箱、盘内的元件规格、型号，并且交接试验合格后，才能够投入试运行。

3-33 柴油发电机组安装的程序是怎样的？

答 （1）对基础进行验收，合格后，才能够安装机组。

（2）地脚螺栓固定的机组，需要经过初平、螺栓孔灌浆、精平、紧固地脚螺栓、二次灌浆等机械安装程序。安放式的机组需要将底部垫平、垫实。

（3）油、气、水冷、风冷、烟气排放等系统与隔振防噪声设施安装完成。

（4）根据设计要求配置的消防器材需要齐全到位。

（5）发电机需要静态试验，随机配电盘控制柜需要进行接线检查，合格后，才能够空载试运行。

（6）发电机空载试运行、试验调整，合格后，才能够负荷试运行。

（7）规定时间内，需要进行连续无故障负荷试运行，合格后，才能够投入备用状态。

3-34 裸母线、封闭母线、插接式母线安装的程序是怎样的？

答 （1）变压器、高低压成套配电柜、穿墙套管、绝缘子等需要安装就位，并且需要经过检查，合格后，才能够安装变压器、高低压成套配电柜的母线。

（2）封闭、插接式母线的安装，需要在结构封顶、室内底层地面施工完成，或者已经确定地面标高、场地清理、层间距离复核后，才能够确定支架设置的位置。

（3）与封闭、插接式母线安装位置有关的管道、空调、建筑装修工程施工基本结束，并且确认扫尾施工不会影响已经安装的母线，才能够安装母线。

（4）封闭、插接式母线每段母线组对接续前，需要对绝缘电阻测试，合格后（绝缘电阻值大于20MΩ），才能够安装组对。

（5）母线支架、封闭/插接式母线的外壳接地或接零连接完成，并且需要对母线绝缘电阻测试与交流工频耐压试验，合格后，才能够通电。

3-35 电缆桥架安装与桥架内电缆敷设的程序是怎样的？

答 （1）需要测量定位，安装桥架的支架，并且需要经过检查确认后，才能够安装桥架。

（2）桥架安装需要检查，合格后，才能够敷设电缆。

（3）电缆敷设前，需要对绝缘进行测试，合格后，才能够敷设。

（4）需要对电缆电气交接试验，合格后，并且对接线去向、相位、防火隔堵措施等检查确认后，才能够通电。

3-36　电缆在沟内、竖井内支架上敷设的程序是怎样的?

答　(1) 需要对电缆沟、电缆竖井内的施工临时设施、模板、建筑废料等清除,并且测量定位后,才能够安装支架。

(2) 电缆沟、电缆竖井内支架安装,电缆导管敷设结束,接地或接零连接完成,需要经过检查确认,才能够敷设电缆。

(3) 电缆敷设前,需要对绝缘进行测试,合格后,才能够进行敷设。

(4) 需要对电缆交接试验,合格后,并且对接线去向、相位、防火隔堵措施等检查确认后,才能够通电。

3-37　电线导管、电缆导管、线槽敷设的程序是怎样的?

答　(1) 除埋入混凝土中的非镀锌钢导管外壁不做防腐处理外,其他场所的非镀锌钢导管内外壁均做防腐处理,并且需要经过检查确认后,才能够配管。

(2) 室外直埋导管的路径、沟槽深度、宽度、垫层处理需要经过检查确认后,才能够埋设导管。

(3) 现浇混凝土板内配管在底层钢筋绑扎完成,上层钢筋未绑扎前敷设,并且需要检查确认后,才能够绑扎上层钢筋与浇捣混凝土。

(4) 现浇混凝土墙体内的钢筋网片绑扎完成,门、窗等位置已放线,并且需要检查确认后,才能够在墙体内配管。

(5) 被隐蔽的接线盒、导管在隐蔽前需要检查,合格后,才能够隐蔽。

(6) 在梁、板、柱等部位明配管的导管套管、埋件、支架等需要检查,合格后,才能够配管。

(7) 吊顶上的灯位、电气器具的位置需要先放样,并且与相关单位商定后,才能够在吊顶内配管。

(8) 顶棚/墙面的喷浆、油漆、壁纸等需要基本完成后,才能够敷设线槽、槽板。

3-38　电线、电缆穿管与线槽敷线的程序是怎样的?

答　(1) 接地或接零、其他焊接施工完成后,并且经过检查确认后,才能够穿入电线、电缆、线槽内敷线。

(2) 与导管连接的柜、屏、台、箱、盘已安装完成,并且管内积水、杂物已清理干净,经过检查确认后,才能够穿入电线、电缆。

(3) 电缆穿管前需要对绝缘进行测试,合格后,才能够穿入导管。

(4) 需要对电线、电缆交接试验,合格后,并且需要对接线去向、相位等检查确认,最后才能够通电。

3-39 电缆头制作与接线的程序是怎样的？

答 （1）需要对电缆连接位置、连接长度、绝缘测试，检查确认后，才能够制作电缆头。

（2）需要对控制电缆绝缘电阻的测试、校线，合格后，才能够接线。

（3）需要对电线、电缆交接试验、相位核对，合格后，才能够接线。

3-40 低压电气动力设备试验与试运行的程序是怎样的？

答 （1）设备的可接近裸露导体接地或接零连接完成，需要进行检查，合格后，才能够进行试验。

（2）动力成套配电柜、屏、台、箱、盘的交流工频需要进行耐压试验、保护装置的动作试验，合格后，才能够通电。

（3）控制回路需要进行模拟动作试验，盘车或手动操作，电气部分与机械部分的转动或动作需要检查，合格后，才能够空载试运行。

3-41 照明灯具安装的程序是怎样的？

答 照明灯具安装的程序如下。

（1）需要安装灯具的预埋螺栓、吊杆、吊顶上嵌入式灯具安装专用骨架等，完成后，需要根据设计要求做承载试验，合格后，才能够安装灯具。

（2）影响灯具安装的模板、脚手架需要拆除。顶棚/墙面的喷浆、油漆、壁纸等，以及地面清理工作基本完成后，才能够安装灯具。

（3）需要对导线绝缘测试，合格后，才能够进行灯具接线。

（4）高空安装的灯具，需要进行地面通断电试验，合格后，才能够安装。

3-42 照明系统的测试与通电试运行的程序是怎样的？

答 （1）电线绝缘电阻测试前电线的接续需要完成。

（2）照明箱、灯具、开关、插座的绝缘电阻测试在就位前或接线前，需要完成。

（3）备用电源、事故照明电源做空载自动投切试验前，需要拆除负荷。空载自动投切试验合格后，才能够做有载自动投切试验。

（4）需要对电气器具、线路绝缘电阻进行测试，合格后才能通电试验。

3-43 接地装置安装的程序是怎样的？

答 （1）建筑物基础接地体：底板钢筋敷设完成→根据设计要求做接地施工→检查确认→支模或浇捣混凝土。

（2）人工接地体：根据设计要求位置开挖沟槽→检查确认→打入接地

极、敷设地下接地干线。

（3）接地模块：根据设计位置开挖模块坑，将地下接地干线引到模块上→检查确认→相互焊接。

（4）装置隐蔽：检查验收→合格→覆土回填。

3-44 引下线安装的程序是怎样的？

答 （1）利用建筑物柱内主筋作引下线：柱内主筋绑扎→根据设计要求施工→检查确认→支模。

（2）直接从基础接地体或人工接地体暗敷埋入粉刷层内的引下线：检查确认→不外露→贴面砖或刷涂料等。

（3）直接从基础接地体或人工接地体引出明敷的引下线：埋设或安装支架→检查确认→敷设引下线。

3-45 等电位联结的程序是怎样的？

答 （1）总等电位的联结：对可作导电接地体的金属管道入户处与供总等电位联结的接地干线的位置检查确认→安装焊接总等电位联结端子板→根据设计要求做总等电位联结。

（2）辅助等电位联结：对供辅助等电位联结的接地母线位置检查确认→安装焊接辅助等电位联结端子板→根据设计要求做辅助等电位联结。

（3）对特殊要求的建筑金属屏蔽网箱：网箱施工完成→检查确认→与接地线连接。

3-46 建筑电气工程的主要功能有哪些？

答 建筑电气工程的主要功能有输送与分配电能、应用电能、传递信息，并为人们提供舒适、便利、安全的建筑环境。

3-47 什么是建筑电气工程？

答 建筑电气工程是指建筑的供电、用电工程。建筑电气工程一般包括外线工程、变配电工程、防雷接地工程、室内配线工程、动力与照明工程、消防报警系统、安保系统工程、广播工程、电视工程、电话工程、楼宇自动化工程等。

3-48 照明与动力工程的联系与区别是怎样的？

答 照明与动力工程的联系与区别如下。

（1）动力工程主要是指以电动机为动力的设备、装置，与其启动器、控制柜、配电线路的安装。

（2）照明工程主要包括灯具、开关、插座等电气设备、配电线路的安装。

（3）照明工程图、动力工程图均是建筑电气工程图中最基本的图。

（4）照明工程系统图表示建筑物内照明系统供配电的基本情况。

（5）照明平面图主要表示动力、照明线路的敷设位置、敷设方式、导线规格型号、导线根数、穿管管径等情况。

第4章 Chapter4

建筑电工用材用具与设备电器

🖋 4-1 电工绝缘安全用具有哪些？

答 绝缘安全用具分为基本安全用具和辅助安全用具。基本安全用具的绝缘强度能长时间承受电气设备的工作电压，能够直接用来操作带电设备。辅助安全用具的绝缘强度不足以承受电气设备的工作电压，只能加强基本安全用具的保护作用。电工绝缘安全用具包括绝缘杆、绝缘夹钳、绝缘靴、绝缘手套、绝缘垫、绝缘站台，其特点如下。

（1）绝缘手套与绝缘靴。绝缘手套与绝缘靴一般是用橡胶制成。绝缘手套只能够作为低压下工作的基本安全用具。绝缘靴可以作为防护跨步电压的基本安全用具。绝缘手套的长度至少需要超过手腕 10cm。验电时，工作人员必须戴绝缘手套，并且必须握在握把部分，不得超过护环。

（2）绝缘垫与绝缘站台。绝缘垫与绝缘站台只能够作为辅助安全用具。其中，绝缘垫的厚度一般为 5mm 以上，由表面具有防滑条纹的橡胶制成，其最小尺寸不宜小于 0.8m×0.8m。绝缘站台一般用木板或木条制成。相邻板条间的距离不得大于 2.5cm。站台不得有金属零件。绝缘站台主要用于支持绝缘子与地面间的绝缘，支持绝缘子高度不得小于 10cm，台面板边缘不得伸出绝缘子之外。另外，绝缘站台最小尺寸不宜小于 0.8m×0.8m，为了便于移动与检查，最大尺寸也不宜超过 1.5m×1.0m。

（3）绝缘杆与绝缘夹钳。绝缘杆与绝缘夹钳都是绝缘的基本安全用具。绝缘杆与绝缘夹钳一般由工作部分、绝缘部分、握手部分组成。握手部分与绝缘部分一般是用浸过绝缘漆的木材、硬塑料、胶木或玻璃钢制成，其间用护环分开。配备不同工作部分的绝缘杆，可以用来操作高压隔离开关、操作跌落式保险器、安装与拆除临时接地线、安装与拆除避雷器、测量与试验等项工作。考虑到电力系统内部过电压的可能性，绝缘杆与绝缘夹钳的绝缘部分与握手部分的最小长度需要符合要求。绝缘杆工作部分金属钩的长度在满足工作需要的情况下，不宜超过 5～8cm，以免操作时造成相间短路或接地短路。绝缘夹钳只用于 35kV 以下的电气操作，主要用来拆除与安装熔断器，以及其他类似工作。

4-2 低压测电笔的结构是怎样的？如何使用？

答 低压测电笔是用来判断物体是否带电的一种常见工具。其内部构造为：一只有两个电极的灯泡（氖泡），泡内充有氖气。它的一极接到笔尖，另一极串联一只高电阻后接到笔的另一端。当氖泡的两极间电压达到一定值时，其两极间便会产生辉光，并且辉光强弱与两极间电压成正比。

当带电体对地电压大于氖泡起始的辉光电压，将测电笔的笔尖端接触它时，另一端则通过人体接地，因此，测电笔会发光。

测电笔中的高电阻主要作用是限制流过人体的电流，以免发生危险。

测电笔除了可以判断物体是否带电外，还有以下几个用途。

（1）判断直流电的正极、负极。首先将测电笔接在直流电路中测试，氖泡发亮的那一端就是负极，不发亮的一端就是正极。

（2）判断直流是否接地。对地绝缘的直流系统中，可以站在地上用测电笔接触直流系统中的正极或负极，如果检测时，测电笔氖泡不亮，则说明没有接地现象。如果测电笔氖泡发亮，则说明存在接地现象。如果发亮在笔尖端，则说明是正极接地。如果发亮在手指端，则说明为负极接地。在带有接地检测继电器的直流系统中，不可以采用该方法来判断直流系统是否发生接地现象。

（3）低压核相。首先站在一个与大地绝缘的物体上，然后双手各执一只测电笔，在待测的两根导线上进行测试。如果两只测电笔发光很亮，则说明这两根导线为异相。如果两只测电笔发光不亮，则说明这两根导线为同相。

（4）判别交流电、直流电。用测电笔进行测试时，如果测电笔氖泡中的两个极都发光，则说明检测的是交流电。如果两个极中只有一个极发光，则说明检测的是直流电。

4-3 操作钢筋机械有哪些注意事项？

答 操作钢筋机械的一些注意事项如下。

（1）使用前，首先需要检查电气，机身接零（地）、漏电保护器是否灵敏可靠，以及安全保护装置是否完好。

（2）使用钢筋冷拉设备时，人员不可以穿越作业区。

（3）有的调直机使用时要加一根大约 1m 长的钢管，被调直的钢筋先穿过钢管，再穿入导向管与调直筒，防止钢筋尾头弹出伤人。

（4）使用某些弯曲机弯曲钢筋时，首先需要将钢筋调直。加工较长钢筋时，需要有专人扶稳钢筋，两人动作协调一致。

（5）工作完毕，需要及时拉闸断电，并正确操作配电箱。

4-4　操作混凝土机械有哪些注意事项？

答　操作混凝土机械的一些注意事项如下。

（1）操作混凝土机械的人员需要经过培训，持证才能够上岗。

（2）料斗提升后，不得在料斗下工作或穿行。

（3）清理斗坑时，需要将料斗双保险钩挂牢后，才能够清理。

（4）运转中，不得将工具伸入搅拌筒内扒料。

（5）运转中，不得进行维修、保养等相关工作。

（6）工作结束后，需要将搅拌机内外清洗干净；料斗升起，挂牢双保险钩；拉闸断电，并且锁好开关箱。

（7）维修、保养搅拌机时，必须拉闸断电，锁好开关箱，挂好"有人工作，严禁合闸"的牌子，并派专人看护。

4-5　操作机动翻斗车有哪些注意事项？

答　操作机动翻斗车的一些注意事项如下。

（1）操作机动翻斗车的司机需要经过培训，持证才能够上岗。

（2）在基坑、基坑沟、基坑槽边行驶时，需要放慢车速。距离基坑、基坑沟、基坑槽边缘 0.8～1m 处，需要设置车辆止挡，以防机动翻斗车坠入基坑内。

（3）机动翻斗车不得载人。

（4）车辆停止时，倒料时需要拉好手制动。

4-6　使用手电钻有哪些注意事项？

答　使用手电钻的一些注意事项如下。

（1）操作者必须遵守安全操作规程，不得违章作业。

（2）保持工作区域的清洁。

（3）工作时要穿工作服。面部朝上作业时，要戴上防护面罩。在生铁铸件上钻孔要戴好防护眼镜，以保护眼睛。

（4）不要在雨中，过度潮湿或有可燃性液体、气体的地方使用电钻。

（5）如果橡皮软线中有接地线，则需要牢固地接在机壳上。

（6）手电钻必须保持清洁、畅通，需要经常清除尘埃、油污，并且注意防止铁屑等杂物进入电钻内而损坏零件。

（7）手电钻钻孔时，不宜用力过大、过猛，以防止手电钻过载。

（8）手电钻转速明显降低时，应立即把稳手电钻，以减少施加的压力。

如果突然停止转动时，必须立即切断手电钻的电源。

（9）安装钻头时，不得用锤子或其他金属制品物件敲击手电钻。

（10）手拿手电钻时，必须握持工具的手柄，不要一边拉软导线，一边搬动手电钻，需要防止软导线擦破、割破、被轧坏等现象。

（11）手电钻适合在金属、木材、塑料等很小力的材料上钻孔作业，手电钻没有冲击功能，因此，手电钻不能钻墙。

（12）钻头夹持器要妥善安装。

（13）手电钻使用前，确认导电钻上开关接通锁扣状态，否则插头插入电源插座时手电钻将出其不意地立刻转动，从而导致人员伤害的危险。

（14）使用前，检查手电钻机身安装螺钉紧固情况，如果发现螺钉松了，需要立即重新扭紧，否则会导致手电钻故障。

（15）手电钻使用前，先空转一分钟，以检查传动部分是否运转正常。

（16）电源线要远离热源、油和尖锐的物体，电源线损坏时要及时更换，不要与裸露的导体接触以防电击。

（17）如果作业场所在远离电源的地点，需延伸线缆时，需要使用容量足够、安装合格的延伸线缆。延伸线缆如通过人行过道应高架或做好防止线缆被碾压损坏的措施。

（18）较小的工件在被钻孔前，必须固定牢固，这样才能保证钻孔时工件不随钻头旋转，保证作业者的安全。

（19）长时间在金属上进行钻孔可采取一定的冷却措施，以保持钻头的锋利。

（20）钻头钝了，需要及时打磨钻头，要始终保持钻头的锋利。

（21）在金属材料上钻孔，应首先在被钻位置处冲打上洋冲眼。

（22）钻孔时产生的钻屑严禁用手直接清理，应用专用工具清屑。

（23）作业时钻头处在灼热状态，防止灼伤肌肤。

（24）站在梯子上工作或高处作业需要做好高处坠落措施。

（25）手电钻不用时要放在干燥及小孩接触不到的地方。

（26）更换配件时务必将电源断开后再装。

（27）有的手电钻的速度可调，有的还具有反向旋转的功能，另外，手电钻还可以与许多配件使用。因此，使用手电钻需要根据具体的电钻来使用，并且需要了解一些注意事项。例如，改变电钻转向的操作方法如下。

1）如果按住了起停开关，则无法改变转向。

2）使用正逆转开关可以改变电钻的转向。正转适用于正常钻和转紧螺钉。逆转适用于放松/转出螺钉和螺母。

（28）钻孔时，对不同的钻孔直径需要选择相应的手电钻规格，以充分发挥各规格手电钻的性能，避免不必要的过载与损坏手电钻的可能。

（29）操作时应用杠杆加压，不准用身体直接压在上面。

（30）操作时，需要先起动后接触工件，钻头垂直顶在工件要垫平垫实，钻斜孔要防止骨钻。钻孔时要避开混凝土钢筋。

（31）现在的手电钻一般都有调速功能，小的钻头用高转速手上的压力要小一点，否则容易断。

（32）3mm 以上的钻头要低转速，大压力，如果用高转速会使钻头发红，导致没有钢性。

（33）钻 12mm 以上的手电钻钻孔时，需要使用有侧柄手枪钻。

（34）钻较大孔眼时，预先用小钻头钻穿，然后再使用大钻头钻孔。

（35）具体的手电钻可能存在一些差异，因此，使用前应仔细阅读具体手电钻的说明书。

4-7　使用冲击电钻有哪些注意事项？

答　（1）冲击电钻不宜在空气中含有易燃、易爆成分的场所使用。

（2）不要在雨中、潮湿场所和其他危险场所使用。

（3）使用前，需要检查冲击电钻是否完好，电源线是否破损，电源线与机体接触处是否有橡胶护套。如果异常，则不能使用。

（4）根据额定电压接好电源，选择好合适钻头，调节好按钮。

（5）钻孔前，先打中心点，避免钻头打滑偏离中心。这样可以引导钻头在正确的位置上。也可以先在钻孔处贴上自粘纸，以防钻头打滑。

（6）接通电源前，不要将开关置于接通并自锁位置。另外，使用手电钻冲击电钻需要安装漏电保护器。

（7）接通电源后再起动开关。

（8）作业时，需要掌握好冲击电钻手柄。

（9）打孔时，先将钻头抵在工作表面，然后起动冲击电钻。注意用力要适度，避免晃动。如果转速急剧下降，则需要减少用力，防止电动机过载。

（10）冲击电钻为 40％断续工作制，因此，不得长时间连续使用冲击电钻。

（11）作业孔径在 25mm 以上时，需要有稳固的作业平台，并且周围需要设护栏。

（12）使用时需戴护目镜。

（13）使用时要注意防止铁屑、沙土等杂物进入电钻内部。

（14）冲击电钻的塑料外壳要妥善保护，不能碰裂，不能与汽油及其他腐蚀溶剂接触。

（15）冲击电钻内的滚珠轴承与减速齿轮的润滑脂应经常保持清洁，注意添换。

（16）冲击电钻使用完毕，需要将其外壳清洁干净，将橡套电缆盘好，放置在干燥通风的场所保管。

（17）需要长时间作业时，才掀下开关自锁按钮。

（18）使用时，有不正常的杂音需要停止使用。

（19）使用时，如果发现转速突然下降，需要立即放松压力。

（20）钻孔时突然刹停，应立即切断电源。

（21）打孔时，严禁用木杠加压操作冲击电钻。

（22）钻孔时，需要注意避开混凝土中的钢筋。

（23）冲击电钻工作时，有的工具在钻头夹头处有个调节旋钮，该旋钮可以是调钻，或是冲击钻。

（24）冲击电钻为双重绝缘设计，使用时不需要采用保护接地（接零），使用单相二极插头即可。使用冲击电钻时，可以不戴绝缘手套或穿绝缘鞋。因此，需要特别注意保护橡套电缆。

（25）手提冲击电钻时，必须握住冲击钻手柄。移动冲击钻时不能拖拉橡套电缆。冲击钻橡套电缆不能让车轮轧碾、足踏，并且要防止鼠咬。

（26）使用冲击电钻时，开启电源开关，需要使冲击电钻空转 1min 左右以检查传动部分与冲击结构转动是否灵活。待冲击电钻正常运转后，才能够进行钻孔、打洞。

（27）当冲击电钻用于在金属材料上钻孔时，需将锤钻调节开关打到标有钻的位置上。当冲击电钻用于混凝土构件、预制板、瓷面砖、砖墙等建筑构件上钻孔、打洞时，需将锤钻调节开关打到标有锤的位置上。

（28）移动冲击电钻时，必须握持手柄，不能拖拉电源线，防止擦破电源线绝缘层。

（29）钻头使用后，应立即检查有无破损、钝化等不良情形，如果有则需要研磨、修整、更换。

（30）存放钻头需要对号入座，以便取用方便。

（31）钻通孔时，当钻头即将钻透一瞬间，扭力最大，此时需较轻压力慢进刀，以免钻头因受力过大而扭断。

（32）钻孔时，需要充分使用切削，并且注意排屑。

（33）钻交叉孔时，需要先钻大直径孔，再钻小直径孔。

（34）冲击电钻的冲击力是借助于操作者的轴向进给压力而产生的，因此，需要根据冲击电钻规格的大小而给予适当的压力。

（35）在建筑制品上冲钻成孔时，必须用镶有硬质台金的冲击钻头。

（36）为保持钻头锋利，使用一段时间后必须对钻头进行修磨。

（37）冲击电钻钻头的尾部形状有直柄（直径不大于 l3mm）与三菱形，无论采用何种形式，钻头插入钻夹头后均需要用钻夹头钥匙轮流插入三个钥匙定位孔中用力锁紧。

（38）工具用毕后，应放在干净平整的地方，防止垃圾中的锐器扎坏工具。

（39）对长期搁置不用的冲击电钻，使用前应首先进行绝缘电阻检查。

（40）使用直径 25mm 以上的冲击电钻时，作业场地周围需要设护栏，在地面 4m 以上操作应有固定平台。

（41）具体的冲击电钻可能存在一些差异，因此，使用前应仔细阅读具体冲击电钻的说明书。

（42）操作时应将钻头垂直于工作面，并避开钢筋、硬石块。

（43）操作过程中不时将钻头从钻孔中抽出以清除灰尘。

（44）为使冲击电钻能正常使用，要经常进行维护保养。

（45）在室外或高空作业时，不要任意延长电缆线。

4-8　使用电锤有哪些注意事项？

答　使用电锤的注意事项见表 4-1。

表 4-1　　　　　　　　　　使用电锤的注意事项

项目	解　　说
个人防护	（1）电锤操作者需要戴好防护眼镜。当面部朝上作业时，需要戴上防护面罩。 （2）长期作业时，要塞好耳塞，以减轻噪声的影响。 （3）长期作业后，钻头处在灼热状态，更换钻头时需要注意

项目	解　说
使用前	（1）确认现场所接电源与电锤铭牌是否相符，是否接有漏电保护器。电源电压不应超过电锤铭牌上所规定电压的±10％方可使用，并且电压稳定。 （2）相关监督人员在场。 （3）检查电锤外壳、手柄、紧固螺钉、橡胶件、防尘罩、钻头、保护接地线等是否正常。 （4）如果作业场所在远离电源的地点，需延伸线缆时，必须使用容量足够的合格的延伸线缆，并且有一定的保护措施。 （5）确认所采用的电锤符合所钻孔的要求。 （6）钻头与夹持器要适配，并且妥善安装。 （7）安装或拆卸钻头前，必须关闭工具的电源开关并拔下插头。 （8）安装钻头前，需要清洁钻头杆，并且涂上钻头油脂。 （9）电锤的电源插头插入前，一定要确认开动正常，并且松释后退回到关位置。 （10）确认电锤上开关是否切断，如果电源开关接通，则插头插入电源插座时电动工具将出其不意地立刻转动，从而招致一些危险。 （11）钻凿墙壁、天花板、地板时，需要先确认有无埋设电缆、管道等。 （12）作业孔径在 25mm 以上时，需要有一个稳固的作业平台，并且周围需要设护栏。 （13）使用前空转 30～40s，检查传动是否灵活，火花是否正常。 （14）新机或者长时间不使用的电锤，使用前，需要空转预热 1～2min，使润滑油重新均匀分布在机械传动的各个部件，从而减少内部机件的磨损
使用	（1）站在梯子上工作或高处作业需要做好高处坠落措施。 （2）在高处作业时，要充分注意下面的物体和行人安全，必要时设警戒标志。 （3）机具转动时，不得撒手不管，以免造成危险。 （4）作业时需要使用侧柄，双手操作，以防止堵转时反作用力扭伤胳膊。 （5）电锤在凿孔时，需要将电锤钻顶住作业面后再起动操作。 （6）使用电锤打孔时，电锤必须垂直于工作面。不允许电锤在孔内左右摆动，以免扭坏电锤、钻头。

项目	解　说
使用	（7）起动电锤时，只需扣动开关扳机即可。增加对开关扳机的压力时，工具速度就会增加，松释开关扳机就可关闭工具。连续操作，扣动扳机然后推进扳机锁钮。如要在锁定位置停止工具，就将开关扳机扣到底，然后再松开。 （8）在混凝土、砖石等材料钻孔时，压下旋钮插销，将动作模式切换按钮旋转到标记处，并且使用锥柄硬质合金（碳化钨合金）钻头。 （9）在木材金属和塑料材料上钻孔时，压下旋钮插销，将动作模式切换按钮旋转到标记处，并且使用麻花钻或木钻头。 （10）电锤负载运转时，不要旋转动作模式切换按钮，以免损坏电锤。 （11）为避免模式切换机械装置磨损过快，要确保动作模式切换按钮端处在任意一个动作模式选定位置上。 （12）不要对电锤太用力，一般轻压即可，严禁用木杠加压。 （13）将电锤保持在目标位置，注意防止其滑离钻孔。 （14）在凿深孔时，需要注意电锤钻的排屑情况：及时将电锤钻退出，反复掘进，不要猛进，以防止出屑困难造成电锤钻发热磨损与降低凿孔效率。 （15）当孔被碎片、碎块堵塞时，不要进一步施加压力，而是需要立刻使工具空转，然后将钻头从孔中拔出一部分。这样重复操作几次，就可以将孔内碎片、碎块清理掉，使钻头恢复正常钻入。 （16）电锤为 40％断续工作制，不得长时间连续使用。 （17）电锤作业振动大，对周边构筑物有一定程度的破坏作用。 （18）作业中需要注意音响、温升，发现异常需要立即停机检查。 （19）作业时间过长，电锤温升超过 60℃时，需要停机，自然冷却后才能作业。 （20）作业中，不得用手触摸钻头等，发现其磨钝、破损等情况，需要立即停机或更换，然后才能够继续进行作业。 （21）电锤向下凿孔时，只需双手分别紧握手柄和辅助手柄，利用其自重进给，不需施加轴向压力。向其他方向凿孔时，只需稍微施加轴向压力即可，如果用力过大，会影响凿孔速度、电锤及电锤钻使用寿命。 （22）对成孔深度有要求的凿孔作业，可以装上定位杆，调整好钻孔深度，然后旋紧紧固螺母

项目	解　说
保养	（1）不要等电锤不能正常工作时才停下来保养，平时也要加强对电锤的保养。 （2）电锤工作时，其在压缩空气时会产生很高的温度把油脂转变成液态，易造成流失。因此，需要定时给电锤补充油脂。夏天选用耐温在120℃以上的油脂，冬天选用耐温在105℃的油脂即可。 （3）电锤冲击力明显不足时，需要及时更换冲击环，以免把活塞撞坏。 （4）每次使用完电锤后，需要使用空压机对机体外部及内部进行清洁。 （5）电锤防尘帽要定期更换。 （6）保持电锤出风口的畅通

4-9　使用电镐有哪些注意事项？

答　使用电镐的注意事项如下。

（1）操作者操作时需要戴上安全帽、安全眼镜、防护面具、防尘口罩、耳朵保护具与厚垫的手套。

（2）在高处使用电镐时，必须确认周围、下面无人。

（3）具体的电镐可能存在一些差异，因此，使用前应仔细阅读具体电镐的说明书。

（4）操作前，需要仔细检查螺钉是否紧固。

（5）操作前，需要确认凿咀被紧固在相应规定的位置上。

（6）使用电镐前，需要注意观察电动机进风口、出风口是否通畅，以免造成散热不良损伤电动机定子、转子的现象。

（7）凿削过程中不要将尖扁凿当作撬杠来使用，尤其是强行用电镐撬开破碎物体，以免损坏电镐。

（8）操作电镐需要用双手紧握。

（9）操作时，必须确认站在很结实的地方。

（10）电镐旋转时不可脱手。只有当手拿稳电镐后，才能够起动工具。

（11）操作时，不可将凿咀指着任何在场的人，以免冲头可能飞出去而导致人身伤害事故。

（12）当凿咀凿进墙壁、地板或任何可能会埋藏电线的地方时，绝不可触摸工具的任何金属部位，握住工具的塑料把手或侧面抓手以防凿到埋藏电线而触电。

（13）寒冷季节或当工具很长时间没有用时，需要让电镐在无负荷下运转几分钟以加热工具。

（14）操作完，手不可立刻触摸凿咀或接近凿咀的部件，以免烫坏皮肤。

（15）需要定期更换、添加专业油脂。一般工作达到 60h（具体根据不同用户使用情况而定）汽缸内应添加油脂。

（16）及时更换碳刷，并且使用符合要求的碳刷。

（17）电镐长期使用时，如果出现冲击力明显减弱，一般需要及时更换活塞与撞锤上的 O 型圈。

4-10　使用电动石材切割机需要注意哪些事项？

答　使用电动石材切割机需要注意的事项如下。

（1）工作前，穿好工作服、戴好防目镜，如果是女性操作工人一定要把头发挽起戴上工作帽。如果在操作过程中引起灰尘，可以戴上口罩或者护面罩。

（2）工作前，要调整好电源闸刀的开关与锯片的松紧程度，护罩和安全挡板一定要在操作前做好严格的检查。

（3）石材切割机作业前，需要检查金刚石切割片有无裂纹、缺口、折弯等异常现象，如果发现有异常情况，需要更换新的切割片后，才能够使用。

（4）检查石材切割机的外壳、手柄、电缆插头、防护罩、插座、锯片、电源延长线等是否有裂缝与破损。

（5）操作台一定要牢固，夜间工作时保持有充足的光线。

（6）开始切割前，需要确定切割锯片已达全速运转后，方可进行切割作业。

（7）为了使切割作业容易进行，延长刃具寿命、不使切割场所灰尘飞扬，切割时需要加水进行。

（8）安装切割片时，要确认切割片表面上所示的箭头方向与切割机护罩所示方向一致，并且一定要牢牢拧紧螺栓。

（9）在机器起动时，严禁有人站在其面前。

（10）不能起身探过和跨过切割机。

（11）要学会正确地使用石材切割机。

（12）石材切割机使用时，应根据不同的材质，掌握合适的推进速度，在切割混凝土板时如遇钢筋应放慢推进速度。

（13）在工作时，一定要严格按照石材切割机规定的标准进行操作。不能试图切锯未夹紧的小零件。

（14）不得用石材切割机来切割金属材料，否则，会使金刚石锯片的使用寿命大大缩短。

（15）当使用给水时，要特别小心不能让水进入电动机内，否则将可能导致触电。

（16）不可用手接触切割机旋转的部件。

（17）手指要时刻避开锯片，任何的马虎大意都将带来严重的人身伤害。

（18）防止意外突然起动，将石材切割机插头插入电源插座前，其开关应处在断开的位置，移动切割机时，手不可放在开关上，以免突然起动。

（19）操作时应握紧切割机把手，将切割机底板置于工件上方而不使其有任何接触，试着空载转几圈，等到确保不会有任何危险后才开始运作，即可起动切割机获得全速运行时，沿着工件表面向前移动工具，保持其水平、直线缓慢而匀速前进，直至切割结束。

（20）切割快完成时，更要放慢推进速度。

（21）石材切割机切割深度的调节是由调节深度尺来实现的。调整时，先旋松深度尺上的蝶形螺母并上下移动底板，确定所需切割深度后，拧紧蝶形螺母以固定底板。

（22）有的石材切割机仅适合切割符合要求的石材。绝对不允许用蛮力切割石材，电动机的运转速度最佳时，才可进行切割。

（23）在切割机没有停止运行时，要紧握，不得松手。

（24）如果切割机产生异常的反应，均需要立刻停止运作，待检修合格后才能够使用。例如，切割机转速急剧下降或停止转动、切割机电动机出现换向器火花过大及环火现象、切割锯片出现强烈抖动或摆动现象、机壳出现温度过高现象等，需要查明原因，经检修正常后才能继续使用。

（25）检修与更换配件前，一定要确保电源是断开的，并且切割机已经停止运作。

（26）停止运作后，要拔掉总的电源。清扫废弃、残存的材料和垃圾。

（27）具体的切割机可能存在一些差异，因此，使用前应仔细阅读具体切割机的说明书。

4-11 怎样使用空气压缩机？

答 使用空气压缩机的方法、要点见表 4-2。

表 4 - 2 使用空气压缩机的方法、要点

项目	解 说
空气压缩机起动前的检查与注意点	空气压缩机起动前的检查事项与注意事项如下。 (1) 起动前，需要检查润滑油量是否足够。如果不够，需要加满到标准油位。 (2) 确定电源电压在空气压缩机的额定电压的 ±10% 范围内。 (3) 确定空气压缩机所用的电源插座是带有接地良好的地线插座。 (4) 如果压缩机的动力为三相电动机时，则需要观察电动机旋转的方向是否与标定的方向一致。如果方向不一致，则需要任意调换一根电源相线。 (5) 皮带带动的压缩机需要注意皮带的松紧度。正确的松紧度为：用大拇指压下皮带中央位置，压下的距离不能超过 10mm 为正常。如果超过这个范围，则需要调紧
空气压缩机的运行与调整	空气压缩机运行与调整的方法与注意事项如下。 (1) 空气压缩机运行时，需要查看压力值是否正确，保护动作是否可靠。 (2) 压力的调整，一般可以通过压力调节器旋钮来进行，它能够调整气体导出口所排出压缩空气的压力。一般而言，压力调节器旋钮向顺时针方向转动，增加压力；压力调节器旋钮向逆时针方向转动，减小压力。 (3) 调整气压时，需要查看气压表显示的压力参数。 (4) 当压力表显示最高压力值时，不得将压力调节器旋钮再向顺时针用力转动，以免损坏压力调节器内部结构。 (5) 空气压缩机停止操作时，拧动压力调节器旋钮向逆时针方向转动，致使压力表显示零后停止。并且，可以试开启气导出口开关，从而证实气压是否已经关闭。 (6) 某些型号附有自动排水设备，则需要每天开启排水阀放水。 空气压缩机使用注意事项如下。 (1) 压缩机接通电源时，不要去掉风罩，以免伤及人体。 (2) 使用时，使用眼保护器、脸部保护器等防护设备。 (3) 不要让气流正对着自己或他人。 (4) 为避免损坏，不得给压缩机部件随意加油。 (5) 使用后，关断电源，以免触电

项目	解　说
维护维修	空气压缩机维护维修的注意事项如下。 （1）空气压缩空气与电器具有危险性，检修、维护、保养时需要确认电源已被切断，并且符合检修、维护、保养程序与要求、规定。 （2）停机维护时，需要等压缩机冷却后、系统压缩空气安全释放后等情况下，才能够进行。 （3）需要定期检验空气压缩机的安全阀等保护系统与附件、部件。 （4）清洗机组零部件时，需要采用无腐蚀性安全溶剂，严禁使用易燃、易爆、易挥发的清洗剂。 （5）零配件必须采用规范的、符合要求的产品，有的零配件可能需要采用指定的

4-12　使用电动插入式振动器有哪些注意事项？

答　使用电动插入式振动器的一些注意事项如下。

（1）具体的振动器可能存在一些差异，因此，使用前应仔细阅读具体振动器的说明书。

（2）插入式振动器的电动机电源上，需要安装漏电保护装置，接地或接零应安全可靠。

（3）操作人员需要经过用电安全教育，作业时应穿戴绝缘胶鞋和绝缘手套。

（4）使用前，需要检查各部件是否完好。

（5）电缆线需要满足操作所需的长度，电缆线上不准堆压物品，严禁用电缆线拖拉或吊挂振动器。

（6）振动棒软管不得出现断裂。

（7）振动器不得在初凝的混凝土、地板、脚手架、干硬的地面上进行试振。

（8）操作时，振动器不宜触及钢筋、芯管及预埋件。

（9）作业时，振动棒软管的弯曲半径不得小于 500mm，并不得多于两个弯。

（10）操作时，将振动棒垂直沉入混凝土，不得用力硬插，斜推或让钢筋夹住棒头，也不得全部插入混凝土中，插入深度不应超过棒长的 3/4。

（11）作业停止，需要移动振动器时，应先关闭电动机，再切断电源。不得用软管拖拉电动机。

（12）振动器在检修作业间断时，需要断开其电源，拔掉插头。

（13）作业完毕，需要将电动机、软管、振动棒清理干净，并且根据规定要求进行保养。

（14）振动器存放时，不得堆压软管，应平直放好，并且对电动机采取防潮措施。

4-13　使用电动附着式、电动平板式振动器有哪些注意事项？

答　使用电动附着式、电动平板式振动器的注意事项如下。

（1）具体的振动器可能存在一些差异，因此，使用前应仔细阅读具体振动器的说明书。

（2）作业前，需要对附着式振动器进行检查、试振。

（3）安装在搅拌站料仓上的振动器，需要安置橡胶垫。

（4）附着式振动器试振时，不得在干硬土、硬质物体上进行。

（5）使用时，引出电缆线不得拉得过紧，不得断裂。

（6）安装时，振动器底板安装螺孔的位置要正确，各螺栓的紧固程度需要一致。

（7）使用电动附着式、电动平板式振动器，需要有漏电保护器和接地或接零装置。

（8）使用时，附着式、平板式振动器电动机轴应保持水平状态，不得承受轴向力。

（9）一个模板上同时使用多台附着式振动器时，各振动器的频率需要保持一致，并且相对面的振动器需要错开安装。

（10）附着式振动器安装在混凝土模板上时，每次振动时间不应超过 1min。

（11）附着式振动器安装在混凝土模板上时，当混凝土在模内泛浆流动或成水平状即可停振，不得在混凝土初凝状态时再振。

（12）装置振动器的构件模板应坚固牢靠，其面积应与振动器额定振动面积相适应。

（13）平板式振动器作业时，需要使平板与混凝土保持接触，使振波有效地振实混凝土。

（14）正在振动的振动器，不得搁置在已凝或初凝的混凝土上。

4-14 怎样维修插入式振动器棒头不起振或振动无力?

答 插入式振动器棒头不起振或振动无力的原因与维修对策如下。

（1）可能是棒头发热，则需要更换轴承、清除杂物、添加润滑脂、调整轴承与套管或支承座的配合等。

（2）可能是软管软轴损坏，更换软管软轴。

（3）可能是轴承间隙太小，则需要调整或者更换轴承。

（4）可能是滚道部位有油污，则需要做清洁处理。

（5）可能是电动机的机械故障引起的，则需要针对具体的故障来维修。

4-15 怎样维修插入式振动器电动机的电气故障?

答 插入式振动器电动机电气故障的原因与维修对策见表 4-3。

表 4-3　插入式振动器电动机电气故障的原因与维修对策

故障	解　说
匝间短路	匝间短路主要是绕组线圈绝缘层破损引起的，主要特征是短路处存在局部烧焦痕迹
接地	常见的接地故障原因如下。 （1）引线破损，线头松脱碰到机壳。 （2）线圈碰到端盖或机壳。 （3）定子槽口绝缘破坏。 （4）槽口绝缘端部裂口。 （5）因雨淋、受潮、高温、雷击使电动机绝缘破坏。 注意：多点接地会造成短路。一点接地会造成机壳带电，引发触电事故。因此，发现接地故障需要立即停机排除
过载	过载常见的原因如下。 （1）转子断条。 （2）定转子相擦。 （3）轴承、风扇、棒头存在卡死、阻滞异常现象。 （4）绕组匝数错误。 （5）电源导线截面小。 （6）电源电压严重不平衡。 （7）电压过低。 （8）接线有错误

4-16　其他建筑电工工具的特点是怎样的?

答　其他建筑电工工具的特点见表 4-4。

表 4-4　　　　　　　　　其他建筑电工工具的特点

名称	解　说
低压验电器	低压验电器就是检验物体是否带电的一种仪器
钢丝钳	钢丝钳又叫作花腮钳、克丝钳。其主要用于夹持或弯折薄片形及圆柱形金属零件、切断金属丝。钢丝钳旁刃口也可用于切断细金属丝。 钢丝钳柄部带塑料套,表面发黑或镀铬。带塑料套的长度常见的有 150mm、175mm、200mm 等
剥线钳	剥线钳是电工常用的工具之一,一般是由刀口、压线口、钳柄等组成。常见的剥线钳的钳柄上套有额定工作电压 500V 的绝缘套管。剥线钳主要适用于塑料、橡胶绝缘电线、电缆芯线的剥皮
防护品的使用	使用防护品的一些注意事项如下。 (1)操作旋转机械,禁止戴手套。 (2)戴安全帽时,必须系帽带。 (3)安全带不能只背不挂。 (4)进行切割或打磨作业时,必须戴防护面罩或眼镜。 (5)在高噪声环境下需要佩戴耳塞
人字梯的使用	使用人字梯的一些注意事项如下。 (1)超过 2m 的高度,需要使用安全带。 (2)经过检查合格的人字梯,才能够使用。 (3)工作时,需要将梯子放平稳。 (4)不要站在最上面 2 挡处工作。 (5)破损的梯子不能够使用
伸缩梯的使用	使用伸缩梯的一些注意事项如下。 (1)经过检查合格的伸缩梯,才能够使用。 (2)梯子顶部需要高出固定点 1m。 (3)倾斜度遵循 4∶1 的比例。 (4)使用时,需要进行有效固定。 (5)梯底需要有防滑垫子。 (6)保证打开的部分充分展开与锁定

4-17 开关与插座的特点是怎样的？

答 开关与插座的特点见表4-5。

表4-5 开关与插座的特点

名称	解 说
多位开关	多位开关就是几个开关并列，一位控制一个电源。多位开关包括双联、三联，或二开、三开等
一位开关	一位开关就是普通开关。常见的一位开关图例如下图所示： 插座部位：墙插 无磨损机构 无中间滞留现象，有效避免电拉弧 传统技术
双控开关	双控开关就是两个开关在不同位置控制同一盏灯，如分别位于楼梯上下、卧室门口与床头处。安装双控开关前需要预先布线
带灯光开关	带灯光开关就是开关上带有荧光，荧光是通过涂抹的发光物质吸收光能发光的
普通型插座	普通型插座常见的是10A的插座。普通型插座的图例如下图所示： 选择防单极插入保护门 防伪码 型号 V型插套接触面积增大，电阻更小，发热量更小 传统技术 86mm 86mm 规格：86型 功能：五孔插座 参数 N表示接中性线 接地线符号 L表示接相线 接地线 接相线 接中性线

名称	解　说
配有带熔丝插头与开关的插座	配有带熔丝插头与开关的插座，当插头接入电源时，其指示灯会亮。当打开开关后，插座指示灯也会亮，同时，说明此时可以使用。插头中的熔丝可以通过打开其底盖进行更换
多开关系列插座	多开关系列插座的每个插孔由对应开关独立控制。打开开关时，相应指示灯会亮，同时，说明此时可以使用
独立插孔	独立插孔是不受主开关控制的插孔，是为了给某些需要持续电源的电器（钟和台灯）连接的专用插孔
多功能插座	多功能插座有的可以兼容老式的圆脚插头、方脚插头等，其图例如下图所示： 多功能六孔插座
三插 10A 插座	三插 10A 插座一般可以满足家庭内普通电器用电限额，以及类似家庭普通电器使用
三插 16A 插座	三插 16A 插座一般可以满足家庭内空调、热水器等其他大功率电器，以及类似家庭大功率电器使用
插座带开关	插座带开关就是根据内部的接线方式，可以控制插座通断电，也可以单独作为开关使用，一般常用电器处，如微波炉、洗衣机、电脑等
信息插座	信息插座就是指电话、电脑、电视等电器的弱电插座
面板	组装式开关插座面板可以调换颜色，拆装方便
空白面板	空白面板就是用来封闭墙上预留的查线盒，或弃用的墙孔
暗盒	暗盒就是安装于墙体内的接线盒
16A 三相四线插座	16A 三相四线插座可以用在 3520W 的电器上，其图例如下图所示：

4-18 如何判断开关插座的优劣?

答 判断开关插座优劣的方法见表 4-6。

表 4-6 判断开关插座优劣的方法

项目	优 品	普通品或者劣品
产品色泽	色泽自然，色彩经过专业人员调配、色彩搭配和谐，白色面板呈现象牙白，色质一致	色泽不稳定，色彩搭配不和谐，白色面板显出苍白感
导电部件	导电用金属部件质地厚重（有的厚度超过 0.6mm），以及经过镀镍等精细化电镀处理，导电性好、光泽性好、抗氧化强、耐腐蚀力强、无锈迹霉斑	导电用金属部件质地轻薄、色泽不一致、发乌或存在锈迹霉斑等现象
分量感	用手掂有一定的分量感，但又不至于笨拙。用材充足，给人安全感	没有分量感，显得单薄，使人感觉不踏实，缺少安全感
光洁度	产品无论是正面、侧面，还是后座，表面均光洁如一，没有任何毛刺	做工、材料等不到位，或偷工减料引起的，产品局部存有缺陷
后座细腻程度	后座表面纹理细腻均匀、无划痕、刻字清晰、标识完整	有的后座纹理粗糙、不均匀。有时有划痕。有些存在刻字不清晰、标识不完整、无 CCC 标志等现象
看标识	有 3C 认证、额定电流电压等	三无产品
看绝缘材料	购买时，如果能够对其核心部件做一下燃烧实验，是最好的判断方法。如果没有条件，从外观上来说，好的材料一般无气泡，质地较为坚硬，很难划伤，成型后结构严密，具有一定的分量	有气泡、质地较软、易划伤、分量不足
看内部用材	导电件有的采用优质锡磷青铜镀镍处理，抗氧化防铜锈，发热少、导电性能更好，使用寿命更长	纯铜、锡磷青铜作为导电件
面板平滑光亮度	在阳光或日光灯下，仔细观察产品表面，优品应平滑圆润、光亮度好	在阳光或日光灯下，仔细观察产品表面，表面有缩水或斑黑点等瑕疵

项目	优　品	普通品或者劣品
品牌模刻	面板上品牌模刻多采用先进的高精度镜面火花机制作凹字，字迹棱角清晰、美观，工艺要求高，不易仿制	面板上品牌模刻多为凸字，有时也有低精度凹字，但工艺要求不高，容易仿制
品牌特质	产品都有体现自有品牌特质的东西，体现企业价值、企业文化、品牌诉求的特点、特色，有自己独到的亮点	产品多是跟风，人云亦云，照搬照抄，没有自己的特点、特色
人性化设计	产品表面的转角、尖角经过人性化的钝化磨圆处理，以及考虑用户使用的方便性、安全性、舒适性	产品多存在锐利的棱角，产品设计缺乏人文关怀的考虑
手感	开关拨动手感顺畅、分断迅速、无阻塞感、声音清脆。插头插入插座，手感柔和，既不太阻塞，又不会有脱落感	开关拨动手感不顺畅，可能停在中间位，声音混浊。插头很难插入插座或插入插座没有力量感

4-19　如何安全使用微波炉、电饭锅、电烤箱、电热水器等大功率电器？

答　微波炉、电饭锅、电烤箱、电热水器等一般功率为 800～2000W，工作电流为 4～10A。这些电器属于发热电器，其要求可靠供电。如果插头插座出现接触不良打火，容易烧断电热器件，或者打火引发火灾。

因此，微波炉、电饭锅、电烤箱、电热水器等这类电器使用时，选用安装插接可靠、能承受大电流负载、有可靠的过载保护的质量好的插座供电，布线应合理。

4-20　如何安全使用大屏幕电视、高级音响、家庭影院、计算机等电器？

答　大屏幕电视、高级音响、家庭影院、计算机等电器需要防止外界电源的冲击、干扰。因此，需要防止因电器插头与电源插座接触不良引起的打火，以及产生的瞬间高压脉冲，电源的干扰与纹波的影响。

因此，大屏幕电视、高级音响、家庭影院、计算机等这类高档电器需要选用带过电压、过电流、防雷、防突波保护或净化滤波的质量好的插座供电，布线应合理。

4-21　漏电保护插头/插座有什么特点？

答　漏电保护插头又称为触电保护插头，其实际上是一种带插头的触电漏电保护器。它可以与一般的常规插座相配合,用于保护日用电器或移动式设备。

漏电保护插座又称为触电保护插座,其主要作直接接触触电保护用。其常见的额定漏电动作电流为 30mA 及以下。漏电保护插座可以与现有的插头相配合,为各种日用电器或移动式电气设备提供安全的保护。

漏电保护插座种类多,常见的有可移动式安全保护转换插座、嵌装式漏电保护插座。

4-22　选购电源插座转换器是否保护功能越多越好?

答　电源插座转换器一般设置控制开关,可以防漏电、防过载、防雷击、防突波干扰等保护功能。选购电源插座转换器时,并不是保护功能越多越好。有时保护功能太多,可能会使可靠性变差。

因此,需要根据用电量大小、电器设备的不同来选择具有相应保护功能的电源插座转换器。

4-23　开关插座有关选择、保养等情况是怎样的?

答　开关插座有关选择、保养等情况见表 4-7。

表 4-7　　　　　　　　开关插座有关选择、保养等情况

项　目	解　说
带开关的插座是控制插座,还是控制电灯	插座上的开关可以用来控制灯,也可以用来控制插座。但是,有的产品内部已经连好开关和插座,而一般情况下的产品开关与插座是没有连接的
开关、插座怎样保养	开关、插座可以用酒精来清洁。开关、插座的外表一般不要用水来擦拭,以免留下痕迹,而且这样清洁同样也不安全
开关带指示灯是否耗电	有的开关使用了发光二极管指示,则会耗电的。如果采用荧光指示,则是不会耗电的
空调插座怎么选择	一般 3P 以下的空调需要选用 16A 三极插座,3P 以上的空调需要选用 20A 的三极插座
一些进口宽频电视插座与现在电视连接线不匹配	如果一些进口宽频电视插座与现在电视连接线不匹配,则需要采用转换器
怎样选择墙壁插座	(1) 为防止触电,一般需要选用带有安全保护门的插座。 (2) 有金属外壳的电器,需要选用带保护接地的三极插座。 (3) 卫生间等易着水的位置,需要选用防溅水型插座。 (4) 一些对雷电敏感的设备最好选用防雷插座。 (5) 电源插座的额定电流值需要大于所接电器的负载电流值

4-24　照明电光源的发展是怎样的?

答　照明电光源的发展经历如下。

第一代：热辐射光源。

第二代：气体放电光源。

第三代：节能气体放电光源。

第四代：新光源。

各代照明电光源的特点见表 4-8。

表 4-8　　　　　　　　各代照明电光源的特点

	类别	灯种	开发年代	光效(Lm/w)	平均寿命(小时)	优缺点	应用
第一代	热辐射光源	白炽灯	1879	9~34	500~1000	光线柔和、稳定，成本低；光较低、寿命短	室内外
		卤钨灯	60~70	20~50			
第二代	气体放电光源	荧光灯	1938	40~50	5000	光效较高、显色性提高	室内
		低压钠灯	30~40	54~144		色单一、显色性差	道路、隧道
		高压汞灯	50~60	40~50			室内、泛光照明
		大功率氙灯					
第三代		细管径荧光灯(T8、T5)	70~95	50~105	5000~20 000	三基色、体积小、寿命长；功率小	室内
		紧凑型荧光灯	70年代末				
		高压钠灯	66~80	55~140		显色性好（>60）、光色多、光效高；寿命长	道路、场馆照明工程
		金属卤化物灯	60~90	80~125			
第四代新光源	耦合放电	高频无极灯	90	55~65	>40 000	光效高、显色性好、寿命长；功率小	室内外
		螺旋一体灯			10 000		
		陶瓷金卤灯				光效高、光性能稳定	
	介质放电	紫外光源	90年代末		6000~	光效高、性能稳定；	
	表面放电	平面荧光灯		27	12 000	光均匀、无汞	
	微波放电	微波·卤灯	90年代末	80~110	>30 000	寿命长；功率低、成本高	
		微波准分子灯				光效高、寿命长；结构复杂、成本高	
		微波硫灯					
	场·发光	场·发光屏	50		>100 000		
		发光二极管	70			寿命长、结构牢固	

4-25 灯具的绝缘种类有哪些？

答 灯具的绝缘种类如下。

基本绝缘：加在带电部件上，提供防止触电的基本防护的绝缘。

补充绝缘：在基本绝缘万一失效的情况下，仍能够防止触电而另加的一种独立绝缘。

双重绝缘：由基本绝缘与补充绝缘组成的一种绝缘。

加强绝缘：用于带电部分上的一种单一的绝缘系统，其防触电性能与双重绝缘相当。

4-26 节能灯的特点是怎样的？

答 常见的灯泡包括白炽灯泡、节能灯泡，如图4-1所示。节能灯又叫做自镇流荧光灯，根据放电管数量，分为双管、四管、多管、螺旋形、全螺旋系列、U形系列等。基本的节能灯是由灯头、塑壳、镇流器、荧光灯管等组成的。独立式的电子镇流器一般是由铁壳、内装镇流器等组成。

节能灯灯头材质一般可分为铁镀镍、铝镀镍、铜镀镍、纯铝、纯铜等。节能灯灯头规格一般有 E12、E14、E26、E27、E39、E40、B22、GU10 等。节能灯根据安装方式一般有顶部焊锡、免焊铆钉、冲针（对特殊灯头）等。

图4-1 灯泡

4-27 与节能灯有关的术语有哪些？

答 节能灯有关术语见表4-9。

表4-9　　　　　　　　　　节能灯有关术语

名称	解　说
初始值	初始值就是灯进行老炼试验100h时测得的光电参数值
额定值	额定值就是灯在规定的工作条件下，其特定的数值。该值与条件由相关标准规定，或由制造商或销售商规定

续表

名称	解说
光通维持率	光通维持率就是灯在规定条件下燃点，在寿命期间内一特定时间的光通量与该灯的初始光通量之比，一般以百分数表示
光效（光源的）	光效就是光源发出的光通量与其所耗功率之比
平均寿命（50％灯失效时的寿命）	平均寿命就是灯的光通量维持率达到有关标准要求，以及能继续燃点到50％的灯达到单只灯寿命时的累计时间
起动时间	起动时间就是灯接通电源直到完全起动并维持燃点所需要的时间
上升时间	上升时间就是灯接通电源后，光通量达到其稳定光通量的80％时所需的时间
寿命（单只灯的）	寿命就是一只成品灯从燃点到烧毁，或者灯工作到低于相关标准中所规定的寿命性能的任一要求时的累计时间
稳定时间	稳定时间就是灯接通电源后到灯的光电特性稳定时所需的时间
颜色	灯的颜色特性一般由色表与显色性来确定
自镇流荧光灯	自镇流荧光灯是含有灯头/镇流器、灯管，并且使之为一体的荧光灯。该种灯在不损坏其结构时是不可拆卸的

◢ 4-28 卤钨灯的特点是怎样的？

答 卤钨灯（halogen lamp）是填充气体内含有部分卤族元素或卤化物的充气白炽灯。在普通白炽灯中，灯丝的高温造成钨的蒸发，蒸发的钨沉淀在玻壳上，产生灯泡玻壳发黑的现象。为了使灯壁处生成的卤化物处于气态，卤钨灯的管壁温度要比普通白炽灯高得多。卤钨灯可以分为高压卤钨灯（可直接接入 220～240V 电源）、低电压卤钨灯（一般需要配相应的变压器）。卤钨灯根据用途可以分为照明卤钨灯、汽车卤钨灯、红外/紫外辐照卤钨灯、摄影卤钨灯、仪器卤钨灯、冷反射仪器卤钨灯等。

卤钨灯最高灯头温度见表 4-10。

表 4-10　　　　　卤钨灯最高灯头温度

灯头型号	功率（W）	温度（℃）
B15d	75、100	210
	150、250	250

灯头型号	功率（W）	温度（℃）
B22d	250	250
E14	100	210
E26/24	100	210
E26/50×39	250	250
E27	250	250

卤钨灯常见的术语见表4-11。

表4-11 卤钨灯常见的术语

名称	解说
初始光电参数	初始光电参数是指灯泡在老炼试验结束时，所测量的光学与电学的数值，主要包括色温、光通量、功率
灯轴线	灯轴线就是通过光源几何中心的轴线
光中心高度	光中心高度就是指灯丝的有效几何尺寸中心线到灯头底部触点间的距离
冷反射定向照明卤钨灯	照明卤钨灯与多平面介质膜反光镜组合成的卤钨灯称为冷反射定向照明卤钨灯，其中加透镜的叫做封闭式冷反射定向照明卤钨灯
柱形卤钨灯	柱形卤钨灯就是单端引出的圆柱形卤钨灯

4-29 怎样选择卤钨灯？

答 选择卤钨灯的一些方法与要求如下。

（1）卤钨灯宜用在照度要求较高、显色性较好、要求调光的场所。卤钨灯工作温度较高，不适于多尘、易燃、爆炸危险、腐蚀性环境场所，以及有振动的场所等。

（2）需要正确识别色彩，照度要求较高，或者进行长时间紧张视力工作的场所，可以选择采用卤钨灯。

（3）照明开闭频繁，需要迅速点亮，需要调光或需要避免对测试设备产生高频干扰的地方与屏蔽室等，可以选择采用卤钨灯。

（4）石英聚光卤钨灯主要用于拍摄电影、电视、舞台照明的聚光灯具或回光灯具中。

4-30　氙气灯的特点是怎样的?

答　氙气灯（high intensity discharge）是指内部充满包括氙气在内的惰性气体混合体，没有卤素灯所具有的灯丝的一种高压气体放电灯。氙气灯也叫做 HID 氙气灯、重金属灯。

氙气灯可以分为汽车用氙气灯、户外照明用氙气灯。HID 氙气灯一般由灯头（氙气灯泡）、电子镇流器（也叫做稳压器）、线组控制盒等组成。

氙气气体放电灯没有灯丝，不会产生因灯丝断开而报废的问题。另外，氙气灯不会产生多余的眩光。

4-31　什么是电线电缆?

答　电线电缆是指用于电力、通信与相关传输用途的一种材料。电线电缆主要包括裸线、电磁线、电动机电器用绝缘电线、电力电缆、通信电缆、光缆等。电线与电缆没有严格的界限，一般把芯数少、产品直径小、结构简单的产品称为电线。没有绝缘的导线称为裸电线，则其他的导线称为电缆。

导体截面积较大的，一般大于 $6mm^2$ 的电线称为大电线。较小的，小于或等于 $6mm^2$ 的电线称为小电线。

绝缘电线又称为布电线。建筑电气工程中，室内配电线路最常用的导线主要包括绝缘电线和电缆。

4-32　电线电缆的组成是怎样的?

答　电线电缆由内到外一般是内导体、绝缘、外导体、护套等。各组成部分的特点如下。

（1）内导体：主要具有导电功能。其衰减，主要是由内导体电阻引起的。内导体对信号传输影响很大。

（2）绝缘：主要起保护作用。其影响衰减、抗阻、回波损耗等性能。

（3）外导体：主要起回路导体、屏蔽等作用。

4-33　电线电缆命名的规则是怎样的?

答　电线电缆命名的规则如下。

（1）产品名称。产品名称包括的内容有产品应用场合或大小类名称、产品结构材料或形式、产品的重要特征或附加特征。有时，为了强调重要或附加特征，将特征写到前面，或者在相应的结构描述前。

（2）结构描述。产品结构的描述一般根据从内到外的原则为导体→绝缘→内护层→外护层。

（3）简化。在不会引起混淆的情况下，结构描述可以省写或简写。

【例如】

RVVP2×32/0.2

R——软线。

VV——双层护套线。

P——屏蔽。

2——2芯多股线。

32——每芯有32根铜丝。

0.2——每根铜丝直径为0.2mm。

ZR－RVS2×24/0.12

ZR——阻燃。

R——软线。

V——聚氯乙烯绝缘。

S——双绞线。

2——2芯多股线

24——每芯有24根铜丝。

0.12——每根铜丝直径为0.12mm。

SYV 75－5－1（A、B、C）

S——射频。

Y——聚乙烯绝缘。

V——聚氯乙烯护套。

A——64编。

B——96编。

C——128编。

75——75Ω。

5——线径为5mm。

1——代表单芯。

SYWV 75－5－1

S——射频。

Y——聚乙烯绝缘。

W——物理发泡。

V——聚氯乙烯护套。

75——75Ω。

5——线缆外径为 5mm。

1——代表单芯。

$$VV_{22}-4×120+1×50$$

表示 4 根截面为 120mm² 与 1 根截面为 50mm² 的铜芯聚氯乙烯绝缘。钢带铠装聚氯乙烯护套五芯电力电缆。

$$YJV_{22}-4×120$$

表示 4 根截面为 120mm² 的铜芯交联聚乙烯绝缘，钢带铠装聚氯乙烯护套四芯电力电缆。

4-34 线缆代号的含义是什么？

答 线缆代号的含义如下。

AVVR——聚氯乙烯护套安装用软电缆。

BV、BVR——聚氯乙烯绝缘电缆，常用于电器仪表设备、动力照明固定布线。

KVV——聚氯乙烯绝缘控制电缆，常用于电器、仪表、配电装置信号传输、控制、测量。

KVVP——聚氯乙烯护套编织屏蔽电缆，常用于电器、配电装置的信号传输、控制、测量等。

RV、RVP——聚氯乙烯绝缘电缆。

RVS、RVB——常用于家用电器、小型电动工具、仪器、仪表、动力照明连接用电缆。

RVV——聚氯乙烯绝缘软电缆，常用于家用电器、小型电动工具、仪表、动力照明等。

RVVP——铜芯聚氯乙烯绝缘屏蔽聚氯乙烯护套软电缆，常用于对讲、监控、控制安装等。

SYV——同轴电缆，常用于无线通信、广播、监控系统工程等。

SYWV（Y）、SYKV——有线电视、宽带网专用电缆。

常用电缆型号中字母的含义与排列顺序见表 4-12。

表4-12

常用电缆型号字母含义与排列次序

类别	绝缘种类	线芯材料	保护层	其他特征	保护层	其他
K—控制电缆（无K为电力电缆） P—信号电缆 YH—电焊机用 N—农用 Y—移动式软电缆	Z—油浸纸绝缘 V—聚氯乙烯 X—橡皮 XD—丁基橡胶 Y—聚乙烯 YJ—交联聚乙烯	L—铝芯 T—(铜芯) （一般省略不用）	H—橡套 HF—非燃性护套 V—聚氯乙烯护套 Y—聚乙烯护套 L—铝包 Q—铅包	D—不滴流 F—分相铅包 G—高压 P—滴干绝缘	1—麻被 2—钢带麻被 3—细钢丝麻护 5—粗钢丝 20—裸钢带 30—裸细钢丝 50—裸粗钢丝 29—内钢带 39—内细钢丝 59—内粗钢丝	TH—湿热带 TA—干热带 1—纤维（麻被） 2—聚氯乙烯 3—聚乙烯

常用绝缘导线的型号、名称与用途见表 4 - 13。

表 4 - 13 常用绝缘导线的型号、名称与用途

型号	名称	适用范围
BL（BLX） BXF（BLXF） BXR	铜（铝）芯橡胶绝缘线 铜（铝）芯氯丁橡胶绝缘线 铜芯橡胶绝缘软线	适用于交流 500V 及以下，或直流 1000V 及以下的电气设备及照明装置
BV（BLV） BVV（BLVV） BVVB（BLVVB） BVR BV－105	铜（铝）芯聚氯乙烯绝缘线 铜（铝）芯聚氯乙烯绝缘聚氯乙烯护套圆形电线 铜（铝）芯聚氯乙烯绝缘聚氯乙烯护套平形电线 铜芯聚氯乙烯绝缘软电线 铜芯耐热 105℃聚氯乙烯绝缘电线	适用于各种交流、直流电器装置，电工仪表、仪器，电信设备，动力及照明线路固定敷设
RV RVB RVS RV－105 RSX RX	铜芯聚氯乙烯绝缘软线 铜芯聚氯乙烯绝缘平形软线 铜芯聚氯乙烯绝缘绞形软线 铜芯耐热 105℃聚氯乙烯绝缘软电线 铜芯橡胶绝缘棉纱纺织绞形软电线 铜芯橡胶绝缘棉纱纺织圆形软电线	适用于各种交直流电器、电工仪器、家用电器、小型电动工具、动力及照明装置的连接

【例如】线缆选型举例

线缆选型举例见表 4 - 14。

表 4 - 14 线 缆 选 型 举 例

应用	解说
解码器通信线	可以选择 RVV2×1 屏蔽双绞线
镜头控制线	可以选择 RVV4×0.5 护套线
视频线	摄像机到监控主机距离不大于 200m，可以选择 SYV75－3 视频线。 摄像机到监控主机距离大于 200m，可以选择 SYV75－5 视频线
云台控制线	云台与控制器距离不大于 100m，可以选择 RVV6×0.5 护套线。 云台与控制器距离大于 100m，可以选择 RVV6×0.75 护套线

✎ 4-35 建筑电气常用的电线与电缆的种类与特点是怎样的？

答 建筑电气安装工程，常用的电线有绝缘电线、耐热电线、屏蔽电线等。一些电线的特点如下。

（1）绝缘电线。绝缘电线一般用于动力、照明线路。常见的绝缘电线如下。

BLVV——铝芯塑料绝缘护套线。

BLV——铝芯塑料绝缘线。

BVV——铜芯塑料绝缘护套线。

BV——铜芯塑料绝缘线。

BX——铜芯橡胶绝缘线。

绝缘电线的命名规律如图4-2所示。

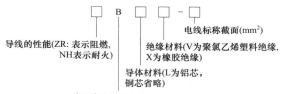

图4-2 绝缘电线的命名规律

（2）屏蔽电线。屏蔽电线主要供交流250V以下的电器、仪表、电讯电子设备、自动化设备屏蔽线路用。

（3）耐热电线。耐热电线一般用于温度较高的场所，如供交流500V以下、直流1000V以下的电工仪表、电信设备、电力、照明配线用。

（4）电缆。电缆一般是多芯导线，其在电路中主要起输送、分配电能的作用。电缆的组成包括线芯、绝缘层、保护层等。电缆按用途可分为电力电缆、控制电缆、通信电缆等。

在配电系统中，电力电缆是用来输配电能。控制电缆是用在保护、操作等回路中来传导电流的。

电缆根据绝缘层可分为：油浸纸绝缘（Z）、橡胶绝缘（X）、塑料（V、Y）等。

✎ 4-36 绝缘电线的型号与特点是怎样的？

答 绝缘电线主要有塑料绝缘电线、橡胶绝缘电线。导线型号中第一位字母B表示布置用导线，第二位字母表示导线材料，铜芯用L表示，后面几位为绝缘材料及其他。常见的绝缘电线的型号见表 4-15。

表 4-15　　　　　　　　　　　绝缘电线的型号与特点

导线种类	名　　　称		型号铝芯	型号铜芯
塑料绝缘电线	聚氯乙烯绝缘线	铜（铝）芯聚氯乙烯绝缘导线	BLV	BV
塑料绝缘电线	聚氯乙烯绝缘线	铜（铝）芯聚氯乙烯绝缘氯乙烯护套导线	BLVV	BVV
橡胶绝缘导线	氯丁橡胶绝缘线	铜（铝）芯氯丁橡胶绝缘导线	BLXF	BXF
橡胶绝缘导线	玻璃丝编织橡胶绝缘线	铜（铝）芯橡胶绝缘导线	BLX	BX

4-37　裸导线的种类有哪些？

答　裸导线一般是高空架空线路的主体，主要起到输送电能的作用。裸导线可以分为裸单线、裸绞线。其分类如下。

（1）裸单线：TY——铜质圆单线；LY——铝质圆单线。

（2）裸绞线：TJ——铜绞线；LJ——铝绞线；LGJ——钢芯铝绞线。

4-38　怎样选择线缆？

答　（1）混凝土搅拌机、插入式振动器、平板振动器、地面抹光机、水磨石机、钢筋加工机械、木工机械、盾构机械的负荷线，必须采用耐气候型橡胶护套铜芯软电缆，不得有任何破损与接头。

（2）潜水电动机的负荷线，一般需要采用防水橡胶护套铜芯软电缆，并且长度不应小于 1.5m，不得承受外力。

（3）交流弧焊机变压器的一次侧电源线长度一般不应大于 5m，以及电源进线处必须设置防护罩。

（4）电焊机械的二次线，一般需要采用防水橡胶护套铜芯软电缆，电缆长度不应大于 30m，并且不得采用金属构件或结构钢筋代替二次线的地线。

（5）在潮湿场所、金属操作时，必须选用Ⅱ类，或由安全隔离变压器供电的Ⅲ类手持式电动工具。

（6）手持式电动工具的负荷线，需要采用耐气候型的橡胶护套铜芯软电缆，不得有接头。

（7）中性线、N线、工作零线截面一般不应小于相线截面的50％。

（8）保护线（包括PE线、保护零线、保护导体）截面的选择见表4－16。

表4－16 保护线的截面

相线的截面S（mm²）	相应保护导体的最小截面S_P（mm²）
S≤16	S
16＜S≤35	16
35＜S≤400	S/2
400＜S≤800	200
S＞800	S/2

注 S指柜（屏、台、箱、盘）电源进线相线截面积，并且两者（S、S_P）材质相同。

4－39 电缆有哪些种类？

答 电缆根据用途可以分为电力电缆、电气设备用电缆、通信电缆、射频电缆等。

（1）通信电缆：通信电缆主要用于传递音频信息。

（2）电力电缆：电力电缆主要用于输配电能，特点是电压高、电流大。

（3）射频电缆：射频电缆主要用于有线电视、共用天线、电缆电视、卫星电视等系统。

（4）电气设备用电缆：电气设备用电缆主要作为电气设备内部或外部的连接线，也可以用于输送电能或传递各种电信号。

4－40 电力电缆由哪些部分组成？

答 电力电缆基本结构一般是由导电线芯（输送电流）、绝缘层（将电线芯与相邻导体以及保护层隔离，用来抵抗电力、电流、电压、电场对外界的作用）、保护层（使电缆适用各种使用环境，而在绝缘层外面所施加的保护覆盖层）等部分组成。

4－41 电力电缆的种类与型号是怎样的？

答 电力电缆的种类有油浸纸绝缘电力电缆、塑料绝缘电力电缆（聚氯乙烯绝缘电力电缆、交联聚氯乙烯绝缘电力电缆）、橡胶绝缘电力电缆（天然丁苯橡胶绝缘电力电缆、丁基橡胶绝缘电力电缆等）。

在建筑电气工程中，使用最为广泛的是塑料绝缘电力电缆。常用的型号有：聚氯乙烯绝缘聚氯乙烯护套电力电缆（铜芯—VV、铝芯—VLV）、聚氯乙烯绝缘聚乙烯护套电力电缆（铜芯—VY、铝芯—VLY）。

4-42　常见的电缆附件有哪些？

答　（1）电缆终端头：电缆与配电箱的连接处，一般需要一根电缆两个电缆头。

（2）电缆中间头：主要用于电缆的延长，一般隔 250m 需要设一个。

4-43　怎样选择监控系统的线缆？

答　（1）声音监听线缆一般选择 4 芯 RVVP 屏蔽通信电缆，或 3 类 UTP 双绞线，每芯横截面积要求为 0.5mm²。

（2）监控系统中监听头的音频信号传到中控室可以采用点对点布线方式，也可以用高压小电流传输，为此，选择非屏蔽的 2 芯电缆，如选择 RVV2—0.5 等。

（3）同轴电缆是专门用来传输视频信号的一种电缆，其频率损失、图像失真、图像衰减的幅度都比较小。视频信号传输一般采用直接调制技术、以基带频率的形式，最常用的传输介质是同轴电缆，即视频信号传输一般选择同轴电缆。

（4）一般的应用，可以选择专用的 SYV75 系列同轴电缆。SYV75—5 对视频信号的无中继传输距离一般为 300～500m。距离较远时，可以选择 SYV75—7、SYV75—9 同轴电缆。实际工程中，粗缆的无中继传输距离可达 1km 以上。

（5）通信线缆一般用在配置有电动云台、电动镜头的摄像装置。使用时，需要在现场安装遥控解码器。

（6）现场解码器与控制中心的视频矩阵切换主机间的通信传输线缆，一般选择 2 芯 RVVP 屏蔽通信电缆，或 3 类 UTP 双绞线，每芯横截面积为 0.3～0.5mm²。

（7）选择通信电缆的基本原则是距离越长，线径越大。

（8）RS—485 通信规定的基本通信距离是 1200m，实际工程中，可以选择 RVV2—1.5 的护套线，也可以将通信长度扩展到 2000m 以上。

（9）控制电缆一般是指用于控制云台与电动可变镜头的多芯电缆。控制电缆一端连接在控制器或解码器的云台、电动镜头控制接线端，另一端直接接到云台、电动镜头的相应端子上。

（10）控制电缆提供的是直流或交流电压，一般距离很短，基本上不存在干扰问题。为此，可以不需要选择屏蔽线。

（11）常用的控制电缆大多采用6芯或10芯电缆，如选择RVV6－0.2、RVV10－0.12。其中，6芯电缆分别接于云台的上、下、左、右、自动、公共6个接线端。10芯电缆除了接于云台的6个接线端外，还可以接于电动镜头的变倍、聚焦、光圈、公共4个端子。

（12）在监控系统中，从解码器到云台及镜头间的控制电缆距离比较短，一般没有特别要求。

（13）中控室的控制器到云台及电动镜头的距离少则几十米，多则几百米，一般对控制电缆有一定的要求，线径要粗，如选择RVV10－0.5、RVV10－0.75等。

4-44　怎样选择防盗报警系统的线缆？

答　选择防盗报警系统线缆的方法与要点如下。

（1）信号线选择屏蔽线、双绞线、普通护套线，需要根据具体的要求来定。

（2）信号线线径的粗细，需要根据报警控制器与中心的距离、质量要求来定。

（3）前端探测器到报警控制器间，一般选择RVV2×0.3、RVV4×0.3（2芯信号＋2芯电源）的线缆。

（4）报警控制器与终端安保中心间，一般选择2芯信号线。

（5）周界报警、其他公共区域报警设备的供电，一般选择集中供电模式。如果线路较长，一般选择RVV2×1.0以上规格的电线。

（6）报警控制器的电源一般选择本地取电，而非控制室集中供电。如果线路较短，一般选择RVV 2×0.5以上规格的电线。

4-45　怎样选择楼宇对讲系统的线缆？

答　选择楼宇对讲系统线缆的方法与要点如下。

（1）楼宇对讲系统所采用的线缆，一般选择RVV、RVVP、SYV等类线缆。

（2）视频传输，一般选择SYV75－5等线缆。

（3）传输语音信号与报警信号的线缆，一般选择RVV4－8×1.0等。

（4）有些系统考虑外界干扰或不能接地时，其在系统当中可以选择RVVP类线缆。

（5）数字编码按键式可视对讲系统有关线缆的选择如下。

1）音频/数据控制线可以选择RVVP4等。

2）电源线，可以选择AVVR2、RVV2等。

3）分户信号线可以选择RVVP6等。

4）主干线包括视频同轴电缆，如选择 SYV75－5、SYV75－3 等。

（6）直接按键式楼宇可视对讲系统各室内机的视频、双向声音、遥控开锁等接线端子都以总线方式与门口机并接，但是各呼叫线则单独直接与门口机相连，有关线缆的选择如下。

1）呼叫线，可以选择 2 芯屏蔽线，如 RVVP2 等。

2）视频同轴电缆可以选择 SYV75－5、SYV75－3 等。

3）电源线，可以选择一根 2 芯护套线，如 AVVR2、RVV2 等。

4）传声器/扬声器/开锁线可以选择一根 4 芯非屏蔽或屏蔽护套线，如 AVVR4、RVV4 或 RVVP4 等。

4－46　母线的种类及其特点是怎样的？

答　母线的种类及其特点如下。

（1）软母线：主要用于 35kV 以上的高压配电装置中。

（2）硬母线：主要用于高低压配电所中，其中硬铜母线用 TMY 表示，硬铝母线用 LMY 表示。

4－47　常用安防线缆有哪些区别？

答　常用安防线缆的区别见表 4－17。

表 4－17　　　　　　　　　常用安防线缆的区别

比较线缆	解　说
AVVR 与 RVVP	AVVR 为线径小于 0.5mm 的不带屏蔽的电缆。 RVVP 为线径大于或等于 0.5mm 的带屏蔽的电缆
RVS 与 RVV 2	RVS 为双芯 RV 线绞合而成，没有外护套，一般用于广播连接。 RVV 2 芯线是直放成缆，有外护套，一般用于电源、控制信号等
RVV 与 KVV RVVP 与 KVVP	RVV 与 RVVP 采用的线一般为多股细铜丝组成的一种软线。 KVV 与 KVVP 采用的是单股粗铜丝组成的硬线
SYV 与 SYWV	SYV 是视频传输线，一般用聚乙烯绝缘。 SYWV 是射频传输线，一般用物理发泡绝缘。 SYWV 主要用于有线电视

4-48 选择导线需要遵循哪些原则?

答 选择导线需要遵循的一些原则如下。

(1) 导线的选择需要与保护设备相适应。一般应满足于以下公式

$$I_j \leqslant I_保 \leqslant I_g$$

式中 I_j——线路的计算电流;

$I_保$——保护设备的额定电流;

I_g——导线允许截流量。

(2) 根据允许电压损失来选择导线。其公式为

$$U\% = \frac{P_j L}{CS}$$

式中 P_j——计算负荷,kW;

L——导线长度,m;

S——导线横截面积,mm^2。

C——系数,规定为:

$U_N \geqslant 35kV$ 时,$\Delta U\% = \pm 5\% U_N$

$U_N \leqslant 10kV$ 时,$\Delta U\% = \pm 7\% U_N$

$U_N \leqslant 380V$ 时,$\Delta U\% = (5\% \sim 10\%) U_N$

(3) 根据导线的机械强度选择导线。由于导线本身重量、风力等因素的影响,导线需要承受一定的应力。如果导线过细,则容易折断。如果过粗,则会造成浪费。因此,需要根据导线的机械强度来选择导线。

(4) 根据导线的发热条件来选择导线。每一种导线截面,根据其允许的发热条件对应一个允许的载流量。因此,选择导线时,必须使其允许载流量大于或等于线路的计算值。

4-49 怎样选择 N 线与 PE 导线?

答 单相线路,N 线与相线的截面一般相等。三相四线制供电线路中,N 线截面在允许的机械强度内不小于相线截面的一半。如有可能发生逐相切断电源的三相线路,N 线与相线截面相等。

PE 保护线一般是指保护中性线与保护地线。PE 线的选择与 N 线的选择基本相同。

4-50 怎样选择架空导线的截面?

答 选择架空导线截面的原则与方法如下。

(1) 根据允许的电压损失选择。线路电压损失必须低于最大允许值,才能够保证供电质量。

（2）根据机械强度选择。正常工作状态下，导线必须有足够的机械强度，才能够保证安全运行。

（3）根据短路热稳定来选择。根据短路热稳定来选择导线最小横截面，可以保证在一定时间内，安全承受短路电流通过导线时所产生的热作用，从而保证安全供电。

（4）根据发热条件选择。最大允许连续负荷电流下，导线发热不超过线芯所允许的温度，这样，导线不会因过热而引起绝缘损坏，或加速导线老化。

（5）根据经济电流密度选择。从降低电耗、减少投资、节约有色金属等方面综合考虑，需要选择符合总经济利益的导线截面，即经济截面。

（6）高压线路需要根据经济电流密度来选择。在以下场合还需要重点考虑以下一些要求。

1）1kV 以下的动力或照明线路，负载电流较大需要根据最大工作电流来选择，需要重点考虑电压损失。

2）变压器容量较小，如 125kVA 以下，线路电流很小选择导线时，需要重点考虑机械强度。对于容量较大，并且供电距离较远的线路，需要重点考虑电压损失。

3）对于 6～12kV 配线，长度超过 2km 时，需要重点考虑电压损失。

4）电缆线路，需要考虑短路时的热稳定。

5）高压架空线路需要重点考虑机械强度。

4-51　一些电线电缆的特点是怎样的？

答　一些电线电缆的特点见表 4-18。

表 4-18　　　　　　　　一些电线电缆的特点

名称	解　说
RVS 型 300/300V 铜芯聚氯乙烯绝缘绞型连接用软电线	导体为多支退火裸铜绞合　PVC 绝缘　聚氯乙烯绝缘，绝缘厚度一般为0.8mm　软导线 RVS 型 300/300V 铜芯聚氯乙烯绝缘绞型连接用软电线适用于家用电器、小型电动工具、仪器仪表、动力照明用线。其长期允许工作温度应不超过 70℃

名　称	解　说
四芯电话线	 适用于室内电话布线，内部程控电话交换机系统布线，也可以用于ISDN和ADSL网络连接
六类网线	 适用于高速率、大容量、多媒体的综合业务数据通信网络，智能化系统中的局域网中的集线器、服务器、电脑间的连接

4-52　套管的种类有哪些？

答　套管的一些种类如下。

(1) 绝缘套管：是由电绝缘材料制成的一种套管。

(2) 平滑套管：套管轴向内外表面为平滑面的一种套管。

(3) 波纹套管：套管轴向具有规则的凹凸波纹的一种套管。

(4) 螺纹套管：带有连接用螺纹的一种平滑套管。

(5) 非螺纹套管：不用螺纹连接的一种套管。

(6) 硬质套管：只有借助设备或工具才可能弯曲的一种套管。

(7) 半硬质套管：无须借助工具能手工弯曲的一种套管。

（8）阻燃套管：套管不易被火焰点燃，或者虽能被火焰点燃但点燃后无明显火焰传播，并且当火源撤去后，在规定时间内火焰可自熄的一种套管。

（9）非阻燃套管：被点燃后在规定的时间内火焰不能自熄的一种套管。

（10）可挠金属电线保护套管：具有可挠性可自由弯曲的金属套管。其外层为镀锌钢带，中间层为冷轧钢带，里层为耐水电工纸。可挠金属电线保护套管结构如图 4-3 所示。

（11）包塑可挠金属电线保护套管：可挠金属电线保护套管表面包覆一层 PVC 塑料的一种套管。包塑可挠金属电线保护套管结构如图 4-4 所示。

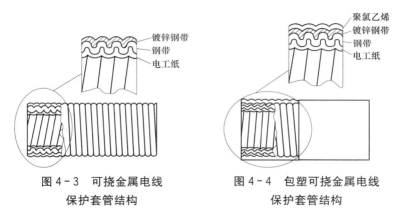

图 4-3　可挠金属电线
保护套管结构

图 4-4　包塑可挠金属电线
保护套管结构

4-53　可挠金属电线保护套管型号名称是怎样的？

答　可挠金属电线保护套管型号名称规定如图 4-5 所示。

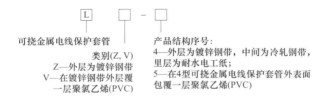

图 4-5　可挠金属电线保护套管型号名称规定

147

4-54 套管代号的含义是怎样的？

答 套管代号的含义见表4-19。

表4-19 套管代号的含义

名称代号		特性代号	主参数代号	
主称	品种		温度等级	公称尺寸
套管：G	硬质管：Y 半硬质管：B 波纹管：W	轻型：2 中型：3 重型：4 超重型：5	25型：25 15型：15 5型：05 90型：90 90/－25型：95	16、20、25、 32、40、 50、60

4-55 建筑用绝缘电工套管与配件是怎样分类的？

答 建筑用绝缘电工套管与配件的分类见表4-20。

表4-20 建筑用绝缘电工套管与配件的分类

依据	分类
根据机械性能分	低机械应力型套管（简称轻型）、中机械应力型套管（简称中型）、高机械应力型套管（简称重型）、超高机械应力型套管（简称超重型）
根据连接形式分	螺纹套管、非螺纹套管
根据弯曲特点分	硬质套管、半硬质套管、波纹套管。其中，硬质套管又分为冷弯型硬质套管、非冷弯型硬质套管
根据阻燃特性分	阻燃套管、非阻燃套管

4-56 配线用的钢管有什么特点？

答 钢管大量用作输送流体的管道。钢管可以分为无缝钢管、焊接钢管。根据焊缝形式可以分为直缝焊管、螺旋焊管。根据用途又可以分为一般焊管、镀锌焊管、吹氧焊管、电线套管、电焊异型管等。

镀锌钢管可以分为热镀锌、电钢锌。其中，热镀锌镀锌层厚、电镀锌成本低。电线套管一般采用普通碳素钢电焊钢管。用在混凝土、各种结构配电工程中，电线套管壁较薄，大多进行涂层或镀锌后使用，并且要求进行冷弯试验。

配线工程中常使用的钢管有厚壁钢管、薄壁钢管、金属波纹钢管、普利卡套管等。厚壁钢管又称为焊接钢管、低压流体输送钢管，其有镀锌、不镀锌之分。

薄壁钢管又称为电线管。在工程图中，焊接钢管常用 SC 标注，薄壁钢管常用 MT 标注。

4-57 配线用的塑料管材有什么特点？

答 塑料管与传统金属管相比，具有自重轻、耐腐蚀、耐压强度高、卫生安全、节约能源、节省金属、改善生活环境、使用寿命长、安装方便等特点。

建筑电气工程中常用塑料管材有 PVC 管、塑料波纹管，也分为硬质塑料管、半硬质塑料管、软塑料管。配线常用的电线保护管多为 PVC 塑料管（也就是聚氯乙烯塑料管）。PVC 管又可以分为普通聚氯乙烯 PVC、硬聚氯乙烯（PVC－U）、软聚氯乙烯（PVC－P）、氯化聚氯乙烯（PVC－C）。

硬聚氯乙烯管（UPVC）是各种塑料管中消费量最大的塑料管材。PVC 硬质塑料管在工程图上常标注代号为 PC（旧符号为 SG 或 VG）。

4-58 PVC 电线管的特性是怎样的？

答 （1）阻燃性能好的 PVC 管可以使自燃火迅速熄灭。PVC 电工套管主要是用来穿电线。

（2）能够在较长时间内有效地保护线路。

（3）PVC 管重量轻，便于运输与搬运。

（4）耐腐蚀、防虫害 PVC 管具有耐一般酸碱性能。

（5）绝缘性好，能够承受高压而不被击穿，有效避免漏、触电危险。

（6）抗拉压力强，能够适合于明装或暗装在混凝土中，不怕受压破裂。

（7）用 PVC 管黏合剂与有关附件，可以迅速地把 PVC 管连接成所需的形状。

（8）PVC 管只要插入一根弯管弹簧，可以在室温下人工弯曲成形。

（9）PVC 管剪接方便，可以用剪管器方便地剪断直径 32mm 以下的 PVC 管。

4-59 PVC 管是怎样分类的？

答 PVC 管的分类如下：根据 PVC 管管壁的薄厚可以分为轻型管、中型管、重型管。轻型管主要用于挂顶，中型管主要用于明装或暗装，重型管主要用于埋藏混凝土中。

PVC管还可以分为PVC电工管和PVC波纹管。PVC波纹管一般是大口径的PVC排水排污管道，主要用于房地产建筑干道排水与市政排水排污等。PVC电工管主要用于布电线。

PVC电工套管可以分为L型轻型－205（外径 $\phi16\sim\phi50$）、M型中型－305（外径 $\phi16\sim\phi50$）、H型重型－405（外径 $\phi16\sim\phi50$）。

PVC电工套管根据公称外径分为16、20、25、32、40等，它们的厚度如下。

（1）16外径的轻、中、重型PVC电工套管，厚度分别为1.00（轻型，允许差＋0.15）、1.20（中型，允许差＋0.3）、1.6（重型，允许差＋0.3）。

（2）20外径的中、重型（无轻型的）PVC电工套管，厚度分别为1.25（中型，允许差＋0.3）、1.8（重型，允许差＋0.3）。

（3）25外径的中、重型（没有轻型的）PVC电工套管，厚度分别为1.50（中型，允许差＋0.3）、1.9（重型，允许差＋0.3）。

（4）32外径的轻、中、重型PVC电工套管，厚度分别为1.40（轻型，允许差＋0.3）、1.80（中型，允许差＋0.3）、2.4（重型，允许差＋0.3）。

（5）40外径的轻、中、重型PVC电工套管，厚度分别为1.80（轻型、中型，允许差＋0.3）、2.0（重型，允许差＋0.3）。

4-60 消防管的特点是怎样的？

答 消防管的一些特点如下。

（1）消防用管主要分为室内用管、室外用管。

（2）塑料管在高温下会变形，目前消防一般用PE管（主要是应用在室外消防管道）。

（3）一般消防上PE管材对卫生指标不太重视，主要考虑的是压力。

（4）消防上PE管材验收标准，一般为管材本身压力等级的1.5倍。

（5）PE消防管一般需要1.6MPa压力。

4-61 怎样选配硬塑料管与钢管的管径？

答 多根导线穿管时，导线截面积的总和（包括绝缘层）应不超过管内面积的40%。管子内径不小于导线束直径的1.4～1.5倍。绝缘导线允许穿管根数与相应的最小管径见表4-21～表4-23。

表 4 - 21　　　BV、BLV 塑料线穿钢管管径选择（mm）

导线截面（mm²）	导线根数										
	2	3	4	5	6	7	8	9	10	11	12
1											
1.5											
2.5					15			20			
4			15				20			25	32
6		20						32			40
10			25			40					
16											
25			32	40			50				
35		40					70				
50			50				80				
70											
95			70								
120											
150			80								
185											

注　表中管径指内径。

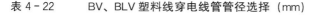

表 4 - 22　　　BV、BLV 塑料线穿电线管管径选择（mm）

导线截面（mm²）	导线根数										
	2	3	4	5	6	7	8	9	10	11	12
1									20		
1.5											
2.5		15			20						
4			20				25				
6		20					32				
10			25		32		40				
16		32									
25			40								
35		40									
50			50								
70											

注　1. 管径 50mm 电线管一般不用，因管壁太薄，弯管时容易破裂。

　　2. 表中管径指内径。

表 4-23　　　　　　BV、BLV 塑料线穿硬塑管管径选择（mm）

导线截面 (mm²)	导线根数										
	2	3	4	5	6	7	8	9	10	11	12
1											
1.5											
2.5											
4			15				20				
6			20				25				32
10		20	25				32				
16		25					40				
25			32				50				
35			40								65
50		40					65				
70			50				80				
95			65								
120											
150		65	80				100				
185											

注　表中管径指内径。

4-62　电压表的特点是怎样的？

答　电压表是指固定安装在电力、电信、电子设备面板上的一种仪表，主要用来测量交、直流电路中的电压。

常用电压表又叫做伏特表，符号为 V。

使用电压表的一些注意事项如下。

（1）使用前需要机械调零，也就是把电压表的指针调到零刻度。

（2）电压表一般是并联使用。电压表内阻很大，如果常规串联下使用，在电路中会造成断路。

（3）电压表连线是正进负出，也就是电流从电压表正极接入流进，从电压表负极接入流出。

（4）电压表检测时，不能够超过其量程。如果被测电压超过电压表的量程，则会损坏电压表。

4-63　电流表的特点是怎样的？

答　电流表又叫安培表，是固定安装在电力、电信、电子设备面板上的一种仪表。电流表主要用来测量交流、直流电路中的电流。电路图中，电流表的符号一般用 A 表示。

使用电流表的一些注意事项如下。

（1）被测的电流不要超过电流表的量程。

（2）电流表需要与用电器串联在电路中，以免短路烧毁电流表。

（3）电流表需要从正接线柱接入，从负接线柱出，以免指针反转，把指针打弯。

（4）绝对不允许不经过用电器而把电流表连到电源的两极上，以免烧坏电流表、电源、导线。

4-64　万用表的特点是怎样的？

答　万用表又叫多用表、三用表、复用表。万用表是一种多功能、多量程的测量仪表，一般可以测量直流电流、直流电压、交流电流、交流电压、电阻与音频电平等，有的还可以测交流电流、电容量、电感量、半导体器件的一些参数。万用表可以分为指针式万用表、数字万用表。

万用表的使用方法与要点如下。

（1）测电压。万用表测量电压（或电流）时，首先需要选择好量程，量程的选择尽量使指针偏转到满刻度的 2/3 左右。如果事先不清楚被测电压的大小，则需要先选择最高量程挡，再逐渐减小到合适的量程。

1）交流电压的测量：首先把万用表一个转换开关调到交、直流电压挡，然后把另一个转换开关调到交流电压的合适量程上，再用万用表两表笔与被测电路或负载并联检测即可。

2）直流电压的测量：首先把万用表的一个转换开关调到交、直流电压挡，然后把另一个转换开关调到直流电压的合适量程上，红表笔（＋）接到高电位处，黑表笔（－）接到低电位处，也就是让电流从＋表笔流入，从－表笔流出。如果万用表表笔接反，万用表表头指针会反方向偏转，则可能撞弯指针。

（2）测电流。测量直流电流时，首先把万用表的一个转换开关调到直流电流挡，然后把另一个转换开关调到合适量程上。测量时，必须先断开电路，然后根据电流从＋到－的方向，把万用表串联到被测电路中。如果误将万用表与负载并联，则可能短路烧毁万用表。

测量裸导体上的电流时，需要注意防止引起相间短路或接地短路。

（3）测电阻。用万用表测量电阻的方法与要点如下。

1）首先机械调零：使用前，需要先调节指针定位螺钉使电流示数为零，以免不必要的误差。

2）选择好合适的倍率挡：万用表欧姆挡的刻度线是不均匀的，所以倍率挡的选择一般需要使指针停留在刻度线较稀的部分为宜，并且指针越接近刻度尺的中间，读数越准确。

3）欧姆调零：测量电阻前，需要将两只表笔短接，同时调节欧姆调零旋钮，使指针刚好指在欧姆刻度线右边的零位。如果指针不能调到零位，则说明电池电压不足或仪表内部有问题。每换一次倍率挡，都要进行欧姆调零，以保证测量准确。

4）读数：表头的读数乘以倍率，就是所检测电阻的电阻值。

使用万用表的一些注意事项如下。

（1）选择量程时，需要先选择大量程，后选择小量程，尽量使被测值接近于量程。

（2）测电阻时，不能带电测量。

（3）测电流、电压时，不能带电转换量程。

（4）欧姆表改换量程时，需要进行欧姆调零，无需机械调零。

（5）检测完毕，需要把转换开关调到交流电压最大挡位或空挡上。

4-65　绝缘电阻表的特点是怎样的？

答　绝缘电阻表俗称摇表，主要用来检查电气设备、电器、电气线路对地与相间的绝缘电阻，避免发生触电伤亡与设备损坏等事故。绝缘电阻表的刻度是以兆欧（MΩ）为单位的。

绝缘电阻表的接线端钮一般有 3 个，分别标有 G（屏）、L（线）、E（地）。被检测的电阻一般接在 L 与 E 间，G 端的作用是消除绝缘电阻表表面 L、E 两端间的漏电与被测绝缘物表面漏电的影响。

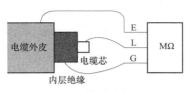

图 4-6　检测绝缘电阻

一般测量时，把被测绝缘物接在 L、E 间即可。如果测量表面不干净或潮湿的绝缘物时，为了准确地测出绝缘材料内部的绝缘电阻，必须使用 G 端，如图 4-6 所示。

使用绝缘电阻表的方法与要点如下。

（1）使用前，选择符合电压等级的绝缘电阻表。一般情况下，额定电压在 500V 以下的设备，选择 500V 或 1000V 的绝缘电阻表。额定电压在 500V 以上的设备，选择 1000～2500V 的绝缘电阻表。

（2）测量前，把绝缘电阻表进行一次断路与短路试验，检查绝缘电阻表是否良好。再将两连接线断路，摇动手柄，指针应指在∞处，然后把两连接线短接一下，指针应指在 0 处，符合上述规律的，则表示该绝缘电阻表是好的。否则，说明该绝缘电阻表不良。

（3）禁止在雷电时，或者高压设备附近检测绝缘电阻。摇测过程中，被测设备上不能有人工作。

（4）只能在设备不带电，也没有感应电的情况下测量。

（5）线路接好后，可以按顺时针方向转动摇把，摇动的速度一般由慢到快，当转速达到 120r/min 时，保持匀速转动，应边摇边读数，不能停下来读数。

（6）绝缘电阻表没有停止转动前，或者被测设备没有放电前，严禁用手触及。测量结束时，对于大电容设备需要放电。放电方法是将测量时使用的地线从绝缘电阻表上取下来与被测设备短接一下。

（7）需要定期校验绝缘电阻表的准确度。

4-66 电能表的特点是怎样的？

答 电能表是用来测量电能的仪表，俗称电度表、火表。电能表有单相电能表、三相三线有功电能表、三相四线有功电能表等种类。生活照明一般选择单相电能表。三相三线电能表、三相四线电能表可以用于照明或具有三相用电设备的动力线路的计费。

根据所计电能量的不同与计量对象的重要程度，电能计量装置分为以下几类。

Ⅰ类计量装置：月平均用电量 500 万 kWh 及以上或变压器容量为 1000kVA 及以上的高压计费用户。

Ⅱ类计量装置：月平均用电量 100 万 kWh 及以上或变压器容量为 2000kVA 及以上的高压计费用户。

Ⅲ类计量装置：月平均用电量 10 万 kWh 以上或变压器容量为 315kVA 及以上的计费用户。

Ⅳ类计量装置：负荷容量为 315kVA 以下的计费用户。

Ⅴ类计量装置：单相供电的电力用户。

单相电能表的额定电流，最大可达 100A。一般单相电能表允许短时间通过的最大额定电流为额定电流的 2 倍，少数厂家的电能表为额定电流的 3 倍或者 4 倍。

三相四线电能表额定电流常见的有 5A、10A、25A、40A、80A 等。长时间允许通过的最大额定电流一般可为额定电流的 1.5 倍。

单相电子式电能表的型号有 4 种，即 5（20）A、10（40）A、15（60）A、20（80）A，也称为 4 倍表。另外，还有 2 倍表、5 倍表等种类。表的倍数越大，则在低电流时计量越准确。

单相电子式电能表的型号常见的字母含义如下。

（1）第一个字母 D：为电能表产品型号的统一标志，即电能表的第一个字母缩写。

（2）第二个字母 D：D 代表单相电能表，即"单"字的第一个字母缩写。

（3）第三个字母 S：代表全电子式。

（4）第四个字母 Y：代表预付费。

4-67　怎样选择电能表？

答　选择电能表的方法如下。

（1）电能表的额定容量需要根据用户的负荷来选择，也就是根据负荷电流与电压值来选定合适的电能表，使电能表的额定电压、额定电流等于或大于负荷的电压与电流。

（2）选用电能表一般负荷电流的上限不能够超过电能表的额定电流，下限不能够低于电能表允许误差范围内规定的负荷电流。最好使用电负荷在电能表额定电流的 20%～120%内。

（3）选择电能表需要满足精确度的要求。

（4）选择电能表需要根据负荷的种类来选择。

（5）根据负载电流不大于电能表额定电流的 80%，当出现电能表额定电流不能满足线路的最大电流时，则需要选择一定电流比的电流互感器，将大电流变为小于 5A 的小电流，再接入 5A 电能表。计算耗电电能时，5A 电能表耗电量乘以所选用的电流互感器的电流比，就是实际耗用的电能。一般超过 50A 的电流计量宜选用电流互感器进行计量。

（6）一般低压供电，负荷电流为 50A 及以下时，宜采用直接接入式电能表。负荷电流为 50A 以上时，宜采用经电流互感器接入式的接线方式。同时需要选用过载 4 倍及以上的电能表。

（7）选购电能表前，需要计算总用电量，以便选择电能表。

（8）也可以根据表 4-24 来选择电能表。

表4-24 选择电能表

电能表容量/A	单相功率（220V）/W	三相功率（380V）/W
1.5（6）	＜1500	＜4700
2.5（10）	＜2600	＜6500
5（30）	＜7900	＜23600
10（60）	＜15 800	＜47 300
20（80）	＜21 000	＜63 100

4-68 接地电阻测量仪的特点是怎样的？

答 接地电阻测量仪主要是用于直接测量各种接地装置的接地电阻、土壤电阻率。施工现场一般是用于测量电气设备接地装置的接地电阻是否符合要求。

接地电阻测量仪有数字接地电阻测量仪、钳形接地电阻测试仪（见图4-7）等种类。

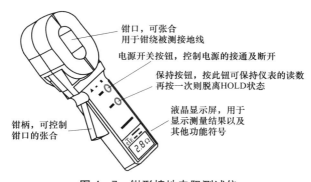

钳口，可张合
用于钳绕被测接地线

电源开关按钮，控制电源的接通及断开

保持按钮，按此钮可保持仪表的读数
再按一次则脱离HOLD状态

液晶显示屏，用于
显示测量结果以及
其他功能符号

钳柄，可控制
钳口的张合

图4-7 钳形接地电阻测试仪

不同的接地电阻测试仪具体使用操作有所差异，一些接地电阻测试仪的使用操作如图4-8所示。

使用接地电阻测试仪的一些注意事项如下。

（1）随时检查接地电阻测试仪的准确性。

（2）正确使用接地电阻测试仪的电源。

（3）接地线路要与被保护设备断开，以保证测量结果的准确性。

（4）被测地极附近不能有杂散电流与已极化的土壤。

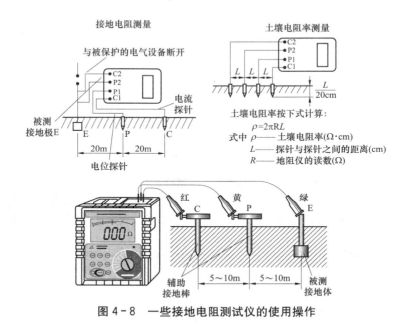

图4-8 一些接地电阻测试仪的使用操作

（5）当检流计灵敏度不够时，可沿探针注水使其湿润。

（6）当检流计灵敏度过高时，可以将电位探针电压极插入土壤中浅一些。

（7）接地电阻测试仪的连接线需要使用绝缘良好的导线，以免存在漏电现象。

（8）接地电阻测试仪电流极插入土壤的位置，需要使接地棒处于零电位的状态。

（9）接地电阻测试仪测试一般需要选择土壤电阻率大的时候进行检测。

（10）测试现场不能有电解物质、腐烂尸体等情况，以免造成错觉。

（11）测量保护接地电阻时，一定要断开电气设备与电源连接点。在测量小于1Ω的接地电阻时，需要分别用专用导线连在接地体上。

（12）测量大型接地网接地电阻时，不能按一般接线方法测量。

（13）测量地电阻时，最好反复在不同的方向测量3～4次，然后取平均值。

（14）下雨后与土壤吸收水分太多时，如果气候、温度、压力等急剧变化，不能进行测量。

（15）接地电阻测试仪探测针需要远离地下水管、电缆、铁路等较大金属体，其中电流极一般需要远离 10m 以上，电压极一般需要远离 50m 以上。如果上述金属体与接地网没有连接时，则可以缩短距离 1/3～1/2。

（16）接地电阻测试仪长期不用时，需要将电池全部取出，以免锈蚀接地电阻测试仪。

（17）接地电阻测试仪在使用、搬运、存放时，需要避免强烈振动。

（18）存放保管接地电阻测试仪时，需要注意环境温度、湿度，一般需要放在干燥通风的地方。

◢ 4-69　钳形电流表的特点是怎样的？

答　钳形电流表简称为钳形表，普通钳形表是一种不需断开电路就可直接测电路交流电流的仪表。它有如下分类：

（1）根据读数显示方式，钳形电流表可以分为指针式钳形电流表、数字式钳形电流表。

（2）根据测量电压，钳形电流表可以分为低压钳形表、高压钳形表。

（3）根据功能，钳形电流表可以分为普通交流钳形表、交直流两用钳形表、漏电流钳形表、带万用表的钳形表等。

普通钳形表工作部分主要是由一只电磁式电流表与穿心式电流互感器组成。穿心式电流互感器铁心一般制成活动开口，也就是钳形。普通钳形表只能够用来测量交流电流，不能测其他电参数。带万用表功能的钳形表是在钳形表的基础上增加了万用表的功能。

数字式钳形表的工作原理与指针式钳形表基本相同。只是，数字式钳形表采用液晶显示屏显示数字结果。

◢ 4-70　怎样选择钳形电流表？

答　（1）根据被测量电流是交流还是直流来选择。电磁系钳形电流表，既可用于测量交流电流，也可用于测量直流电流，只是准确度比较低。整流系钳形电流表只能够适于测量波形失真较低、频率变化不大的工频电流，否则，会产生较大的测量误差。钳形电流表的准确度主要有 2.5 级、3 级、5 级等几种，需要根据测量技术要求与实际情况来选择。

（2）根据应用特点来选择。数字式钳形电流表测量结果的读数直观方便，但是测量场合的电磁干扰比较严重时，显示出的测量结果可能会存在离散性跳变。使用指针式钳形电流表，由于磁电系机械表头具有阻尼作用，使得其本身对较强电磁场干扰的反应比较迟钝，其示值范围比较直观。

✒ 4-71 使用钳形电流表有哪些注意事项?

答 使用钳形表的一些注意事项如下。

(1) 测量前,需要把指针式钳形电流表机械调零。

(2) 需要选择合适的量程,一般先选大量程,后选小量程,或者根据铭牌值来估算选择。

(3) 如果使用最小量程测量,读数不明显时,则可以将被测导线绕几匝,并且匝数要以钳口中央的匝数为准,那么读数=指示值×量程/满偏×匝数。

(4) 使用前,需要弄清钳形电流表是交流,还是交直流两用钳形表。

(5) 使用前,需要正确选择钳形电流表的电压等级,并且检查钳形电流表外观绝缘是否良好,指针摆动是否灵活,钳口有无锈蚀等情况。

(6) 钳形电流表钳口闭合后如有杂音,则可以打开钳口重合一次。如果杂音仍不能消除时,则需要检查磁路上各接合面是否光洁干净。

(7) 测量时,钳口需要闭合紧密,并且不能够带电换量程。

(8) 钳形表的手柄需要保持干燥。并且测量时,不得触及其他带电体。

(9) 被测线路的电压需要低于钳表的额定电压。

(10) 测量时,需要使被测导线处于钳口的中央,并且使钳口闭合紧密,以减少误差。

(11) 被测电路电压不能超过钳形表上所标明的数值,以免造成接地事故,或者引起触电危险。

(12) 钳形电流表每次只能够测量一相导线的电流,不能将多相导线都夹入窗口测量。

(13) 检测低压可熔保险器或水平排列低压母线电流时,需要在检测前将各相可熔熔丝或母线用绝缘材料加以保护隔离,以免引起相间短路。

(14) 当电缆有一相接地时,严禁检测。

(15) 在高压回路上检测时,禁止用导线从钳形电流表另接表计检测。

(16) 检测高压线路的电流时,需要戴绝缘手套,穿绝缘鞋,站在绝缘垫上进行操作。

(17) 检测高压电缆各相电流时,电缆头线间间隔需要在 300mm 以上,并且绝缘要良好。

(18) 使用高压钳形电流表时,严禁用低压钳形表检测高电压回路的电流。

(19) 使用高压钳形表检测时,需要由两人来进行,非值班人员检测还需要填写第二种工作票。

（20）观测表计时，需要留意保持头部与带电部分的安全间隔，人体任何部分与带电体的间隔不得小于钳形表的整个长度。

（21）测量完后，需要将转换开关放在最大量程处。

4-72　异步电动机的特点是怎样的？

答　电动机俗称马达，是一种将电能转化成机械能，并且可以再使用机械能产生动能，用来驱动其他装置的电气设备。

电动机根据使用电源，可以分为直流电动机和交流电动机。根据电动机定子磁场转速与转子旋转转速是否保持同步关系，可以分为同步电动机和异步电动机。

异步电动机又叫作感应电动机，是转子置于旋转磁场中，在旋转磁场的作用下，获得一个转动力矩，从而使转子转动。感应电动机的转子是可转动的导体，一般多呈鼠笼状。

异步电动机可以分为单相异步电动机、三相异步电动机。其中，单相异步电动机运转时，产生与旋转方向相反的转矩。因此，单相异步电动机不可能在短时间内改变方向，需要在电动机完全停止后，再转换其旋转方向。单相电动机的电源有 A（110V 60Hz）、B（22V 60Hz）、C（100V 50/60Hz）、D（200V 50/60Hz）、E（115V 60Hz）、X（200～240V 50Hz）等。

三相电动机使用 U（200V 50/60Hz）、T（220V 50/60Hz）、S（380～440V 50/60Hz）电源的异步电动机。

电动机常见的参数有额定电压 U_n、额定电流 I_n、额定功率 P_n、额定转速 N_n、接法、额定频率、绝缘等级与温升等。一些参数可以通过铭牌上的标注来了解。

检查电动机线圈的绝缘电阻，正常情况下，不得低于 $0.5M\Omega$。

4-73　三相异步电动机的特点与构造是怎样的？怎样识读铭牌？

答　三相异步电动机是交流电动机中的一种，主要由固定不动的定子、可以旋转的转子组成。三相异步电动机结构如图 4-9 所示。

（1）定子。三相异步电动机的定子主要由定子铁心、定子绕组、机座等部分组成。

1）三相异步电动机的定子铁心一般采用 0.35～0.5mm 厚的硅钢片叠压而成。硅钢片片间彼此绝缘，并且定子铁心的内侧有均匀分布的槽口，用来嵌放定子绕组。

2）三相异步电动机定子绕组一般是由绝缘铜线或铝线绕成，并且三相

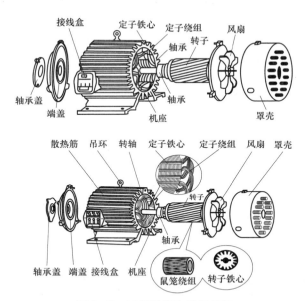

图 4 - 9 三相异步电动机结构

绕组对称嵌放在定子槽内。三相异步电动机三相绕组的三个首端 A、B、C，一般分别接在机座接线盒端子板的 U1、V1、W1 三个端子上。三个末端 X、Y、Z，一般分别接在 U2、V2、W2 三个端子上。有关连接情况如图 4 - 10 所示。

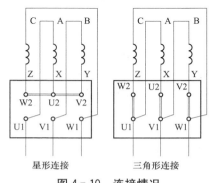

图 4 - 10 连接情况

3）三相异步电动机的机座一般采用铸铁，主要用来固定、支撑定子铁心。

（2）转子。三相异步电动机的转子主要由转子铁心、转子绕组等组成。转子主要是形成电动机的磁路，产生感应电动势，形成转子电流，从而产生磁转矩。根据转子绕组的结构，三相异步电动机的转子可以分为鼠笼式和绕线式。

1）笼式转子。笼式转子的铁心一般是由外圆冲有槽口的 0.5mm 厚的硅钢片叠压而成，并且固定在转轴上，将熔化了的铝浇铸在转子铁心的槽内就制成了转子绕组。中、小型电动机一般采用这种方式。

2）绕线式转子。绕线式转子的铁心与笼式相似，但是绕线式转子槽内嵌放的是三相绕组，并且把三相绕组连接成星形，也就是把三相绕组的末端连接在一起，三个始端接到装在轴上的三个彼此绝缘的滑环上，然后用固定的电刷与三个滑环接触，使转子绕组与外电路相连。绕线式转子多用于起重设备的电动机中。

三相异步电动机的铭牌上标出了该电动机的主要技术数据，其铭牌所标注的参数识读图例如图 4-11 所示。

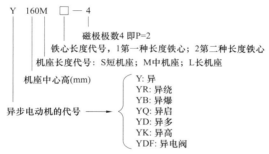

图 4-11　识读三相异步电动机的铭牌

4-74　配电箱的特点是怎样的？

答　配电箱就是根据电气接线要求，将开关设备、测量仪表、保护电器、辅助设备组装在封闭或半封闭金属柜中或屏幅上，构成的一种成套配电装置。正常运行时，可以借助手动或自动开关接通或分断电路。故障或不正常运行时，可以借助保护电器切断电路或报警，并且借助测量仪表显示运行中的各种参数。另外，还可以对某些电气参数进行调整，对偏离正常工作状态进行提示或者发出相应的信号。配电箱便于管理，具有控制、计量、故障检修等作用。

配电箱常用于发、配、变电站，以及一些建筑电气中。

常用的配电箱有木制配电箱、铁板制配电箱。用电量大的，一般使用铁配电箱。

配电箱的类型，还可以分为一级配电箱、二级配电箱、三级配电箱，各级配电箱的特点如下：

（1）一级配电箱。一级配电箱也就是总配电箱，一般位于配电房中。一级配电箱一般采用下进下出线、前开门，主母线采用铜排连接，具有接触良好、内带计量系统等特点，有防雨箱顶的适合野外使用。

（2）二级配电箱。二级配电箱也就是分配电箱、分箱，一般负责一个供电区域，一般采用内外门设计、外表喷塑等，有防雨箱顶的适合野外使用。

（3）三级配电箱。三级配电箱也就是开关箱，其只能够负责一台设备。平时所说的一机一闸一箱一漏就是针对该级开关箱而言的。

4-75 建筑施工中配电箱、开关箱有什么要求？

答 建筑施工中配电箱、开关箱的一些要求如下。

（1）施工用电总配电箱、分配电箱、开关箱中，都需要装设隔离开关，满足在任何情况下均可以实现电源隔离。隔离开关需要设置在电源进线端，采用分断时具有可见分断点。

（2）总配电箱中漏电保护器的额定漏电动作电流一般应大于 30mA，额定漏电动作时间一般应大于 0.1s，但是其额定漏电动作电流与额定漏电动作时间的乘积一般不应大于 30mA·s。

（3）开关箱中漏电保护器的额定漏电动作电流一般不应大于 30mA，额定漏电动作时间一般不应大于 0.1s。

（4）开关箱中漏电保护器，当应用在潮湿或腐蚀介质场所时，需要采用防溅型的，其额定漏电动作电流不应大于 15mA，额定漏电动作时间不应大于 0.1s。

（5）剩余电流断路器需要装设在总配电箱、开关箱靠近负荷的一侧，不得用于起动电气设备的操作。漏电保护器需要装设在总配电箱、开关箱靠近负荷的一侧。

（6）配电箱、开关箱的箱体采用冷轧钢板或阻燃绝缘材料制作的，钢板厚度一般为 1.2～2.0mm，并且开关箱箱体钢板厚度不得小于 1.2mm，配电箱（柜）箱体钢板厚度不得小于 1.5mm，箱体表面需要做防腐处理。

（7）配电箱、开关箱中一般需要设置 N 线、PE 线端子板，以防止 N 线、PE 线混接、混用。进出线中的 N 线必须通过 N 线端子板连接，PE 线必须通过 PE 线端子板连接。另外，N 端子板铁质电器安装间必须保持绝缘。

（8）配电箱、开关箱的电源进线端严禁采用插头、插座做活动连接。

（9）总配电箱需要装设电压表、总电流表、电能表、其他需要的仪表。

（10）漏电保护器需要安装在隔离开关的负荷侧，严禁用同一个开关直接控制两台及两台以上的用电设备（含插座），也就是需要采用一机一闸一漏一箱。

（11）总配电箱一般需要设在靠近电源的地方，分配电箱一般需要装设在用电设备或者负荷相对集中的地方。分配电箱与开关箱的距离一般不得超过 30m，开关箱与其控制的固定式用电设备的水平距离一般不宜超过 3m。

（12）开关箱需要装设隔离开关、断路器或熔断器，以及漏电保护器。

（13）配电箱、开关箱内不得放置任何杂物，并且保持整洁。

（14）配电箱、开关箱内不得随意挂接其他用电设备。

（15）配电箱、开关箱内的电器配置与接线严禁随意改动。

（16）配电箱、开关箱安装应牢固，并且便于操作、维修。

（17）固定式配电箱、开关箱的中心点与地面的垂直距离一般 1.4～1.6m。

（18）移动式配电箱、开关箱的中心点与地面的距离一般为 0.8～1.6m。

（19）送电操作顺序为：总配电箱（配电柜）→分配电箱→开关箱。停电操作顺序为：开关箱→分配电箱→总配电箱（配电柜）。

（20）选择配电箱时主要考虑位数、零排孔数、地排孔数、敲落孔、接地柱、配电箱形式、箱体材料、透明门、不透明门等。

✍ 4-76　NDP1A、NDP2 系列配电箱的特点是怎样的？

答　NDP1A、NDP2 系列配电箱的特点如下。

NDP1A、NDP2 系列配电箱一般适用于户内、交流 50Hz 或 60Hz、额定工作电压到 440V、通常不超过 35℃的环境下，用来为断路器、开关、插座等电器附件提供对外部影响的防护。NDP2 系列配电箱可以用于家用及建筑用固定式电气装置的电器附件外壳。

✍ 4-77　漏电保护装置的特点是怎样的？

答　漏电保护装置的一些特点如下。

（1）漏电保护器俗称漏电开关，是一种自动电器。

（2）漏电保护器用在电路或电器绝缘受损发生对地短路时，能够防人身

165

触电、电气火灾的保护。

（3）漏电保护器在建筑应用中，一般安装在每户配电箱的插座回路上、全楼总配电箱的电源进线上。

（4）安装漏电保护器后并不等于绝对安全，运行中仍以预防为主，并且同时采取其他防止触电与电气设备损坏事故的技术措施。

4-78 漏电保护器的结构是怎样的？

答 漏电保护器的种类多、形式多。以电流动作型漏电保护器为例介绍其基本结构。漏电保护器主要由检测元件、中间环节、执行机构等组成。

（1）检测元件。漏电保护器的检测元件一般是零序电流互感器，也就是漏电电流互感器。是由封闭的环形铁心与一次绕组、二次绕组构成。漏电保护器的一次绕组中有被保护电路的相、线电流通过，二次绕组一般由漆包线均匀地绕制而成。互感器主要作用是把检测到的漏电电流信号转换为可以接收的电压或功率信号。

（2）中间环节。漏电保护器的中间环节主要功能是对漏电信号进行处理（变换、比较、放大等）。

（3）执行机构。漏电保护器的执行机构一般是触头系统，一些漏电保护器具有分励脱扣器的低压断路器或交流接触器，其主要功能是受中间环节的指令控制，用来切断被保护电路的电源等。

4-79 低压断路器有哪些特点？

答 低压断路器又叫做自动开关、自动空气开关，主要用于保护交流500V及直流440V以下低压配电系统中的线路、电气设备免受过载、短路、欠电压等不正常情况下的危害，以及用于不频繁起动电动机与切换电路的场合。

低压断路器的特点如下：

（1）根据极数，低压断路器可以分为单极、双极、三极、四极等。

（2）根据漏电保护器的组合情况，可以分为实现漏电保护的低压断路器和普通低压断路器。

（3）有的透明塑壳断路器需要符合 GB 14048.2—2008《低压开关设备和控制设备 第2部分：断路器》、JGJ 46—2005《施工现场临时用电安全技术规范》标准要求，并且具有可见分断点的隔离、过载、短路保护功能。

（4）剩余电流断路器的额定动作电流，需要充分考虑电气线路与设备正常或起动时的对地泄漏电流值。季节变化引起对地泄漏电流值变化时，需要考虑采用动作电流可调式剩余电流断路器。

（5）剩余电流断路器运行时，需要定期检查、分析剩余电流保护装置的使用情况，对已经发现的有故障的剩余电流断路器需要及时更换。

4-80 安装低压断路器有哪些注意事项？

答 安装低压断路器的注意事项如下。

（1）安装前，需要用 500V 绝缘电阻表检查断路器的绝缘电阻，一般要求不小于 10MΩ。

（2）安装前，需要检查失电压、分励、过电流脱扣器能否在规定的动作值范围内使断路器断开。

（3）安装断路器前，需要分清 N 线与 PE 线。PE 线不应接入剩余电流断路器，N 线不应重复接地。

（4）低压断路器在闭合与断开过程中，其可动部件与灭弧室的零件应无卡阻，各极动作需要同期。

（5）断路器安装在易燃、易爆、潮湿、有腐蚀性气体等恶劣环境中，需要根据有关标准选用特殊防护条件的剩余电流保护装置，或者采取相应的防护措施。

（6）需要用试验按钮试验 3 次，应具有正确的动作。

（7）低压断路器需要垂直安装在配电板上，并且底板结构要求平整。

（8）断路器接线的容量需要与外接线规格相适应，避免大线接小开关。

4-81 漏电保护器分级安装选型有哪些原则？

答 （1）单台用电设备。单台用电设备时，漏电保护器动作电流不小于正常运行实测泄漏电流的 4 倍。

（2）配电线路。配电线路的漏电保护器动作电流不小于正常运行实测泄漏电流的 2.5 倍，同时还需要满足其中泄漏电流最大的一台设备正常运行泄漏电流的 4 倍。

（3）全网保护。用于全网保护时，漏电保护器动作电流不小于实测泄漏电流的 2 倍。

4-82 断路器有哪些选型原则？

答 （1）额定工作电压、电流分别不低于线路、设备的正常工作电压、电流或计算电流。

（2）额定短路分断能力、额定短路接通能力需要按不低于其安装位置上的预期短路电流来确定。

（3）长延时脱扣器整定电流需要根据大于或等于线路的计算负载电流，也可以根据计算负载电流的 1～1.1 倍来确定，同时应不大于线路导体长期允许电流的 0.8～1 倍。

（4）瞬时或短延时脱扣器的整定电流应大于线路尖峰电流。

（5）配电断路器可以根据不低于尖峰电流的 1.35 倍的原则来确定。

（6）电动机保护电路当动作时间大于 0.02s 时，可以根据不低于 1.35 倍的起动电流的原则来确定。如果动作时间小于 0.02s，则需要增加为不低于起动电流的 1.7～2 倍来确定。

（7）采用分级保护方式时，上下级剩余电流断路器的动作时间差不得小于 0.2s。上一级剩余电流断路器的极限不驱动时间应大于下一级剩余电流断路器的动作时间，并且动作时间差应尽量小。

（8）在潮湿、有腐蚀介质的场所，需要采用防溅型剩余电流断路器。

4-83　怎样选择漏电保护器剩余动作电流？

答　（1）从安全角度来考虑，剩余电流断路器的动作电流应越小越好。但是，也是有限度的。

（2）配置选择性保护时，需要保证除对非直接接触、TT 系统保护外，还能够对下级装有 30mA 的漏电保护系统作选择性保护。只是隔离事故电路，其他电路依旧保证继续供电。

（3）额定剩余电流为 30mA 及以下的漏电保护器，可以用于对直接接触、TT 系统的保护，也可以用于不直接接触、IT 中性线不接地系统与安全条件（如建筑工地、游泳池等）的保护。

（4）额定剩余动作电流为 50mA 及以上的漏电保护器，可以用于对非直接接触、TT 系统与防止火灾的保护。

4-84　哪些设备与场所需要装设漏电保护器？

答　（1）属于I类的移动式电气设备、手持式电动工具，需要装设漏电保护器。

（2）建筑施工工地的电气施工机械设备，需要装设漏电保护器。

（3）暂设临时用电的电器设备，需要装设漏电保护器。

（4）常见建筑物内的插座回路，需要装设漏电保护器。

（5）客房内插座回路，需要装设漏电保护器。

（6）一些直接接触人体的电气设备，需要装设漏电保护器。

（7）游泳池、喷水池、浴池的水中照明设备，需要装设漏电保护器。

（8）安装在水中的供电线路与设备，需要装设漏电保护器。

（9）安装在潮湿、强腐蚀性等恶劣场所的电气设备，需要装设漏电保护器。

4-85　怎样选择小型断路器？

答　（1）NDM1－63、NDM1－125、NDB1－32、NDB1C－63、NDB1C－32、NDB2－63、NDB2T－63 系列小型断路器可以适用于 50Hz/60Hz、额定工作电压 400V、额定工作电流到 125A 的电路中作线路、设备的过载、短路保护，或者隔离开关使用。该类断路器还可以应用于建筑的配电保护。

（2）NDB2Z－63 系列小型断路器可用于直流电流，额定电压到 440V，额定电流到 63A 的电路中作线路、设备的过载、短路保护，或者隔离开关用。

（3）2P40A 可用于住宅建筑房屋带漏电总开关。

（4）DPN16A 可用于住宅建筑房屋照明回路。

（5）DPN16A 可用于住宅建筑房屋插座回路。

（6）DPN20A 可用于住宅建筑房屋厨房回路。

（7）DPN20A 可用于住宅建筑卫生间回路。

（8）DPN20A 可用于住宅建筑房间空调回路。

（9）DPN20A 可用于住宅建筑房屋厅挂壁空调回路（柜式空调回路建议选择用 25A的）。

（10）一些建筑场所，可以选择家用与类似用途的断路器，其外形如图 4-12 所示。

图 4-12　家用与类似用途的断路器外形

4-86　怎样安装、维护 NM8 系列塑料外壳式断路器？

答　安装 NM8 系列塑料外壳式断路器的方法与要求如下：

（1）连接使用铜导线或铜排标准的截面积需要符合有关要求。

（2）安装前，需要检查断路器与相关参数是否满足使用要求，只有合格的，才能够将断路器固定在安装板上。

（3）把合适的截面积铜导线的绝缘外层剥去适量部分，然后插入线箍的孔内，并压紧线箍，然后把线箍与断路器用螺钉或螺栓连接紧固。对于铜排接线，则需要先把接线板连接在断路器上，然后把铜排与接线板紧固好。

（4）插入相间隔板或端子护罩，以免发生危险。

（5）检查固定、连接部分是否可靠牢固。反复操作断路器，应灵活可靠。只有检查合格后，才能够根据有关规定测试。

维护 NM8 系列塑料外壳式断路器的方法与要求如下：

（1）需要周期性检查断路器运行情况，在安全的情况下，清除断路器外壳表层尘埃，并且保持良好的绝缘性能。

（2）断路器的脱扣特性一般由制造厂整定好，通常不需要调整。如果需要调整，则需要先切断电源，再调节过载、短路保护旋钮。

（3）断路器在过载、短路、欠电压保护分闸时，需要查明原因，只有排除故障后才能够进行合闸操作。

（4）断路器在使用、储存、运输过程中，不得受雨水侵袭与跌落。

4-87 万能断路器的内部结构是怎样的？

答 不同的万能断路器其内部结构有所差异，下面以 NA8 系列万能断路器为例进行介绍。

NA8 系列万能断路器的额定电流为 200～6300A，额定工作电压交流为 400V、690V（3200、6300 规格 AC690V 试制中），适用于交流 50Hz，配电网络中用来分配电能，保护线路与电源设备，免受过载、欠电压、短路、单相接地等故障的危害。

NA8 系列万能断路器适用于现代高层建筑，特别是智能楼宇中的配电系统中。NA8 系列万能断路器的内部结构如图 4-13 所示。

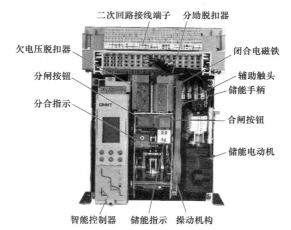

图 4-13 NA8 系列万能断路器的内部结构

4-88 怎样选择低压断路器？

答 选择低压断路器的一些要求、方法、原则如下。

（1）断路器的额定电流不小于它所装的脱口器的额定电流。

（2）断路器的额定短路通断能力不小于线路中最大短路电流。

（3）过电流脱扣器的额定电流不小于线路的计算电流。

（4）漏电保护断路器需要选择合理的漏电动作电流、漏电不动作电流。

（5）直流快速断路器需要考虑过电流脱扣器的动作方向（极性）、短路电流上升率。

（6）选择电动机保护用断路器，需要考虑电动机的起动电流，并且使其在起动时间内不动作。笼型感应电动机的起动电流需要根据 8～15 倍额定电流来计算。

（7）选择漏电保护断路器时，需要注意能否断开短路电流。如果不能够断开短路电流，则需要与适当的熔断器配合使用。

（8）低压断路器的额定电压不小于保护线路的额定电压。

（9）断路器欠电压脱扣器额定电压需要等于线路额定电压。

（10）选择配电断路器，还需要考虑短延时、短路通断能力与延时梯级的配合。

🖊 4-89　常见低压断路器有哪些应用？

答　常见低压断路器的应用见表 4-25。

表 4-25　　　　　　　　常见低压断路器的应用

名称	解　说
DW15、DW15C 系列	适用于交流 50Hz、额定电流 4000A，额定工作电压 1140V（壳架等级额定电流 630A 以下）、80V（壳架等级额定电流 1000A 及以上）的配电网络中。壳架等级额定电流 630A 及以下的断路器也能在交流 50Hz、380V 网络中作电动机的过载、欠电压、短路保护用
DW17 系列	适用于交流 50Hz、电压 380V、660V 或直流 440V，电流 4000A 的配电网络
DZ10 系列	适用于交流 50Hz、380V 或直流 220V 及以下的配电线路中，用来分配电能、保护线路及电源设备的过载、欠电压和短路，以及在正常工作条件下不频繁分断与接通线路

续表

名称	解说
DZ12 系列	适用于装在照明配电箱中的交流 50Hz、单相 230V、三相 380V 及以下的照明线路中，作为线路的过载、短路保护，以及在正常情况下作为线路的不频繁转换用
DZ15 系列	适用于交流 50Hz、额定电压 380V、额定电流到 63A（100）的电路中作为通断操作，也可以用来保护线路与电动机的过载、短路保护，以及线路的不频繁转换及电动机的不频繁起动
DZ20 系列	适用于交流 50Hz、额定绝缘电压 660V、额定工作电压 380V（400V）及以下。一般作为配电用，并且在正常情况下，可以作为线路不频繁转换及电动机的不频繁起动
DZ47LE 系列	适用于交流 50Hz、额定电压 400V、额定电流 50A 的线路中，作漏电保护用
DZ47 系列	适用于交流 50Hz/60Hz、额定工作电压为 240V/415V 及以下、额定电流 60A 的电路中，主要用于现代建筑物的电气线路、设备的过载、短路保护，也适用于线路的不频繁操作、隔离
DZ5 系列	适用于交流 50Hz、380V、额定电流为 0.15～50A 的电路中，保护电动机、配电网络中、电源设备的过载和短路保护用、电动机不频繁起动及线路的不频繁转换用
H 系列	适用于交流 50～60Hz、额定工作电压 690V、直流 250V，额定电流 1200A 的配电网络中，用来分配电能、保护线路、电源设备的过载、欠电压、短路，以及在正常条件下作不频繁分断和接通电力线路

4-90　什么叫电涌？为什么要采用电涌保护器？

答　电涌通常称为瞬态过电，是电路中出现的一种短暂的电流、电压波动。在电路中，一般持续约百万分之一秒。

电涌或瞬态过电在 220V 电路系统中持续百万分之一秒瞬间的 5000 或 10 000V 的电压波动。

电涌、尖峰电流会损坏或使电器设备立即或逐渐损坏。因此，采用电涌保护器避免电涌、尖峰电流损坏或影响电器设备。

4-91 什么是熔断器，它的特点是什么？

答 熔断器是一种当电流超过规定值时，以本身产生的热量使熔体熔断，从而断开电路起到保护作用的电器。熔断器一般用 FU 来表示，如图 4-14 所示。

根据使用电压，熔断器可以分为高压熔断器、低压熔断器。根据保护对象，熔断器可以分为保护变压器用熔断器、一般电气设备用熔断器、保护电压互感器熔断器、保护电力电容的熔断器、保护半导体元件熔断器、保护电动机熔断器、保护家用电器熔断器等。根据结构，熔断器可以分为插入式熔断器、半封闭式熔断器、管式熔断器、喷射式熔断器等。

图 4-14 熔断器的符号

熔断器的特点见表 4-26。

表 4-26　　　　　　　　熔 断 器 的 特 点

名称	解　说
插入式熔断器	插入式熔断器主要用于低压分支电路的短路保护。插入式熔断器分断能力小，一般用于 380V 及以下电压等级的线路末端，作为配电支线或电气设备的短路保护用，如民用与照明电路中、小容量电动机的短路保护，其外形如下图所示： 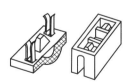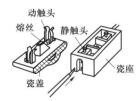 动触头　熔丝　静触头　瓷座　瓷盖 插入式熔断器又叫做瓷插式熔断器，是指熔断体靠导电插件插入底座的熔断器。常用的插入式熔断器主要是 RC1A 系列产品，由瓷盖、瓷座、动触头、静触头、熔丝等组成。其中，瓷盖与瓷座是采用电工陶瓷制成的，电源线与负载线分别接在瓷座两端的静触头上，瓷座中间有一个空腔，它与瓷盖的凸起部分构成灭弧室。插入式熔断器的接触形式为面接触，并且只有在瓷盖拔出后，才能够更换熔丝。对于额定电流为 60A 及以上的熔断器，在灭弧室中还垫有灭弧的编织石棉

名称	解　说
封闭式熔断器	封闭式熔断器可以分为有填料熔断器和无填料熔断器。有填料熔断器一般用方形瓷管，内装石英砂和熔体。其分断能力强，可以用于电压等级500V以下、电流等级1kA以下的电路中。 无填料密闭式熔断器是将熔体装入密闭式圆筒中，其分断能力稍小，可以用于500V以下，600A以下电力网或配电设备中
快速熔断器	快速熔断器主要用于半导体整流元件，或者整流电路中的短路。由于半导体元件的过载能力很低，只能够在极短时间内承受较大的过载电流。因此，要求短路保护具有快速熔断的能力。 快速熔断器的结构与有填料封闭式熔断器基本相同，但是，其熔体材料与形状不同
螺旋式熔断器	螺旋式熔断器熔断管里装有石英砂，熔体埋于其中，熔体熔断时，电弧喷向石英砂及其缝隙，可迅速降温而熄灭。为了便于监督，熔断器一端装有色点，不同的颜色表示不同的熔体电流。螺旋式熔断器熔体上的上端盖有一熔断指示器，一旦熔体熔断，该指示器会马上弹出，可以透过瓷帽上的玻璃孔观察到。 螺旋式熔断器分断电流较大，可用于电压等级500V及其以下、电流等级200A以下的电路中，作短路保护用，主要用于短路电流大的分支电路或有易燃气体的场所。螺旋式熔断器常用于机床等电气控制设备中。 螺旋式熔断器安装的一些要求如下。 （1）确定熔断器规格后，需要根据负载情况选用合适的熔体。 （2）进入熔断器的电源线，需要接在中心舌片的端子上。电源出线，需要接在螺纹的端子上。 （3）熔体的熔断指示端需要置于熔断器的可见端，以便及时发现熔体的熔断情况。 （4）瓷帽瓷套连接，需要平整、紧密
自恢复熔断器	自恢复熔断器是一种新型熔断器，是利用金属钠做熔体。一旦发生短路，短路电流产生高温使钠迅速融化变成气态，其电阻变大，限制了短路电流。当故障消除后，温度下降，金属钠重新固化。 自恢复熔断器只能够限制短路电流，不能真正分断电路。其优点是不必更换熔体，能重复使用

4-92　常用熔体的形状有哪几种？

答　常用熔体的形状一般可以分为丝状和片状。其中，丝状熔体一般用于小电流的场合。片状熔体一般是用薄金属片冲压制成的，并且常带有宽窄不等的变截面，或者在条形薄片上冲成一些小孔。不同的形状可以改变熔断器的保护特性。

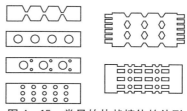

常见的片状熔体的外形如图4-15所示。

图 4-15　常见的片状熔体的外形

4-93　什么是熔断器的额定电压？

答　熔断器的额定电压是熔断器处于安全工作状态，所安置的电路的最高工作电压。这说明，熔断器只能够安置在工作电压小于等于其熔丝额定电压的电路中。

电流过高的情况下，熔断器会熔断。熔断器熔断与否取决于流过它的电流的大小，与电路的工作电压无直接关联。

4-94　怎样选择一般用途的熔断器？

答　(1)用于保护负载电流比较平稳的照明、电热设备、一般控制电路的熔断器，其熔断体的额定电流 I_n，一般根据线路的计算电流来确定。

(2)照明电路中的熔断器的熔体一般选择铅—锑或者铅—锡合金的。

(3)照明配电支路，熔体的额定电流需要大于或者等于该支路实际的最大负载电流。但是，需要小于支路中最细导线的安全电流。照明电路的总熔体的额定电流，可以根据下式来选择：

总熔体额定电流(A)＝(0.9～1)×电能表额定电流 (A)

总熔体一般装在电能表出线上，熔体额定电流不应大于单相电能表的额定电流。但是，必须大于电路中全部用电器用电时工作电流之和。

(4)用于保护电动机的熔断器，需要根据电动机的起动电流倍数，考虑对电动机起动电流的影响，一般选择熔断体额定电流 I_{fe} 为电动机额定电流 I_{me} 的 1.5～3.5 倍。

(5)当电路中只有一台电动机时，熔断器熔体额定电流 (A) ≥(1.5～2.5)×电动机的额定电流 (A)。当电动机额定容量小、轻载或有降压起动设备时，倍数可选取小一些。重载或直接起动时，倍数可以取得大一些。

(6)当一条电路中有几台电动机时，总熔体额定电流 (A) ≥(1.5～2.5)×容量最大一台电动机的额定电流 (A) ＋其余几台电动机的额定电流之和（A）。

（7）对于直流电动机、利用降压起动的绕线式交流电动机，其熔断器熔体的额定电流可以根据下式来选择：熔体的额定电流（A）＝（1.2～1.5）×电动机额定电流（A）。

（8）熔断器与其他开关电器配合使用时，各元件保护特性间的配合要合理。

（9）热继与熔断器配合使用时，热继与熔断器的时间—电流特性，需要满足电动机从零速起动到全速运行的延时特性。

（10）热继与熔断器配合使用时，熔断器必须保护热继不受可能超过其额定电流的 8 倍及以上的大电流破坏。

（11）接触器与熔断器配合使用时，熔断器必须在短路情况下保护接触器。

（12）断路器与熔断器配合使用时，熔断器主要分断大短路电流。

（13）圆筒形帽熔断器一般不适用于电容柜保护。当选用熔断器作为容性保护时，一般选用方管型熔断器。

（14）配电变压器的高、低压侧熔体额定电流的选择，对容量在100kVA 及以下的配电变压器，其高压侧熔体额定电流，可以根据变压器高压侧额定电流的 2～3 倍来选择。

（15）配电变压器的高、低压侧熔体额定电流的选择，对容量在100kVA 以上的配电变压器，其高压侧熔体额定电流，可以根据变压器高压侧额定电流的 1.5～2 倍来选择。

（16）配电变压器的高、低压侧熔体额定电流的选择，低压侧熔体额定电流，可以根据变压器低压侧额定电流的 1.2 倍来选择。

（17）硅整流的快速熔断器熔体额定电流，可以根据下式选择：

$$I \leqslant 0.8 I_e$$

式中　I——快速熔体额定电流，A；

　　　I_e——硅整流器额定工作电流，A。

（18）容量小的电路，一般选择半封闭式，或者无填料封闭式熔断器。短路电流大的，一般选择有填料封闭式熔断器。半导体元件保护，一般选择快速熔断器。

（19）用于交流 220V、380V 与直流 220V、440V 的熔断器，可以选择低压熔断器。低压熔断器可以分为插入式、管式、螺旋式、开启式、半封闭式、封闭式等。

（20）用于 3～35kV 的熔断器，需要选择高压熔断器。高压熔断器又可以分为户内式熔断器、户外式熔断器。

4-95　怎样使用与维护低压熔断器？

答　（1）熔体额定电流需要根据被保护设备的负荷电流来选择，熔断器额定电流需要大于熔体额定电流，与主电器配合确定。

（2）熔断器内部所装的熔体的额定电流，只能够小于或等于熔断器的额定电流。

（3）熔断器的熔体两端应接触良好。

（4）熔丝、保险丝管、底座温度不应超过 60℃。

（5）投运中，如果需要更换熔体，一定要用与原来同样规格、材料的熔体，严禁用其他金属线代替熔丝（片），也禁止用多根熔丝绞合在一起替代一根较粗的熔丝。

（6）如果负荷增加，需要根据实际情况选择适当的熔体，以保证动作的可靠性。

（7）安装熔体时，不应碰伤熔体本身，以免可能在正常电流通过时烧断，造成不必要的停电。

（8）更换熔体时，要切断电源，不能在带电情况下拔出熔断器。

（9）更换熔体时，工作人员应戴绝缘手套，穿绝缘鞋。

（10）更换熔丝时，需要将接触面用砂布擦亮、拧紧。

（11）容量为 7A 以上的熔丝，需要装在熔丝管中。

4-96　什么是高压跌落式熔断器？

答　高压跌落式熔断器是一种过负荷保护装置，常装设在配电变压器高压侧，或者配电线支杆上，用作变压器与线路的短路、过载保护，以及分、合负载电流。

跌落式熔断器一般由绝缘子或复合硅橡胶、导电结构主体、灭弧管等组成。静触头一般安装在铸铜支架两端，动触头一般安装在熔丝管两端，熔丝管一般由内层的消弧管与环氧玻璃布管组成。

常用的跌落式熔断器型号有 RW3、RW4、RW7、RRW12 等，是在一定条件下分断与关合空载架空线路、空载变压器、小负荷电流。

户外瓷套式限流熔断器型号有 RW10－35/0.5～50－2000MVA 等。

户内高压限流熔断器，额定电压等级有 3kV、6kV、10kV、20kV、35kV、66kV 等，常用的型号有 RN1、RN3、RN5、XRNM1 等，主要用于保护电力线路、电力变压器、电力电容器等设备的过载与短路。

4-97 封闭式负荷开关有什么特点？

答 封闭式负荷开关俗称铁壳开关，也是熔断器式刀开关的一种。封闭式负荷开关可以作为不频繁地起动与分断负载电路、起动与分断电动机、线路末端的短路保护用。

装有中性接线柱的负荷开关可以作为电灯照明等回路的控制开关用。

封闭式负荷开关型号常见的有 HH3 系列负荷开关、HH4 系列负荷开关等。

HH3 系列封闭式负荷开关，主要适用于额定工作电压 380V、额定工作电流到 600A，频率为 50Hz 的交流电路中，也可以作为手动不频繁地接通分断有负载的电路，以及对电路有过载与短路保护作用。

HH3 系列封闭式负荷开关需要安装在无显著摇动、无冲击振动、没有雨雪侵袭的地方，以及要求安装地点无爆炸危险的介质，介质中无足以腐蚀金属与破坏绝缘的气体、尘埃。

有的 HH3 系列封闭式负荷开关在结构上设计成侧面旋转操作式，由操动机构、熔断器、铁壳、触头系统等部分组成。HH3 系列封闭式负荷开关的触头系统一般带灭弧室，触头系统全部装在铁盒内，完全处于封闭状态。罩盖关闭后，可以与锁扣楔合。开关在闭合位置时，由于罩盖与操动机构连锁，罩盖不能打开。罩盖没有关闭时，操动机构使开关不能闭合。

4-98 负荷开关型号与含义是怎样的？

答 负荷开关型号与含义如图 4-16 所示。

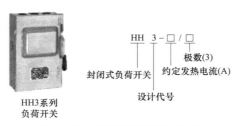

HH3系列
负荷开关

HH 3-□/□

封闭式负荷开关
设计代号
约定发热电流(A)
极数(3)

图 4-16 负荷开关型号与含义

4-99 刀开关的特点是怎样的？

答 刀开关又叫作闸刀开关、隔离开关，是一种手动控制电器，主要由操作手柄、刀刃、刀夹、绝缘底座等组成。刀开关内装有熔丝。

刀开关可以分为单极、两极、三极等形式。常用的刀开关有 HD 型单投刀开关、HS 型双投刀开关、HR 型熔断器式刀开关、HZ 型组合开关、HK 型闸刀开关、HY 型倒顺开关、HH 型铁壳开关等。

刀开关可以适用于交流 50Hz、额定交流电压 380V、直流电压 380V、直流 440V，额定电流 1500A 的成套配电装置中，作为不频繁地手动接通与分断交、直流电路，或者作隔离开关用。

一些刀开关的应用如下。

（1）中央手柄式的单投与双投刀开关主要用于变电站，不切断带有电流的电路，作隔离开关用。

（2）中央正面杠杆操动机构刀开关，主要用于正面操作、后面维修的开关柜中，操动机构一般装在正前方。

（3）侧面操作手柄式刀开关，主要用于动力箱中。

（4）侧方正面操作机械式刀开关，主要用于正面两侧操作、前面维修的开关柜中，操动机构可以在柜的两侧安装。

（5）装有灭弧室的刀开关，可以切断电流负荷。其他系列刀开关一般只作隔离开关使用。

使用刀开关时，需要注意其额定电压、额定电流。安装刀开关时，需要考虑操作与检修的安全、方便。一般情况下，电源进线应接在上端接线柱上，用电设备应接在熔丝下端的接线柱上。刀开关的外形与电路图形符号如图 4 - 17 所示。

图 4 - 17 刀开关的外形与电路图形符号

🖋 4 - 100 隔离开关的特点是怎样的？

答 隔离开关是高压开关电器中使用较多的一种电器。其在电路中主要起隔离作用。隔离开关的刀闸主要特点是无灭弧能力，只能够在没有负荷电流的情况下分、合电路。

隔离开关在分位置时，触头间有符合规定要求的绝缘距离与明显的断开标志。在合位置时，能够承载正常回路条件下的电流，并在规定时间内异常条件下的电流的开关设备。

隔离开关目前逐步被自动空气开关取代。隔离开关主要在隔离电源、倒闸操作时应用。

4-101 断路器与隔离开关间的操作顺序是怎样的？

答 断路器与隔离开关间的操作顺序如下：隔离开关的触头一般全部敞露在空气中，具有明显的断开点，隔离开关没有灭弧装置，因此，隔离开关的操作要求是先通后断，也就是绝不能带负荷拉刀闸（隔离开关），不能用来切断负荷电流或短路电流，以免造成误操作，产生电弧导致严重的后果。

4-102 按钮开关的特点是怎样的？

答 按钮开关也叫做按钮、按键、开关、电闸，是一种常用来接通或断开控制电路（电流小的电路），从而达到控制电动机或其他电气设备运行目的的控制电器元件（主令电器）。

一般而言，红色按钮是用来使某一功能停止。绿色按钮表示可以开始某

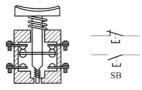

图 4-18 控制按钮结构

一项功能。控制按钮结构如图 4-18 所示，主要由按钮帽、复位弹簧、动触头、动断静触头、动合静触头等组成。控制按钮一般用 SB 表示。

按钮可以采用积木式拼接装配结构，触头数量可根据需要任意拼接。目前常用的按钮有 LA42、LA42（A）、LA42（B）、LA42（S）等系列，它们适用于交流 600V，直流 440V，额定电流为 6A，控制功率为交流 300W，直流 70W 的控制电路。

4-103 按钮开关有哪些分类？

答 按钮的分类如下。

（1）保护式按钮：带保护外壳，可以防止内部的按钮零件受机械损伤或人触及带电部分的一种按钮，其代号为 H。

（2）动断按钮：常态下，开关触点是接通的一种按钮。

（3）动合按钮：常态下，开关触点是断开的一种按钮。

（4）动合动断按钮：常态下，开关触点既有接通也有断开的一种按钮。

（5）带灯按钮：按钮内装有信号灯，除了用于发布操作命令外，还兼用信号指示，其代号为 D。

（6）动作点击按钮：也就是鼠标点击按钮。

（7）防爆式按钮：能够用于含有爆炸性气体与尘埃的地方而不引起传爆的一种按钮，其代号为 B。

（8）防腐式按钮：能够防止化工腐蚀性气体的侵入，其代号为 F。

（9）防水式按钮：带密封的外壳，可以防止雨水侵入，其代号为 S。

（10）紧急式按钮：有红色大蘑菇钮头突出于外，可以作为紧急时切断电源用的一种按钮，其代号为 J 或 M。

（11）开启式按钮：可以用于嵌装固定在开关板、控制柜或控制台的面板上的一种按钮，其代号为 K。

（12）连锁式按钮：具有多个触点互相连锁的一种按钮，其代号为 C。

（13）旋钮式按钮：用手把旋转操作触点，有通断两个位置，一般为面板安装式的一种按钮，其代号为 X。

（14）钥匙式按钮：用钥匙插入旋转进行操作，可防止误操作或供专人操作的一种按钮，其代号为 Y。

（15）自持按钮：按钮内装有自持用电磁机构的一种按钮，其代号为 Z。

（16）组合式按钮：具有多个按钮组合的一种按钮，其代号为 E。

4-104　按钮开关有哪些应用？

答　按钮开关的应用见表 4-27。

表 4-27　　　　　　　　　　按钮开关的应用

名称	解　说
LA18 系列	适用于交流 380V 及直流 220V 的磁力起动器、接触器、继电器、其他电器线路中，可以作遥远控制用
LA19 系列	适用于交流 380V 的磁力起动器、接触器、继电器、其他电器线路中，可以作遥远控制用
LA2 系列	用于交流 50Hz、380V 及直流 220V 的磁力起动器、接触器、继电器、其他电气线路中，可以作遥远控制用
LA4 系列	用于交流 50Hz、380V 及直流 220V 的磁力起动器、接触器、继电器、其他电气线路中，可以作遥远控制用
LAY3 系列	适用于交流 50Hz 或 60Hz、660V 及直流 440V 的电磁起动器、接触器、继电器、其他电气线路中，可以作遥远控制用

4-105　使用按钮开关有哪些注意事项？

答　（1）使用按钮开关，需要确认额定值。

（2）接通、切断时的电压、电流波形、负载的种类等特殊的负载电路中，必须分别进行实际设备测试确认。

（3）微小电压、电流的场合，需要使用微小负载用按钮开关。

（4）按钮开关超出按钮开关范围的微小型、高负载型时，需要连接适合该负载的继电器。

（5）确定各种额定值的条件如下。

1）感性负载：功率因数 0.4 以上（交流）、时间常数 7ms 以下（直流）。感性负载在直流电路中特别重要，需要充分了解负载的时间常数（L/R）的值。

2）灯负载：相当于恒定电流 10 倍的浪涌电流时的负载。

3）电动机负载：相当于恒定电流 6 倍的浪涌电流时的负载。

4-106 热继电器的特点是怎样的？

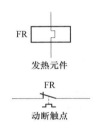

图 4-19 热继电器的符号

答 热继电器一般是由发热元件、双金属片、传动机构、触头等组成。发热元件一般是用阻值不大的电阻丝制成，绕在双金属片上，然后串接在电动机主电路中。双金属片一般用两种不同膨胀系数的金属片轧制而成，上层金属片的膨胀系数小，下层金属片的膨胀系数大。

热继电器一般用 FR 表示，如图 4-19 所示。

热继电器不能用作短路保护，因此，实际应用中，热继电器往往需要与熔断器共同使用以达到保护的目的。

4-107 选择热继电器有哪些原则？

答 （1）一般热继电器有几种安装方式，需要根据实际情况来合理选择。

（2）一般热继整定电流范围的中间值等于或稍大于电动机的额定电流。

（3）原则上热继电器的额定电流需要根据电动机的额定电流来选择，但是对于过载能力差的电动机，一般选择热继电器的额定电流为电动机额定电流的 60%～80%，并且需要校验动作特性。

（4）可逆运行与频繁通断的电动机，不宜采用热继电器保护。

（5）电动机起动时间较长（一般超过 5s），就不宜选择热继电器，改用过电流继电器保护。

✎ 4 - 108　热过载继电器有哪些应用？

答　热过载继电器的应用见表 4 - 28。

表 4 - 28　热过载继电器的应用

名称	解　　说
JR20 系列	适用于交流 50Hz 690V，额定电流 630A 的电路，可以用作交流电动机的过载、断相、三相严重不平衡的保护
JR29 系列	适用于交流 50Hz 或 60Hz 690V，额定电流 500A 的电力线路，可以用作三相感应电动机的过载与断相保护。其常与 CJX8 系列交流接触器配合组成电磁起动器
JR36 系列	适用于交流 690V 50Hz，额定电流 160A 的电路，可以用作交流电动机的过载保护。带有断相保护装置的热继电器，还可以在三相电动机一相断线或三相严重不平衡的情况下起保护作用
JRS1(LR1—D) 系列	适用于交流 690V 50Hz、额定电流 83A 的电路，可以供交流电动机的过载及断相保护用
JRS2 系列	适用于交流 690V 50Hz，电流 630A 的电力系统，可以供三相交流异步电动机作过载与断相保护用

✎ 4 - 109　接触器的特点是怎样的？

答　接触器是利用电磁力进行工作的一种电磁开关。其可以用来频繁地远距离接触或断开主电路、大中型容量的用电设备。

接触器可以分为交流接触器、直流接触器。异步电动机控制电路中，常使用交流接触器。接触器一般用 KM 来表示，如图 4 - 20所示。

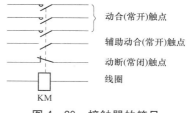

动合(常开)触点

辅助动合(常开)触点

动断(常闭)触点

线圈

图 4 - 20　接触器的符号

✎ 4 - 110　接触器有哪些种类？

答　（1）根据主触点所控制的电路，可以分为交流接触器、交直流接触器。

（2）根据主触点的位置，可以分为动合接触器、动断接触器、一部分动合另一部分动断接触器。

（3）根据主触点极数，可以分为单极接触器、双极接触器、三极接触器、四极接触器、五极接触器。

（4）根据灭弧介质，可以分为空气式接触器、真空式接触器等。

4-111　什么是电接触？

答　触头是电磁式低压电器的一种执行部件。其可以用于接通、分断被控制的电路。

在闭合状态下，动触头、静触头完全接触，从而保证有工作电流通过时，导体间存在联系，也就是电接、电接触。

电接触的状况，会直接影响触头的工作可靠性、使用寿命等性能。

4-112　触头的接触形式有哪几种？

答　触头的接触形式、结构形式有多种，如点接触、面接触、线接触，如图4-21所示。其中，点接触是指两个导体相互接触处为一点状的电接触，其一般由一个半球形触头与另一个半球形触头，或一个平面形触头构成。点接触触头单位面积上承受的压力较大，适用于小电流的低压电器。

面接触是指两个导电体互相接触处为面状的电接触。该触头一般在接触表面镶有合金，以提高触头的性能。

线接触是指两个导电体互相接触处为线状的电接触。该种触头常做成指型结构。指型触头适用于通断频繁、电流大的场合。

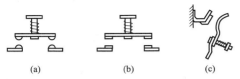

图4-21　触头的接触形式
（a）点接触；（b）面接触；（c）线接触

4-113　交流电磁铁的短路环有什么作用？

答　交流电磁铁的电磁吸力是脉动的，也就是当电磁吸力小于作用在动铁心上的弹簧力时，动铁心将从静铁心闭合处被拉开，使铁心释放。当电磁吸力大于弹簧时，动铁心又被吸合。因此，电源电压变化一个周期，电磁铁吸合两次。对于频率为 50Hz 的交流电源，在 1s 内电磁铁可吸合 100 次，从而使动铁心产生剧烈振动。

使用短路环就是为了消除动铁心的振动，短路环的位置如图 4 - 22 所示。

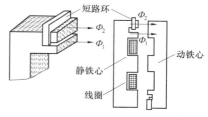

图 4 - 22　短路环的位置

🖋 4 - 114　选择接触器有哪些原则？

答　（1）三相交流系统中，一般选用三极接触器。当多级起动或需要同时控制中性线时，则需要选用四级交流接触器。

（2）单相交流、直流系统中，一般选择两极或三极并联使用。

（3）一般场合，选择空气电磁式接触器。

（4）易燃易爆场合，需要选择防爆型及真空接触器等。

（5）根据被控制的电动机或负载电流类型来选择接触器的类型。交流负载选择交流接触器，直流负载需要选择直流接触器。

（6）确定的主电路参数，主要是额定工作电压（含频率）、额定工作电流（或额定控制功率）、额定通断能力、耐受过载电流能力、短路保护电器的协调配合。

（7）接触器的额定工作电压、电流、通断能力、耐受过载电流能力，应高于主电路的参数。

（8）接触器的线圈电压，根据选定的控制电路电压来确定。

（9）一般应使接触器线圈的电压与控制回路的电压等级相符。如果控制线路比较简单，所用接触器的数量较少，则交流接触器线圈的额定电压一般直接选择 380V 或 220V。如果控制线路比较复杂，使用的电器比较多，则选择线圈的额定电压可低一些，这时需要加一个控制变压器。

（10）交流接触器的控制电路电流种类分为交流、直流。一般情况下，多选择交流。

（11）辅助触头种类、数量、组合形式，一般需要根据系统的要求来确定，同时注意辅助触头的通断能力与其他额定参数，以满足控制回路的要求。

（12）整个控制系统中主要是交流负载，直流负载的容量较小时，也可以全部使用交流接触器，但是触头的额定电流需要适当选大一些。

（13）任何情况下，所选择的额定工作电压都不得高于接触器的额定绝缘电压，所选定的额定工作电流（或额定控制功率）也不得高于接触器在相应工作条件下规定的额定工作电流（或额定控制功率）。

4-115　交流接触器有哪些应用？

答　交流接触器的应用见表4-29。

表4-29　　　　　　　　交流接触器的应用

名称	解　说
CJ12交流	适用于交流380V 50Hz，额定电流600A的电力线路。主要供起重机等的电气设备中远距离接通与分断电路，并作为交流电动机频繁的起动、停止、反接用
CJ19（CJ16）系列	适用于交流400V 50Hz，约定发热电流90A的电路，供接通与分断并联电容器组，以改善电路的功率因数
CJ20系列	主要用于交流690V（1140V）50Hz，电流630A的电力线路，供远距离接通与分断电路，以及频繁起动、控制交流电动机，以及适合于与热继电器，或者电子保护装置组成电磁起动器
CJ40系列	适用于690V（1140V）50Hz，电流1000A的电力系统中接通与分断电路，以及适当的热继电器或电子式保护装置组合成电动机起动器，以保护可能发生过载的电路
CJX1-Z系列	适用于额定工作电压660V，额定工作电流32A的电力线路，主要供起重机等电器设备中作远距离接通与分断电路用
CJX1系列	适用于交流690V 50Hz或60Hz，电流475A的电力线路，供远距离频繁起动与控制电动机、接通与分断电路
CJX2-N（LC2-D）系列	适用于交流690V 50Hz或60Hz，电流95A的电路，作电动机可逆控制用
CJX2系列	适用于交流690V 50Hz或60Hz，电流95A的电路，供远距离接通与分断电路及频繁起动、控制交流电动机
CJX5系列	适用于交流660V 50Hz或60Hz，电流85～95A的电力线路，供远距离接通与分断电路、频繁地起动与控制交流电动机用

名称	解　说
CJX8（B）系列	主要用于交流 50Hz 或 60Hz 690V，额定电流 370A 的电力线路，供远距离接通与分断电力线路或频繁地控制交流电动机用。常与 JR29 系列热继电器组成电磁起动器
SRC1 系列	主要用于交流 50Hz，额定电压 400V 的电路，接通与分断电力电容器组，以调整用电系统的功率因数

4-116　怎样选择稳压器？

答　选择稳压器的一些方法与原则如下。

（1）感性、容性负载根据大于 2.5～3 倍负载总功率来选稳压器的容量。

（2）纯阻性负载根据大于 1.1～1.3 倍负载总功率来选稳压器的容量。

4-117　建筑电气安装工程中设备与材料常见问题与对策是怎样的？

答　建筑电气安装工程中设备与材料常见问题如下。

（1）没有合格证、没有生产许可证、没有说明书、没有检测试验报告等资料的设备与材料。

（2）各种电线管壁薄、强度差、镀锌层质量不符合要求，耐折性差等。

（3）电缆耐压低、绝缘电阻小、抗腐蚀性差、耐温低。内部接头多、绝缘层与线芯严密性差。

（4）导线电阻率高、熔点低、机械性能差、截面小于标称值、绝缘差、温度系数大、尺寸不够等情况。

（5）动力、照明、插座箱外观差，几何尺寸达不到要求，钢板厚度不够等。

上述问题，需要认真检查、核对设备、材料的型号、规格、性能、参数是否与设计一致，以及清点说明书、合格证、零配件、质量证明书等。

4-118　建筑电气安装工程中电线管敷设常见问题与对策是怎样的？

答　建筑电气安装工程中电线管敷设常见问题如下。

（1）薄壁管代替厚壁管，黑铁管代替镀锌管，PVC 管代替金属管。

（2）穿线管弯曲半径太小，出现弯瘪、弯皱。严重时，出现死弯。

（3）管子转弯，没有按规定设过渡盒。

（4）金属管口毛刺没有处理，直接对口焊接，丝扣连接处与通过中间接线盒时没有焊跨接钢筋，或焊接长度不够，出现点焊、焊穿管子等现象。

（5）镀锌管、薄壁钢管没有用丝接，然后用焊接现象。

（6）钢管不接地、接地不牢。

（7）管子埋墙、埋地深度不够。

（8）预制板上敷管交叉太多，影响土建施工。

（9）现浇板内敷管集中成排、成捆，从而影响结构安全。

（10）管子通过结构伸缩缝、沉降缝时，没有设过路箱，留下安全隐患。

（11）明管、暗管进箱及进盒时，不顺直，挤成一捆，露头长度不合适，钢管不套丝、PVC 管无锁紧纳子。

上述问题，可以采取下面一些对策来解决。

（1）根据设计、规范下料配管，不使用不符合要求的管材。

（2）配管加工时，配明管只有一个 90°弯时，弯曲半径不小于管外径的 4 倍。

（3）配管加工时，配明管有两个或三个 90°弯时，弯曲半径不小于管外径的 6 倍。

（4）配管加工时，配暗管的弯曲半径不小于管外径的 6 倍。

（5）配管加工时，配暗管埋入地下、混凝土内管子弯曲半径不小于管外径的 10 倍。

（6）镀锌管、薄壁钢管内径小于等于 25mm 的，可以选择不同规格的手动弯管器。

（7）内径不小于 32mm 的钢管，可以用液压弯管器。

（8）PVC 管子，需要根据内径选用，选择不同规格的弹簧弯管。

（9）PVC 管子内径不小于 32mm 的管子煨弯，大量加工时，可以使用专制弯管的烘箱加热。

（10）弯管后，管皮不皱、不裂、不变质。

（11）PVC 对接时，可以采用整料套管对接法，并且需要粘接牢固。

（12）如果配管超过一定长度，可以在适当位置加过线盒。为了过线盒是方便穿线，不允许接线。

（13）禁止用割管器切割钢管，用钢锯锯口需要平（不得倾斜），管口要用圆锉把毛刺处理干净。

（14）直径小于等于 32mm 管子，需要采用套丝连接，或者采用套管紧定螺钉连接，不可采用熔焊连接，并且连接处与中间放接线盒需要采用专用接地卡跨接。

（15）直径不小于 40mm 的厚壁管对接时，可以采用焊接方式，不允许管口直接对焊。

4-119　建筑配电箱体、接线盒、吊扇钩预埋常见问题与对策是怎样的？

答　建筑配电箱体、接线盒、吊扇钩预埋常见问题如下。

（1）箱盒没有做防锈、防腐处理。

（2）箱盒固定不牢，被振动移位或混凝土浆进入箱盒。

（3）配电体、接线盒、吊钩没有根据图设置，坐标偏移，成排灯位吊扇钩盒偏差大。

（4）配电体、接线盒、吊钩在现浇混凝土墙面、柱子内的箱、盒歪斜不端正，凹进去的较深，管子口进箱、盒太多。

上述问题，可以采取下面一些对策来解决。

（1）灯具、开关、插座、吊扇钩盒预埋时，需要符合图纸要求。

（2）同一室内的成排布置的灯具、吊扇中心，一般允许偏差不大于 5mm。

（3）灯具、开关、插座、吊扇钩盒定位时，盒位左右、前后一般允许偏差不大于 50mm。

（4）开关盒距门框一般为 150～200mm，高度根据实际情况来确定。如果没有规定，一般场合不低于 1.3m。

（5）混凝土浇筑时，需要注意 PVC 配管、箱盒不被损坏移位。

（6）现浇混凝土内预埋箱盒，需要紧靠模板，并固定牢。

（7）模板拆除后，及时清理箱盒内的杂物、锈斑，并刷防锈、防腐漆。

（8）在预埋施工中，根据现浇板的厚度，吊扇钩一般用 10 号圆钢先弯一个内径 35～40mm 的圆圈，再把圈与钢筋缓缓地折成 90°，然后插入接线盒底中间，再根据板厚把剩余钢筋头折成 90°，搭在板筋上焊牢。模板拆除后，把吊环折下，圆钢调垂直，把吊钩与金属盒清理干净，并且刷防锈漆防腐。

4-120　建筑吊扇、灯具安装常见问题与对策是怎样的？

答　建筑吊扇、灯具安装常见问题如下。

（1）吊扇钩预埋与接线盒距离太大，吊扇上罩遮不住接线盒孔洞，引起导线外露。吊扇的吊钩没有预埋，吊扇固定在龙骨上。

（2）同一房间、走廊内，成排灯具、吊扇水平度、垂直度偏差超过有关规定值。

（3）吊扇、灯具安装偏位。

（4）需要接地的灯具罩壳没有接地。

（5）荧光灯所用导线代替吊链，引下线使用硬导线，软导线没有与吊链编叉直接接灯，导线在荧光灯罩上面敷设。

（6）直接装在顶板上的吸顶灯没有装木台，或者所装的木台质量差。装在吊顶板上的吸顶灯没有做固定框，而是直接用自攻螺钉固定在顶板上。

上述问题，可以采取下面一些对策来解决。

（1）预埋混凝土中的吊扇挂钩与主筋需要焊接。

（2）组装吊扇时，严禁改变扇叶角度。

（3）组装吊扇时，扇叶的固定螺钉需要有防松装置，吊杆间、吊杆与电动机间螺纹连接的啮合长度不得小于20mm，必须有防松装置，接线必须正确。

（4）吊扇的挂钩直径一般不小于悬挂销钩的直径，不得小于l0mm。

（5）吊杆上的悬挂销钉必须装设防震橡皮垫，以及防松装置。

（6）扇叶距地面高度不低于2.5m。

（7）吊扇运转时，扇叶不应有显著颤动。

（8）灯具采用钢管作吊管时，管内径一般不小于10mm。

（9）大型吸顶灯或大型吊灯，必须安装固定框或预埋吊钩，灯具外壳要求接地的，必须牢固接线，保证安全。

（10）金属卤化物灯安装高度一般在5m以上，电源线需要经过接线柱连接，不得使电源线靠近灯具的表面。

（11）金属卤化物灯的灯管必须与触发器、限流器配套使用。

（12）吊装的荧光灯，需要根据图纸要求的规格型号，把预埋接线盒的位置定在吊链的一侧，不要放在灯中心，这样荧光灯的引下线就可以与吊链编织在一起进灯具。

（13）荧光灯吊链环附近，如果没有现成的孔洞，可以另钻孔，并且使导线进灯具，不要沿灯罩上敷设导线从中间孔进入灯具。

4-121 建筑防雷接地有哪些常见问题？有什么对策？

答 建筑防雷接地常见问题如下：

（1）设置镀锌钢筋作避雷网时，避雷接地极测试点安装不妥。

（2）接地极电阻测试点设置不符合要求。

（3）防雷接地极、避雷网施工中，焊接不符合要求。

上述问题，可以采取如下对策来解决：

（1）避雷接地极一般可以采取桩基筋、基础筋焊接为一体，通过柱筋连接到避雷网。

（2）测试点一般用 4mm×40mm 镀锌扁铁引进。

（3）利用基础钢筋做接地极时，一般用内、外两根主筋，把整个基础内、外两根主筋一圈的搭接处焊牢，再把圈内纵、横基础两边的主筋与外围两根主筋搭接焊牢。

（4）有桩基的用两根桩筋，连接到基础主筋上，然后连接到指定的柱筋，再焊接到基础主筋上作为引下线。

（5）各焊接点，需要根据要求双面焊，并且焊接的长度为各钢筋直径的 6 倍，不允许点焊。

（6）钢筋对接时，需要双面焊，焊接长度为 60mm，搭接处需要平放。

（7）高层住宅防雷施工中，9 层以上的金属门窗框一般需要用 25mm×25mm 镀锌扁铁与接地筋焊接，以防止侧雷击在门框、窗户上。

（8）高层住宅防雷施工中，从一层到顶层每隔一层的圈梁外围主筋搭接处跨钢筋焊牢，再接到避雷引下线的柱筋上作为均压环。

4-122　怎样进行电气系统的调试？

答　电气系统安装完毕后，需要对整个系统进行调试。有关调试的一些要求与方法如下。

（1）用 1000V 绝缘电阻表对盘、柜的绝缘电阻、电动机电阻进行测试，一般要求它们的绝缘电阻不小于 0.5MΩ。

（2）控制电缆接线需要接线正确，并且使用校线器对其做一次校线。电缆芯线与所配导线的端部均需要做相应回路的编号。

（3）检查电力电缆两端的相位是否一致，并且与电网相序是否相符，两端的标牌是否作了标记，并且测试绝缘电阻，其数值要求不小于 1MΩ。

（4）设备运行前，需要检查电动机外壳接地是否良好，确保电动机转动情况良好无碰卡等异常现象。

（5）连锁系统调试，需要与工艺机械各专收配合进行，以防止损坏设备等。

4-123　建筑施工主要设备、材料、成品、半成品进场验收需要注意什么？

答　（1）主要设备、材料、成品、半成品进场检验，需要有记录，并且确认符合规范要求的，才能够在施工中使用。

（2）如果验收时，存在异议，则可以送到有资质的试验室进行抽样检测，只有确认符合规范要求的，才能够在施工中使用。

（3）经批准的免检产品，在进场验收时，宜不做抽样检测。

（4）进入施工场的新电气设备、器具、材料均需要验收。

（5）进口电气设备、器具、材料进场验收，除符合有关规范要求外，一般还需要提供商检证明与中文质量合格证明文件、规格、型号、性能检测报告、中文安装、中文维修等技术文件。

（6）变压器、箱式变电站、高压电器、电瓷制品需要有合格证、随带技术文件、出厂试验记录、绝缘件无缺损无裂纹、不渗漏、有铭牌、附件齐全、指示正常、涂层完整等。

4-124　高低压成套配电柜、控制柜、照明配电箱进场验收需要注意什么？

答　（1）查验合格证、随带技术文件、生产许可证、安全认证、出厂试验记录等。

（2）进行必要的外观检查。

4-125　柴油发电机组进场验收需要注意什么？

答　（1）根据装箱单，核对主机、附件、专用工具、备品备件、随带技术文件。

（2）检查合格证、出厂试运行记录等。

（3）进行必要的外观检查。

4-126　电动机、低压开关设备进场验收需要注意什么？

答　（1）检查验合格证、随带技术文件、生产许可证、安全认证等。

（2）进行必要的外观检查。

4-127　照明灯具与附件进场验收需要注意什么？

答　（1）进行必要的外观检查。

（2）查验合格证，新型气体放电灯一般具有随带技术文件。

（3）对成套灯具的绝缘电阻、内部接线等性能进行现场抽样检测。灯具的绝缘电阻值一般不小于 $2M\Omega$。内部接线为铜芯绝缘电线，芯线截面积一般不小于 $0.5mm^2$，橡胶或聚氯乙烯（PVC）绝缘电线的绝缘层厚度，一般不小于 0.6mm。

（4）游泳池与类似场所水下灯及防水灯具的密闭、绝缘性能存在异议时，可以抽样送到有资质的试验室进行检测。

4-128　开关、插座、接线盒、风扇、附件进场验收需要注意什么？

答　（1）进行必要的外观检查。

（2）查验合格证、安全认证标志等。

(3) 防爆产品需要有防爆标志、防爆合格证号。

(4) 对开关和插座的电气、机械性能进行现场抽样检测，不同极性带电部件间的电气间隙与爬电距离一般要求不小于 3mm，绝缘电阻值一般要求不小于 5MΩ。

(5) 用自攻锁紧螺钉，或自切螺钉安装的开关、插座，螺钉与软塑固定件旋合长度一般要求不小于 8mm。另外，软塑固定件在经受 10 次拧紧退出试验后，应无松动或掉渣，螺钉、螺纹没有损坏的现象。

(6) 开关、插座是金属间相旋合的螺钉螺母，拧紧后完全退出，反复 5 次仍能够正常使用。

(7) 开关、插座、接线盒及其面板等塑料绝缘材料阻燃性能存在异议时，可以抽样送到有资质的试验室进行检测。

4-129 电线、电缆进场验收需要注意什么？

答 (1) 按批查验合格证、生产许可证编号、安全认证标志等。

(2) 检查包装是否完好。

(3) 抽检的电线绝缘层是否完整无损，厚度是否均匀。电缆是否无压扁扭曲，铠装是否不松卷。

(4) 抽检的耐热、阻燃的电线、电缆外护层是否具有明显的标志、制造厂标等。

(5) 现场抽样检测绝缘层厚度、圆形线芯的直径，线芯直径误差一般要求不大于标称直径的 1%。

(6) 对电线、电缆绝缘性能、导电性能、阻燃性能存在异议时，可以抽样送到有资质的试验室进行检测。

(7) 常用的 BV 型绝缘电线的绝缘层厚度，一般要求不小于表 4-30 的规定。

表 4-30　　　　　BV 型绝缘电线的绝缘层厚度

电线芯线标称截面积（mm²）	1.5	2.5	4	6	10	16	25	35	50	70	95	120	150	185	240	300	400
绝缘层厚度规定值（mm）	0.7	0.8	0.8	0.8	1.0	1.0	1.2	1.2	1.4	1.4	1.6	1.6	1.8	2.0	2.2	2.4	2.6

4-130　导管进场验收需要注意什么?

答　(1) 按批查验合格证。

(2) 外观检查钢导管是否无压扁、内壁是否光滑。

(3) 外观检查非镀锌钢导管是否无严重锈蚀,油漆是否完整。镀锌钢导管镀层覆盖是否完整、表面是否无锈斑。

(4) 外观检查绝缘导管、配件是否无碎裂、表面是否有阻燃标记与制造厂标。

(5) 现场抽样检测导管的管径、壁厚、均匀度。

(6) 对绝缘导管、配件的阻燃性能存在异议时,可以抽样送到有资质的试验室进行检测。

4-131　型钢、电焊条进场验收需要注意什么?

答　(1) 按批查验合格证、材质证明书。

(2) 外观检查型钢表面是否无严重锈蚀,无过度扭曲、弯折变形。

(3) 外观检查电焊条包装是否完整。拆包抽检,焊条尾部应无锈斑。

(4) 检查存在异议时,可以抽样送到有资质的试验室进行检测。

4-132　镀锌制品与外线金具进场验收需要注意什么?

答　(1) 按批查验合格证、质量证明书等。

(2) 外观检查镀锌层覆盖是否完整、表面是否无锈斑。

(3) 检查金具配件是否齐全,是否无砂眼。

(4) 对镀锌质量存在异议时,可以抽样送到有资质的试验室进行检测。

4-133　电缆桥架、线槽进场验收需要注意什么?

答　(1) 查验合格证。

(2) 外观检查部件是否齐全,表面是否光滑不变形。

(3) 外观检查钢制桥架涂层是否完整,是否无锈蚀。

(4) 外观检查玻璃钢制桥架色泽是否均匀,是否无破损碎裂。

(5) 外观检查铝合金桥架涂层是否完整,是否无扭曲变形,是否无压扁,表面是否无划伤。

4-134　封闭母线、插接母线进场验收需要注意什么?

答　(1) 查验合格证、随带安装技术文件等。

(2) 外观检查防潮密封是否良好,各段编号标志是否清晰,附件是否齐全,外壳是否不变形,母线螺栓搭接面是否平整、镀层覆盖是否完整无起皮与麻面。

（3）外观检查插接母线上的静触头是否无缺损、表面是否光滑、镀层是否完整等。

4-135　裸母线、裸导线进场验收需要注意什么？

答　（1）查验合格证。

（2）外观检查包装是否完好，裸母线是否平直，表面是否无明显划痕，测量厚度、宽度是否符合制造标准。

（3）外观检查裸导线表面是否无明显损伤，是否不松股扭折断股（线）。

（4）测量线径，应符合有关标准。

4-136　电缆头部件、接线端子进场验收需要注意什么？

答　电缆头部件、接线端子进场验收的一些注意点如下。

（1）查验合格证。

（2）外观检查部件是否齐全，表面是否无裂纹与气孔，填料是否不泄漏等。

4-137　钢制灯柱进场验收需要注意什么？

答　（1）按批查验合格证。

（2）外观检查涂层是否完整，根部接线盒盒盖的紧固件、内置熔断器、开关等器件是否齐全，盒盖密封垫片是否完整。

（3）检查钢柱内是否设有专用接地螺栓，地脚螺孔位置的尺寸是否正确等。

4-138　钢筋混凝土电杆与其他混凝土制品进场验收需要注意什么？

答　（1）按批查验合格证。

（2）外观检查表面是否平整，是否无缺角露筋，表面是否有合格印记。

（3）外观检查钢筋混凝土电杆表面是否光滑，是否无纵向横向裂纹，杆身是否平直，弯曲一般要求不大于杆长的 1/1000。

4-139　民用建筑配变电所的门有什么要求？

答　（1）配变电所位于高层主体建筑，或者裙房内时，通向其他相邻房间的门需要采用甲级防火门，通向过道的门需要采用乙级防火门。

（2）配变电所位于多层建筑物的二层，或者更高层时，通向其他相邻房间的门需要采用甲级防火门，通向过道的门需要采用乙级防火门。

（3）配变电所位于多层建筑物的一层时，通向相邻房间或过道的门，需要采用乙级防火门。

（4）配变电所位于地下层或下面有地下层时，通向相邻房间或过道的门，需要采用甲级防火门。

（5）配变电所附近堆有易燃物品或通向汽车库的门，需要采用甲级防火门。

（6）配变电所直接通向室外的门，需要采用丙级防火门。

4-140 怎样选择照明配电系统的电压？

答 选择照明配电系统电压的一些要求与方法如下。

（1）照明网络一般采用220/380V三相四线制中性点直接接地系统，灯一般用电压为220V。当需要采用直流应急照明电源时，其电压可以根据容量大小与实际使用要求来确定。

（2）安全电压限值，正常环境下，可以选择50V。潮湿环境下，可以选择25V。

（3）不便于作业的狭窄地点，以及工作者接触有良好接地的大块金属面时，可以选择电压为12V的手提行灯。

（4）正常环境下，手提行灯电压一般为36V。

（5）特别潮湿、高温、有导电灰尘或导电地面的场所，当灯具安装高度距地面为2.4m及以下时，容易触及的固定式或移动式照明器的电压可以选择24V，或采取其他防电击措施。

4-141 照明配电系统有哪些规定？

答 （1）照明负荷，需要根据其中断、供电可能造成的影响、损失，合理地确定负荷等级，根据照明的类别，正确选择配电方案。

（2）正常照明电源，需要与电力负荷合用变压器，但不宜与较大冲击性电力负荷合用。如果必须合用，则需要校核电压波动数值。对于照明容量较大又集中的场所，如果电压波动或偏差过大，则会严重影响照明质量及灯泡寿命，因此，需要装设照明专用变压器或调压装置。

（3）民用建筑照明负荷计算可以采用需要系数法。在计算照明分支回路、应急照明的所有回路时需要系数均应取1。

（4）三相照明线路各相负荷的分配，需要保持平衡，在每个分配电盘中的最大相与最小相的负荷电流差不宜超过30%。

（5）可以采用镍镉电池的应急照明灯。

（6）照明分支回路中，避免采用三相低压断路器对三个单相分支回路进行控制、保护。

（7）特别重要的照明负荷，需要在负荷末级配电盘采用自动切换电源的方式，也可以采用由两个专用回路各带约 50％的照明灯具的配电方式。

（8）当备用照明作为正常照明的一部分，并经常使用时，配电线路、控制开关需要分开装设。当备用照明仅在事故情况下使用时，则正常照明停电时，备用照明需要自动投入工作。有专人值班时，可以采用手动切换。

（9）疏散照明最好由另一台变压器供电。如果只有一台变压器时，可以在母线处或建筑物进线处与正常照明分开。

✒ 4－142　高压配电装置有哪些规定？

答　高压配电装置的一些规定如下。

（1）配电装置的绝缘等级，需要与电力系统的额定电压相配合。

（2）配电装置的布置与导体电器的选择，需要满足在正常运行、检修、短路、过电压情况下的要求，并且不得危及人身安全与周围设备的安全。

（3）配电装置的布置，需要便于设备的操作、搬运、检修、试验，需要考虑电缆，或者架空线进、出线的方便。

（4）配电装置中相邻带电部分的额定电压不同时，需要根据较高的额定电压来确定其安全净距。

（5）高压出线断路器的下侧，一般需要装设接地开关与电源监视灯，或者电压监视器。

（6）高压出线的断路器，需要采用真空断路器时，为避免变压器或电动机操作过电压，一般需要装有浪涌吸收器。

✒ 4－143　民用建筑中为什么多选用干式变压器？

答　民用建筑中设置的变压器，一般选择干式、气体绝缘或非可燃性液体绝缘的变压器。当单台变压器油量为 100kg 及以上时，一般需要设置单独的变压器室。

气体绝缘干式变压器，在我国的南方潮湿地区、北方干燥地区的地下层不宜使用。

✒ 4－144　什么情况下宜装设两台及以上变压器？

答　符合下列条件之一时，宜装设两台及以上变压器。

（1）集中负荷较大时，宜装设两台及以上变压器。

（2）季节性负荷变化较大时，宜装设两台及以上变压器。

（3）有大量一级负荷、虽为二级负荷但从保安角度需设置时，宜装设两台及以上变压器。

4-145 什么情况下宜装设专用变压器？

答 符合下列条件之一时，宜装设专用变压器：

（1）季节性的负荷容量较大时，可装设专用变压器。

（2）接线为 Y，yn0 的变压器，当单相不平衡负荷引起的中性线电流超过变压器低压绕组额定电流的 25％时，可装设单相变压器。

（3）动力、照明采用共用变压器时，会严重影响照明质量、灯泡寿命，则可以装设照明专用变压器。

（4）出于功能需要的某些特殊设备，需要装设专用变压器。

4-146 什么情况下宜装设接线为 D，yn11 型变压器？

答 符合下列条件之一时，宜装设接线为 D，yn11 型变压器。

（1）需要提高单相短路电流值，确保低压单相接地保护装置动作灵敏度者，可以装设接线为 D，yn11 型变压器。

（2）需要限制三次谐波含量者，可以装设接线为 D，yn11 型变压器。

（3）三相不平衡负荷超过变压器每相额定功率 15％以上者，可以装设接线为 D，yn11 型变压器。

4-147 怎样选择配变电所的位置？

答 选择配变电所的位置需要符合以下一些原则与方法。

（1）接近负荷中心。

（2）设备吊装、运输方便。

（3）进线、出线方便。

（4）接近电源侧。

（5）不应设在爆炸危险场所内。

（6）不宜设在有火灾危险场所的正上方或正下方。

（7）不应设在有剧烈振动的场所。

（8）不宜设在多尘、水雾、有腐蚀性气体的场所。

（9）不应设在污源的下风侧。

（10）不应设在厕所、浴室、其他经常积水场所的正下方或贴邻。

（11）配变电所为独立建筑物时，不宜设在地势低洼与可能积水的场所。

（12）高层建筑地下层配变电所的位置，宜选择在通风、散热条件较好的场所。

（13）配变电所位于高层建筑的地下室时，不宜设在最底层。当地下仅有一层时，需要采取适当抬高该所地面等防水措施，避免洪水或积水从其他渠道淹渍配变电所的可能性。

（14）尽可能结合土建工程规划，以减少建筑的投资与电能的损耗。

（15）需要留有一定的发展余地。

4-148　变（配）电所有哪些形式？

答　变（配）电所的一些形式如下。

（1）独立变电所：一般离建筑物有一定的距离。

（2）变电台：一般是将容量较小的变压器安装在户外电杆上或台墩上。

（3）附设变电所：一般是变电站与其他建筑物共用墙体。

（4）用户变电所：一般是变电器安装在户外露天的地面上。

4-149　变（配）电所常见的高压一次设备有哪些？

答　变（配）电所常见的高压一次设备见表 4-31。

表 4-31　　　　变（配）电所常见的高压一次设备

名称	解　　说
避雷器	避雷器就是用来防止高架空线引进的雷电对变（配）电装置所起的破坏的作用
高压断路器	高压断路器是专门用在高压装置中控制负荷电流的通断，以及在严重过负荷、短路时能够自动跳闸，从而切断电路的一种电器。高压断路器的符号所表示的含义如下： S　N　10　—　10　/　1000　—　500 少油断路器　户内式　设计序号　额定电压为10kV　额定电流为1000kA　断流容量为500kA
高压负荷开关	高压负荷开关是专门用在高压装置中，用来控制通断负荷电流的一种电器。高压负荷开关分为户内式高压负荷开关、户外式高压负荷开关。高压负荷开关型号所表达的含义如下： F　N　3　—　10　R　T 负荷　户内式　设计序号　额定电压为10kV　带熔断器　带热脱扣器

续表

名称	解　说
高压隔离开关	高压隔离开关可以分为户内式高压隔离开关、户外式高压隔离开关。高压隔离开关主要用来隔离高压电源，以保证其他电气设备的安全检修。高压隔离开关的型号所表达的含义如下： 　　　　C　N　8 — 10 ／ 600 　　　　｜　｜　｜　｜　　｜ 　隔离开关｜　｜　　额定电流为600A 　　　户内式　｜额定电压为10kV 　　　　设计序号
高压开关柜	高压开关柜是根据一定的接线方案将有关的一、二次设备成套组装的一种高压配电装置。高压开关柜一般安装有高压开关设备、保护电器、监测仪表等。高压开关柜型号所表示的含义如下： 　　　G　G — 10 — 07 S 　　　｜　｜　｜　｜　｜ 高压开关柜｜　｜　　手动主开关操动机构。(D电磁，I弹簧) 　　固定式　一次线路方案编号 　　　　设计序号
高压熔断器	流过过电流时，高压熔断器本身发热熔断，借灭弧介质的作用使电路断开，从而达到保护电网线路、电气设备的目的。 　高压熔断器一般分为管式高压熔断器、跌落式高压熔断器。户内广泛采用管式高压熔断器，户外广泛采用跌落式高压熔断器

4-150　变（配）电所常见的低压一次设备有哪些？

答　变（配）电所常见的低压一次设备主要包括低压熔断器、刀开关、负荷开关、自动开关、低压配电屏等。

低压配电屏是根据一定的接线方案将有关低压开关电器组合起来的一种低压成套配电装置。低压配电屏可以用在 500V 以下的供电系统中，作为动力、照明配电用。

4-151　建筑室外配电线路（架空线路）有什么特点与要求？

答　建筑室外配电线路（架空线路）的一些特点与要求如下。

（1）民用建筑的室外配电线路中，往往采用 1kV 以下的低压架空线路。

（2）低压架空线路具有投资少，材料易解决，安装维护方便，便于发现与排除故障等特点。

（3）低压架空线路架设的要求：与各种设施间的距离需要大于其最小安全距离，需要考虑弱电的干扰、运行条件、交通条件、与爆炸物和可燃液体的仓库/储罐等物的距离应大于电杆高度的 1.5 倍等。

（4）低压架空线路架设的条件：地下管道网不复杂不影响埋设电杆、配电线路的路径要有足够的宽度、周围的环境没有严重污染与强腐蚀性气体、电气设备对防雷没有特殊要求或者采用防雷措施后符合规范要求等。

（5）根据实际情况，选择合适形式的架空线路。

4-152　建筑架空线路的常见形式有哪些？

答　（1）高低压同杆架空线线路。

（2）与路灯线路同杆架空线路。

（3）6～10kV 高压采用三相三线线路。

（4）380/220V 低压采用三相四线线路。

（5）220V 低压采用单相两线线路。

4-153　电力电杆的种类与其用途是怎样的？

答　（1）直线杆。直线杆在平坦地区用得较多，占全部电杆数的 80% 以上。直线杆主要用于支持导线、绝缘子、金具等重量，可以承受侧向风向。

（2）跨越杆。跨越杆是指有拉线的直线杆。跨越杆除了一般直线杆的用途外，还可以防止大范围的倒杆。跨越杆主要用于不太重要的交叉跨越处。

（3）轻承力杆。轻承力杆主要用于防止绝缘子击穿后导线断落，也可以用于一般的交叉跨越处。

（4）转角杆。转角杆主要用于线杆的转角处，其能够承受两侧导线的合力。

（5）分支杆及十字杆。分支杆、十字杆主要用于 10kV 及以下场合。其有由内向外的分线杆、向一侧分支的丁字形杆、向两侧分支的十字形杆等类型。

（6）耐张杆。一般线路每隔 1km 左右设一耐张杆，其能够承受一侧导线的拉力，可以限制短线故障影响的范围。在架线时，耐张杆起紧线的作用。

（7）终端杆。终端杆是一般设在线路始段与末端的一种耐张杆。

4-154　低压架空线路的结构是怎样的？

答　低压架空线路主要由导线、电杆、横担、绝缘子、拉线、金具等组成。

（1）导线。导线是架空线路的主体，其主要担负着输送电能的作用。

（2）电杆。电杆是支撑导线的支柱。

（3）横担与绝缘子。横担是主要用来安装绝缘子的，以便于固定导线的一种部件。绝缘子也叫做瓷瓶，其主要作用是使导线间、导线与横担间保持绝缘。

（4）拉线。拉线主要是用来固定电杆的一种辅助设备。

（5）金具。金具是除导线以外的其他金属构件。

4-155 架空线路的施工程序是怎样的？

答 架空线路的施工程序为：测量线路/定位电杆→竖立电杆→安装横担及绝缘子→架设导线→制作及安装接线。

4-156 电缆线路的特点是怎样的？

答 电缆电线分为电力电缆、控制电缆等，10kV及以下的电缆线路比较常见，城市中应用得较多。

电缆电线一般埋在地下，这样不易遭到外界的破坏，对环境的影响小，但是线路工程比较复杂，造价高，检修比较麻烦。

4-157 电缆线路的敷设方式有哪些？

答 （1）电缆在沟内敷设。电缆在沟内敷设一般适用于距离较短，而且电缆根数较多的情况。该敷设方式一般在沟内设有电缆支架。电缆一般是明敷在支架上，以便于检修、维护。

（2）电缆直接埋地敷设。电缆直接埋地敷设是常见的，也是应用最多的一种敷设方式。该敷设方式具有施工简单、投资少、散热性能好等特点。该敷设方式要求埋入的深度一般不小于0.7m。

（3）电缆穿管敷设。电缆穿管敷设与电线穿管敷设几乎相同。电缆穿管敷设主要用于室内敷设。

4-158 电缆线路怎样施工？

答 （1）挖掘电缆沟。

（2）埋装保护管、安装电缆支架。

（3）电缆敷设，如果规模不大、距离短，可以用人工敷设。如果规模较大、距离长，可以用卷扬机等机械敷设。

（4）电缆连接，连接时需要采用专用的电缆接头盒。

（5）电缆封端。

4-159 什么是室内配电系统？

答 室内配电系统是指从建筑配电箱或配电室到各楼层分配箱，或各楼层用户单元开关间的供电线路。

室内配电系统属于低压配电线路。

4-160 室内配电系统的配电要求是怎样的?

答 （1）用电质量的要求。电压质量是加在用电设备的实际电压与额定电压间的差值。差值越大，则说明电压质量越差，对用电设备的危害也就越大。为此，对于供电线路的电压损失有要求：低压供电半径不宜超过 250m。

（2）可靠性的要求。供电的可靠性是由供电电源、供电方式、供电路线等共同决定的。

（3）发展的要求。低压配电线路尽量作到接线简单、操作方便、安全、有一定的灵活性、能适应用电负荷的发展变化等需要。

（4）其他要求。

1）380/220V 供电系统一般采用中性点直接接地。

2）单相用电设备需要适当配置，力求达到三相负荷平衡。

3）多层建筑宜分层设置配电箱，每套房间宜有独立的电源开关。

4-161 民用建筑低压配电线路设计的内容有哪些?

答 民用建筑低压配电线路设计的内容主要包括：供电线路的形式、配电方式、导线的选择、线路敷设、线路控制、线路保护等。

4-162 室内配电系统的基本配电方式有哪些?

答 室内配电系统的基本配电方式见表 4-32。

表 4-32 室内配电系统的基本配电方式

名称	图 例	解 说
放射式	PX6 PX5 PX4 PX3 PX2 PX1 低压配电屏	放射式配电线路相对独立，发生故障互不影响，供电可靠性高，配电设备比较集中。 放射式配电主要适用于以下几种情况。 （1）需要集中连锁起动，或停止的设备。 （2）容量大，负荷集中，或者重要的用电设备。 （3）每台设备的负荷不大，但是位于变电站的不同方向

续表

名称	图例	解说
树干式	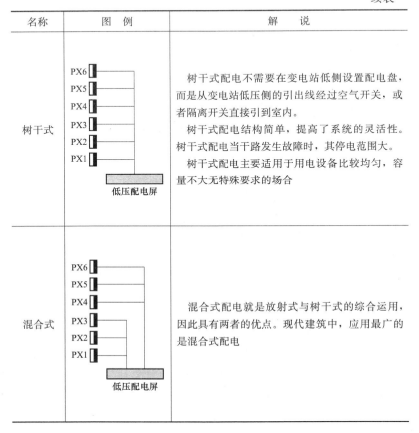	树干式配电不需要在变电站低侧设置配电盘，而是从变电站低压侧的引出线经过空气开关，或者隔离开关直接引到室内。 　　树干式配电结构简单，提高了系统的灵活性。树干式配电当干路发生故障时，其停电范围大。 　　树干式配电主要适用于用电设备比较均匀，容量不大无特殊要求的场合
混合式		混合式配电就是放射式与树干式的综合运用，因此具有两者的优点。现代建筑中，应用最广的是混合式配电

4-163　高层民用建筑负荷有什么特征？

答　（1）10 层及 10 层以上，或者高度超过 24m 的民用建筑均属于高层民用建筑。

（2）与一般民用建筑相比，高层民用建筑增设的特殊设备有电梯、无塔送水泵、消防用水泵、火灾报警系统、事故照明、疏散标志灯等。

（3）与一般民用建筑相比，高层民用建筑弱电方面增设了独立的电话系统、无线电系统等。

（4）高层民用建筑用电可靠性要求较高。

（5）高层民用建筑的用电量大、集中。

4-164 高层民用建筑供电电源的特点是怎样的？

答 高层民用建筑供电电源的一些特点如下。

（1）一般采用两个 6～10kV 的高压电源供电。

（2）如果只能够提供一个高压电源时，则必须在高层建筑内部设立柴油发电机组作为备用电源，并且要求备用电源至少能够使高层民用建筑的电梯、安全照明、消防水泵、通信系统继续供电。

4-165 高层民用建筑的低压配电方式有什么特点？

答 高层民用建筑低压配电方式的一些特点如下。

（1）一般将电力、照明分成两个配电系统。同时事故照明、防火、报警等装置自成系统。

（2）对于容量较大的集中负荷，或者重要负荷，可以采用放射式供电。

（3）对于消防用电设备可以采用单独的供电回路供电。

（4）对于各楼层的照明，可以采用分区树干式向各楼层供电，如图 4-23 所示。

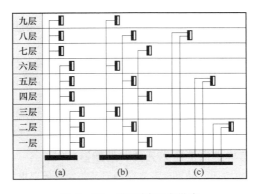

图 4-23 分区树干式供电

4-166 低压系统用电设备与配电线路的保护有哪些要求和特点？

答 低压系统用电设备与配电线路的保护要求和特点见表 4-33。

表 4 - 33　　　　　　　　　　　保护要求和特点

项目	解　说
低压配电线路的保护	（1）低压配电线路的短路保护，可以选择熔断器或自动开关来进行保护。需要注意：熔体的额定电流需要小于或等于导线允许截流量的 1.5 倍。 （2）低压配电线路的过载保护，可以选择熔断器或自动开关来保护。需要注意：熔体的额定电流需要小于或等于允许截流量的 0.8 倍
电力用电设备的保护	（1）民用建筑中，常把负荷电流为 6A 以上或容量在 1.2kW 以上的较大容量用电设备称为电力用电设备。 （2）对于一些电力负荷，一般不允许从照明插座取用电源，需要单独从电力配电箱或照明配电箱中分路供电。 （3）对于电动机类用电负荷，既需要考虑短路保护，又需要考虑过载保护，可以选择带短路与过载保护功能的自动开关来保护。 （4）对于一些电热器类用电设备，只需要考虑短路保护，可以采用熔断器或自动开关作为其短路保护
上下级保护电器间的配合	一般要求上一级熔断器的额定电流比下一级额定电流大 2～3 级
照明用电设备的保护	（1）照明用电设备的保护主要考虑对照明用电设备的短路保护。 （2）对于要求较高的一些场合，可以采用自动保护开关来保护，这样既有短路保护功能，也有过负荷保护功能。 （3）对于一些要求不高的场合，可以采用熔断器来保护

4 - 167　怎样选择低压刀开关、熔断器？

答　根据额定电压、计算电流来选择刀开关，具体要求如下。

（1）安装刀开关的线路，要求其额定的交流电压不应超过 500V，直流电压不应超过 440V。

（2）为了保证刀开关在正常负荷时安全可靠地运行，通过刀开关的计算电流 I_j 需要小于或等于刀开关的额定电流 I_e，也就是 $I_j \leqslant I_e$。

熔断器通过的电流与熔断时间的关系见表 4 - 34。从表中可以发现，通过的电流越大，熔断器越容易熔断。

表 4 - 34 　　　　　熔断器通过的电流与熔断时间的关系

通过额定电流倍数	1.25	1.6	2	2.5	3	4
熔断时间	∞	600min	40s	8s	4.5s	2.5s

选择熔断器的一般要求为：$U_e \geqslant U_x$，$I_e \geqslant I_j$，图例如图 4 - 24 所示。

$$U_e \geqslant U_x, \quad I_x \geqslant I_j$$

熔断器额定电压　　　　线路的计算电流
　　　　　　熔断器的额定电流
　　线路的额定电压

图 4 - 24 　选择熔断器的图例

4 - 168　低压自动开关的特点与分类是怎样的？

答　低压自动开关又叫作自动开关、自动空气断路器、自动空气开关。其属于一种能够自动切断电路故障的电器。自动开关的型号与含义如图 4 - 25 所示。常见的型号有 DW5、DW10、DZ5、DZ6、DZ10、DZ12 等。

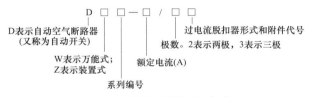

D □ □ — □ / □ □

D表示自动空气断路器　　　　　　过电流脱扣器形式和附件代号
　（又称为自动开关）　　　　极数。2表示两极，3表示三极
W表示万能式；　　　额定电流(A)
Z表示装置式
　　　系列编号

图 4 - 25 　自动开关的型号与含义

低压自动开关在电路出现短路或过载时，能够自动切断电路，有效地保护串接在它后面的电气设备。低压自动开关的一些分类如下。

（1）根据用途可以分为配电用空气开关、电动机保护用自动空气开关、照明用自动空气开关等。

（2）根据保护方式，可以分为过载和短路均瞬时动作的空气开关、过载具有延时短路瞬时动作的空气开关、过载和短路均为长延时动作的空气开关、过载与短路均为短延时动作的空气开关等。

（3）根据结构可以分为塑料外壳式自动空气开关、框架式自动空气开关、快速式自动空气开关、限流式自动空气开关等。最基本的形式主要有万能式（W）自动空气开关、装置式（Z）自动空气开关。其中，塑料外壳式自动开关属于装置式，具有保护性能好、安全可靠等特点。框架式自动空气开关是敞开装在框架上的，其保护方案与操作方式较多。限流式自动空气开关主要用于交流电网快速动作的自动保护，以限制电流。

4-169　怎样选择低压自动开关？

答　选择低压自动开关需要考虑的参数有额定电压、额定电流、脱扣器的整定电流 I_{zd} 等。其中，I_{zd} 就是脱扣器不动作时允许通过的最大电流。

（1）根据额定电压、额定电流来选择，具体要求如下。

1）线路的额定电流：自动开关的额定电流 I_e 需要大于或等于线路的计算电流 I_j，即

$$I_e \geqslant I_j$$

2）线路的额定电压：自动开关的额定电压 U_e 需要大于或等于线路的额定电压 U_j，即

$$U_e \geqslant U_j$$

（2）瞬时动作的过电流脱扣器的整定电流需要躲过配电线路的尖峰电流，即

$$I_{zd3} \geqslant K_{k3} \left[I_{qm} + I_{j(n-1)} \right]$$

其中，K_{k3} 为可靠系数，一般取值为 1.2；I_{qm} 为线路中功率最大的一台电动机的起动电流。$I_{j(n-1)}$ 为线路中除最大一台电动机外的回路计算电流，主要用于短路保护。

（3）长延时动作的过电流脱扣器的整定电流需要大于线路的计算电流，即

$$I_{zd1} \geqslant K_{k1} I_j$$

式中：K_{k1} 为可靠系数，一般取值为 1，主要用于过载保护。

（4）短延时动作的过电流脱扣器的整定电流需要大于线路的尖峰电流，即

$$I_{zd2} \geqslant K_{k2} I_j$$

式中：K_{k2} 为可靠系数，一般取值为 1.7~2.0，主要用于过载保护。

4-170　怎样选择配电变压器熔丝的容量？

答　选择配电变压器的一次、二次熔丝的容量，可以根据下列一些要求来选择。

（1）变压器一次熔丝作为变压器内部保护用。变压器一次熔丝作为变压

器内部保护用时，其容量需要根据变压器一次额定电流的 1.5～3 倍来选择。考虑到熔丝的机械强度，一般高压熔丝不小于 10A。

（2）变压器二次熔丝作为变压器过载、二次短路保护用。变压器二次熔丝作为变压器过载、二次短路保护用时，二次熔丝的容量需要根据二次额定电流来选择。

4-171　运行中的变压器需要做哪些巡视检查？

答　（1）巡视检查声音是否正常。

（2）巡视检查变压器接地是否良好。

（3）巡视检查变压器的电流与温度是否超过允许值。

（4）巡视检查变压器是否渗油、是否漏油、油的颜色与油位是否正常。

（5）巡视检查变压器套管是否清洁，是否破损裂纹、是否存在放电痕迹。

4-172　变压器绕组绝缘损坏有哪些原因？

答　（1）绕组绝缘是受潮引起的。

（2）绕组接头与分接开关接触不良引起的。

（3）线路存在短路故障、负荷存在急剧多变现象。

（4）变压器长时间地过负荷运行使绕组产生高温引起的。

（5）变压器停电、送电，或者雷电波使绕组绝缘过电压被击穿引起的。

4-173　变压器有哪几种冷却方式？

答　目前，电力变压器常用的冷却方式有油浸自冷式、油浸风冷式、强迫油循环。

（1）油浸自冷式就是以油的自然对流作用将热量带到油箱壁、散热管，再依靠空气的对流传导将热量散发，没有特别的冷却设备。

（2）油浸风冷式是在油浸自冷式的基础上在油箱壁或散热管上加装风扇，利用吹风机帮助冷却。

（3）强迫油循环冷却方式又分为强油风冷、强油水冷两种。强迫油循环冷却方式是把变压器中的油，利用油泵打入油冷却器后，再复回油箱，利用风扇吹风或循环水冷却介质，把热量带走。

4-174　电源变压器的特性参数有哪些？

答　电源变压器的一些特性参数见表 4-35。

表 4-35   电源变压器的一些特性参数

名称	解　说
电压比	电压比是指变压器一次电压与二次电压的比值，有空载电压比与负载电压比的区别
额定电压	额定电压是指在变压器的线圈上所允许施加的电压，工作时不得大于该规定值
额定功率	额定功率是在规定的频率、电压下，变压器能长期工作，而不超过规定温升的输出功率
工作频率	变压器铁心损耗与工作频率关系很大，一般需要根据工作频率来设计、使用电源变压器
绝缘电阻	绝缘电阻表示变压器各线圈间、各线圈与铁心间的绝缘性能。绝缘电阻的高低与所使用的绝缘材料的性能、温度的高低、潮湿的程度等有关
空载电流	变压器二次侧开路时，一次侧仍有一定的电流，该部分电流称为空载电流。空载电流由磁化电流与铁损电流组成。对于 50Hz 电源变压器而言，空载电流基本上等于磁化电流
空载损耗	空载损耗是指变压器二次侧开路时，在一次侧测得的功率损耗。空载损耗主要的损耗是铁心损耗，其次是空载电流在一次侧线圈铜阻上产生的铜损
效率	效率是指二次侧功率与一次侧功率比值的百分比。一般变压器的额定功率越大，效率就越高

4-175　怎样选择施工用变压器？

答　（1）露天安装，一般选择油浸式电力变压器。

（2）室内安装，一般多选择油浸式电力变压器。

（3）有条件的，可以选择干式电力变压器。

（4）箱式变电站，一般选择干式电力变压器。

4-176　变压器什么情况下应停止运行？

答　变压器有下列情况之一者，需要停止运行。

（1）瓷件裂纹、击穿、烧损、严重污秽等情况。

（2）瓷裙损伤面积超过 $100mm^2$。

（3）导电杆端头过热、烧损、熔接。

（4）漏油、渗油。

（5）油标上见不到油面。

（6）绝缘油老化。

（7）油色显著变深。

（8）外壳与散热器大面积脱漆，严重锈蚀。

（9）上层油温超过 85℃，并继续升高。

（10）有异音、放电声、冒烟、喷油、过热现象等。

4-177 施工成排布置的配电屏（柜）有什么要求？

答 （1）长度超过 6m 时，屏后的通道需要设两个出口，宜布置在通道的两端。

（2）屏的两出口间的距离超过 15m 时，期间需要增加出口。

（3）配电柜侧面的维护通道宽度不小于 1m。

（4）配电柜需要装设电能表、电流表、电压表，并且电流表与计费电能表不得共用一组电流互感器。

（5）配电柜或配电线路停电维修时，需要挂接地线，应悬挂"禁止合闸、有人工作"停电标志牌。

（6）配电柜或配电线路停送电必须有专人负责。

4-178 配电室内的母线颜色有什么要求？

答 配电室内的母线需要涂刷有色油漆，以标志相序。一般以柜正面方向为基准，其涂色符合表 4-36 的规定。

表 4-36 母 线 颜 色

相	颜色	垂直排列	水平排列	引下排列
L1（A）	黄	上	后	左
L2（B）	绿	中	中	中
L3（C）	红	下	前	右
N	淡蓝	—	—	—

4-179 施工发电动机组并列运行时需要注意哪一点？

答 发电动机组并列运行时，需要装设同期装置，在机组同步运行后再向负载供电。

4－180　施工现场电气照明有哪些要求？

答　（1）照明系统一般宜使三相负荷平衡，其中每一单相回路上，灯具与插座数量不宜超过 25 个，负荷电流不宜超过 15A。

（2）照明系统装设熔断电流不大于 15A 的熔断器保护，或者不大于 16A 的断路器保护。

（3）室内 220V 灯具距地面不得低于 2.5m。

（4）室外 220V 灯具距地面不得低于 3m。

（5）如果灯具距地面高度不够，则需要采用安全电压。

4－181　怎样确定照明方式与照明种类？

答　确定照明方式的方法与要点如下。

（1）工作场所通常需要设置一般照明。

（2）在一个工作场所内不应只采用局部照明。

（3）同一场所内的不同区域有不同照度要求时，需要采用分区一般照明。

（4）对于部分作业面照度要求较高，只采用一般照明不合理的场所，需要采用混合照明。

确定照明种类的方法与要点如下。

（1）工作场所均需要设置正常照明。

（2）正常照明因故障熄灭后，需确保正常工作或活动继续进行的场所，需要设置备用照明。

（3）正常照明因故障熄灭后，需确保处于潜在危险之中的人员安全的场所，需要设置安全照明。

（4）正常照明因故障熄灭后，需确保人员安全疏散的出口与通道，需要设置疏散照明。

（5）有危及航行安全的建筑物、构筑物上，需要根据航行要求设置障碍照明。

（6）大面积场所，需要设置值班照明。

（7）有警戒任务的场所，需要根据警戒范围的要求设置警卫照明。

4－182　怎样选择照明光源与灯具？

答　（1）选择的照明光源，要符合国家相关标准的有关规定。

（2）开关灯频繁的场所，可以选择白炽灯。

（3）对装饰有特殊要求的场所，可以选择白炽灯。

（4）对防止电磁干扰要求严格的场所，可以选择白炽灯。

（5）照度要求不高、照明时间较短的场所，可以选择白炽灯。

（6）一般情况下，室内外照明不应采用普通照明白炽灯。

（7）特殊情况下需采用普通照明白炽灯时，其额定功率不应超过100W。

（8）要求瞬时起动、连续调光的场所，使用其他光源技术经济不合理时，可以选择白炽灯。

（9）一般照明场所，不宜采用荧光高压汞灯，不应采用自镇流荧光高压汞灯。

（10）选择光源时，需要在满足显色性、起动时间等要求条件下，根据光源、灯具、镇流器等效率、寿命、价格，进行综合技术经济分析比较后来确定。

（11）高度较低房间，如办公室、教室、会议室等场所，宜采用细管径直管形荧光灯。

（12）商店、营业厅，宜采用细管径直管形荧光灯、紧凑型荧光灯、小功率的金属卤化物灯。

（13）高度较高的场所，根据使用要求，可以选择金属卤化物灯、高压钠灯、大功率细管径荧光灯。

（14）根据识别颜色要求与场所特点，选择相应显色指数的光源。

（15）应急照明，一般需要选择快速点燃的光源。

（16）高温场所，宜采用散热性能好、耐高温的灯具。

（17）有尘埃的场所，需要按防尘的相应防护等级选择适宜的灯具。

（18）有洁净要求的场所，需要采用不易积尘、易于擦拭的洁净灯具。

（19）需防止紫外线照射的场所，需要采用隔紫灯具或无紫光源。

（20）直接安装在可燃材料表面的灯具，应采用标有 $\overline{\underline{F}}$ 标志的灯具。

（21）潮湿的场所，需要采用相应防护等级的防水灯具或带防水灯头的开敞式灯具。

（22）有腐蚀性气体或蒸汽的场所，需要采用防腐蚀密闭式灯具。如果采用开敞式灯具，各部分应有防腐蚀或防水措施。

（23）装有锻锤、大型桥式吊车等振动、摆动较大场所使用的灯具，需要有防振与防脱落措施。

（24）易受机械损伤、光源自行脱落可能造成人员伤害或财物损失的场所使用的灯具，需要有防护措施。

（25）有爆炸或火灾危险场所使用的灯具，需要符合国家现行相关标准与规范的有关规定。

（26）高强度气体放电灯的触发器与光源的安装距离应符合要求。

4-183 选择荧光灯灯具的效率有什么规定？

答 选择荧光灯灯具的效率不低于表4-37的规定。

表 4 - 37   荧光灯灯具的效率

灯具出光口形式	开敞式	保护罩（玻璃或塑料）		格栅
		透明	磨砂棱镜	
灯具效率	75％	65％	55％	60％

4 - 184 选择高强度气体放电灯灯具的效率有什么规定？

答 选择高强度气体放电灯灯具的效率不应低于表 4 - 38 的规定。

表 4 - 38   高强度气体放电灯灯具的效率

灯具出光口形式	开敞式	格栅或透光罩
灯具效率	75％	60％

4 - 185 怎样选择镇流器？

答 （1）选择的镇流器，应符合国家能效标准。

（2）自镇流荧光灯，需要配用电子镇流器。

（3）直管形荧光灯，需要配用电子镇流器或节能型电感镇流器。

（4）高压钠灯、金属卤化物灯，需要配用节能型电感镇流器。在电压偏差较大的场所，宜配用恒功率镇流器。功率较小的，可以配用电子镇流器。

4 - 186 常见的照度标准值有哪些？

答 常见的照度标准值有 0.5，1，2，3，5，10，15，20，30，50，75，100，150，200，300，500，750，1000，1500，2000lx 等。

4 - 187 哪些情况可按照度标准值分级提高一级？

答 下面情况之一可按照度标准值分级提高一级：

（1）作业者的视觉能力低于正常能力的情况下。

（2）建筑等级与功能要求高的情况下。

（3）识别对象亮度对比小于 0.3 的情况下。

（4）视觉作业对操作安全有重要影响的情况下。

（5）识别移动对象，要求识别时间短促而辨认困难的情况下。

（6）连续长时间紧张的视觉作业，对视觉器官有不良影响的情况下。

（7）作业精度要求较高，并且产生差错造成很大损失的情况下。

（8）视觉要求高的精细作业场所，眼睛到识别对象的距离大于 500mm 的情况下。

4-188　哪些情况可按照度标准值分级降低一级？

答　下面情况之一可按照度标准值分级降低一级：

（1）建筑等级与功能要求较低的情况下。

（2）进行很短时间的作业的情况下。

（3）作业精度或速度无关紧要的情况下。

4-189　作业面邻近周围的照度与作业面照度的关联是怎样的？

答　作业面邻近周围的照度可以低于作业面照度，但是不能够低于表 4-39 中的数值。

表 4-39　　　作业面与邻近周围照度的关联

作业面照度（lx）	作业面邻近周围照度值（lx）
≥750	500
500	300
300	200
≤200	与作业面照度相同

注　邻近周围指作业面外 0.5m 范围之内。

4-190　怎样确定灯具的维护系数？

答　照明设计时，需要根据环境污染特征、灯具擦拭次数来选定相应的维护系数。灯具的维护系数见表 4-40。一般情况下，设计照度值与照度标准值相比较，可在 -10%～10% 的偏差范围。

表 4-40　　　　　灯具的维护系数

环境污染特征		房间或场所举例	灯具最少擦拭次数（次/年）	维护系数值
室内	清洁	卧室、办公室、餐厅、阅览室、教室、病房、客房、仪器仪表装配间、电子元器件装配间、检验室等	2	0.80
	一般	商店营业厅、候车室、影剧院、机械加工车间、机械装配车间、体育馆等	2	0.70
	污染严重	厨房、锻工车间、铸工车间、水泥车间等	3	0.60
室外		雨篷、站台	2	0.65

4-191 照度均匀度有什么要求？

答 （1）房间或场所内的通道与其他非作业区域的一般照明的照度值，不宜低于作业区域一般照明照度值的1/3。

（2）公共建筑的工作房间、工业建筑作业区域内的一般照明的照度均匀度，不应小于0.7。作业面邻近周围的照度均匀度不应小于0.5。

（3）有彩电转播要求的体育场馆，其主摄像方向上的照明要求：场地垂直照度最小值与最大值之比不宜小于0.4，场地平均垂直照度与平均水平照度之比不宜小于0.25，场地水平照度最小值与最大值之比不宜小于0.5，观众席前排的垂直照度不宜小于场地垂直照度的0.25。

4-192 眩光有哪些限制与要求？

答 （1）公共建筑、工业建筑常用房间、场所的不舒适眩光，需要采用统一眩光值来评价。

（2）避免将灯具安装在干扰区内，可以防止或减少光幕反射和反射眩光。

（3）采用低光泽度的表面装饰材料，可以防止或减少光幕反射和反射眩光。

（4）限制灯具亮度，可以防止或减少光幕反射和反射眩光。

（5）照亮顶棚和墙表面但避免出现光斑，可以防止或减少光幕反射和反射眩光。

（6）室外体育场所的不舒适眩光，需要采用眩光值来评价。

（7）直接型灯具的遮光角不应小于表4-41的规定。

表 4-41 直接型灯具的遮光角

光源平均亮度 （kcd/m²）	遮光角（°）	光源平均亮度 （kcd/m²）	遮光角（°）
1～20	10	50～500	20
20～50	15	≥500	30

4-193 有视觉显示终端的场所灯具平均亮度限值是多少？

答 有视觉显示终端的工作场所照明，需要限制灯具中垂线以上，等于与大于65°高度角的亮度。灯具在该角度上的平均亮度限值的规定与要求见表4-42。

表 4 - 42　　　　　　　　　　　灯具平均亮度限值

屏幕分类，见 ISO 9241—7	I	II	III
屏幕质量	好	中等	差
灯具平均亮度限值	≤1000cd/m²		≤200cd/m²

注　1. 本表适用于仰角小于等于 15°的显示屏。

　　2. 对于特定使用场所，如敏感的屏幕或仰角可变的屏幕，表中亮度限值应用在更低的灯具高度角（如 55°）上。

4 - 194　什么情况下需要装设无功自动补偿装置？

答　（1）在采用高、低压自动补偿效果相同时，宜采用低压自动补偿装置。

（2）避免在轻载时电压过高，造成某些用电设备损坏，装设无功自动补偿装置在经济上合理时。

（3）必须满足在所有负荷情况下，都能够改善电压变动率，只有装设无功自动补偿装置才能达到要求时。

（4）避免过补偿，装设无功自动补偿装置在经济上要合理时。

4 - 195　建筑用砖有哪些种类？

答　建筑用砖的一些种类见表 4 - 43。

表 4 - 43　　　　　　　　　　　建筑用砖的一些种类

名称	解　说
九五砖	九五砖是建筑用砖的一种，其尺寸规格为 240mm×115mm×53mm。该类砖又称为统一砖。九五多孔砖为表面有孔，可以减轻质量。九五砖的外形如下： 九五实心砖　　　　　　九五多孔砖

名称	解　说
八五砖	八五砖尺寸规格为216mm×105mm×43mm，比普通砖尺寸小。八五砖适用于砌建一些小型工程，其外形如下：

4-196　电涌保护器的接地指示灯有什么作用？

答　电涌保护器的LED（发光二极管）可以用来显示插头接地是否正确。如果接地不正确，电涌保护器将不能起到保护作用，该LED会发光指示。

4-197　EMI/RFI是什么？

答　EMI是由微波、电梯、空调产生的电磁噪声。RFI是频率为60kHz～200MHz的特殊EMI。EMI/RFI会损坏数据、硬驱。

第5章 Chapter5

建 筑 电 气 设 计

5-1 建筑电气工程常见的设计依据有哪些？

答 建筑电气工程常见的设计依据如下：JGJ/T 16—1992《民用建筑电气设计规范》、GB 50054—1995《低压配电设计规范》、GB 50034—2004《建筑照明设计标准》、GB 50016—2006《建筑设计防火规范》，以及其他有关国家与地方行业的现行规范。

5-2 建筑电气控制线路需要遵循哪些原则？

答 （1）需要最大限度地满足机械设备对电气控制线路的控制要求、保护要求。

（2）满足生产工艺要求的前提下，应力求使控制线路简单、经济、合理。

（3）保证控制的安全性、可靠性。

（4）操作维修方便。

（5）住宅建筑电气需要与工程特点、规模、发展规划相适应。

（6）住宅建筑电气需要采用经实践证明行之有效的新技术、新设备、新材料。

（7）贯彻执行国家的节能环保政策，做到安全可靠、经济合理、技术先进、整体美观。

（8）适用于城镇新建、改建、扩建的住宅建筑的电气设计，一般不适用于住宅建筑附设的防空地下室工程的电气设计。

（9）住宅建筑电气设备需要采用符合国家现行有关标准的高效节能、环保、安全、性能先进的电气产品，严禁使用已被国家淘汰的产品。

5-3 怎样设计住宅小区的低压配电系统？

答 （1）居住小区的配电设计，需要考虑发展的需要，增加的回路与某些回路的增容需要。

（2）居住小区的配电要合理地采用放射式、树干式，或者两者相结合的方式。

（3）为了提高小区配电的可靠性，依然可以采用环形网络配电。

（4）居住小区内的路灯照明需要与城市规划相协调，宜以专用变压器或专用回路供电。

（5）居住小区的多层建筑群，宜采用树干式或环形方式配电。其照明与电力负荷宜采用同一回路供电。如果电力负荷引起的电压波动超过±5％时，其电力负荷需要由专用回路供电。

（6）居住小区内的高层建筑，宜采用放射式配电。照明与电力负荷宜采用不同回路分别供电。

5-4 怎样设计多层住宅建筑的低压配电系统？

答 （1）多层住宅照明计量需要一户一表。

（2）多层建筑低压配电设计需要满足计量、维护管理、供电安全、可靠要求。

（3）多层建筑低压配电一般需要将照明与电力负荷分成不同的配电系统。

（4）多层住宅公用通道、楼梯间的照明计量，可以设公用电能表。如果收费到楼总表时，一般不另外设表。

（5）确定多层住宅的低压配电系统与计量方式时，需要与当地供电部门协商采用合适的方式。

1）单元总配电箱需要设于首层，内设总计量表。层配电箱内设分户表。总配电箱到层配电箱宜采用树干式配电。层配电箱到各用户可以采用放射式配电。

2）单元不设总计量表，只在分层配电箱内设分户表，其配电干线、支线的配电方式宜采用放射式配电。

3）分户计量表全部集中于首层电能表内，配电支线以放射式配电到各层用户。

5-5 怎样设计其他多层民用建筑的低压配电系统？

答 设计其他多层民用建筑的低压配电系统的方法与要求如下。

（1）除多层住宅外的其他多层民用建筑，对于较大的集中负荷或较重要的负荷，需要从配电室以放射式配电；对于各层配电间或配电箱的配电，宜采用树干式，或分区树干式的方式。

（2）每个树干式回路的配电范围需要以用电负荷的密度、性质、维护管理、防火分区等条件综合考虑确定。

（3）多层单身宿舍建筑，宜对每室的用电采取限电措施，在系统接线上需要予以考虑。

（4）由层配电间或层配电箱到各分配电箱的配电，宜采用放射式，或与树干式相结合的方式。

（5）多层住宅中的电力计量表需要单独装设。其他多层民用建筑的照明、电力负荷也需要分别设表计量。

5-6　配电系统的一般原则与规定是什么？

答　（1）配电系统设计需要满足供电可靠性、电压质量的要求。

（2）配电系统中的配电屏、箱需要留有适当的备用回路。

（3）选择导线截面需要留有适当的余量。

（4）供配电系统设计需要符合国家现行标准，如《供配电系统设计规范》《民用建筑电气设计规范》等有关规定。

（5）应急电源与正常电源间必须采取防止并列运行的措施。

（6）住宅建筑的高压供电系统宜采用环网方式，并且需要满足当地供电部门的规定。

（7）住宅建筑的高压供电系统目前常见的是 10kV、部分地区采用的 20kV 或 35kV 的供电系统。住宅建筑采用 6kV 供电系统已经不多见。

（8）配电系统以三级保护为宜。

（9）配电系统结构不宜复杂，在操作安全、检修方便的前提下，应有一定的灵活性。

（10）配电线路或配电室及配电箱需要设置在负荷中心，以最大限度地减少导线截面，降低电能损耗。

（11）同一线路上的用电设备性质需要相同或者接近。

（12）不同性质的用电设备需要由不同的分支线路供电。

（13）如果安装有冲击负荷大的用电设备，或设备容量较大（10kW 以上），需要由单独支路供电。

（14）三相供电线路中，单相负荷需要均衡分配到三相上，当单相负荷的总计算容量小于计算范围内三相对称负荷总计算容量的 15% 时，需要全部根据三相对称负荷计算。当超过 15% 时，需要将单相负荷换算为等效三相负荷，再与三相负荷相加。

（15）供配电系统需要根据住宅建筑的负荷性质、用电容量、发展规划、当地供电条件合理来设计。

5-7 供配电系统负荷分级有什么特点和要求？

答 （1）住宅建筑中主要用电负荷的分级见表5-1的规定，其他未列入表中的住宅建筑用电负荷的等级宜为三级。

表5-1 住宅建筑主要用电负荷分级

建筑规模	主要用电负荷	负荷等级
建筑高度为100m、35层及以上的住宅建筑	应急照明、航空障碍照明、消防用电负荷、走道照明、值班照明、安防系统、电子信息设备机房、客梯、排污泵、生活水泵	一级
建筑高度为50～100m、19～34层的一类高层住宅建筑	应急照明、航空障碍照明、消防用电负荷、走道照明、值班照明、安防系统、客梯、排污泵、生活水泵	一级
10～18层的二类高层住宅建筑	应急照明、走道照明、消防用电负荷、值班照明、安防系统、客梯、排污泵、生活水泵	二级

（2）严寒、寒冷地区住宅建筑采用集中供暖系统时，热交换系统的用电负荷等级不宜低于二级。

（3）低层、多层住宅建筑一般用电负荷为三级，严寒、寒冷地区为保障集中供暖系统运行正常，对其系统的供电提出了更高要求。

（4）建筑高度为100m，或者35层及以上住宅建筑的消防用电负荷、应急照明、航空障碍照明、生活水泵宜设自备电源供电。

（5）消防用电负荷为消防控制室、火灾自动报警、联动控制装置、火灾应急照明、疏散指示标志、防烟及排烟设施、自动灭火系统、消防水泵、消防电梯及其排水泵、电动的防火卷帘、阀门等的消防用电。

（6）住宅小区里的消防系统、安防系统、值班照明等用电设备需要根据小区里负荷等级高的要求供电。如果一个住宅小区里同时有一类、二类高层住宅建筑，住宅小区里上述的用电设备需要根据一级负荷供电。

5-8 什么是计算负荷？

答 计算负荷又称为需要负荷、最大负荷。计算负荷是一个假想的持续性负荷，其热效应与同一时间内实际变动负荷所产生的最大热效应相等。

5-9　负荷计算的方法有哪些?

答　负荷计算的一些方法如下:二项式法、需要系数法、利用系数法、单位面积功率法、单位指标法等。

5-10　怎样计算负荷?

答　计算负荷的方法与要求如下。

(1) 对于住宅建筑的负荷计算,方案设计阶段可以采用单位指标法、单位面积负荷密度法。初步设计与施工图设计阶段,宜采用单位指标法与需要系数法相结合的算法。

(2) 当单相负荷的总计算容量小于计算范围内三相对称负荷总计算容量的 15% 时,需要全部根据三相对称负荷来计算。当大于等于 15% 时,需要将单相负荷换算为等效三相负荷,再与三相负荷相加。

(3) 当变压器低压侧电压为 0.4kV 时,配变电所中单台变压器容量不宜大于 1600kVA。

(4) 住宅建筑用电负荷采用需要系数法计算时,需要系数应根据当地气候条件、采暖方式、电炊具使用等因素来确定。

(5) 住宅建筑用电负荷量使用单位指标法计算时,还需要结合实际工程情况乘以需要系数。住宅建筑用电负荷需要系数的取值可参见表 5-2。

表 5-2　　　　　　　　住宅建筑用电负荷需要系数

按单相配电计算时 所连接的基本户数	按三相配电计算时 所连接的基本户数	需要系数
1~3	3~9	0.90~1
4~8	12~24	0.65~0.90
9~12	27~36	0.50~0.65
13~24	39~72	0.45~0.50
25~124	75~300	0.40~0.45
125~259	375~600	0.30~0.40
260~300	780~900	0.26~0.30

5-11　怎样计算变压器能带多少户住宅?

答　下面以一台 1600kVA 变压器能带多少户住宅为例进行介绍。单相配电 300(三相配电 900) 基本户数及以上时,每户的计算负荷如下:

$$P_{js1} = P_e \cdot K_x = 3 \times 0.3 = 0.9 \text{（kW）}$$
$$P_{js2} = P_e \cdot K_x = 4 \times 0.26 = 1.04 \text{（kW）}$$
$$P_{js3} = P_e \cdot K_x = 6 \times 0.26 = 1.56 \text{（kW）}$$

式中　P_{js}——每户的计算负荷，kW；

　　　P_e——每户的用电负荷量，kW；

　　　K_x——住宅建筑用电负荷需要系数。

1600kVA 变压器用于居民用电量的计算负荷为

$$P_{js4} = S_e \cdot K_1 \cdot K_2 \cdot \cos\varphi$$
$$= 1600 \times 0.85 \times 0.7 \times 0.9 = 856.8 \text{（kW）}$$

式中　P_{js4}——单台变压器用于居民用电量的计算负荷，kW

　　　S_e——变压器容量 1600，kVA；

　　　K_1——变压器负荷率 85%；

　　　K_2——居民用电量比例（扣除公共设施、公共照明、非居民用电量

　　　　　　如地下设备层、小商量等）70%；

　　　$\cos\varphi$——低压侧补偿后的功率因数值，取 0.9。

一台 1600kVA 变压器可带住宅的户数：

$$A_1 = P_{js4}/P_{js1} \times 3 = 856.8/0.9 \times 3 = 952 \times 3 = 2856 \text{（户）}$$
$$A_2 = P_{js4}/P_{js2} \times 3 = 856.8/1.04 \times 3 = 823 \times 3 = 2469 \text{（户）}$$
$$A_3 = P_{js4}/P_{js3} \times 3 = 856.8/1.56 \times 3 = 549 \times 3 = 1647 \text{（户）}$$

5-12　各类建筑物单位面积负荷指标是多少？

答　各类建筑物单位面积推介负荷指标见表 5-3。

表 5-3　　　　　　各类建筑物单位面积推介负荷指标

建筑类别	用电指标（W/m²）	建筑类别	用电指标（W/m²）
办公	40~80	中小学	12~20
公寓	30~50	医院	40~60（无中央空调），70~90
剧场	50~80		
旅馆	40~70	高等学校	20~40
商业大中型	70~130	演播厅	250~500
商业一般	40~80	展览馆	50~80
体育	40~70	汽车库	8~15

5-13　怎样根据单位面积与单位指标法估算计算负荷？

答　可以根据单位面积与单位指标法估算计算负荷的公式来进行

$$P = S \times P /1000 \quad (kW)$$

式中　P——单位面积功率（负荷密度），W/m^2。

　　　S——建筑面积，m^2。

另外，需要考虑预留余量，一般取大于的整数。例如，15.15kW 的，考虑预留余量则取大于的整数为 16kW。

5-14　怎样选择配电线路导线的截面？

答　选择配电线路导线的截面，需要考虑的条件见表 5-4。

表 5-4　　　　　　　　　　　　考 虑 的 条 件

条件	解　　说
电压损失条件	电压损失的条件是要求导线在通过计算电流时，在其上所产生的电压损失不超过电能质量指标中允许的电压偏差值。一般规定自变压器低压侧出口到电源引入处的室外线路，在最大负荷时的允许电压损失值可以按额定电压的 4% 计算。室内线路可以按 3% 计算
发热条件	发热条件是要求导线在通过大量负荷电流时，其发热温度不超过正常运行时的最高允许温度
机械强度	机械强度对于架空线路来说，由于导线要承受自重、各种外力的作用，因此导线要有一定的机械强度，也就是要保证一定的导线截面积。对于不同电压等级的输配电线路、不同类型的线路、不同级别负荷、不同导线材质的线路，导线不小于其最小允许截面
经济电源密度	经济电源密度是综合考虑供电系统建设中投资、建成后年运行费用两个指标，使选择导线的截面最合理，尽可能地节省有色金属

5-15　怎样选择低压动力线路的导线截面？

答　低压动力线路的电压低、负荷电流较大，导线发热是输电线路运行中的主要问题。选择低压动力线路导线截面时，需要根据发热条件来选择，然后校验导线的电压损失与机械强度条件。

5-16 怎样选择低压照明线路的导线截面？

答 低压照明线路，电流不是很大、线路较长。如果线路电压降过大，则光源的光效会大大降低。低压照明线路电压损失是主要问题。选择低压照明线路导线截面时，需要根据电压损失条件来选择，然后校验发热与机械强度条件。

5-17 怎样选择高压线路的导线截面？

答 一般而言，高压线路容量较大、距离较长，运行费用与有色金属损耗是主要问题。选择高压线路导线截面时，首先需要考虑经济电流密度条件，然后校验发热条件、电压损失条件、机械强度条件等。

5-18 电线校正系数是多少？

答 环境空气温度不等于30℃时的电线校正系数见表5-5。

表5-5 电 线 校 正 系 数

环境温度（℃）	绝缘			
	PVC 聚氯乙烯	XLPE 或 EPR 交联聚乙烯或乙丙橡胶	矿物绝缘	
			PVC 外护层与允许接触的裸护套（70mm²）	不允许接触的裸护套（150mm²）
10	1.22	1.15	1.26	1.14
15	1.17	1.12	1.20	1.11
20	1.12	1.08	1.14	1.07
25	1.06	1.04	1.07	1.04
35	0.94	0.96	0.93	0.96
40	0.87	0.91	0.85	0.92
45	0.79	0.87	0.77	0.88
50	0.71	0.82	0.67	0.84
55	0.61	0.76	0.57	0.80
60	0.50	0.71	0.45	0.75

5-19 电缆的降低系数是多少？

答 多回路直埋电缆的降低系数见表5-6。

表 5-6　　　　　　　　多回路直埋电缆的降低系数

回路数	电缆间的间距				
	无间距（电缆相互接触）	一根电缆外径	0.125m	0.25m	0.5m
2	0.75	0.80	0.85	0.90	0.90
3	0.65	0.70	0.75	0.80	0.85
4	0.60	0.60	0.70	0.75	0.80
5	0.55	0.55	0.65	0.70	0.80
6	0.50	0.55	0.60	0.70	0.80

多回路或多根多芯电缆成束敷设的降低系数见表 5-7。

表 5-7　　　多回路或多根多芯电缆成束敷设的降低系数

排列 （电缆相互接触）	回路和多芯电缆数								
	1	2	3	4	5	6	7	8	9
嵌入或封闭式成束敷设在空气中的一个表面上	1	0.85	0.79	0.75	0.73	0.72	0.72	0.71	0.7
单层敷设在墙、地板或无孔托盘上	1	0.85	0.79	0.75	0.73	0.72	0.72	0.71	0.70
单层直接固定在木质天花板下	0.95	0.81	0.72	0.68	0.66	0.64	0.63	0.62	0.61
单层敷设在水平或垂直的有孔托盘上	1	0.88	0.82	0.77	0.75	0.73	0.73	0.72	0.72
单层敷设在梯架或夹板上	1	0.87	0.82	0.8	0.8	0.79	0.79	0.78	0.78

5-20　怎样选择电线、电缆环境温度？

答　选择电线、电缆环境温度的要求如下。

（1）封闭式开关柜内的母线及封闭式母线槽宜根据40℃选用。

（2）电线室内穿管敷设在墙内、楼板内，室内穿管明敷时，宜根据30℃选用。

（3）电线与电缆室内敷设在配电间、吊顶内、电缆沟、隧道、线槽内或桥架上，需要按35℃选用。

（4）电缆线路室外敷设时，空气中宜根据40℃选用，直埋宜根据25℃选用，电缆沟内、隧道内宜根据40℃选用。

5-21 用电设备端子电压偏差允许值是多少？

答 用电设备端子电压偏差允许值见表5-8。

表5-8 用电设备端子电压偏差允许值

用电设备名称	电压偏差允许值（％）		用电设备名称	电压偏差允许值（％）	
电动机	正常情况下	5	照明灯	一般工作场所	5
	特殊情况下	+5		远离变电站的场所小面积的一般场所	+5
		−10			−10
	频繁起动时	−10		应急、道路、警卫、照明安全的低压场所	+5
	不频繁起动时	5			−10
	配电母线上没有接照明等对电压波动较敏感的负荷，并且不频繁起动时	−20		正常情况下	5
				其他用电设备无特殊要求时	5

变压器低压母线配出回路的动力干线，到动力配电箱（柜）的电压损失不宜超过2％，照明干线不宜超过1％，室外线路不宜超过2.5％。

室外照明分支线电压损失不宜超过4％。

照明分支线不宜超过2％。

5-22 怎样选择中性线、保护线、保护中性线的截面？

答 选择中性线、保护线、保护中性线的截面的方法如下。

（1）照明箱、动力箱进线的N、PE、PEN线的最小截面应不小于6mm²。

（2）电力照明干线电缆或电线，其N线、PE线、PEN线的截面，需要

根据热稳定要求，不小于表 5-9 所列数值，外界可导电部分，严禁作
PEN 线。

表 5-9 线 的 截 面

相线截面 S（mm²）	N 线、PE 线、PEN 线的最小截面（mm²）
S<16	S
16<S<35	16
S>35	S/2

（3）PE 线如果是用配电电缆或电缆金属外护层时，需要根据机械强度
要求，截面不受限制。PE 线如果是用绝缘导线或裸导线而不是配电电缆或
电缆外护层时，需要根据机械强度要求，截面不应小于以下数值：有机械保
护（敷设在套管、线槽等外护物内）时为 2.5mm²。无机械保
缘子、夹上）时为 4mm²。

5-23 怎样选择穿线管径？

答 选择电线穿低压流体输送用焊接钢管的最小管径（SC）见表 5-10、
表 5-11。

表 5-10 电线穿低压流体输送用焊接钢管最小管径 （mm）

电缆型号 0.45/0.75kV	单芯电缆穿管根数	电线截面（mm²）													
		1.0	1.5	2.5	4	6	10	16	25	35	50	70	95	120	150
BV ZRBV BV-105 WDZ-BYJ()	2	15	15	15	15	15	20	25	25	32	32	40	50	50	65
	3	15	15	15	15	15	25	25	32	32	40	40	50	50	65
	4	15	15	15	15	15	25	25	32	40	40	50	65	65	65
	5	15	15	15	15	20	25	32	40	40	50	65	65	65	80
	6	15	15	15	15	20	25	32	40	40	50	65	65	80	100
	7	15	15	15	20	20	25	32	40	50	65	65	80	80	100
	8	15	15	15	20	20	32	40	50	50	65	65	80	100	100

表 5-11　　　　　　电力电缆穿低压流体输送用焊接钢管最小管径 (mm)

电缆型号 0.6/1kV	电缆截面（mm²）		2.5	4	6	10	16	25	35	50	70	95	120	150
YJV YJLV	电缆穿管长度 30m 及以下	直通	20	25		32		40		50		65	80	100
		一个弯曲时	25	32		40		50		65		80	100	125
		二个弯曲时	32	40		50		65		80		100	125	150
VV VLV		直通		25		32		40		50		65	80	100
		一个弯曲时		32		40		50		65		80	100	125
		二个弯曲时		40		50		65		80		100	125	150

5-24　民用建筑照明设计标准是怎样的？

答　照明设计时，需要考虑由于光源光通量衰减、灯具积尘、房间表面污染而引起照度值的降低。也就是需要根据作业房间或场所计入相应的维护系数。

常见的环境维护系数见表 5-12。设计照度值与照度标准值相比较，可允许有−10%～+10%的偏差。

表 5-12　　　　　　　　常见的环境维护系数

环境污染 特征	房间或场所举例	灯具最少擦洗 次数（次/年）	维护 系数值
清洁	卧室、办公室、餐厅、阅览室、教室、病房、客房、仪器仪表装配间、电子元器件装配间、检验室等	2	0.80
一般	商店营业厅、候车室、影剧院、机械加工车间、机械装配间、体育馆等	2	0.70
污染严重	厨房、锻工车间、铸工车间、水泥车间、纺纱车间等	3	0.60
室外	雨棚、站台	2	0.60

5-25　怎样设计应急照明？

答　设计应急照明的一些方法与要求如下。

（1）公共场所安全出口、疏散出口需要设指示灯。

（2）疏散应急照明宜设在墙面或顶棚上，安全出口标志宜设在出口顶部，疏散走廊的指示标志需要设在疏散走廊及其拐角处距地面 1.00m 以下的墙上，走道疏散标志灯具间距不应大于 20m。

（3）应急照明与疏散指示标志，可以采用蓄电池作备用电源，并且连续供电时间不应大于 30min。

（4）应急照明作为正常照明的一部分同时使用时，需要有单独的控制开关，并且控制开关面板需要与一般照明开关面板相区别，或者应急照明开关选择带指示灯泡的开关。

（5）应急照明不作为正常照明的一部分同时使用时，当正常照明因故停电，应急照明电源宜自动投入。

（6）应急照明的回路上不应设置电源插座。

（7）应急照明需要由消防专用回路供电。

（8）住宅建筑，一般根据楼层划分防火分区。如果根据每层每个防火分区来设置应急照明配电箱，不是很合理。住宅建筑每 4～6 层一般需要设置一个应急照明配电箱，每层或每个防火分区的应急照明，需要采用一个从应急照明配电箱引来的专用回路供电，应急照明配电箱应由消防专用回路供电。

（9）高层住宅建筑的楼梯间均设防火门，楼梯间是一个相对独立的区域，楼梯间采用不同回路供电是确保火灾时居民安全疏散。如果每层楼梯间只有一个应急照明灯，宜 1、3、5…层一个回路，2、4、6…层一个回路。如果每层楼梯间有两个应急照明灯，需要有两个回路供电。

（10）高层住宅建筑的楼梯间、电梯间、前室与长度超过 20m 的内走道，需要设置应急照明。

（11）中高层住宅建筑的楼梯间、电梯间、前室与长度超过 20m 的内走道，需要设置应急照明。

（12）19 层及以上的住宅建筑，需要沿疏散走道设置灯光疏散指示标志，需要在安全出口、疏散门的正上方设置安全出口标志灯光。

（13）10～18 层的二类高层住宅建筑，需要沿疏散走道设置灯光疏散指示标志，需要在安全出口、疏散门的正上方设置安全出口标志灯光。

（14）建筑高度为 100m，或 35 层及以上住宅建筑的疏散标志灯需要由蓄电池组作为备用电源。

（15）建筑高度 50～100m，19～34 层的一类高层住宅建筑的疏散标志灯需要由蓄电池组作为备用电源。

（16）高层住宅建筑楼梯间应急照明，可以采用不同回路跨楼层竖向供电，每个回路的光源数不宜超过 20 个。

（17）应急照明采用节能自熄开关控制时，在应急情况下，设有火灾自动报警系统的应急照明，可自动点亮。无火灾自动报警系统的应急照明，可集中点亮。

（18）应急状态下，无火灾自动报警系统的应急照明集中点亮，可以采用自动控制。控制装置需要安装在有人值班室里。

5-26　怎样设计建筑公共照明？

答　设计建筑公共照明的一些方法与要求如下。

（1）住宅建筑设置航空障碍标志灯时，其电源需要根据该住宅建筑中最高负荷等级要求来供电。

（2）住宅建筑的门厅、前室、公共走道、楼梯间等需要设人工照明、节能控制。

（3）人工照明的节能控制包括声、光控制及智能控制等。

（4）住宅首层电梯间，需要留值班照明。

（5）住宅建筑公共照明采用节能自熄开关控制时，光源可以选用白炽灯。

（6）住宅建筑的门厅或首层电梯间的照明控制方式，要考虑残疾人操作方便。至少有一处照明灯，残疾人可以控制，或者灯是常亮的。

（7）住宅建筑的门厅需要设置便于残疾人使用的照明开关，并且开关处有标志。

5-27　怎样设计套内照明？

答　设计建筑套内照明的一些方法与要求如下。

（1）灯具的选择，需要根据具体房间的功能来决定，需要采用直接照明、开启式灯具。

（2）卧室、书房、卫生间、厨房的照明，需要在屋顶预留一个电源出线口，灯位需要居中。

（3）起居室（厅）、餐厅等公共活动场所的照明，需要在屋顶至少预留一个电源出线口。

（4）起居室、通道、卫生间照明开关，需要选用夜间有光显示的面板。

（5）起居室、餐厅等公共活动场所，当使用面积小于 20m² 时，屋顶需要预留一个照明电源出线口，灯位需要居中。使用面积大于 $20m^2$ 时，根据公共活动场所的布局，屋顶需要预留一个以上的照明电源出线口。

（6）卫生间的照明可与卫生间的电源插座同回路。

（7）装有淋浴或浴盆卫生间的浴霸可与卫生间的照明同回路，并且需要装设剩余电流动作保护器。

（8）装有淋浴或浴盆卫生间的照明回路，需要装设剩余电流动作保护器。

（9）装有淋浴或浴盆卫生间的灯具、浴霸开关，需要设于卫生间门外。

（10）卫生间等潮湿场所，需要采用防潮易清洁的灯具。

5-28　怎样做到照明节能？

答　（1）自然光的门厅、公共走道、楼梯间等的照明，需要采用光控开关。

（2）住宅建筑公共照明，需要采用定时开关、声光控制等节电开关与照明智能控制系统。

（3）直管形荧光灯，需要采用节能型镇流器。

（4）直管形荧光灯，使用电感式镇流器时，其能耗需要符合相关国家标准《管形荧光灯镇流器能效限定值及节能评价值》中的规定。

5-29　建筑电能计量有什么要求与规定？

答　（1）电能表箱安装在公共场所时，暗装箱底距地宜为 1.5m，明装箱底距地宜为 1.8m。

（2）安装在电气竖井内的电能表箱宜明装，并且箱的上沿距地不宜高于 2.0m。

（3）用电负荷量与相对应的电能表规格一般是每套住宅规定的最小值，如果某些地区或住宅需求大功率家用电器，则需要考虑实际家用电器的使用负荷容量。

（4）空调的用电量不仅与面积、套型的间数有关，也与住宅所处地区的地理环境、发达程度、住户的经济水平有关。

（5）大多数情况下，一套住宅配置一块单相电能表，但有的情况下，每套住宅配置一块电能表可能满足不了使用要求。

（6）住宅户内有三相用电设备时，三相用电设备可另加一块三相电能表。

（7）采用电采暖等另行收费的地区，电采暖等用电设备可另加一块电能表。

（8）采用预付费磁卡表，居民不可以进入电气竖井内，电能表可就近安装在住宅套外。

（9）采用数据自动远传的电能表，安装位置需要便于管理与维护。

（10）电能表箱安装在人行通道等公共场所时，暗装距地 1.5m，明装箱距地 1.8m。电气竖井内明装箱上沿距地 2.0m。

（11）住宅套内有三相用电设备时，三相用电设备需要配置三相电能表计量。

（12）电能表需要安装在住宅套外。

（13）每套住宅建筑面积大于 150m² 时，超出的建筑面积，可以根据 40~50W/m² 来计算用电负荷。

（14）每套住宅用电负荷不超过 12kW 时，需要采用单相电源进户，每套住宅应至少配置一块单相电能表。

（15）每套住宅用电负荷超过 12kW 时，需要采用三相电源进户，电能表需要按相序计量。

（16）用电量超过 12kW，并且没有三相用电设备的住户，建议采用三相电源供电，可以选用一块按相序计量的三相电能表，也可以选用三块单相电能表。

（17）住户有三相用电设备和单相用电设备时，需要根据当地实际情况选用一块按相序计量的三相电能表，也可选用一块三相电能表与一块单相电能表。

（18）每套住宅的用电负荷与电能表的选择，不得低于有关规定，具体见表 5-13。

表 5-13　　　　　每套住宅用电负荷与电能表的选择

套型	建筑面积 S（m²）	用电负荷（kW）	电能表（单相）(A)
A	S≤60	3	5 (20)
B	60＜S≤90	4	10 (40)
C	90＜S≤150	6	10 (40)

（19）每套住宅的用电负荷量，全国各地供电部门的规定不同，在确定每套住宅用电负荷量时，还需要考虑当地的实际情况。

（20）低层住宅、多层住宅，电能表需要根据住宅单元集中安装。

（21）中高层住宅、高层住宅，电能表需要根据楼层集中安装。

（22）别墅、跃层式住宅，需要根据工程状况，按楼层配置电能表。

（23）6 层及以下的住宅建筑，电能表需要集中安装在单元首层，或者地下一层。

（24）7 层及以上的住宅建筑，电能表需要集中安装在每层电气竖井内，每层少于 4 户的住宅建筑，电能表可以 2～4 层集中安装。

5-30　建筑配变电所有什么基本要求与规定？

答　（1）住宅建筑配变电所需要根据其特点、用电容量、所址环境、供电条件、节约电能等因素合理确定方案，并且还需要考虑发展的可能性。

（2）住宅建筑配变电所设计需要符合国家的有关标准、规范，以及当地供电部门的有关规定。

5-31　怎样选择配变电所所址？

答　（1）室外变电站的外侧与住宅建筑外墙的间距不宜小于 20m。

（2）配变电所不宜设在住宅建筑地下的最底层，主要是为了防水防潮。当只有地下一层时，需要抬高配变电所地面标高。

（3）室外配变电所的外侧，指独立式配变电所的外墙或预装式变电站的外壳。配变电所离住户太近会影响居民安全及居住环境。

（4）配变电所设在住宅建筑内时，配变电所不应设在住户的正上方、正下方、贴邻、住宅建筑疏散出口的两侧，也不宜设在住宅建筑地下的最底层。

（5）配变电所设在住宅建筑外时，配变电所的外侧与住宅建筑的外墙间距，需要满足防火、防噪声、防电磁辐射的要求，配变电所宜避开住户主要窗户的水平视线。

（6）单栋住宅建筑用电设备容量为 250kW 及以下时，适宜多栋住宅建筑集中设置配变电所。

（7）单栋住宅建筑用电设备容量为 250kW 及以上时，适宜每栋住宅建筑集中设置配变电所。

（8）住宅小区里的低层住宅、多层住宅、中高层住宅、别墅等单栋住宅建筑用电设备总容量在 250kW 以下时，集中设置配变电所比较经济合理。用电设备总容量在 250kW 及以上的单栋住宅建筑，配变电所可以设在住宅建筑的附属群楼里，如果住宅建筑内配变电所位置难以确定，可以设置成室外配变电所。室外配变电所包括独立式配变电所、预装式变电站。

5-32　怎样选择配变电所变压器？

答　（1）设置在民用建筑中的变压器，当单台变压器油量为100kg及以上时，需要设置单独的变压器室。

（2）配变电所中单台变压器容量不宜大于1600kVA，预装式变电站中单台变压器容量不宜大于800kVA。供电半径一般为200～250m。

（3）住宅建筑需要选用节能型变压器。变压器的接线采用D，yn11，变压器的负载率不宜大于85%。

（4）设置在住宅建筑内的变压器，需要选择干式、气体绝缘、非可燃性液体绝缘的变压器。

（5）变压器低压侧电压为0.4kV时，配变电所中单台变压器容量不宜大于1600kVA，预装式变电站中单台变压器容量不宜大于800kVA。

（6）住宅建筑的变压器考虑其供电可靠、季节性负荷率变化大、维修方便等因素，宜推荐采用两台变压器同时工作的方案。

5-33　怎样选择自备电源？

答　（1）建筑高度为100m，或者35层及以上的住宅建筑，需要设柴油发电机组。

（2）设置柴油发电机组时，需要满足噪声、排放标准等环保要求。

（3）应急电源装置EPS，可以作为住宅建筑应急照明系统的备用电源。另外，应急照明连续供电时间需要满足国家现行有关防火标准的要求。

（4）应急电源装置EPS，不宜作为消防水泵、消防电梯、消防风机等电动机类负载的应急电源。

5-34　低压配电的一般规定是怎样的？

答　（1）住宅建筑低压配电需要符合国家标准GB 50054—2011《低压配电设计规范》JGJ 16—2008《民用建筑电气设计规范》等有关规定。

（2）住宅建筑低压配电系统需要根据住宅建筑的类别、规模、供电负荷等级、电价计量分类、物业管理、可发展性等因素来综合确定。

（3）住宅建筑低压配电系统需要考虑住宅建筑居民用电、公共设施用电、小商店用电等电价差异、特点，以及满足供电等级、电力部门计量要求的前提下，还要考虑便于物业管理。

5-35　低压配电系统有什么要求与特点？

答　（1）住宅建筑单相用电设备由三相电源供配电时，需要考虑三相负荷平衡。

（2）住宅建筑每个单元，或者楼层宜设一个带隔离功能的开关电器，并且该开关电器可以独立设置，也可以设置在电能表箱里。

（3）设带隔离功能的开关电器是为了保障检修人员的安全，缩小电气系统故障时的检修范围。带隔离功能的开关电器可以选用隔离开关，也可以选用带隔离功能的断路器。

（4）每栋住宅建筑的照明、电力、消防、其他防灾用电负荷，需要分别配电。

（5）住宅建筑电源进线电缆宜地下敷设，进线处需要设置电源进线箱，箱内需要设置总保护开关电器。电源进线箱宜设在室内，当电源进线箱设在室外时，箱体防护等级不宜低于 IP54。

（6）采用三相电源供电的住宅，套内每层或每间房的单相用电设备、电源插座，需要采用同相电源供电。

（7）6 层及以下的住宅单元，宜采用三相电源供电，当住宅单元数为 3 及 3 的整数倍时，住宅单元可以采用单相电源供配电。

（8）7 层及以上的住宅单元需要采用三相电源供配电，当同层住户数小于 9 时，同层住户可以采用单相电源供配电。

（9）采用三相电源供电的住户，一般建筑面积比较大。为保障用电安全，在居民可同时触摸到的用电设备范围内需要采用同相电源供电。如果三相电源供电的住宅，在不能分层供电的情况下，需要考虑分房间供电，每间房单相用电设备、电源插座宜采用同相电源供电。

（10）住宅单元、楼层的住户采用单相电源供电，单相电源供电的好处是每个住宅单元、楼层的供电电压为 AC220V。

（11）室外型箱体的确定需要符合当地的地理环境，包括防潮、防雨、防腐、防冻、防晒、防雷击等。

5-36　怎样判断同层住户采用单相还是三相供电合理一些？

答　判断同层住户采用单相还是三相供电合理一些，可以通过电流计算来判断。例如，同层为 9 户的采用单相还是三相供电的合理性判断、比较，首先计算 9 户的采用单相电流，具体计算公式为：

$$I_{js} = P_e \cdot N \cdot K_x / (U_e \cdot \cos\varphi)$$
$$= 6 \times 9 \times 0.65 / (0.22 \times 0.8)$$
$$= 199.43 \ (A)$$

式中　I_{js}——每层住宅用电量的计算电流，A；

　　　P_e——每户的用电负荷量，kW；

　　　N——每层住宅户数；

K_x——住宅建筑用电负荷需要系数；

U_e——供电电压，V；

$\cos\varphi$——功率因数。

然后计算同层为 9 户的采用三相电流，具体计算公式如下：

$$I_{js} = P_e \cdot N \cdot K_x / (\sqrt{3}U_e \cdot \cos\varphi)$$
$$= 6 \times 9 \times 0.9 / (1.732 \times 0.38 \times 0.8)$$
$$= 92.30 \text{ (A)}$$

式中　I_{js}——每层住宅用电量的计算电流，A；

P_e——每户的用电负荷量，kW；

N——每层住宅户数；

K_x——住宅建筑用电负荷需要系数；

U_e——供电电压，V；

$\cos\varphi$——功率因数。

然后比较计算的电流，发现同层为 9 户的采用三相的电流小于同层为 8 户、9 户的单相的电流，则说明采用三相供电要合理一些。

5-37　怎样保护低压配电线路？

答　（1）剩余电流动作保护器不动作泄漏电流值为额定值的 1/2。一个额定值为 30mA 的剩余电流动作保护器，当正常泄漏电流值为 15mA 时保护器是不会动作的。

（2）剩余电流动作保护器额定值一定时，其不同的动作电流值，则可以带的户数也就不同。

（3）剩余电流保护断路器的额定电流值各生产厂家是一样的，但是动作电流值各生产厂家不一样。

（4）常用电器正常泄漏电流参考值见表 5-14。

表 5-14　　　　常用电器正常泄漏电流参考值

电器名称	泄漏电流（mA）	电器名称	泄漏电流（mA）
空调器	0.8	排油烟机	0.22
电热水器	0.42	白炽灯	0.03
洗衣机	0.32	荧光灯	0.11
电冰箱	0.19	电视机	0.31
计算机	1.5	电熨斗	0.25

电器名称	泄漏电流（mA）	电器名称	泄漏电流（mA）
饮水机	0.21	排风机	0.06
微波炉	0.46	电饮煲	0.31

（5）住宅建筑防电气火灾剩余电流动作报警装置的设置与接地形式有关。

（6）住宅建筑设有防电气火灾剩余电流动作报警装置时，报警声光信号除了应在配电柜上设置外，还需要将报警声光信号送到有人值守的值班室。

（7）每户常用电器正常泄漏电流不是一个固定值，其他非住户用电负荷的正常泄漏电流一般也需要考虑。

（8）每套住宅需要设置自恢复式过电压、欠电压保护电器。

（9）火灾危险条件下，在必须限制布线系统中故障电流引起火灾发生的地方，需要采用剩余电流动作保护器保护，保护器的额定剩余电流动作值不超过 0.5A，有关规定要求为 0.3A。一个住宅单元或一栋住宅建筑，家用电器的正常世漏电流是一个动态值，需要根据面积来估算。

（10）住宅部分建筑面积小于 1500m² （单相配电），或者 4500m² （三相配电）时，防止电气火灾的剩余电流动作保护器的额定值一般为 300mA。

（11）住宅部分建筑面积在 1500～2000m² （单相配电），或者 4500～6000m² （三相配电）时，防止电气火灾的剩余电流动作保护器的额定值一般为 500mA。

（12）低压配电系统 TN−C−S、TN−S、TT 接地形式，由于中性线发生故障导致低压配电系统电位偏移，若电位偏移过大，不仅会烧毁单相用电设备引起火灾，甚至会危及人身安全。

（13）过电压、欠电压的发生是不可预知的，如果采用手动复位，对于户内无人或有老幼病残的住户既不方便也不安全，为此，每套住宅可以设置自恢复式过电压、欠电压保护电器。

5-38　怎样选择低压配电导体与线缆？

答　（1）阻燃类线缆，需要根据敷设场所的具体条件来选择。

（2）明敷线缆，包括电缆明敷、电缆敷设在电缆梯架里与电线穿保护导管明敷。

（3）住宅建筑套内的电源线需要选用铜材质导体。

（4）敷设在电气竖井内的封闭母线、预制分支电缆、电缆、电源线等供电干线，可以选用铜、铝或合金材质的导体。

（5）高层住宅建筑中，明敷的线缆需要选用低烟、低毒的阻燃类线缆。

（6）建筑高度为 100m，或者 35 层及以上的住宅建筑，用于消防设施的供电干线需要采用矿物绝缘电缆。

（7）10～18 层的二类高层住宅建筑，用于消防设施的供电干线需要采用阻燃耐火类线缆。

（8）10～18 层的二类高层住宅建筑，公共疏散通道的应急照明，需要采用低烟无卤阻燃的线缆。

（9）建筑高度为 50～100m，19～34 层的一类高层住宅建筑，用于消防设施的供电干线需要采用阻燃耐火线缆，宜采用矿物绝缘电缆。

（10）19 层及以上的一类高层住宅建筑，公共疏散通道的应急照明，需要采用低烟无卤阻燃的线缆。

（11）建筑面积小于或等于 60m²，并且为一居室的户型，进户线不应小于 6mm² 时，照明回路支线不应小于 1.5mm² 时，插座回路支线截面不应小于 2.5mm²。

（12）建筑面积大于 60m² 的住户，进户线不应小于 10mm² 时，照明与插座回路支线截面不应小于 2.5mm²。

（13）中性导体与保护导体截面的选择需要符合表 5-15 的规定。

表 5-15　　中性导体和保护导体截面的选择（mm²）

相导体的截面 S	相应中性导体的截面 S_N（N）	相应保护导体的最小截面 $S_{PE(PE)}$
$S \leqslant 16$	$S_N = S$	$S_{PE} = S$
$16 < S \leqslant 35$	$S_N = S$	$S_{PE} = 16$
$S > 35$	$S_N = S$	$S_{PE} = S/2$

（14）目前住宅建筑套内 86 系列的电源插座面板的占多数，一般 16A 的电源插座回路选用 2.5mm² 的铜质导体电线，如果改用铝质导体，要选用 4mm² 的电线。

5-39　配电线路布线系统导管布线有什么要求？

答　（1）采用封闭式布线，主要是为了保障人身安全。

（2）线缆保护导管暗敷时，外护层厚度不应小于 15mm。

（3）消防设备线缆保护导管暗敷时，外护层厚度不应小于 30mm。

（4）住宅建筑套内配电线路布线可以采用金属导管或塑料导管。

（5）住宅建筑套内暗敷的金属导管管壁厚度不小于 1.5mm，暗敷的塑料导管管壁厚度不小于 2.0mm。

（6）潮湿地区的住宅建筑、住宅建筑内的潮湿场所，配电线路布线需要采用管壁厚度不小于 2.0mm 的塑料导管或金属导管。明敷的金属导管需要做防腐、防潮处理。

（7）敷设在钢筋混凝土现浇楼板内的线缆保护导管，最大外径不应大于楼板厚度的 1/3。

（8）敷设在垫层的线缆保护导管，最大外径不应大于垫层厚度的 1/2。

（9）电源线缆导管与采暖热水管同层敷设时，电源线缆导管宜敷设在采暖热水管的下面，不应与采暖热水管平行敷设。

（10）电源线缆与采暖热水管相交处不应有接头。

（11）与卫生间无关的线缆导管不得进入、穿过卫生间。

（12）净高小于 2.5m，以及经常有人停留的地下室，需要采用导管或线槽布线。

（13）净高小于 2.5m，以及经常有人停留的地下室，电源线缆需要采用导管，或者线槽。

（14）塑料导管管壁厚度不应小于 2.0mm，聚氯乙烯硬质电线管 PC20 与以上的管材壁厚，大于或等于 2.1mm。聚氯乙烯半硬质电线管 FPC 壁厚均大于或等于 2.0mm。

（15）外护层厚度为线缆保护导管外侧与建筑物、构筑物表面的距离。

（16）采暖系统是地面辐射供暖或低温热水地板辐射供暖时，需要考虑其散热效果、对电源线的影响，电源线导管最好敷设于采暖水管层下混凝土现浇板内。

5-40　配电线路布线系统电缆布线有什么要求？

答　（1）无铠装的电缆在住宅建筑内明敷时，水平敷设到地面的距离不宜小于 2.5m。

（2）无铠装的电缆在住宅建筑内明敷时，垂直敷设到地面的距离不宜小于 1.8m。

（3）无铠装的电缆在住宅建筑内，除明敷在电气专用房间外，当不能满足要求时，需要采取防止机械损伤的措施。

（4）220/380V 电力电缆与控制电缆、1kV 以上的电力电缆，在住宅建筑内平行明敷（包括水平和垂直平行明敷）时，其净距不应小于 150mm。

5-41 配电线路布线系统电气竖井布线有什么要求？

答 （1）电气竖井，宜用于住宅建筑供电电源垂直干线等情况下的敷设，并且采取电缆直敷、导管、线槽、电缆桥架、封闭式母线等明敷设。当穿管管径不大于电气竖井壁厚的 1/3 时，线缆可以穿导管暗敷设在电气竖井壁内。

（2）电气竖井加门锁或门控装置是为了保证住宅建筑的用电安全、便于电气设备的维护、防窃电，以及防非电气专业人员进入。

（3）门控装置包括门磁、电力锁等出入口控制系统。

（4）住宅建筑电气竖井检修门，除了需要满足竖井内设备检修要求外，检修门的高、宽尺寸不宜小于 1.8m×0.6m。

（5）电能表箱设在电气竖井内时，电气竖井内电线、线缆宜采用导管、金属线槽等封闭式布线方式。

（6）电气竖井的井壁，需要为耐火极限不低于 1h 的不燃烧体。

（7）电气竖井，需要在每层设有维护检修门，并且宜加门锁或门控装置。维护检修门的耐火等级不应低于丙级，应向公共通道开启。

（8）电气竖井的面积，需要根据设备的数量、进出线的数量、设备安装、设备检修等因素来确定。

（9）高层住宅建筑利用通道作为检修面积时，电气竖井的净宽度不宜小于 0.8m。

（10）电气竖井内竖向穿越楼板与水平穿过井壁的洞口，需要根据主干线缆所需的最大路由进行预留。楼板处的洞口，需要采用不低于楼板耐火极限的不燃烧体，或者防火材料作封堵，井壁的洞口需要采用防火材料封堵。

（11）电气竖井内应急电源与非应急电源的电气线路间，需要保持不小于 0.3m 的距离，或者采取隔离措施。

（12）电气竖井内的电源插座，宜采用独立回路供电，电气竖井内照明宜采用应急照明。

（13）电气竖井内的照明开关，宜设在电气竖井外。

（14）设在电气竖井内时照明开关面板宜带发光显示。

（15）接地干线宜由变电站 PE 母线引来，接地端子需要与接地干线连接，还需要做好等电位连接。

（16）电气竖井内，需要设电气照明与至少一个单相三孔电源插座，并且电源插座距地宜为 0.55～1m。

（17）电气竖井内，需要敷设接地干线、接地端子。

（18）电能表箱，如果安装在电气竖井内，非电气专业人员有可能打开竖井查看电能表。为了保障人身安全，竖井内 AC50V 以上的电源线缆需要采用保护槽管封闭式布线。

（19）明敷设包括电缆直接明敷、穿管明敷、桥架敷设等情况。

（20）强电与弱电的隔离措施可以用金属隔板分开，或者采用两者线缆均穿金属管、金属线槽。采取隔离措施，最小间距可为 10～300mm。

（21）强电与弱电线缆需要分别设置竖井。当受条件限制，需要合用时，强电与弱电线缆应分别布置在竖井两侧，或者采取隔离措施。

5-42 配电线路布线系统室外布线有什么要求？

答 （1）当沿同一路径敷设的室外电缆数量为 13～18 根时，需要采用电缆沟敷设方式。

（2）当沿同一路径敷设的室外电缆为 7～12 根时，需要采用电缆排管敷设方式。

（3）当沿同一路径敷设的室外电缆小于或等于 6 根时，需要采用铠装电缆直接埋地敷设。在寒冷地区，电缆宜埋设于冻土层以下。

（4）电缆与住宅建筑平行敷设时，电缆需要埋设在住宅建筑的散水坡外。电缆进出住宅建筑时，需要避开人行出入口处，所穿保护管需要在住宅建筑散水坡外，并且距离不应小于 200mm，管口需要实施阻水堵塞，宜在距住宅建筑外墙 3～5m 处设电缆井。

（5）电缆直埋的电缆数量：35kV 及以下的电力电缆少于 6 根。

（6）各类地下管线间的最小水平与交叉净距，需要符合表 5-16 和表 5-17 中的规定。

表 5-16　　　　各类地下管线间最小水平净距（m）

管线名称	给水管			排水管	燃气管		热力管	电力电缆	弱电管道
	D_1	D_2	D_3		P_1	P_2			
电力电缆		0.5		0.5	1.0	1.5	2.0	0.25	0.5
弱电管道	0.5	1.0	1.5	1.0	1.0	2.0	1.0	0.5	0.5

注　1. D 为给水管直径，$D_1 \leqslant 300mm$，$300mm < D_2 \leqslant 500mm$，$D_3 > 500mm$。

　　2. P 为燃气压力，$P_1 \leqslant 300kPa$，$300kPa < P_2 \leqslant 800kPa$。

表 5 - 17　　　　　各类地下管线间最小交叉净距（m）

管线名称	给水管	排水管	燃气管	热力管	电力电缆	弱电管道
电力电缆	0.50	0.50	0.50	0.50	0.50	0.50
弱电管道	0.15	0.15	0.30	0.25	0.50	0.25

5 - 43　常用设备电气装置的一般规定是什么？

答　（1）住宅建筑常用设备电气装置需要符合有关行业标准。

（2）住宅建筑，需要采用高效率、低能耗、性能先进、耐用可靠的电气装置。

（3）住宅建筑，优先选择采用绿色环保材料制造的电气装置。

（4）每套住宅内的一面墙上的暗装电源插座、各类信息插座宜统一安装高度。

5 - 44　电梯电气有什么要求？

答　（1）电梯机房内，需要至少设置一组单相两孔、三孔电源插座，需要设置检修电源。

（2）电梯机房的自然通风不能满足电梯正常工作时，需要采取机械通风，或者空调的方式。

（3）电梯井道照明，需要由电梯机房照明配电箱供电。

（4）电梯就近引接的电源回路，需要装设剩余电流动作保护器。

（5）电梯底坑，需要设置一个防护等级不低于 IP54 的单相三孔电源插座，电源插座的电源可就近引接，电源插座的底边距底坑应为 1.5m。

（6）住宅建筑的消防电梯由专用回路供电，住宅建筑的客梯如果受条件限制，可与其他动力共用电源。

（7）电梯井道照明供电电压宜为 36V。当采用 AC 220V 时，需要装设剩余电流动作保护器，光源需要加防护罩。

（8）客梯机房照明配电箱，需要由客梯机房配电箱供电。如果客梯机房没有专用照明配电箱，电梯井道照明需要由客梯机房配电箱供电。

（9）消防电梯、客梯机房可以合用检修电源，检修电源至少预留一个三相保护开关电器。

5 - 45　电动门有什么要求？

答　（1）疏散通道上的电动门，包括住宅建筑的出入口处、住宅小区的出入口处等。

（2）不大于 30mA 动作的剩余电流动作保护器，可以用于漏电时保护人身安全。

（3）电动门的所有金属构件与附属电气设备的外露可导电部分，均需要可靠接地。

（4）电动门，需要由就近配电箱（柜）引专用回路供电，供电回路需要装设短路、过负荷、剩余电流动作保护器，需要在电动门就地装设隔离电器与手动控制开关或按钮。

（5）设有火灾自动报警系统的住宅建筑，疏散通道上安装的电动门，需要在发生火灾时自动开启。

5-46 家居配电箱有什么要求？

答 （1）每套住宅，需要设置不少于一个家居配电箱。

（2）每套住宅，一般需要设置电源总断路器，并且总断路器采用可同时断开相线与中性线的开关电器。

（3）每套住宅可在电能表箱或家居配电箱处设电源进线短路、过载保护，一般情况下一处设过电流、过载保护，一处设隔离器。

（4）家居配电箱里的电源进线开关电器必须能同时断开相线、中性线。

（5）家居配电箱里，单相电源进户时，需要选用双极开关电器。

（6）家居配电箱里，三相电源进户时，需要选用四极开关电器。

（7）距家居配线箱水平 0.15～0.20m 处，一般需要预留 AC220V 电源接线盒，并且接线盒面板底边宜与家居配线箱面板底边平行，接线盒与家居配线箱间应预埋金属导管。

（8）家居配电箱宜暗装在套内走廊、门厅、起居室等便于维修维护的地方。

（9）家居配电箱每套住宅需要设置不少于一个照明回路。

（10）装有空调的住宅，应设置不少于一个空调插座回路。

（11）家居配电箱中厨房需要设置不少于一个电源插座回路。

（12）装有电热水器等设备的卫生间，需要设置不少于一个电源。

（13）单排家居配电箱暗装时，箱底距地宜为 1.8m。

（14）双排家居配电箱暗装时，箱底距地宜为 1.6m。

（15）家居配电箱明装时，箱底距地应为 1.8m。

（16）空调插座的设置要根据工程需求来预留。

（17）采用集中空调系统，空调的插座回路需要改为风机盘管的回路。

（18）三居室及以下的住宅，一般需要设置一个照明回路。

（19）三居室以上的住宅且光源安装容量超过 2kW 时，一般需要设置两个照明回路。

（20）起居室等房间的使用面积不小于 30m² 时，一般需要预留柜式空调插座回路。

（21）起居室、卧室、书房的使用面积小于 30m² 时，一般需要预留分体空调插座。

（22）起居室、卧室、书房的使用面积小于 20m² 时，每一回路分体空调插座数量，一般不宜超过 2 个。

（23）起居室、卧室、书房的使用面积大于 20m² 时，每一回路分体空调插座数量，一般不宜超过 1 个。

（24）双卫生间均装设热水器等大功率用电设备，每个卫生间一般需要设置不少于一个电源插座回路，并且卫生间的照明宜与卫生间的电源插座同回路。

（25）住宅套内厨房、卫生间均无大功率用电设备，厨房与卫生间的电源插座，以及卫生间的照明，可以采用一个带剩余电流动作保护器的电源回路供电。

（26）家居配电箱内需要配置有过电流、过载保护的照明供电回路、电源插座回路、空调插座回路、电炊具及电热水器等专用电源插座回路。

（27）除壁挂分体式空调器的电源插座回路外，其他电源插座回路均需要设置剩余电流动作保护器，剩余动作电流一般不应大于 30mA。

5-47 配线箱有什么要求？

答 （1）每套住宅，需要设置家居配线箱。

（2）家居配线箱宜暗装在套内走廊、门厅、起居室等便于维修维护处，并且箱底距地高度宜为 0.5m。

（3）距家居配线箱水平 0.15～0.20m 处，需要预留 AC220V 电源接线盒，接线盒面板底边宜与家居配线箱面板底边平行。

（4）电源接线盒与家居配线箱间，一般需要预埋金属导管。

（5）家居配线箱需要满足三网融合与光缆进户的要求。

（6）家居配线箱不宜与家居配电箱上、下、垂直安装在一个墙面上，避免竖向强、弱电管线多、集中、交叉。

（7）家居配线箱，可以与家居控制器上、下、垂直安装在一个墙面上。

（8）家居配线箱里的有源设备一般要求 50V 以下的电源供电，可以采用电源变压器来转换电压。电源变压器可以安装在电源接线盒内，接线盒内的电源一般需要就近取自照明回路。

（9）家居配线箱基本配置如图 5-1 所示。

5-48　插座回路有什么要求？

答　（1）除厨房、卫生间外，其他功能房，一般需要设置至少一个电源、插座回路，每一回路插座数量不宜超过 10 个（组）。

（2）家居配电箱，一般需要装设同时断开相线与中性线

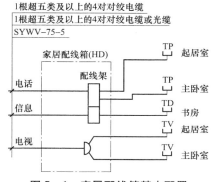

图 5-1　家居配线箱基本配置

的电源进线开关电器，供电回路一般需要装设短路与过载保护电器。

（3）新建住宅建筑的套内电源插座，一般需要暗装。

（4）起居室（厅）、卧室、书房的电源插座，一般需要分别设置在不同的墙面上。

（5）连接手持式及移动式家用电器的电源插座回路，一般需要装设剩余电流动作保护器。

（6）柜式空调的电源插座回路，一般需要装设剩余电流动作保护器。

（7）分体式空调的电源插座回路，一般需要装设剩余电流动作保护器。

（8）每套住宅电源插座的数量，需要根据套内面积、家用电器设置等来确定。电源插座的一些设置要求与数量见表 5-18。

表 5-18　　　　电源插座的一些设置要求与数量

名　　称	设置要求	数量
起居室（厅）、兼起居的卧室	单相两孔、三孔电源插座	≥3
卧室、书房	单相两孔、三孔电源插座	≥2
厨房	IP54 型单相两孔、三孔电源插座	≥2
卫生间	IP54 型单相两孔、三孔电源插座	≥1
洗衣机、冰箱、排油烟机、排风机、空调器、电热水器	单相三孔电源插座	≥1

（9）起居室（厅）、兼起居的卧室、卧室、书房、厨房、卫生间的单相两孔、三孔电源插座，一般需要选择 10A 的电源插座。

（10）洗衣机、冰箱、排油烟机、排风机、空调器、电热水器等单台单相家用电器，需要根据其额定功率，选择单相三孔 10A 或 16A 的电源插座。

（11）洗衣机、分体式空调、电热水器、厨房的电源插座，一般需要选用带开关控制的电源插座。

（12）未封闭阳台、洗衣机，一般需要选用防护等级为 IP54 型电源插座。

（13）单台单相家用电器额定功率为 2～3kW 时，一般选用单相三孔 16A 电源插座。

（14）单台单相家用电器额定功率小于 2kW 时，一般选用单相三孔 10A 电源插座。

（15）家用电器因负载性质不同、功率因数不同，计算电流也不同。因此，需要根据家用电器的额定功率、特性等来选择电源插座。

（16）考虑到厨房、卫生间瓷砖、腰线等安装高度，厨房电炊插座、洗衣机插座、剃须插座底边距地，一般为 1.0～1.3m。

（17）分体式空调、排油烟机、排风机、电热水器电源插座底边距地，一般不宜低于 1.8m。

（18）厨房电炊具、洗衣机电源插座底边距地，一般为 1.0～1.3m。

（19）柜式空调、冰箱及一般电源插座底边距地，一般为 0.3～0.5m。

（20）住宅建筑所有电源插座底边距地 1.8m 及以下时，一般需要选用带安全门的产品。

（21）对于装有淋浴或浴盆的卫生间，电热水器电源插座底边距地，一般不宜低于 2.3m。

（22）对于装有淋浴或浴盆的卫生间，排风机及其他电源插座，一般安装在 3 区*。

（23）除有要求外，起居室空调器电源插座，一般只预留一种方式。

---

* 根据 JGJ 16—2008《民用建筑电气设计规范》，0 区为澡盆或淋浴盆的内部；1 区的限界为围绕澡盆或淋浴盆的垂直平面，或对于无盆淋浴，距离淋浴喷头 0.6m 的垂直平面；2 区的限界为 1 区外界的垂直平面和 1 区之外 0.6m 的平行垂直平面，地面和地面上 2.25 的水平面；3 区的限界为 2 区外界的垂直平面和 2 区之外 2.4m 的平行垂直面，地面和地面之上 2.25m 的水平面。

（24）除有要求外，厨房插座的预留量不包括电炊具的使用。

5-49 家居控制器有什么要求？

答 （1）智能化的住宅建筑，可以选配家居控制器。

（2）家用电器的监控包括照明灯、遮阳装置、空调、窗帘、热水器、微波炉等。

（3）家居控制器，一般是将家居报警、家用电器监控、能耗计量、访客对讲等集中管理。

（4）家居控制器的使用功能，需要根据需求、技资、管理等因素来确定。

（5）访客对讲的要求需要符合有关规定。

（6）采用家居控制器对家用电器进行监控时，两者的通信协议需要兼容。

（7）家居报警，需要包括火灾自动报警、入侵报警。

（8）固定式家居控制器，一般暗装在起居室便于维修维护处。

（9）固定式家居控制器，箱底距地高度，一般为 1.3～1.5m。

5-50 住宅供电系统需要符合哪些基本安全要求？

答 （1）采用 TT、TN—C—S 或 TN—S 接地方式，并且进行总等电位联结。

（2）电气线路，需要采用符合安全、防火要求的敷设方式配线。

（3）电气线路，导线一般采用铜线。

（4）电气线路，每套住宅进户线截面不应小于 $10mm^2$，分支回路截面不应小于 $2.5mm^2$。

（5）每幢住宅的总电源进线断路器，需要具有漏电保护功能。

（6）每套住宅，一般需要设置电源总断路器，采用可同时断开相线、中性线的开关电器。

（7）每套住宅的空调电源插座、电源插座与照明，一般需要分路。

（8）每套住宅厨房电源插座、卫生间电源插座，一般需要设置独立的回路。

（9）除空调电源插座外，每套住宅其他电源插座电路，一般需要设置漏电保护装置。

（10）设有洗浴设备的卫生间，一般需要作等电位联结。

5-51 住宅供配电系统需要符合哪些要求？

答 （1）住宅小区的 220/380V 配电系统，一般采用放射式、树干式、或者二者相结合的方式。

（2）住宅小区的10kV供电系统，一般采用环网方式。

（3）每幢住宅的总电源进线断路器，需要同时断开相线、中性线，并且具有剩余电流动作保护功能。

（4）住宅小区内重要的集中负荷，一般由变电站设专线供电。

（5）住宅供电系统可以采用 TT、TN－S、TN－C－S 接地方式，并且进行总等电位联结。

（6）住宅小区供电系统，一般需要留有发展的备用回路。

5-52 居住建筑照明标准值是多少？

答 居住建筑照明标准值见表5-19。

表5-19　　　　　　居住建筑照明标准值

场所或房间		参考平面及其高度	照度标准值（lx）	Ra
起居室	一般活动	0.75m 水平面	100	80
起居室	书写、阅读	0.75m 水平面	300	80
卧室	一般活动	0.75m 水平面	75	80
卧室	床头、阅读	0.75m 水平面	150	80
餐厅		0.75m 餐桌面	150	80
厨房	一般活动	0.75m 水平面	100	80
厨房	操作台	台面	150	80
卫生间		0.75m 水平面	100	80

5-53 旅馆建筑照明的照度标准值是多少？

答 旅馆建筑照明的照度标准值见表5-20。

表5-20　　　　　　旅馆建筑照明的照度标准值

场所或房间		参考平面及其高度	照度标准值（lx）	统一眩光值（UGR）	一般显色指数（Ra）
客房	一般活动区	0.75m 水平面	75	—	80
	床头	0.75m 水平面	150	—	80
	写字台	台面	300	—	80
	卫生间	0.75m 水平面	150	—	80

续表

场所或房间		参考平面及其高度	照度标准值（lx）	统一眩光值（UGR）	一般显色指数（Ra）
主餐厅		0.75m 水平面	200	22	80
西餐厅、酒吧间、咖啡厅		0.75m 水平面	100	—	80
多功能厅、总服务台		0.75m 水平面	300	22	80
地面	地面	地面	200	22	80
休息厅		地面	200	22	80
客房层走廊		地面	50	—	80
厨房		台面	200	—	80
洗衣房		0.75m 水平面	200	—	80

5-54　顶棚、墙面、地面、玻璃的反射系数值是多少？

答　顶棚、墙面、地面、玻璃的反射系数值见表 5-21。

表 5-21　　　　顶棚、墙面、地面、玻璃的反射系数值

反射面性质	反射系数（%）	反射面性质	反射系数（%）
抹灰并大白粉刷的顶棚、墙面	70～80	钢板地面	10～30
砖墙、混凝土屋面喷白（石灰、大白）	50～60	光漆地板	10
墙、顶棚为水泥砂浆抹面	30	沥青地面	11～12
混凝土屋面板，红砖墙	30	无色透明玻璃	8～10
灰砖墙	20	白色棉织物	35
混凝土地面	10～25		

5-55　灯具最低照度补偿系数是多少？

答　灯具最低照度补偿系数见表 5-22。

表 5 - 22　　　　　　　灯具最低照度补偿系数

类型	距离比（L/H）			
	0.8	1.2	1.6	2.0
直接型灯具	1.0	0.83	0.71	0.59
半直接型灯具	1.0	1.0	0.83	0.45
间接型灯具	1.0	1.0	1.0	1.0

5-56　酒店宾馆常见的电气系统有哪些？

答　酒店宾馆常见的电气系统有：室内低压动力配电系统、装饰照明系统、消防系统、防雷接地系统等。

5-57　酒店宾馆客房中的电气系统有什么要求？

答　（1）采用区域照明、照度良好。

（2）有良好的排风系统。

（3）有床头控制柜、电话、电视、吹风机、床头灯、台灯、落地、110/220V 电源插座、小冰箱等。

（4）客房一般选择 $Ra > 90$ 的显色性，使客人增加自信，感觉舒适。

（5）客房色温一般为 3000K 左右。

（6）一般照明取 50～100lx 客房的照度低些，以体现静谧、休息、懒散的特点。

（7）床头阅读照明等，需要提供足够的照度，这些区域可取 300lx 的照度值。

（8）办公桌的书写照明，一般需要提供书写台灯。

（9）卧室一般用 3500K 以下的光源，需要暖色调。

（10）洗手间一般用 3500K 以上的光源，需要高色温。

第6章 Chapter6

建 筑 电 工 识 图

6-1 什么是建筑电气工程图?

答 建筑电气工程图是电气图的一个重要组成部分,是编制建筑电气工程预算、建筑电气工程施工设计、表明建筑电气工程的构成规模与功能,以及指导施工的重要依据,也是建筑电工掌握、了解电气项目的要求与特点的依据。

6-2 建筑电气工程图有哪些种类?

答 建筑电气工程图的一些种类见表 6-1。

表 6-1 建筑电气工程图的一些种类

名称	解 说
布置图	布置图是表示各种电气设备、器件的平面与空间的位置、安装方式、相互关系的一种图纸
电路图	电路图是用图形符号根据工作顺序排列、详细地表示电路、设备、成套装置的基本组成与连接关系,而不考虑其实际位置的一种简图。 电路图是详细理解电路、设备或成套装置及其组成部分的作用原理,也是为测试检修故障提供信息,以及作为编制接线图的依据
电气平面图	电气平面图是表示电气设备、装置、线路平面布置的一种图纸。电气平面图在图上绘制出电气设备、装置安装位置、标注线路敷设方法等。常用的电气平面图有变配电所平面图、照明平面图、接地平面图、动力平面图、弱电平面图等

续表

名称	解　　说
概略图（系统图）	概略图也称为系统图、主接线图等，是用符号、带注释的框，概略表示系统，或分系统的基本组成、相互关系、主要特征的一种简图。概略图也是表现电气工程的供电方式、电力输送、分配、控制、设备运行情况的一种图纸。 　　概略图的规模有大有小，对于一个变配电所的概略图规模一般都比较大，对于一个住宅的概略图相对比较简单
接线图	安装接线图又叫做安装配线图，主要用来表示电气设备、电气元件、线路的安装位置、配线方式、接线方式、配线场所特征的一种图纸。接线图一般与概略图、电路图、平面图等配套使用

6-3　建筑电气工程图上常见的项目有哪些？

答　（1）说明性文件、设计说明。

（2）图纸目录。

（3）图例。

（4）设备材料明细表。

（5）具体工程图。

6-4　建筑电气图有哪些特点？

答　（1）一般建筑电气工程图是采用统一的图形符号，加以文字符号绘制而来的。

（2）建筑电气工程图是与主体工程及其安装工程施工相互配合进行的。

（3）建筑电气工程图与建筑结构图与其他安装工程图是不能够发生冲突的。

（4）建筑电气工程的位置简图是用投影、图形符号来代表电气设备或装置绘制的。图形符号无法反映设备的尺寸，图形符号所绘制的位置不一定是按比例给定的。

（5）电路中各电气设备、元件等彼此间都是通过导线将其连接而构成一个整体的。

（6）任何电路都需要构成闭合回路。只有构成闭合回路，电流才能够流通。

（7）一个电路的组成包括：电源、用电设备、导线、开关控制设备，如

图6-1所示。

6-5 建筑电气图图形符号与文字符号的特点是怎样的?

答 建筑电气图图形符号是组成电气工程图的一种最基本元素。电气图形符号包括一般符号、符号

图6-1 电路的组成

要素、限定符号、方框符号等,它们的一些特点见表6-2。

表6-2 符 号 的 特 点

名称	解 说
一般符号	一般符号是用表示某些产品,或这些产品基本特征的通用的简单符号表示的
符号要素	符号要素是具有确定意义的简单图形,以及必须同其他图形组合才能够表示一个设备或概念的一个完整符号
限定符号	限定符号是用以提供附加信息的一种加在其他符号上的符号。其一般不能单独使用。限定符号的使用,可以大大扩展图形符号的多样性
方框符号	方框符号是用来表示元件、设备等的组合、功能,既不给出元件、设备的细节,也不考虑所有连接的一种简单的图形符号。方框符号一般用在系统图中

6-6 电气图电路的表示方法有哪几种?

答 (1)多线表示法。多线表示法是实际电路中出现的每一根连接线或导线,在途中均表示出来的一种表示方法。

(2)单线表示法。单线表示法是用一条图线表示两根或两根以上的连接线或导线,并且在图线上注明实际导线或连接线的根数的一种表示方法。

6-7 电气图元件的表示方法有哪几种?

答 (1)分开表示法。分开表示法是把一个元件各组成部分的图形符号在简图上分开布置,它们之间的关系用项目代号表示的一种表示方法。

(2)半集中表示法。半集中表示法是把一个元件的某些组成部分的图形符号在简图上分开布置彼此间关系用虚线表示的一种表示方法。

(3)集中表示法。集中表示法是把一个元件各组成部分的图形符号在简

图上绘制在一起,并且元件各组成部分以实线相互连接的一种表示方法。

6-8 项目代号的作用和组成是怎样的?

答 (1)项目代号的作用。为了便于查找、区分各种图形符号所表示的元件、器件、装置、设备等,在电气图上采用一种项目代号的特定代码,并且将其标注在各个图形符号旁边,从而在图形符号与实物间建立起相应的一一对应关系。项目不论所代表实物的大小与复杂程度,只表示一个图形符号,一种统称。

(2)项目代号的组成与标注。完整的项目代号一般由 4 个具有相关信息的代号段组成,每个代号段均是用特定的前缀符号加以区分的。每个代号段一般是用字母、数字组成的,具体见表 6-3。

表 6-3 项目代号的组成

代号段	名称	解 说	前缀符号	举例
第 1 段	高层代号	系统设备中任何较高层项目的代号	等号"="	=T2
第 2 段	位置代号	项目在组件、设备、系统建筑物中的实际位置代号	加号"+"	+B+23
第 3 段	种类代号	主要用以识别项目种类的代号	减号"—"	—QS1
第 4 段	端子代号	用以同外电路进行电气连接的电器导电件的代号	冒号":"	:B

6-9 阅读建筑电气工程图的一般程序是什么?

答 阅读建筑电气工程图没有统一的方法,需要根据工程要求、实际情况进行阅读和理解。阅读图纸的一般程序如下:

(1)看标题栏、看图纸目录,了解工程名称、图纸数量、图纸内容、内容、日期等。

(2)看总说明,了解工程总体概况、总体依据。

(3)看系统图,了解工程系统的基本组成。

(4)看平面布置图,了解设备安装位置、敷设方法、线路敷设部位、所用导线型号/规格/数量、电线管的管径大小等情况。

(5)看安装接线图,了解电器的布置、接线情况。

（6）看安装大样图，了解安装要点。

（7）看设备材料表，了解材料名称与特点。

6-10　阅读建筑电气平面图的一般顺序是什么？

答　阅读建筑电气平面图的一般顺序为：进线→总配线箱→干线→支干线→分配电箱→支线→用电设备、电器。

6-11　建筑电气照明平面图的功能是什么？

答　建筑电气照明平面图能够清楚地表明灯具、开关、插座的具体位置、安装方式、连线特点、路径走向。

建筑电气照明平面图中也蕴含着照明线路的一些要求与规则，例如：

（1）开关一般是接在相线上。

（2）保护接地线一般是与灯具的金属外壳相连接的。

（3）灯具、插座一般并联接在电源进线的两端。

6-12　灯具与插座的连接是怎样表示的？

答　灯具与插座的连接，不同的图有不同的表示方法，如图6-2所示。

6-13　建筑施工平面图的基本内容与特点是什么？

答　（1）建筑施工平面图，需要纵横向定位轴线、外墙位置与厚度、内墙位置与厚度、隔墙位置与厚度、门窗的位置、编号、洞口宽度、门开启方式等。

（2）建筑施工平面图包括首层平面图、标准层平面图、顶层平面图。

（3）建筑施工首层平面，需要标注室外地坪标高、明沟、台阶、散水、坡道、花台等的位置与平面尺寸剖切、指北针。

（4）建筑施工各层平面图，需要标注楼地面标高、楼梯中间平台标高、阳台板面标高、楼梯上下行线、楼梯步数、阳台宽度与长度、烟道的位置、通风道的位置、垃圾道的位置、固定设备的位置等。

6-14　建筑施工立面图的基本内容与特点是什么？

答　（1）建筑施工立面图包括正立面、背立面、侧立面图等。

（2）建筑施工立面图上，需要反映门窗的形状、门窗的开启方式、门窗的标高、楼地面标高、室外地坪标高、水箱间的标高、端部与转折处轴线号、门廊雨棚的标高、阳台的标高、檐口的标高、外装修的材料做法、分仓线、雨水管位置等。

6-15　建筑施工剖面图的基本内容与特点是什么？

答　（1）建筑施工剖面图包括横剖面、纵剖面、局部剖面图等。

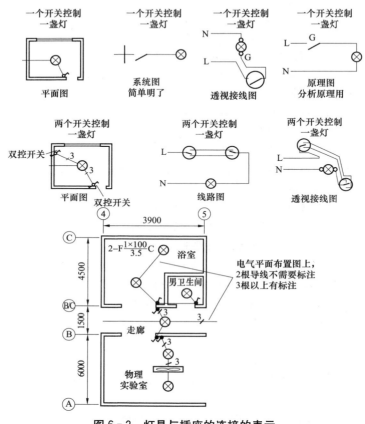

图6-2 灯具与插座的连接的表示

（2）基础部分属结构部分，建筑施工剖面图一般不予以表示。

（3）建筑施工剖面图，需要有轴线位置、轴线编号、窗台尺寸、楼板尺寸、檐口尺寸、门窗尺寸、过梁尺寸、圈梁尺寸、台阶尺寸、梯段尺寸、地面材料做法、楼面材料做法、层高材料做法、总高材料做法、屋面的材料做法等。

6-16 建筑施工屋顶平面图的基本内容与特点是什么？

答 建筑施工屋顶平面图的基本内容与特点如下：屋顶的檐口轮廓线、端部的轴线号、转折处的轴线号、水箱间的位置、烟囱的位置、天沟的位置、通风口的位置、上人孔的位置、女儿墙的位置、汇水线材料做法、坡向材料做法、雨水口的位置、排水分水线材料做法、坡度材料做法、屋面材料做法等。

6-17 建筑施工详图的基本内容与特点是什么?

答 建筑施工详图的基本内容与特点如下:尺寸较小、构造较复杂的非标准部位,需要放大比例绘制,以及详尽标注尺寸。

6-18 识图的主要步骤是什么?

答 (1)粗略大概全览图纸的全套,建立对建筑的大概了解。

(2)粗读各层平面图,了解建筑相关设备位置与尺寸。

(3)根据立面图上的线条了解在平面图上的构造做法。

(4)根据平面图上所示的剖切位置、方向精读剖面图,通过剖面图辨认一些结构的关系。

(5)根据索引号指定的位置查阅,了解详图,了解构造方法、材料、尺寸、关系。

(6)精读平面图,了解具体细节。

(7)根据图纸说明、材料表等资料,进一步理解设计意图。

6-19 怎样阅读照明系统图?

答 阅读照明系统图,需要掌握的一些信息如下。

(1)从图中,了解进线回路编号、进线方式、进线线制、导线电缆、穿管规格型号。

(2)从图中,了解照明箱的规格型号、照明盘的规格型号、各回路开关熔断器规格型号、总开关开关熔断器的规格型号、回路编号、相序分配、各回路容量、导线穿管规格、计量方式、电流互感器规格型号。

(3)导线穿管规格、控制开关型号规格、有无漏电保护装置、保护级别范围。

(4)了解照明平面图回路标号。

(5)应急照明装置的规格、型号。

6-20 电气施工图的特点与组成是怎样的?

答 电气施工图的特点与组成如下。

(1)建筑电气工程图一般是采用统一的图形符号,加注文字符号等绘制而成的。

(2)电气线路,必须构成闭合回路。

(3)线路中的各种设备、元件,一般是通过导线连接成为一个整体的。

(4)建筑电气工程图对于设备的安装方法等一般不能够完全反映出来,

因此，在阅读图纸时，需要根据操作经验与相关规范进行。

（5）进行建筑电气工程图识读时，需要阅读相应的土建工程图、其他安装工程图，从而更了解相互间的配合关系。

6-21 电气施工图的组成有哪些？

答 电气施工图的组成见表6-4。

表6-4 电气施工图的组成

名称	解　说
安装大样图（详图）	通过了解安装大样图可以详细了解电气设备安装方法、安装部件的各部位具体图形与安装部件的详细尺寸等
安装接线图	安装接线图包括电气设备的布置与接线，一般需要与控制原理图对照阅读
控制原理图	控制原理图包括系统中各所用电气设备的电气控制原理，其可以用来指导电气设备的安装与控制系统的调试运行工作
平面布置图	电气工程平面布置图包括变配电所电气设备安装平面图、照明平面图、防雷接地平面图等。通过对电气工程平面布置图的识读，可以了解电气设备的编号、名称、型号、安装位置、线路的起始点、敷设部位、敷设方式、所用导线型号、规格、根数、管径大小等
图纸目录、设计说明	可以了解图纸内容、数量、工程概况、设计依据、图中未能表达清楚的各有关事项，如供电电源的来源、设备安装高度、安装方式、供电方式、电压等级、线路敷设方式、防雷接地、工程主要技术数据、施工注意事项等
系统图	了解系统图可以掌握系统的基本组成、主要电气设备、元件间的连接情况、元件规格、元件型号、元件参数等情况。通过阅读系统图，也可以了解系统基本组成。电气施工系统图包括变配电工程供配电系统图、照明工程照明系统图、电缆电视系统图等
主要材料设备表	可以了解电气工程中所使用的各种设备、材料的名称、型号、规格、数量等

6-22 识读电气施工图的要点有哪些？

答 识读电气施工图的一些要点如下：抓住电气施工图要点识读、结合土建施工图阅读、熟悉施工顺序、各图纸协调配合阅读等。

6-23 识读临时用电施工图要点有哪些?

答 识读临时用电施工图的一些要点如下:用电工程总平面图、配电装置布置图、配电系统接线图、接地装置设计图、设备电器安装图等。

6-24 绘制电动机控制电路原理图需要遵循哪些规则?

答 绘制电动机控制电路原理图需要遵循的一些规则如下。

(1)电路元件,需要使用国家标准规定的统一图形符号与文字来表示。

(2)电路元件,均需要以未通电或未受外力作用时的状态来表示。

(3)电路元件的位置,需要以方便识图为主的次序依次绘制。

(4)一般主电路,需要画在辅助电路的左侧或上方。

(5)各分支电路,需要根据动作次序从上到下,或从左到右的次序来排列。

(6)同一个元件的不同部件,需要用相同文字与序号加以标注。

(7)同类元件,需要用文字符号加不同数字序号来区分。

6-25 怎样识读照明配电系统图?

答 识读照明配电系统图的方法与要点如下。

(1)照明配电系统图一般是用图形符号、文字符号绘制而成的。

(2)通过识读照明系统图,可以了解建筑物内部电气照明配电系统的全貌。

(3)通过识读照明系统图,可以了解电源进户线、各级照明配电箱、供电回路,以及相互连接形式。

(4)通过识读照明系统图,可以了解配电箱型号或编号,总照明配电箱与分照明配电箱所选用计量装置、开关、熔断器等器件的型号、规格。

(5)通过识读照明系统图,可以了解照明器具等用电设备、供电回路的型号、名称、计算容量、计算电流等。

(6)通过识读照明系统图,可以了解各供电回路的编号、导线型号、导线根数、导线截面、线管直径、敷设导线长度等。

6-26 照明、插座平面图的用途是什么?

答 通过识读照明、插座平面图,可以了解电源进户装置、照明配电箱、灯具、插座、开关等电气设备的数量、型号规格、安装位置、安装高度,以及照明线路的敷设位置、照明线路敷设方式、照明线路敷设路径、照明线路导线的型号规格等。

6-27 防雷平面图的用途是什么？

答 通过识读防雷平面图，可以了解工程的防雷接地装置所采用设备与材料的型号、安装敷设方法、规格、各装置间的连接方式等情况。

6-28 识读电气工程系统图的程序是怎样的？

答 识读电气工程系统图的程序如下：先看电气工程系统图目录→再看电气工程系统图说明→了解电气工程系统图图例符号→电气工程系统图结合平面→掌握需要的信息。

也可以采用这样的程序来识读：进户线→总配电箱→干线→分配电箱→支线→设备。

6-29 识读电气工程系统图的要点有哪些？

答 识读电气工程系统图的一些要点如下。

（1）了解线路分配情况。

（2）了解供电方式与相数，了解是高压还是低压供电，了解是单相还是三相。

（3）了解进户方式：电杆进户、地下电缆进户、沿墙边埋角钢进户。

（4）了解线路敷设方式：绝缘子布线、线槽布线、管子布线、电缆布线等。

（5）了解照明设备器具的布置：安装高度、平面位置。

（6）了解接地防雷情况。

6-30 什么是建筑电气照明系统？它由什么组成？

答 建筑电气照明系统就是应用电光源进行采光，保证人在建筑物内，能够正常从事生产与生活活动，满足其他特殊需要的照明设施系统。

电气照明系统一般由电气、照明等部分组成，其中电气系统可以分为供电系统、配电系统。照明系统一般由照明器、照明控制电器、照明线路、保护电器等部分组成。

6-31 建筑电气系统基本组成是怎样的？

答 建筑电气系统是一种电能的产生、输送、分配、控制、消耗使用的系统。其一般由电源、导线、控制与保护设备、用电设备等组成。

6-32 建筑照明系统基本组成是怎样的？

答 建筑照明系统是一种光能的产生、传播、分配、消耗吸收的系统。其一般由电源、控制器、室内空间、建筑形状、建筑内表面、工作面等组成。

建筑照明系统根据在建筑中所起的作用的不同，可以分为视觉照明系统和气氛照明系统。

✈6-33　建筑电气与照明系统的关系是怎样的?

　　答　(1) 建筑电气与照明系统既相互独立又紧密联系。

　　(2) 建筑电气系统、照明系统具有不同的功能,设计中所遵循的基本理论与依据、方法不同。

　　(3) 建筑电气与照明系统连接点是灯具,灯具是电气系统的末端,也是照明系统的始端。

　　(4) 灯具可以同时用瓦特、流明两类参数来表示性能。

　　(5) 实际中,一般程序是根据建筑设计的要求进行照明设计,然后根据照明设计的情况进行电气设计,最后完成统一的电气照明设计。

　　(6) 电照设计的基础资料包括建筑设计的平面图、立面图、剖面图、生产用电工艺、生活用电工艺要求等。

　　(7) 照明设计的主要成果有照明平面图、供电系统图。

✈6-34　建筑照明配电系统图的特点是怎样的?

　　答　(1) 照明配电系统图是表示建筑照明配电系统供电方式、配电回路分布、配电回路相互联系的一种建筑电气工程图。

　　(2) 照明配电系统图能够集中反映照明的配电方式、导线或电缆的型号、导线或电缆的规格、导线或电缆的数量、导线或电缆的敷设方式、穿管管径规格型号等。

　　(3) 通过识读照明系统图,可以了解建筑物内部电气照明配电系统的全貌与概述。

　　(4) 通过识读照明系统图,可以了解电气安装调试的一些要点与注意事项。

✈6-35　照明平面图的用途是什么?

　　答　照明平面图的用途、特点如下。

　　(1) 照明平面图可以表示电源进户装置、照明配电箱、灯具、插座、开关等电气设备的数量、型号、规格、安装位置、安装高度。

　　(2) 照明平面图可以表示照明线路的敷设位置、敷设路径、敷设方式、导线型号规格等。

✈6-36　防雷平面图的用途是什么?

　　答　防雷平面图的用途、特点如下。

　　(1) 防雷平面图可以表示具体防雷接地施工的特点。

　　(2) 通过识读防雷平面图,可以了解防雷接地装置所采用设备与材料的型号、规格、安装敷设方法、各装置间的连接方式等情况。

（3）识读防雷平面图的同时，结合相关的数据手册、工艺标准、施工规范，可以对该建筑物的防雷接地系统有一个全面、系统的了解与掌握。

6－37 线路敷设方式代号的含义是什么？

答 线路敷设方式代号的含义如下：

CT——桥架敷设；

PC——硬塑料管敷设；

PEC——半硬塑料管敷设；

SC——焊接钢管敷设；

SR——金属线槽敷设；

TC——电线管敷设。

6－38 线路敷设部位代号的含义是怎样的？

答 线路敷设部位代号的含义如下：

BC——沿梁暗敷；

BE——沿屋架明敷；

CC——沿顶棚暗敷；

CE——沿顶棚明敷；

CLC——沿柱暗敷；

CLE——沿柱明敷；

FC——沿地板暗敷；

SCC——在吊顶内敷设；

WC——沿墙暗敷；

WE——沿墙明敷。

6－39 线路在平面图上的表示形式是怎样的？

答 线路在平面图上的表示形式如下：

$$a-b（c\times d）e-f$$

其中：a——线路编号；

b——导线型号；

c——导线根数；

d——导线截面；

e——线路敷设方式；

f——线路敷设部位。

例如：

N1 BV－3×4 SC25－FC

表示：N1 回路，3 根 4mm² 的铜芯聚氯乙烯塑料绝缘线，穿入标称直径 25mm 的焊接钢管，沿地板敷设。

6－40　灯具在平面图上的表示形式是怎样的？

答　灯具在平面图上的表示形式如下：

$$a-b\frac{c\times d\times L}{e}f$$

其中：a——灯具数量；

b——灯具型号；

c——灯泡数量；

d——灯泡容量，W；

e——灯具安装高度；

f——灯具安装方式，X 为吸顶、B 为壁安、G 为吊杆式、L 为吊链式、R 为嵌入式；

L——光源种类，其中白炽灯用 IN 表示、荧光灯用 FL 表示、钠灯用 Na 表示等。

例如：

$$2-\frac{2\times 30}{2.8}L$$

表示：2 套灯，每套为 30W 的灯管 2 只，为吊链式安装，安装高度为 2.8m。

6－41　照明灯具的标注形式与特点是怎样的？

答　照明灯具的标注形式与特点如下。

（1）灯具的标注，一般是在灯具旁边，标注灯具的数量、型号、灯具中的光源数量、光源容量、悬挂高度、安装方式等。

（2）根据发光原理，灯具光源可以分为热辐射光源（如白炽灯、卤钨灯等）、气体放电光源（如荧光灯、高压汞灯、金属卤化物灯等）。

（3）照明灯具的标注一般格式为

$$a-\frac{b(c\times d\times L)}{e}f$$

说明：在同一房间内的多盏相同型号、相同安装方式、相同安装高度的灯具，可以标注在一处。

例如：

5—YZ402×45/2.5Ch

表示：5 盏 YZ40 直管型荧光灯，每盏灯具中装设 2 只功率为 45W 的灯管，灯具的安装高度为 2.5m，灯具采用链吊式安装方式。

20—YU601×45/2.8CP

表示：20 盏 YU60 型 U 形荧光灯，每盏灯具中装设 1 只功率为 45W 的 U 形灯管，灯具采用线吊式安装，安装高度为 2.8m。

✒ 6-42　灯具的代号含义是怎样的？

答　灯具的代号含义见表 6-5。

表 6-5　　　　　　　　　灯具的代号含义

灯具类型	符号	灯具名称	符号
普通吊灯	P	工厂一般灯具	G
壁灯	B	荧光灯灯具	Y
花灯	H	防爆灯	G 或专用代号
吸顶灯	D	水晶底罩灯	J
柱灯	Z	防水防尘灯	F
卤钨探照灯	L	搪瓷伞罩灯	S
投光灯	L	无磨砂玻璃罩万能型灯	Ww

✒ 6-43　灯具安装方式的代号与含义是怎样的？

答　灯具安装方式的代号与含义见表 6-6。

表 6-6　　　　　　　灯具安装方式的代号与含义

名　　称	标注文字符号	
	新标注	旧标注
壁装式安装	W、B	W
顶棚内安装	CR	无
杆吊式安装	G	
管吊式安装	DS	P
链吊式安装	CS、L	C
嵌入式安装	R	R

名　称	标注文字符号	
	新标注	旧标注
墙壁内安装	WR	无
台上安装	T	无
吸顶式安装	D、C 或—	—
线吊式安装	SW、X	WP
支架上安装	S	无
柱上安装	CL	无
座装	HM	无

6-44　配电线路的标注形式与特点是怎样的？

答　配电线路的标注，一般是用字母表示线路的敷设方式、敷设部位，具体的标注一般格式如下：

$$a-b(c×d)e-f$$

其中：a——线路编号、线路用途的符号；

　　　b——导线型号，其中常见的 BLV 表示铝芯聚氯乙烯绝缘导线，BLX 表示铝芯橡胶绝缘导线；

　　　c——导线根数；

　　　d——导线截面；

　　　e——线路敷设方式、保护管管径；

　　　f——线路敷设部位。

例如：

$$BV(3×50+1×25)SC60—FC$$

表示：线路是铜芯塑料绝缘导线，3 根 $50mm^2$，一根 $25mm^2$，穿管径为 60mm 的钢管，沿地面暗敷。

$$BLV(3×60+2×35)SC75—WC$$

表示：线路为铝芯塑料绝缘导线，3 根 $60mm^2$，两根 $35mm^2$，穿管径为 75mm 的钢管，沿墙暗敷。

其中的导线类型代号见表 6-7。

表 6-7   其中的导线类型代号

类　别	名　称	型　号	
		铜芯	铝芯
橡胶绝缘线	橡胶线	BX	BLX
	氯丁橡胶线	BXF	BLXF
	橡胶软线	BXR	
塑料绝缘线	塑料线	BV	BLV
	塑料软线	BVR	
	塑料护套线	BVV	BLVV
	塑料胶质线	RVB	
		RVS	

注 绝缘电线型号中的符号含义如下：

B—布线用；X—橡胶绝缘；V—塑料绝缘；L—铝芯（铜芯不表示）；R—软电线。

6-45　导线敷设方式的标注新旧符号对照是怎样的？

答　导线敷设方式的标注新旧符号对照见表 6-8。

表 6-8   导线敷设方式的标注新旧符号对照

名　称	标注文字符号	
	新标注	旧标注
暗敷设	C	A
穿焊接钢管敷设	SC	G
穿电线管敷设	MT	T
穿硬塑料管敷设	PC	C
穿阻燃半硬聚氯乙烯管敷设	FPC	无
电缆桥架敷设	CT	CT
金属线槽敷设	MR	GC
塑料线槽敷设	PR	XC
明敷设	E	M

续表

名　称	标注文字符号	
	新标注	旧标注
用钢索敷设	M	S
直接埋设	DB	无
穿金属软管敷设	CP	F
穿塑料波纹电线管敷设	KPC	无
电缆沟敷设	TC	无
混凝土排管敷设	CE	无
绝缘子或瓷柱敷设	K	CP

6-46　导线敷设部位的标注新旧符号对照是怎样的？

答　导线敷设部位的标注新旧符号对照见表6-9、表6-10。

表6-9　　　　　　导线敷设部位的基本标注

名　称	标注文字符号	
	新标注	旧标注
梁	B	L
顶棚	CE	P
柱	C	Z
地面（板）	F	D
吊顶	SC	
墙	W	Q

表6-10　　　　　　常见导线敷设部位标注

名　称	标注文字符号	
	新标注	旧标注
沿或跨梁敷设	AB	B
暗敷设在梁内	BC	LA
沿或跨柱敷设	AC	C

名　称	标注文字符号	
	新标注	旧标注
暗敷设在柱内	CLC	C
沿墙面敷设	WS	WE
暗敷设在墙内	WC	WC
沿天棚或顶板面敷设	CE	CE
暗敷设在屋面或顶板内	CC	无
吊顶内敷设	SCE	SC
地板或地面下敷设	FC	FC

6-47　电力与照明配电箱的文字标注格式是怎样的？

答　电力与照明配电箱的文字标注格式如下：

$$a\,\frac{b}{c}\ \text{或}\ a-b-c, a\,\frac{b-c}{d(e\times f)-g}$$

其中：a——设备编号；

　　　b——设备型号；

　　　c——设备功率，kW；

　　　d——导线型号；

　　　e——导线根数；

　　　f——导线截面，mm²；

　　　g——导线敷设方式、部位。

6-48　照明配电箱的标注形式是怎样的？

答　照明配电箱的标注形式如图 6-3 所示。

例如：

$$XRM1—A312M$$

表示：照明配电箱采用嵌墙安装，箱内装设 DZ20 的进线主开关，单相照明出线开关为 12 个。

6-49　用电设备文字标注格式是怎样的？

答　用电设备文字标注格式如下：

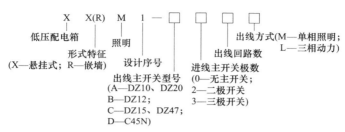

图6-3 照明配电箱的标注形式

$$\frac{a}{b}$$

其中：a——设备编号；

b——额定功率，kW、kVA。

6-50 开关与熔断器的文字标注是怎样的？

答 开关与熔断器的文字标注基本格式如下：

$$a\ \frac{b}{c/i}或\ a—b—c/i$$

其中：a——设备编号；

b——设备型号；

c——额定电流，A；

i——整定电流，A。

整定电流需要根据电路、电网承受能力，计算出值。其值一般略大于负载电流，以防止过载。

6-51 图纸幅面与图框尺寸的特点与要求是怎样的？

答 图纸幅面与图框尺寸的特点与要求如下。

（1）常见的图纸幅面与图框尺寸见表6-11。

表6-11 常见的图纸幅面与图框尺寸

尺寸代号	幅 面 代 号				
	A0	A1	A2	A3	A4
b×l	841mm× 1189mm	594mm× 841mm	420mm× 594mm	297mm× 420mm	210mm× 297mm

续表

尺寸代号	幅 面 代 号				
	A0	A1	A2	A3	A4
c	10mm	10mm	10mm	5mm	5mm
a	25mm	25mm	25mm	25mm	25mm

（2）需要微缩复制的图纸，其一个边上需要附有一段准确的米制尺度，4个边上均需要附有对中标志。其中，米制尺度的总长一般为100mm，分格一般为10mm。对中标志，需要画在图纸各边长的中点处，线宽一般为0.35mm，伸入框内一般为5mm。

（3）图纸的短边一般不应加长。长边可以加长，但是长边加长需要符合表6-12的规定。

表6-12　　　　　　　图纸长边加长尺寸

幅面尺寸	长边尺寸（mm）	长边加长后尺寸（mm）
A0	1189	1486、1635、1783、1932、2080、2230、2378
A1	841	1051、1261、1471、1682、1892、2102
A2	594	743、891、1041、1189、1338、1486、1635
A2	594	1783、1932、2080
A3	420	630、841、1051、1261、1471、1682、1892

（4）特殊需要的图纸，也可以采用 $b \times l$ 为 841mm×891mm 与 1189mm×1261mm 的幅面。

（5）图纸以短边作为垂直边称为横式，以短边作为水平边称为立式。一般 A0～A3 图纸，需要横式使用，必要时，也可以立式使用。

（6）一个工程设计中，每个专业所使用的图纸，一般不宜多于两种幅面。

6-52　图纸的标题栏与会签栏有什么特点？

答　图纸的标题栏与会签栏的一些特点如下。

（1）立式使用的图纸，需要根据图6-4的形式来布置。

（2）横式使用的图纸，需要根据图6-5的形式来布置。

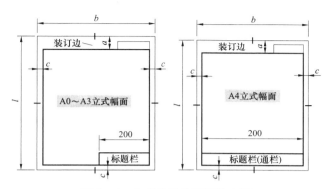

图 6-4　立式使用的图纸的布置

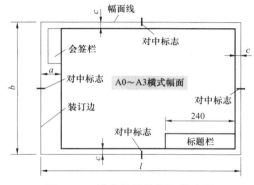

图 6-5　横式使用的图纸的布置

（3）标题栏，如图 6-6 所示，根据工程需要，正确选择、确定其尺寸、格式、分区。其中，签字区一般包含实名列、签名列。

另外，涉外工程的标题栏内，各项主要内容的中文下方需要附有译文，设计单位的上方或左方，需要加中华人民共和国字样。

（4）会签栏，需要根据图 6-7 的格式绘制，其尺寸一般为 100mm×20mm，并且栏内一般需要填写会签人员所代表的专业、姓名、日期。如果一个会签栏不够时，可以另加一个。另外，两个会签栏一般需要并列。

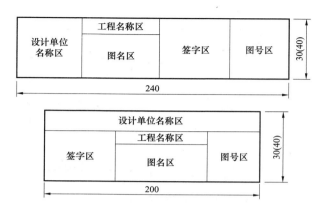

图 6-6 标题栏

不需要会签的图纸，则可以没有会签栏。

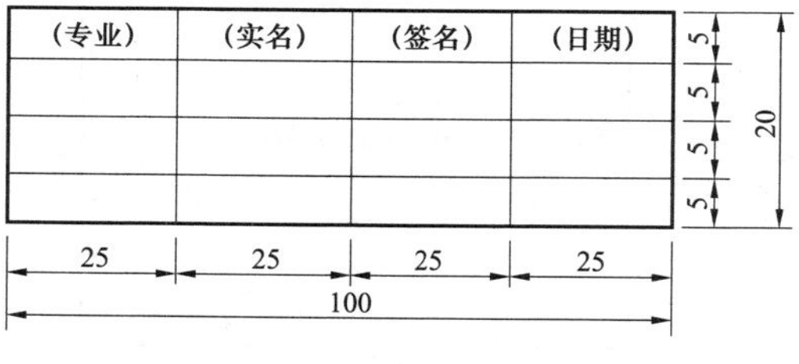

（专业）	（实名）	（签名）	（日期）

图 6-7 会签栏

6-53 图纸编排顺序是怎样的？

答 （1）工程图，一般根据专业顺序编排：图纸目录、总图、建筑图、结构图、给水排水图、暖通空调图、电气图等。

（2）各专业的图，一般根据图纸内容的主次关系、逻辑关系有序排列。

6-54 图线的要求与特点是什么？

答 （1）图线的宽度 b，一般需要从 2.0mm、1.4mm、1.0mm、0.7mm、0.5mm、0.35mm 等系列中选取。

（2）每个图样，一般需要根据复杂程度、比例大小，先选定基本线宽 b，然后选择表 6-13 中相应的线宽组。

表 6 - 13　　　　　线　宽　组

线宽比	线宽组（mm）					
b	2.0	1.4	1.0	0.7	0.5	0.35
$0.5b$	1.0	0.7	0.5	0.35	0.25	0.18
$0.25b$	0.5	0.35	0.25	0.18	—	—

（3）需要微缩的图纸，一般不宜采用 0.18mm 与更细的线宽。

（4）同一张图纸内，各不同线宽中的细线，可以统一采用较细的线宽组的细线。

（5）同一张图纸内，相同比例的各图样，一般需要选择相同的线宽组。

（6）工程建设制图，一般选择表 6 - 14 所示的图线。

表 6 - 14　　　　　图　线

名称		线型	线宽	一般用途
实线	粗	———	b	主要可见轮廓线
	中	———	$0.5b$	可见轮廓线
	细	———	$0.25b$	可见轮廓线、图例线
虚线	粗	------	b	见各有关专业制图标准
	中	------	$0.5b$	不可见轮廓线
	细	------	$0.25b$	不可见轮廓线、图例线
单点长画线	粗	-·-·-	b	见各有关专业制图标准
	中	-·-·-	$0.5b$	见各有关专业制图标准
	细	-·-·-	$0.25b$	中心线、对称线等
双点长画线	粗	-··-··-	b	见各有关专业制图标准
	中	-··-··-	$0.5b$	见各有关专业制图标准
	细	-··-··-	$0.25b$	假想轮廓线、成型前原始轮廓线
折断线		—√—	$0.25b$	断开界线
波浪线		～～	$0.25b$	断开界线

（7）图纸的图框线、标题栏线，可以采用表 6 - 15 的线宽。

表 6-15   图框线、标题栏线的宽度

幅面代号	图框线（mm）	标题栏外框线（mm）	标题栏分格线、会签栏线（mm）
A0、A1	1.4	0.7	0.35
A2、A3、A4	1.0	0.7	0.35

（8）相互平行的图线，其间隙不宜小于其中的粗线宽度，并且不宜小于 0.7mm。

（9）虚线、单点长画线或双点长画线的线段长度、间隔，一般需要各自相等。

（10）单点长画线或双点长画线的两端，一般不应是点。

（11）单点长画线或双点长画线，在较小图形中绘制有困难时，可以用实线代替。

（12）点画线与点画线交接，或点画线与其他图线交接时，一般是线段交接。

（13）虚线为实线的延长线时，不得与实线连接。

（14）虚线与虚线交接，或虚线与其他图线交接时，一般是线段交接。

（15）图线不得与文字、数字或符号重叠、混淆，如果不可避免时，一般需要首先保证文字等的清晰，然后考虑其他。

6-55　比例的要求与特点是什么？

答　（1）图样的比例是图形与实物相对应的线性尺寸之比。

（2）比例的符号为"："，比例一般是以阿拉伯数字表示的。

（3）比例的大小是指其比值的大小。

（4）比例需要注写在图名的右侧，并且字的基准线需要取平。

（5）比例的字高需要比图名的字高小一号或二号，如图 6-8 所示。

（6）一般情况下，一个图样需要选择一种比例。实际情况，也可以同一图样选择两种比例。

（7）特殊情况下，可以自选比例。这时除了需要注出绘图比例外，还需要在适当的位置绘制出相应的比例尺。

（8）绘图所用的比例，需要根据图样的用途与被绘对象的复杂程度，选择符合规范的，优先选择常用的比例，具体见表 6-16。

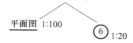

图 6-8　比例的字高的要求

表 6-16	绘图常用的比例
常用比例	1：1、1：2、1：5、1：10、1：20、1：50、1：100、1：150、1：200、1：500、1：1000、1：2000、1：5000、1：10 000、1：20 000、1：50 000、1：100 000、1：200 000
可用比例	1：3、1：4、1：6、1：15、1：25、1：30、1：40、1：60、1：80、1：250、1：300、1：400、1：600

6-56　剖切符号的要求与特点是什么？

答　（1）剖视的剖切符号，需要由剖切位置线、投射方向线组成，一般需要以粗实线绘制。

（2）剖切位置线的长度一般为 6～10mm。

（3）需要转折的剖切位置线，需要在转角的外侧加注与该符号相同的编号。

（4）投射方向线，需要垂直于剖切位置线，长度需要短于剖切位置线，一般为 4～6mm。

（5）绘制时，剖视的剖切符号不应与其他图线相接触，如图 6-9 所示。

（6）剖视的剖切符号的编号，一般采用阿拉伯数字，根据顺序由左到右、由下到上连续编排，并且注写在剖视方向线的端部。

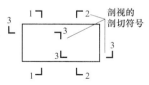

图 6-9　剖视的剖切符号

（7）建（构）筑物剖面图的剖切符号，需要注在 ±0.00 标高的平面图上。

（8）断面的剖切符号，只用剖切位置线表示，以粗实线绘制，长度一般为 6～10mm。

（9）剖面图或断面图，如果与被剖切图样不在同一张图内，可以在剖切位置线的另一侧注明其所在图纸的编号，也可以在图上集中说明。

（10）断面剖切符号的编号，需要采用阿拉伯数字，根据顺序连续编排，应注写在剖切位置线的一侧。编号所在的一侧，应为该断面的剖视方向，如图 6-10 所示。

6-57　索引符号与详图符号的要求与特点是什么？

答　（1）图样中的某一局部或构件，如果需要另见详图，应以索引符号索引。

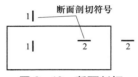

图 6 - 10　断面剖切
符号的编号

（2）索引符号，一般是由直径为 10mm 的圆与水平直径组成，圆与水平直径均需要以细实线绘制。

（3）索引出的详图，如果与被索引的详图同在一张图纸内，则需要在索引符号的上半圆中用阿拉伯数字注明该详图的编号，在下半圆中间画一段水平细实线。

（4）索引出的详图，如果与被索引的详图不在同一张图纸内，则需要在索引符号的上半圆中用阿拉伯数字注明该详图的编号，在索引符号的下半圆中用阿拉伯数字注明该详图所在图纸的编号。另外，数字较多时，可以加文字标注。

（5）索引出的详图，如果采用标准图，则需要在索引符号水平直径的延长线上加注该标准图册的编号，如图 6 - 11 所示。

图 6 - 11　索引出的详图

（6）索引符号，如果用于索引剖视详图，则需要在被剖切的部位绘制剖切位置线，并且以引出线引出索引符号，引出线所在的一侧应为投射方向，如图 6 - 12 所示。

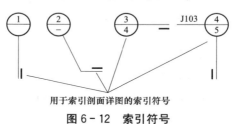

用于索引剖面详图的索引符号

图 6 - 12　索引符号

（7）零件、钢筋、杆件、设备等的编号，一般以直径为 4～6mm（同一图样需要保持一致）的细实线圆来表示。其编号一般要用阿拉伯数字根据顺序来编写，如图 6 - 13 所示。

（8）详图的位置与编号，一般以详图符号来表示。详图符号的圆一般以直径为 14mm 粗实线绘制。

（9）详图与被索引的图样同在一张图纸内时，一般在详图符号内用阿拉伯数字来注明，如图 6 - 14 所示。

图6-13 零件、钢筋、杆件、
设备等的编号

图6-14 详图与被索引的图样
同在一张图纸内时的注明

（10）详图与被索引的图样不在同一张图纸内，一般需要用细实线在详图符号内画一水平直径，并且在上半圆中注明详图编号，在下半圆中注明被索引的图纸的编号，如图6-15所示。

图6-15 详图与被索引的图样不在同一张图纸内的注明

✐ 6-58 引出线的要求与特点是什么？

答 （1）引出线需要以细实线绘制，并且采用水平方向的直线，与水平方向成30°、45°、60°、90°的直线，或者经上述角度再折为水平线。

（2）引出线的文字说明，一般注写在水平线的上方，也可以注写在水平线的端部。索引详图的引出线，一般需要与水平直径线相连接，如图6-16所示。

图6-16 引出线的文字说明

（3）多层构造或多层管道共用引出线，一般需要通过被引出的各层。文字说明，一般需要注写在水平线的上方，或者注写在水平线的端部，说明的顺序一般是由上到下，并且与被说明的层次相互一致。如果层次为横向排序，则一般由上到下的说明顺序需要与由左到右的层次相互一致，如图 6‑17 所示。

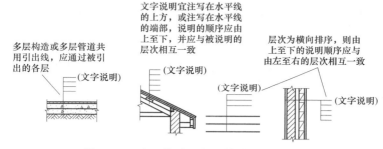

图 6‑17 多层构造或多层管道共用引出线

（4）同时引出几个相同部分的引出线，一般需要互相平行，也可以画成集中于一点的放射线，如图 6‑18 所示。

图 6‑18 同时引出几个相同部分的引出线

6‑59 对称符号的要求与特点是什么？

答 （1）对称符号一般由对称线、两端的两对平行线组成。

（2）对称线一般是用细点画线绘制。

（3）平行线一般是用细实线绘制，其长度宜为 6～10mm，每对的间距宜为 2～3mm。

（4）对称线垂直平分两对平行线，两端超出平行线一般为 2～3mm，如图 6‑19 所示。

6‑60 连接符号的要求与特点是什么？

答 （1）连接符号，需要以折断线表示需连接的部位。

（2）部位相距远时，折断线两端靠图样一侧，需要标注大写拉丁字母表示连接编号。

（3）两个被连接的图样，需要用相同的字母编号来表示，如图 6－20所示。

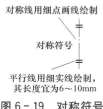

图 6－19　对称符号

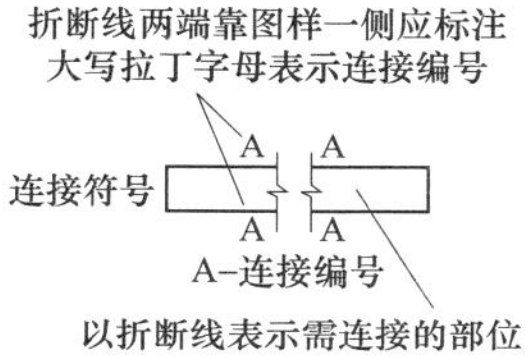

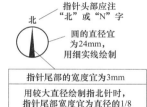

图 6－20　连接符号

6－61　指北针的要求与特点是什么？

答　（1）指北针的形状如图 6－21 所示，其圆的直径一般为 24mm，并且用细实线绘制。

（2）指北针指针尾部的宽度一般为 3mm。

（3）指北针指针头部，需要注"北"或"N"字。

（4）需要用较大直径绘制指北针时，指针尾部宽度可以为直径的 1/8。

图6-21　指北针

6－62　定位轴线的要求与特点是什么？

答　（1）定位轴线，一般需要用细点画线绘制。

（2）定位轴线一般需要编号，并且编号需要注写在轴线端部的圆内。圆一般用细实线绘制，直径为 8～10mm。定位轴线圆的圆心，需要在定位轴线的延长线上，或者延长线的折线上。

（3）拉丁字母的 I、O、Z 一般不得用作轴线编号。如果字母数量不够使用，则可以增用双字母或单字母加数字注脚来表示。

（4）平面图上定位轴线的编号，一般标注在图样的下方与左侧。横向编号一般用阿拉伯数字，从左到右顺序编写，竖向编号一般用大写拉丁字母，从下到上顺序编写，如图 6－22 所示。

（5）组合较复杂的平面图中的定位轴线，也可以采用分区编号。编号的

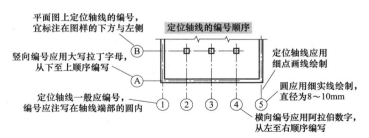

图 6-22　平面图上定位轴线的编号

注写形式一般为分区号—该分区编号。分区号一般采用阿拉伯数字或大写字母来表示，如图 6-23 所示。

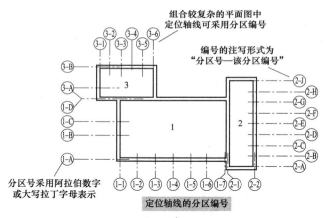

图 6-23　组合较复杂的平面图中的定位轴线

（6）附加定位轴线的编号，一般用分数形式来表示。

（7）附加定位轴线的编号，两根轴线间的附加轴线，一般用分母表示前一轴线的编号，分子表示附加轴线的编号。编号一般用数字顺序来编写，如图 6-24 所示。

（8）通用详图中的定位轴线，一般只画圆，不注写轴线编号。

（9）一个详图适用于几根轴线时，一般需要同时注明各有关轴线的编号，如图 6-25 所示。

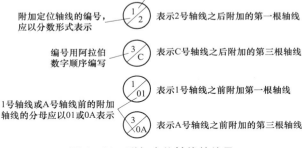

图 6 - 24　附加定位轴线的编号

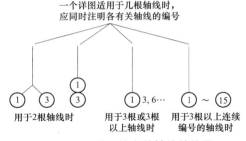

图 6 - 25　详图的有关轴线的编号

（10）折线形平面图中定位轴线的编号可以根据图 6 - 26 的形式来编号。

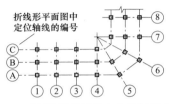

图 6 - 26　折线形平面图中定位轴线的编号

（11）圆形平面图中定位轴线的编号，其径向轴线一般需要用数字来表示，从左下角开始，根据逆时针顺序来编写。圆周轴线一般需要用大写字母来表示，从外向内顺序编写，如图 6-27 所示。

图形平面图中定位轴线的编号，其径向轴线宜用阿拉伯数字表示，从左下角开始，按逆时针顺序编写

圆周轴线宜用大写拉丁字母表示，从外向内顺序编写

图 6-27　圆形平面图中定位轴线的编号

6-63　定位轴线编号与标高符号的图例是怎样的?

答　定位轴线编号与标高符号的图例见表 6-17。

表 6-17　　　　　定位轴线编号与标高符号的图例

符　号	说　明	符　号	说　明
②∕2　附加轴线　①∕A　①∕0A	在 2 号轴线之后附加的第 2 根轴线　在 A 轴线之后附加的第 1 根轴线　在 A 轴线之前附加的第 1 根轴线	▽(数字)	楼地面平面图上的标高符号
		3 ∠45° (数字) ∠45°	立面图，剖面图上的标高符号（用于其他处的形状大小与此相同）
①　③　详图中用于两根轴线	详图中用于两根轴线	(数字)▽　(数字)▽	用于左边标注
① 3, 5, 9…	详图中用于两根以上多轴线	▽(数字)　▽(数字)	用于右边标注

续表

符　号	说　明	符　号	说　明
①～⑱	详图中用于两根以上多根连续轴线	(数字)▽	用于特殊情况标注
○	通用详图的轴线，只画圆圈不注编号	(数字)(数字)(7.000)3.500▽	用于多层标注

6-64　总平面图图例是怎样的?

答　总平面图图例见表 6-18。

表 6-18　　　　　总 平 面 图 图 例

图　例	名　称	图　例	名　称
	新设计的建筑物右上角以点数表示层数		圆墙表示砖、混凝土及金属材料围墙
	原有的建筑物		围墙表示镀锌铁丝网、篱笆等围墙
	计划扩建的建筑物或预留地	154.20▽	室内地坪标高
	要拆除的建筑物	143.00▼	室外整平标高
	地下建筑物或构建物		原有的道路

续表

图　例	名　称	图　例	名　称
	散状材料 露天堆场		计划的道路
	其他材料露天堆场 或露天作业场		公路桥 铁路桥
	露天桥式吊车		护坡
	龙门吊车		风向频率玫瑰图
	烟囱		指北针

✦ **6-65　建筑图例是怎样的？**

答　建筑图例见表6-19。

表6-19　　　　　建　筑　图　例

图　例	名　称	图　例	名　称
	厕所间		单层外开上悬窗
	淋浴小间		单层中悬窗

图 例	名 称	图 例	名 称
	墙上预留洞口 墙上预留槽		单层外开平开窗
	检查孔 地面检查孔 吊顶检查孔		高窗
	入口坡道		空门洞 单扇门
	底层楼梯		单扇双面弹簧门 双扇门
	中间层楼梯		对开拆门 双扇双面弹簧门
	顶层楼梯		单层固定窗

🖊 6-66 材料图例是怎样的？

答 材料图例见表6-20。

表6-20　　　　　材 料 图 例

图 例	名 称	图 例	名 称
	方整砖　条石		玻璃
	毛石		纤维材料或人造板

287

续表

图　例	名　　称	图　例	名　　称
	普通砖 硬质砖		防水材料或防潮层
	非承重的空心砖		金属
	瓷砖或类似材料包括面砖、马赛克及各种铺地砖		水
	自然土壤		混凝土
	素土夯实		钢筋混凝土
	砂　灰土　粉刷材料		毛石混凝土
	砂　砾石　碎砖三合土		木材
	石料包括岩层及贴面、铺地等石材		多孔材料或耐火砖

✎ **6-67　常见符号图例是怎样的?**

答　常见符号图例见表6-21。

表6-21　　　　　　　常见符号图例

名　　称	符　　号	说　　明
详图的 索引标志	详图的编号 详图在本张图纸上 局部剖面详图的编号 剖面详图在本张图纸上	细实线单圆直径应为10mm 详图在本张图板上

续表

名　称	符　号	说　明
详图的索引标志	⑤/④ —— 详图的编号 / 详图所在的图纸编号 ═⑤/④ —— 局部剖面详图的编号 / 剖面详图所在的图纸编号	详图不在本张图纸上
	J103 ⑤/④ —— 标准图册编号 / 详图的编号 / 详图所在的图纸编号	标准详图
详图的标志	⑤ —— 详图的编号	粗实线单圆直径应为14mm 被索引的本张图纸上
	⑤/② —— 详图的编号 / 被索引的图纸编号	被索引的不在本张图纸上
对称符号	─╫─ · ─ · ─╫─	对称符号应用细实线绘制，平行线长度应为6～10mm 平行线间距宜为2～3mm，平行线在对称线的两侧应相等

🖝 6-68 钢筋级别与符号图例是怎样的?

答 钢筋级别与符号图例见表6-22。

表6-22　　　　　　　　钢筋级别与符号图例

级别	牌　号	旧符号	新符号	钢筋表面形状
Ⅰ	3号钢（Q235—A；B；C；D）	Φ	Φ	光圆
Ⅱ	16锰、16硅钛、15硅钒	⚡, Φ	Φ	人字纹
Ⅲ	25锰硅、25硅钛、20硅钒	⚡	Φ	人字纹
Ⅳ	44锰2硅、43硅2钛、40硅2钒、45锰硅钒	Φ, Φ	Φ	光圈或螺纹
Ⅴ	44锰2硅、45锰硅钒	Φ, Φ	Φ'	光圈或螺纹

续表

级别	牌　　号	旧符号	新符号	钢筋表面形状
	5 号钢（Q275）	ϕ	ϕ	螺纹
Ⅰ	冷拉　3 号钢	ϕ^l	ϕ^l	光圈
Ⅱ	冷拉　Ⅱ级钢	Φ^l, Φ^l	Φ^l	人字纹
Ⅲ	冷拉　Ⅲ级钢	$\forall^l$	Φ^l	人字纹
Ⅳ	冷拉　Ⅳ级钢	Φ^l, Φ^l	Φ^l	光圈或螺纹
Ⅴ	冷拉　5 号钢	ϕ^l	ϕ^l	螺纹
	冷拔　低碳钢丝		ϕ^b	光圈

注　5 号钢尚未列入国家正式标准，但在桥梁工程中已经广泛应用，故而列入。

6-69　一般钢筋的图例是怎样的？

答　一般钢筋的图例见表 6-23。

表 6-23　　　　　　　　一般钢筋的图例

名　称	图　例	说　明
钢筋横断面	●	
无弯的钢筋		下图表示长短钢筋投影重叠，45°斜线表示短钢筋端部
端部带半圆弯钩的钢筋		
端部带直角钩的钢筋		
端部带丝扣的钢筋		
无弯钩的钢筋搭接		
带半圆弯钩的钢筋搭接		
带直角钩的钢筋搭接		
钢筋套管接头（花篮螺钉）		
预应力钢筋		

6-70　钢筋画法图例是怎样的？

答　钢筋画法图例见表 6-24。

表 6-24　　　　　　　　钢 筋 画 法 图 例

名　　称	图　　例	说　　明
平面图中的双层钢筋		底层钢筋弯钩向上或向左
墙体中的钢立面图		远面钢筋弯钩向下或向右
一般钢筋大样图		断面图中钢筋重影时在断面图外面增加大样图
箍筋大样图	或	箍筋或环筋复杂时须画其大样图
平面图或立面图中布置相同钢筋的起止范围		

6-71　钢筋焊接接头图例是怎样的?

答　钢筋焊接接头图例见表 6-25。

表 6-25　　　　　　　　钢筋焊接接头图例

名　　称	接头形式	标注方法
接触对焊的钢筋接头		
坡口平焊的钢筋接头	60°	60°
单面焊接的钢筋接头		

续表

名　称	接头形式	标注方法
双面焊接的钢筋接头	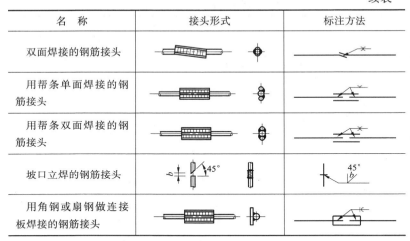	
用帮条单面焊接的钢筋接头		
用帮条双面焊接的钢筋接头		
坡口立焊的钢筋接头		
用角钢或扇钢做连接板焊接的钢筋接头		

6-72　钢筋标注形式是怎样的？

答　钢筋标注形式如图 6-28 所示。

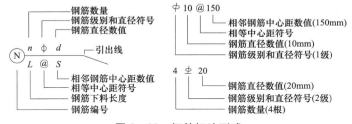

图 6-28　钢筋标注形式

6-73　常用建筑材料的图例是怎样的？

答　常用建筑材料的图例见表 6-26。

表 6-26　　　　　　　常用建筑材料的图例

序号	名　称	图　例	备　注
1	自然土壤		包括各种自然土壤
2	夯实土壤		

序号	名　　称	图　　例	备　　注
3	砂、灰土		靠近轮廓线绘较密的点
4	砂砾石、碎砖三合土		
5	石材		
6	毛石		
7	普通砖		包括实心砖、多孔砖、砌块等砌体。断面较窄不易绘出图例线时，可涂红
8	耐火砖		包括耐酸砖等砌体
9	空心砖		指非承重砖砌体
10	饰面砖		包括铺地砖、马赛克、陶瓷器砖、人造大理石等
11	焦渣、矿渣		包括与水泥、石灰等混合而成的材料
12	混凝土		1. 本图例指能承重的混凝土及钢筋混凝土 2. 包括各种强度等级、骨料、添加剂的混凝土
13	钢筋混凝土		3. 在剖面图上画出钢筋时，不画图例线 4. 断面图形小，不易画出图例线时，可涂黑
14	多孔材料		包括水泥珍珠岩、沥青珍珠岩、泡沫混凝土、非承重加气混凝土、软木、蛭石制品等
15	纤维材料		包括矿棉、岩棉、玻璃棉、麻丝、木丝板、纤维板等

续表

序号	名　称	图　例	备　注
16	泡沫塑料材料		包括聚苯乙烯、聚乙烯、聚氨酯等多孔聚合物类材料
17	木材		1. 上图为横断面，上左图为垫木、木砖或木龙骨 2. 下图为纵断面
18	胶合板		应注明为×层胶合板
19	石膏板		包括圆孔、方孔石膏板、防水石膏板等
20	金属		1. 包括各种金属 2. 图形小时，可涂黑
21	网状材料		1. 包括金属、塑料网状材料 2. 应注明具体材料名称
22	液体		应注明具体液体名称
23	玻璃		包括平板玻璃、磨砂玻璃、夹丝玻璃、钢化玻璃、中空玻璃、加层玻璃、镀膜玻璃等
24	橡胶		
25	塑料		包括各种软、硬塑料及有机玻璃等
26	防水材料		构造层次多或比例大时，采用上面图例
27	粉刷		本图例采用较稀的点

注　序号1、2、5、7、8、13、14、16、17、18、22、23图例中的斜线、短斜线、交叉斜线等一律为45°。

🖋 6-74　尺寸界线、尺寸线、尺寸起止符号的特点与要求是怎样的?

答　（1）图样上的尺寸一般包括尺寸界线、尺寸线、尺寸起止符号、尺寸数字等，如图 6-29 所示。

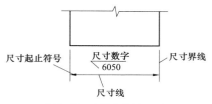

图6-29　图样上的尺寸

（2）尺寸界线一般用细实线绘制，并且常应与被注长度垂直，以及其一端需要离开图样轮廓线不小于 2mm，另一端需要超出尺寸线 2～3mm。

（3）图样轮廓线可以用作尺寸线，如图 6-30 所示。

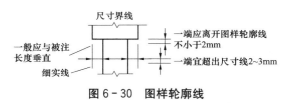

图 6-30　图样轮廓线

（4）图样本身的任何图线均不得用作尺寸线。

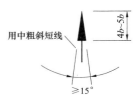

图 6-31　箭头尺寸起止符号

（5）尺寸线一般需要用细实线绘制，并且需要与被注长度平行。

（6）半径、直径、角度、弧长的尺寸起止符号，一般需要用箭头表示，如图 6-31 所示。

（7）尺寸起止符号一般是用中粗斜短线绘制的，并且其倾斜方向需要与尺寸界线成顺时针 45°角，长度一般为 2～3mm。

🖋 6-75　尺寸数字的特点与要求是怎样的?

答　尺寸数字的一些特点与要求如下。

（1）图样上的尺寸，一般以尺寸数字为准，不得从图上直接量取得出。

（2）图样上的尺寸单位，除标高、总平面以米为单位外，其他情况一般用毫米做单位。

（3）总尺寸的尺寸界线需要靠近所指的部位，中间的分尺寸的尺寸界线可稍短，但是其长度需要相等。

（4）互相平行的尺寸线，需要从被注写的图样轮廓线由近向远整齐排列。较小尺寸需要离轮廓线较近，较大尺寸需要离轮廓线较远。

（5）图样轮廓线以外的尺寸界线，距图样最外轮廓间的距离，不宜小于10mm。平行排列的尺寸线的间距，一般为7～10mm，需要保持一致。

（6）尺寸数字的方向，需要注写标准。如果尺寸数字在30°斜线区内，可以根据图6-32的形式来注写。

（7）尺寸需要标注在图样轮廓以外，不能够与图线、符号、文字等相交，如图6-33所示。

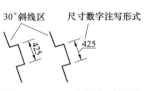

图6-32　尺寸数字的注写

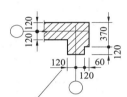

尺寸宜标注在图样轮廓以外，不宜与图线、文字及符号等相交

图6-33　尺寸需要标注在图样轮廓以外

（8）尺寸数字一般需要依据其方向注写在靠近尺寸线的上方中部。如果没有足够的注写位置，最外边的尺寸数字，可以注写在尺寸界线的外侧。中间相邻的尺寸数字可错开注写，如图6-34所示。

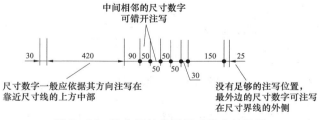

图6-34　没有足够位置尺寸数字的注写

6-76　半径、直径、球的尺寸标注的特点与要求是怎样的？

答　（1）半径的尺寸线需要一端从圆心开始，另一端画箭头指向圆弧。

（2）半径数字前需要加注半径符号 R。

（3）较小圆弧的半径，可以根据图 6 - 35 的形式来标注。

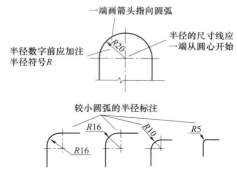

图 6 - 35　较小圆弧的半径标注

（4）较大圆弧的半径，可以根据图 6 - 36 的形式来标注。

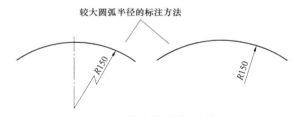

图 6 - 36　较大圆弧的半径标注

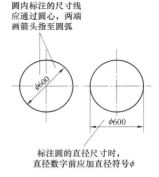

图 6 - 37　标注圆的直径尺寸

（5）标注圆的直径尺寸时，直径数字前需要加直径符号 ϕ。在圆内标注的尺寸线，需要通过圆心，两端画箭头指到圆弧，如图 6 - 37 所示。

（6）较小圆的直径尺寸，可以标注在圆外，如图 6 - 38 所示。

（7）标注球的直径尺寸时，需要在尺寸数字前加注符号 $S\phi$。

（8）标注球的半径尺寸时，需要在尺寸前加注符号 SR。

297

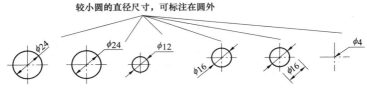

图 6-38　较小圆的直径尺寸标注

6-77　角度、弧度、弧长标注的特点与要求是怎样的?

答　(1) 角度数字需要根据水平方向来注写。

(2) 角度的尺寸线,一般需要用圆弧来表示,并且圆弧的圆心是该角的顶点,角的两条边为尺寸界线。

(3) 角度的尺寸线,起止符号需要用箭头来表示。如果没有足够位置画箭头,可以用圆点代替。

(4) 标注圆弧的弧长时,尺寸线需要用与该圆弧同心的圆弧线来表示,弧长数字上方一般需要加注圆弧符号"⌒",尺寸界线需要垂直于该圆弧的弦,起止符号可以用箭头来表示,如图 6-39 所示。

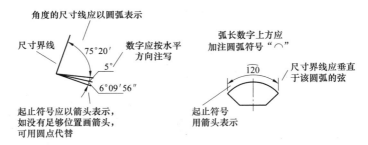

图 6-39　标注圆弧的弧长

(5) 标注圆弧的弦长时,尺寸线需要用平行于该弦的直线来表示。

(6) 标注圆弧的弦长时,尺寸界线需要垂直于该弦,起止符号可以用中粗斜短线来表示。

6-78　标高的特点与要求是怎样的?

答　(1) 标高的符号,一般用直角等腰三角形来表示。直角等腰三角形是用细实线绘制的。如标注位置不够,可以根据图 6-40 所示的相关形式来绘制。

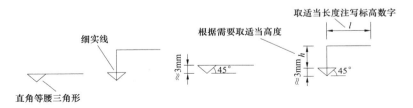

图 6-40　标高的符号

(2) 总平面图室外地坪标高的符号,一般用涂黑的三角形来表示,如图 6-41 所示。

(3) 标高数字一般是用米为单位,注写到小数点以后第三位。总平面图中,可注写到小数字点以后第二位。

(4) 零点标高一般注写成±0.000,正数标高不注写"+",负数标高需要注写"-"。

(5) 标高符号的尖端,一般需要指到被注高度的位置。

(6) 标高符号的尖端一般向下,也可以向上。标高数字需要注写在标高符号的左侧或右侧,如图 6-42 所示。

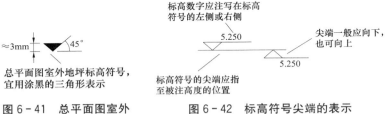

图 6-41　总平面图室外
地坪标高的符号

图 6-42　标高符号尖端的表示

(7) 在图样的同一位置需要表示几个不同标高时,标高数字可以根据图 6-43 的形式来注写。

图 6 - 43 同一位置需要表示几个不同标高时的注写

6 - 79 怎样识读照明配电箱电气图？

答 下面以图 6 - 44 所示来介绍配电箱电气图的识读方法。

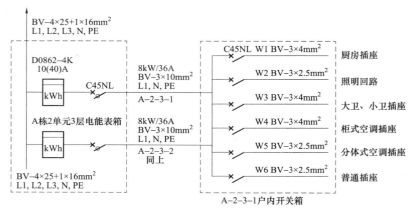

图 6 - 44 照明配电箱

（1）A－2－3－1 户内开关箱表示 A 栋 2 单元 3 层楼 1 户的照明配电箱。

（2）根据图 6 - 44，可知 A 栋 2 单元 3 层楼共有 2 户，每户设备按 8kW、电流按 36A 引入到照明配电箱。

（3）BV－4×25＋1×16mm^2 L1、L2、L3、N、PE 表示照明配电箱的进线为 3 相 5 线，其中的 L1 相与电能表连接。两只电能表的型号均为 DD862－4K，10（40）A。然后分别经过 2 个 40A 的 C45NL 漏电保护断路器（一户一个），经过各户漏电保护断路器后，再通过 3 根（相线 L1、中性线 N、接地保护线 PE）10mm^2 的 BV 型号电线进入户内开关箱。

（4）各户内均有配电箱。各户配电箱又分成 6 个回路，并且经箱内自动开关向插座、照明线路配电。

（5）L1、L2、L3 继续向 A 栋 2 单元 4 层以上配线。

（6）A 栋 2 单元的零线 N、接地保护线 PE 是共用的。

✎ 6-80　变配电系统的主接线与主接线图的组成与特点是怎样的?

答　变配电系统的主接线一般是由开关电器、电力变压器、电力电缆或导线、母线、移相电容、避雷器等电气设备，根据一定规律相连接的一种接受、分配电能的电路。

变配电系统主接线的实施场所主要是变电站或配电站。

变配电系统主接线图只能够表达相关电气设备间的连接关系，不能够反映出具体安装地点。变配电系统主接线图是一种概略图，一般用单线表示法绘的图: 用单线表示三相，各电气元件是用国家标准规定的图形符号与文字符号来表示的。

✎ 6-81　主接线图中主要电气元件的图形符号与文字符号是怎样的?

答　主接线图中主要电气元件的图形符号与文字符号如图6-45所示。

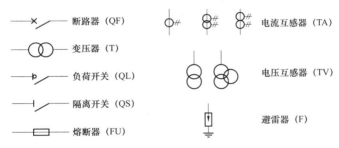

图 6-45　主接线图中主要电气元件的图形符号与文字符号

✎ 6-82　变配电系统高压一次设备的种类与特点是怎样的?

答　变配电系统高压一次设备的种类与特点见表6-27。

表 6-27　　　　　变配电系统高压一次设备的种类与特点

名称	解　说
高压断路器 (QF)	高压断路器不仅能够接通、断开正常负荷的电流，还能够在保护装置的作用下自动跳闸，切除故障电流的一种开关电器。断路器需要具有很强的灭弧能力。另外，考虑使用安全，一般断路器不能够单独使用，通常要在断路器前端或前后两端加高压隔离开关

续表

名称	解 说
高压隔离开关（QS）	高压隔离开关主要用来隔离高压电源，以保证对被隔离的其他设备、线路进行安全检修。也就是利用高压隔离开关把高压装置中需要检修的设备与其他带电部分可靠地断开。高压隔离开关需要有明显可见的断开间歇，隔离开关一般没有专门的灭弧装置，因此，隔离开关不能够带电负荷操作
高压负荷开关（QL）	高压负荷开关具有简单的灭弧装置。其主要用于高压侧接通、断开正常工作的负荷电流。高压负荷开关灭弧能力不高，不能够切断断路电流。高压负荷开关必须与高压熔断器串联使用，从而依靠熔断器切断短路电流
高压熔断器（FU）	高压熔断器是当所在电路的电流超过规定值，经过一定时间后，能够使其熔体熔化而切断电路的一种电器。熔断器主要功能是对电路进行短路保护，其也具有过负荷保护的功能
高压开关柜	高压开关柜是根据一定的接线方案将有关的一次设备、二次设备组装而成的一种高压成套配电装置。高压开关柜有固定式开关柜、手车式开关柜等类型

6-83 变配电系统低压配电装置有哪些？

答 变配电系统低压配电装置有低压断路器、低压负荷开关、低压熔断器、低压隔离开关、低压配电柜等。常用低压配电装置的特点见表6-28。

表6-28 常用低压配电装置的特点

名称	解 说
电压互感器	电压互感器是一种电压变换电器，其可以隔离高压电压，将高压变成低电压，然后便于测量等需要
电流互感器	电流互感器是一种电流变换电器，其能够隔离高电压、大电流，可以将大电流变成小电流，从而便于测量等需要
避雷针	避雷针主要用来保护变压器或其他配电设备免受雷电产生的过电压波沿线路侵入，引发的危害。变配电系统主要应用的是闭式避雷器

6-84 什么是二次回路电路？其主要设备有哪些？

答 为了保证供配电系统一次设备能够安全、可靠地运行，需要许多辅助电气设备对其工作状态进行监测、测量、控制、保护，也就是需要二次设备对一次设备进行必要的支持与保护，而这些二次设备相互连接关系、相互作用原理的图就是二次回路电路图。

二次回路电路设备包括电流互感器、电压互感器、电流表 PA、电压表 PV、功率表 PW、电能表 PJ、电流继电器 KA、电压继电器 KV、时间继电器 KT、中间继电器 KM、信号设备等。

第7章 Chapter7

安装与检查

▲ 7-1 电气安装工艺的流程是怎样的？

答 电气安装工艺的流程如下：施工准备→预制→配管配线→电气设备安装→调试→竣工验收。

▲ 7-2 什么是室内配线、室内配线工程？

答 室内配线就是指敷设在建筑物、构筑物内部的明线、暗线、电缆、电气器具的连接线。安装固定导线用的支持物、专用配件、敷设导线、电缆等统称为室内配线工程。

▲ 7-3 室内配线的一般规定是什么？

答 （1）配线的布置、导线型号规格需要符合相关规定。

（2）所用导线的额定电压需要大于线路的工作电压。

（3）导线的绝缘需要符合线路的安装方式、敷设环境条件。

（4）配线工程施工中，无设计要求时，导线最小截面需要满足机械强度的要求，并且根据不同敷设方式选择导线允许最小截面。

（5）为有良好的散热效果，管内配线导线的总截面（包括外绝缘层）不应超过管子内空总截面积的 40%。

（6）为有良好的散热效果，线槽配线导线的总截面（包括外绝缘层）不应超过线槽内空总截面积的 60%。

（7）采用多相供电时，同一建筑物、构筑物的电线绝缘层颜色选择需要一致。

（8）保护地线 PE 线一般选择黄、绿相间颜色。零线一般选择淡蓝色。相线 L1 一般选择黄色、L2 相一般选择绿色、L3 相一般选择红色。

（9）低压电线、电缆，线间与线对地间的绝缘电阻值需要大于 $0.5M\Omega$。

（10）配线工程中，室内外绝缘导线间与对地的最小距离需要符合相关规定。

（11）各种明配线，需要垂直与水平敷设，并且要求横平竖直。

（12）一般导线水平高度不应小于 2.5m，否则应加管槽保护。

（13）一般导线垂直敷设不应低于 1.8m，否则应加管槽保护。

（14）为防止火灾与触电等事故发生，顶棚内由接线盒引向器具的绝缘导线，需要采用可挠金属电线保护管或金属软管等保护，导线不应有裸露部分。

（15）照明、动力线路、不同电压、不同电价的线路需要分开敷设。

（16）每条线路标记需要清晰，编号需要准确。

（17）管、槽配线，需要采用绝缘电线、电缆。

（18）在同一根管内、槽内的导线都需要具有与最高标称电压回路绝缘相同的绝缘等级。

（19）入户线在进墙的一段，需要采用额定电压不低于 500V 的绝缘导线。

（20）入户线穿墙保护管的外侧，需要有防水弯头，并且导线需要弯成滴水弧状后方可引入室内。

（21）为减少导线接头质量不好引起的电气事故，导线敷设时，尽量避免接头。

（22）护套线明敷、线槽配线、管内配线、配电屏内配线时，不应有接头。

（23）三相照明线路各相负荷需要均匀分配，一般照明每一支路的最大负荷电流、光源数、插座数需要符合有关规定。

（24）电线管与热水管、蒸汽管同侧敷设时，需要敷设在热水管、蒸汽管的下面。如果施工有困难与施工维修时其他管道对电线管有影响，则室内电气线路与其他管道间的最小距离需要符合有关规范的规定。

（25）配线工程采用的管卡、支架、吊钩、拉环、盒（箱）等黑色金属附件，均需要采用镀锌与防护处理的件。

（26）配线工程施工后，需要进行各回路的绝缘检查，并做好记录。

（27）配线工程中，带有漏电保护装置的线路需要做模拟动作试验，并做好记录。

（28）配线工程中，所有外露可导电部分的保护接地与保护接零需要可靠。

7-4　各种室内（外）配线方式的适用范围是什么？

答　各种室内（外）配线方式适用范围见表 7-1。

表 7-1 各种室内（外）配线方式适用范围

配线方式	适 用 范 围
电缆配线	适用于干燥、潮湿的户内及户外配线
钢索配线	适用于层架较高、跨度较大的大型厂房。多数应用在照明配线上，主要用于固定导线、灯具
架空线配线	适用户外配线
金属管配线	适用于导线易受机械损伤、易发生火灾、易爆炸的环境。金属管配线方式有明管配线、暗管配线等类型
木（塑料）槽板配线、护套线配线	适用于负载较小照明工程，要求环境干燥的场所。塑料槽板适用于防化学腐蚀与要求绝缘性能好的场所
竖井配线	适用于多层、高层建筑物内垂直配电干线的场所
塑料管配线	适用于潮湿、有腐蚀性环境的室内场所作明管配线或暗管配线。容易受机械损伤的场所不宜采用塑料管明敷
线槽配线	适用于干燥、不易受机械损伤的环境内明敷或暗敷。有严重腐蚀场所不宜采用金属线槽配线。高温、容易受机械损伤的场所内也不宜采用塑料线槽明敷

7-5 不同敷设方式导线芯线允许最小截面是多少？

答 不同敷设方式导线芯线允许最小截面见表7-2。

表 7-2 不同敷设方式导线芯线允许最小截面

用 途		最小芯线截面（mm²）		
		铜芯	铝芯	铜芯软线
裸导线敷设在室内绝缘子上		2.5	4.0	
绝缘导线敷设在绝缘子上。L 表示支持点间距	室内：L≤2m	1.0	2.5	
	室外：L≤2m	1.5	2.5	
	室内外：2m<L≤6m	2.5	4.0	
	室内外：6m<L≤12m	2.5	6.0	
绝缘导线穿管敷设		1.0	2.5	1.0
绝缘导线槽板敷设		1.0	2.5	
绝缘导线线槽敷设		0.75	2.5	
塑料绝缘护套线明敷设		1.0	2.5	

7-6 室内、室外绝缘导线间与对地的最小距离是多少？

答 室内、室外绝缘导线间与对地的最小距离见表 7-3。

表 7-3 室内、室外绝缘导线间与对地的最小距离

固定点间距（m）	导线最小间距（mm）		敷设方式		导线对地最小距离（m）
	室内配线	室外配线			
1.5m 及以下	35	100	水平敷设	室内	2.5
1.5～3.0	50	100		室外	2.7
3.0～6.0	70	100	垂直敷设	室内	1.8
6.0m 以上	100	150		室外	2.7

7-7 室内配线方式有哪几类？

答 根据敷设方式，室内配线可以分为明敷设、暗敷设。明敷设、暗敷设是以线路在敷设后，导线与保护线能否为人们用肉眼直接观察到而区别的。室内配线的方式，需要根据建筑物性质、要求、用电设备分布、用电环境特征等因素来选择。

（1）暗敷设。是指导线在管子、线槽等保护体内，一般敷设在墙体内部、顶棚内部、地坪内部、楼板内部等，或者在混凝土板孔内敷设，也就是线路在敷设后，导线与保护线能够不为人们用肉眼直接观察到。

（2）明敷设。是指导线直接或在管子、线槽等保护体内，一般敷设在墙体表面、顶棚表面、桁架、支架等处，也就是线路在敷设后，导线与保护线能够为人们用肉眼直接观察到。

7-8 电气施工预埋、预留需要注意什么？

答 （1）熟悉电气施工施工图，找准部位，密切配合结构预埋、预留。

（2）电气施工预留、预埋需要预埋、预留、复查、整改、标注、清盒、扫管等工序。

（3）预埋电管一般采用钢管、PVC 管。

（4）钢管预埋在施工前，需要根据要求对管道内壁进行除锈、防腐。施工完后，需要将管内穿好铁丝，并用木塞把管口塞堵。

（5）地面插座盒预埋时，需要把盒口留出混凝土面 1.5～2cm，以便于后期施工时依靠地插座本身可调余量与地面找平。

（6）预埋导线保护管前，需要做好施工质量通病的预防工作。

（7）导线保护管的弯曲处，需要用机械弯曲，管件弯曲时，其半径不小

于管外径的 10 倍。

（8）防止施工中出现的管件断面变形、折皱、凹陷等现象发生。

（9）混凝土中预埋套管时，套管两端需要伸出模板各 50mm。

（10）混凝土中直接埋短管时，其伸出的两端必须预先套好丝口，装上管箍保护丝口，以便接管。

（11）混凝土中预埋套管时，所有暗配的管子外露的管口需要做好临时封堵。

（12）明配管路施工遇有瞎盒、死管时，需要在施工图上标注，并且根据实际情况来采取相应措施。

（13）现浇混凝土内配管时，需要密切配合土建将管子预埋在底筋上面。预埋的管子、卡具、箱盒等需要采取固定措施固定牢固，防止浇捣混凝土时受震移位。

（14）现浇混凝土内配管时，箱盒需要紧贴模板，并且用木渣、粗草纸等垫物浸水后塞好，以防砂浆进入。

（15）穿线前，发现管路遗漏、破损等情况，需要及时正确的处理。

（16）穿线前，需要检查管路护口是否整齐。

（17）对电气施工预埋、预留进行必要的检查与监督。

7-9 电气施工工程接地电阻测试的内容有哪些？

答 （1）设备、系统的防雷接地的测试。

（2）保护接地的测试。

（3）工作接地的测试。

（4）防静电接地的测试。

电气施工工程接地电阻测试，一般要在接地装置敷设完，回填土前进行。

7-10 电气施工工程绝缘电阻测试的内容有哪些？

答 （1）电气设备、动力线路、照明线路与其他需要摇测绝缘电阻的测试。

（2）线路的绝缘摇测，一般需要分两次进行，第一次在穿线与接焊包完成后，在管内穿线分项质量评定时进行。第二次线路的绝缘摇测，一般是在灯具、设备安装前，照明线路绝缘阻值需要 >0.5MΩ，动力线路绝缘电阻需要 >1MΩ。

7-11 建筑电气分部工程施工工程验收批怎么分？

答 （1）备用、不间断电源安装工程中分项工程各自成为验收检验批。

（2）变配电室安装工程中分项工程的验收，主变配电室、分变配电室分别进行。

（3）电气动力、电气照明安装工程中分项工程，建筑物等电位连接分项工程的验收，可以根据划分的界区，与建筑土建工程一致。

（4）防雷、接地装置安装工程中分项工程验收，大型基础，可以根据区块划分成几个验收批。

（5）防雷、接地装置安装工程中分项工程验收，避雷引下线安装 6 层以下的建筑为 1 个验收批。

（6）防雷、接地装置安装工程中分项工程验收，高层建筑依均压环设置间隔的层数为 1 个验收批。

（7）防雷、接地装置安装工程中分项工程验收，接闪器安装同一屋面为 1 个验收批。

（8）防雷、接地装置安装工程中分项工程验收，一般人工接地装置与利用建筑物基础钢筋的接地体各为 1 个验收批。

（9）供电干线安装工程分项工程的验收，可以根据供电区段、电气线缆竖井的编号来划分。

（10）室外电气安装工程中分项工程的验收，一般根据庭院大小、投运时间先后、功能区块不同来划分。

7-12 测量变压比有哪些方法？

答 测量变压比的常用方法有高压测量法、低压测量法。其中，低压测量法就是在高压绕组接入二相低压电源，然后分别测量高压、低压各对应相的电压。高压测量法就是在低压绕组接入三相电源，然后分别测量高压、低压各对应相的电压，其中高压绕组的电压是通过标准电压互感器来测量的。

7-13 巡视配电变压器时需要注意哪些事项？

答 （1）检查变压器的声音是否正常。

（2）检查变压器接地装置有无断裂、锈烂等现象。

（3）观察变压器油面高度与油色是否正常。

（4）检查变压器套管、引线的连接是否良好。

（5）检查变压器的温度是否正常：油浸式变压器在运行中顶层油温不得高于 95℃。无温度计的变压器，可以用水银温度计贴在变压器的外壳上测量温度，一般允许温度不超过 75～80℃。

（6）定期进行夜间巡视变压器，检查套管有无放电现象、引线连接点有无烧红等情况。

（7）雷雨过后，需要在安全的情况下，检查变压器套管有无破损或放电痕迹。

（8）大风时，需要在安全的情况下，检查变压器的引线有无剧烈摆动现象，接头处是否有松脱，有无杂物刮在变压器上。

7-14 建筑电气工程不间断电源安装有哪些要求？

答 建筑电气工程不间断电源安装的一些要求见表7-4。

表7-4 建筑电气工程不间断电源安装的一些要求

主 控 项 目	一 般 项 目
（1）不间断电源的整流装置、逆变装置、静态开关装置的规格、型号，需要符合设计要求。 （2）不间断电源的输入、波形畸变系数、频率、相位、静态开关的动作等性能指标需要符合要求。 （3）不间断电源内部结线连接需要正确，紧固件需要齐全，可靠焊接无脱落现象。 （4）不间断电源输出端的中性线，需要与由接地装置直接引来的接地干线相连接，可以做重复接地。 （5）不间断电源装置间连线的线间、线对地间绝缘电阻值需要大于 0.5MΩ	（1）电线、电缆的屏蔽护套接地，需要连接可靠，与接地干线就近连接，紧固件要齐全。 （2）不间断电源装置的可接近裸露导体，需要接地或接零可靠，如具有标志。 （3）安放不间断电源的机架组装，需要横平竖直，紧固件齐全。 （4）引入或引出不间断电源装置的主回路电线、电缆、控制电线，需要分别穿保护管敷设。 （5）电缆支架上平行敷设，需要保持 150mm 的距离。 （6）不间断电源正常运行时产生的 A 声级噪声，不应大于 45dB。 （7）输出额定电流为 5A 及以下的小型不间断电源噪声，不应大于 30dB

7-15 怎样判断建筑电气工程电动机是否符合要求？

答 （1）轴承无锈斑。

（2）轴承注油（脂）的型号、规格、数量正确。

（3）转子平衡块紧固，平衡螺钉锁紧。

（4）线圈绝缘层需要完好、无伤痕。

（5）线圈端部绑线不能够松动，槽楔固定好、无断裂，引线焊接饱满，通风孔道无堵塞现象。

（6）风扇叶片没有裂纹。

（7）连接用紧固件的防松零件需要齐全完整。

7-16　建筑电气工程低压电器组合需要符合哪些要求？

答　（1）发热元件需要安装在散热良好的位置。

（2）熔断器的熔体规格、自动开关的整定值需要符合设计要求。

（3）切换压板需要接触良好。

（4）相邻压板间需要有安全距离，切换时，不触及相邻的压板。

（5）端子排安装需要牢固，端子需要有序号。

（6）强电、弱电端子需要隔离布置。

（7）端子规格与芯线截面大小要适配。

（8）外壳接地或接零的，连接要可靠。

（9）信号回路的信号灯、按钮、电笛、事故电钟等动作与信号需要显示准确。

7-17　怎样选择柴油发电机组？

答　（1）用电负荷谐波较大时，需要考虑其对发电机的影响。

（2）机组容量与台数，需要根据应急负荷大小、投入顺序、单台电动机最大起动容量等因素综合来考虑。

（3）应急负荷较大时，可以采用多机并列运行，机组台数一般为2～4台。当受并列条件限制，可以实施分区供电。

（4）初步阶段，柴油发电机容量，可以根据配电变压器总容量的10%～20%进行估算。

（5）施工阶段，可以根据一级负荷、消防负荷、某些重要二级负荷的容量，由以下几点来计算确定最大容量：根据起动电动机时发电机母线允许电压降来计算发电机容量、根据最大单台电动机或成组电动机起动的需要来计算发电机的容量、根据稳定负荷来计算发电机的容量等。

（6）无电梯负荷时，其母线电压一般不低于其额定电压的75%。条件允许的情况下，电动机可以采用降压起动方式。

（7）有电梯负荷时，在全电压起动最大容量笼型电动机的情况下，发电机母线电压一般不能够低于额定电压的80%。

（8）多台机组时，需要选择型号、规格、特性相同的机组与配套设备。

7-18　建筑电气工程等电位联结需要符合什么规定？

答　（1）对辅助等电位联结的接地母线位置确认好后，才能够安装焊接辅助等电位联结端子板，并且根据相关要求做辅助等电位的联结。

（2）对可作导电接地体的金属管道入户处、供总等电位联结的接地干线的位置需要确认好后，才能够安装焊接总等电位联结端子板，并且根据相关要求做总等电位的联结。

（3）特殊要求的建筑金属屏蔽网箱施工完成，检查确认好后，才能够与接地线连接。

7－19 怎样安装建筑电气工程架空线路与杆上电气设备？

答 安装建筑电气工程架空线路与杆上电气设备的要求与方法见表7－5。

表7－5 安装建筑电气工程架空线路与杆上电气设备的要求与方法

主 控 项 目	一 般 项 目
（1）电杆坑、拉线坑的深度允许偏差，一般要求不深于设计坑深100mm、不浅于设计坑深50mm。 （2）架空导线的弧垂值，允许偏差为设计弧垂值的±5％。 （3）架空导线水平排列的同档导线间弧垂值允许偏差为±50mm。 （4）杆上变压器与高压绝缘子、高压隔离开关、跌落式熔断器、避雷器等需要采用试验合格的。	（1）电杆组立正直，直线杆横向位移一般不应大于50mm，杆梢偏移一般不应大于梢径的1/2，转角杆紧线后不向内角倾斜，向外角倾斜不应大于1个梢径。 （2）直线杆单横担需要装在受电侧。 （3）终端杆、转角杆的单横担需要装在拉线侧。 （4）横担的上下歪斜与左右扭斜，从横担端部测量一般不应大于20mm。 （5）横担等需要采用热浸镀锌的。 （6）拉线的绝缘子与金具需要齐全，位置要正确。 （7）承力拉线需要与线路中心线方向一致。 （8）转角拉线需要与线路分角线方向一致。 （9）拉线需要收紧，收紧程度与杆上导线数量规格、弧垂值要适配。 （10）导线需要无断股、扭绞、死弯的导线。 （11）导线需要与绝缘子固定可靠。 （12）金具规格需要与导线规格相适配。 （13）线路的跳线、过引线、接户线的线间与线对地间的安全距离，电压等级为6～10kV的，一般需要大于300mm。电压等级为1kV及以下的，一般需要大于150mm。

主 控 项 目	一 般 项 目
（5）杆上低压配电箱的电气装置与馈电线路的规格型号需要符合要求，相间与相对地间的绝缘电阻值需要大于 0.5MΩ。 （6）变压器中性点，需要与接地装置引出干线直接连接，接地装置的接地电阻值需要符合相关要求	（14）用绝缘导线架设的线路，绝缘破口处需要修补完整。 （15）杆上固定电气设备的支架、紧固件需要采用热浸镀锌件。 （16）杆上变压器油位需要正常、附件需要齐全、无渗油涂层不完整等异常现象。 （17）杆上跌落式熔断器安装的相间距离一般不小于 500mm。 （18）杆上熔管试操动能够自然打开旋下。 （19）杆上隔离开关分、合操动要灵活，操动机构机械锁定要可靠，并且分合时三相同期性好。 （20）杆上隔离开关分闸后，刀片与静触头间空气间隙距离不小于 200mm。 （21）地面操作杆的接地要可靠，并且需要具有标志。 （22）杆上避雷器需要排列整齐，相间距离一般不小于 350mm，电源侧引线铜线截面一般不小于 $16mm^2$、铝线截面一般不小于 $25mm^2$，接地侧引线铜线截面积一般不小于 $25mm^2$，铝线截面一般不小于 $35mm^2$

7-20 布置机房设备有哪些要求？

答 （1）机房设备布置，需要符合机组运行工艺要求。

（2）机房设备布置，需要紧凑、安全、便于维护检修。

（3）机组一般横向布置。如果受建筑场地限制时，也可以采用纵向布置。

（4）机房与控制室、配电室贴邻布置时，发电机出线端与电缆沟，一般需要布置在靠控制室、配电室侧。

7-21 室外进户管预埋常见异常与预防措施是怎样的？

答 室外进户管预埋常见异常与预防措施见表7-6。

表7-6　　　　　　室外进户管预埋常见异常与预防措施

现　　象	预　防　措　施
（1）进户管与地下室外墙的防水处理不好。 （2）采用薄壁铜管代替厚壁钢管。 （3）转弯处用电焊烧弯。 （4）上墙管与水平进户管用电焊驳接成90°角。 （5）预埋深度不够，位置偏差较大	（1）需要做好防水处理。 （2）进户预埋管一般需要使用厚壁铜管，或者符合要求的PVC管。 （3）明确室外地坪标高，确保预埋管埋深不少于0.7m。 （4）预埋钢管上墙的弯头必须用弯管机弯曲，不允许焊接、烧焊弯曲。 （5）钢管在弯制后，不应有裂缝、显著的凹痕现象，其弯扁程序不宜大于管子外径的10%，弯曲半径不应小于所穿入电缆的最小允许弯曲半径

7-22　电线管（钢管、PVC管）敷设常见异常与预防措施是怎样的？

答　电线管（钢管、PVC管）敷设常见异常与预防措施见表7-7。

表7-7　电线管（钢管、PVC管）敷设常见异常与预防措施

现　　象	预　防　措　施
（1）电缆管多层重叠，有的高出钢筋的面筋。 （2）电线管2根或2根以上并排紧贴。 （3）电线管埋墙深度太浅，有的埋在墙体外的粉层中。 （4）预埋PVC电线管时，不是用塞头堵塞管口，而是用钳夹扁拗弯管口。 （5）电线管出现死弯、痛折、凹痕现象。 （6）电线管进入配电箱，管口在箱内不顺填，露出太长。	（1）电线层不能并排紧贴。如果施工中，很难分开，可以用小水泥块将其隔开。 （2）电线管埋入砖墙内，离其表面的距离不应小于15mm。 （3）电线管管道敷设，需要横平竖直。 （4）电线管的弯曲半径（暗埋）不应小于管子外径的10倍。 （5）电线管管子弯曲，需要用弯管机或拗棒使弯曲处平整光滑，不出现扁折、凹痕等异常现象。 （6）预埋PVC电线管时，禁止用钳将管口夹扁、拗弯，一般需要用符合管径的PVC塞头封盖管口，并且要用胶布绑扎牢固。

现　　象	预 防 措 施
（7）电线管进入配电箱，管口不平整、长短不一。 （8）电线管进入配电箱，管口没有用保护圈；管子没有紧锁固定	（7）电线管进入配电箱，需要平整，露出长度为 3～5mm。 （8）电线管进入配电箱，管口要用护套，并且锁紧箱壳。 （9）电线管进入落地式配电箱，管口宜高出配电箱基础面 50～80mm

7-23　导线接线、连接质量、色标常见异常与预防措施是怎样的？

答　导线接线、连接质量、色标常见异常与预防措施见表 7-8。

表 7-8　导线接线、连接质量、色标常见异常与预防措施

现　　象	预 防 措 施
（1）多股导线不采用铜接头，直接做成羊眼圈状，并且不扩锡。 （2）线头裸露。 （3）导线排列不整齐，没有捆绑包扎。 （4）导线的三相、中性线、接地保护线色标不一致，或者出现混淆的现象。 （5）与开关、插座、配电箱的接线端连接时，一个端子上接几根导线	（1）导线编排要横平竖直。 （2）A 相一般为黄色线，B 相一般为绿色线，C 相一般为红色线。 （3）单相时，一般选择红色线。 （4）中性线一般选择浅蓝色或蓝色线。 （5）接地保护线必须选择黄绿双色线。 （6）多股导线的连接，一般需要用镀锌铜接头压接，尽量不要做羊眼圈状。如果做羊眼圈，则需要均匀搪锡。 （7）在接线柱、接线端子上的导线连接只宜 1 根。如果需接两根，中间需加平垫片。 （8）在接线柱、接线端子上一般不允许 3 根以上的导线连接。 （9）导线剥线头时，需要保持各线头长度一致，并且导线插入接线端子后不应有导体裸露现象。 （10）铜接头与导线连接处，需要用与导线相同颜色的绝缘胶布包扎好

7-24 安装建筑电气工程引下线的要求是怎样的？

答 （1）直接从基础接地体，或者人工接地体引出明敷的引下线，需要先埋设或安装支架，检查确认后，才能够敷设引下线。

（2）直接从基础接地体，或者人工接地体暗敷埋入粉刷层内的引下线，检查确认不外露后，才能够贴面砖或刷涂料等。

（3）利用建筑物柱内主筋作引下线，在柱内主筋绑扎后，根据相关要求，检查确认，才能够支模。

7-25 怎样安装继电保护的二次回路？

答 （1）二次回路的工作电压一般不应超过500V。

（2）配变电所、专门规定的二次回路，一般需要采用铜芯控制电缆，或者绝缘电线。

（3）绝缘可能受到油侵蚀的场所，一般需要采用耐油的绝缘电线，或者耐油的电缆。

（4）互感器二次回路连接的负载，一般不能够超过继电保护、自动装置工作准确等级所规定的负载范围。

7-26 电气装置的施工程序是怎样的？

答 电气装置的施工程序见表7-9。

表7-9 电气装置的施工程序

名称	施 工 程 序
暗装动力、照明配电箱	配电箱安装与固定→导线连接→送电前检查→送电运行→验收→交付使用
变压器	开箱检查→变压器二次搬运→变压器稳装→附件安装→变压器检查与交接试验→送电前检查→送电运行→验收→交付使用
成套配电柜（开关柜）	开箱检查→二次搬运→安装与固定→母线安装→二次线连接→试验调整→送电运行→验收→交付使用
明装动力、照明配电箱	支架制作安装→配电箱安装与固定→导线连接→送电前检查→送电运行→验收→交付使用

7-27 怎样在吊顶内安装轻型扬声器？

答 在吊顶内安装轻型扬声器的方法与要点如图7-1所示。

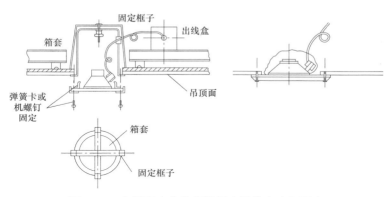

图 7-1 在吊顶内安装轻型扬声器的方法与要点

✎ 7-28 怎样安装小型断路器?

答 安装小型断路器的方法与要点如图7-2所示。

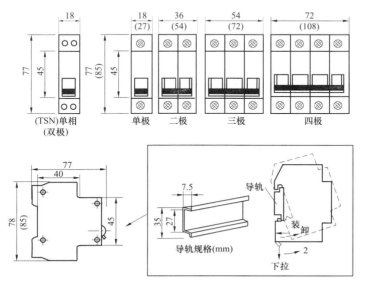

图 7-2 安装小型断路器的方法与要点

7-29　断路器接线图示是怎样的？

答　断路器接线图示如图7-3所示。

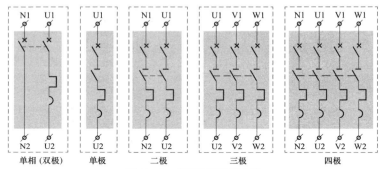

单相（双极）　　单极　　　二极　　　　三极　　　　　四极

图 7-3　断路器接线图示

7-30　怎样安装防溅盒？

答　安装防溅盒的方法与要点如图7-4所示。

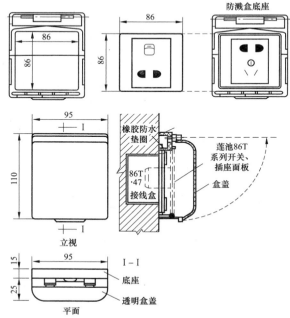

图 7-4　安装防溅盒的方法与要点

7-31　安装开关、插座需要哪些机具？

答　室内电气照明的开关、插座安装工程需要用到的机具包括丝锥，套管，电钻，手锤，錾子，剥线钳，尖嘴钳，扎锥，红铅笔，卷尺，水平尺，电锤，钻头，射钉枪，线坠，绝缘手套，工具袋，高凳等。

7-32　安装开关、插座的作业条件有哪些？

答　（1）各种管路、盒子已经敷设完成。

（2）盒子收口平整。

（3）线路的导线已经穿完，并且做完绝缘摇测。

（4）墙面的浆活、油漆、壁纸等内装修工作已经完成。

7-33　安装开关、插座的工艺流程是怎样的？

答　安装开关、插座的工艺流程如下：清理→结线→安装。

7-34　安装开关、插座前怎样清理？

答　（1）用錾子轻轻地将盒子内残存的灰块剔掉。

（2）把其他杂物清除盒外。

（3）再用湿布把盒内灰尘擦干净。

7-35　安装开关、插座工程中怎样接线？

答　安装开关、插座工程中接线的一些方法与要求见表7-10。

表7-10　　　　　　　　接线的一些方法与要求

名称	解　说
开关接线	（1）同一场所的开关切断位置要一致。 （2）电器、灯具的相线，需要经开关控制。 （3）多联开关不允许拱头连接，需要采用 LC 型压接帽压接总头后，再进行分支连接
插座接线	（1）插座箱多个插座导线连接时，不允许拱头连接，需要采用 LC 型压接帽压接总头后，再进行分支线连接。 （2）单相两孔插座有横装、竖装方式。 （3）单相三孔及三相四孔插座接线中的保护接地线，需要接在上方。 （4）横装时，面对插座的右极接相线，左极接中性线。 （5）竖装时，面对插座的上极接相线，下极接中性线。 （6）交、直流或不同电压的插座安装在同一场所时，需要有明显区别，并且插头要与插座配套

7－36 安装开关、插座怎样连线？

答 （1）首先把底盒内甩出的导线留出一定的维修长度，并且削出一定的线芯。然后把导线，按顺时针方向盘绕在开关、插座对应的接线柱上，再旋紧压头。

（2）独芯导线，可以把线芯直接插入接线孔内，再用顶丝将其压紧。

（3）连线的线芯不得外露。

7－37 暗装开关、插座怎样连线？

答 （1）首先把接的线从底盒内甩出，然后把导线与开关、插座的面板连接好。

（2）再把开关、插座推入底盒内。如果底盒较深，大约大于 2.5cm 时，可能需要加装套盒。

（3）然后对正底盒安装眼孔，再用机螺钉固定好。

（4）固定时，需要使面板端正，并且与墙面平齐。

7－38 明装开关、插座怎样连线？

答 （1）把接的线从明装底盒内甩出。

（2）把明装底盒紧贴在墙面，并且用螺钉固定好。

（3）如果是明配线，则明装底盒的隐线槽需要先顺对导线方向，再用螺钉固定好。

（4）明装底盒固定后，再甩出相线、中性线、保护地线，并且接好线，压牢。

（5）把开关、插座面板贴在明装底盒上，并且对中找正，再用螺钉固定好。

7－39 安装开关有哪些要求与标准？

答 （1）安装开关时，不得碰坏墙面，需要保持墙面清洁。

（2）安装开关的面板，需要端正严密，并且与墙面平。

（3）扳把开关接线时，把电源相线接到静触点接线柱上，动触点接线柱接灯具导线。

（4）扳把开关距地面的高度，一般为 1.4m。距门口为 150～200mm。开关不得安装于单扇门后。

（5）成排安装的开关高度需要一致，高低差不大于 2mm。

（6）多尘潮湿场所与户外，需要选择防水瓷制拉线开关或加装保护箱。

（7）多灯房间开关与控制灯具顺序不对应，需要在接线时，仔细分清各路灯具的导线，并且依次压接，保证开关方向一致。

（8）开关，一般不允许横装。

（9）开关安装的位置，需要便于操作。

（10）开关安装盒内需要清洁无杂物，表面也需要清洁不变形。

（11）开关安装完成后，不得再进行喷浆，以免破坏面板的清洁。

（12）开关安装在木结构内，需要注意做好防火处理。

（13）开关边缘距门框边缘的距离，为 0.15～0.2m。

（14）开关的安装位置要正确。

（15）开关的盖板，需要紧贴建筑物的表面。

（16）开关的面板不平整，与建筑物表面之间有缝隙，需要调整面板后再拧紧固定螺钉，使其紧贴建筑物表面。

（17）开关拱头接线，需要采用 LC 安全型压线帽压接总头后，再分支进行导线连接。

（18）开关接通与断开电源的位置需要一致。

（19）开关距地面高度，大约为 1.3m。

（20）开关没有断相线，需要及时改正。

（21）开关面板上有指示灯的，指示灯需要在上面。

（22）开关面板已经上好，盒子过深，没有加套盒处理时，需要及时补上。

（23）开关跷板上有红色标记的，需要朝上安装。ON 字母是开的标志，当跷板或面板上无任何标志时，需要装成开关，往上扳是电路接通，往下扳是电路切断。

（24）开关是切断相线，不得改成切断零线。

（25）开关位置需要与灯位相对应，同一室内开关方向要一致。

（26）拉线开关距地面的高度，一般为 2～3m。距门口为 150～200mm。拉线的出口，需要向下。

（27）拉线开关相邻间距，一般不小于 20mm。

（28）拉线开关在层高小于 3m 时，拉线开关距顶板不小于 100mm。

（29）民用住宅严禁装设床头开关。

（30）明线敷设的开关，安装在不小于 15mm 厚的木台上。

（31）明装开关的底板与暗装开关的面板并列安装时，开关的高度差，一般允许大约为 0.5mm，同一场所的高度差，一般允许大约为 5mm。面板的垂直允许偏差，一般允许大约 0.5mm。

（32）其他工种在施工时，不得碰坏、碰歪开关。

（33）双控开关的共用极（动触点）与电源的 L 线连接，另一个开关的共用桩与灯座的一个接线柱连接，灯座另一个接线柱应与电源的 N 线相连接，两个开关的静触点接线柱，用两根导线分别进行连接。

（34）双联开关有三个接线柱，其中两个分别与两个静触点连通，另一个与动触点接通。

（35）铁管进盒护口脱落、遗漏，安装开关接线时，需要注意把护口带好。

（36）同一房间的开关安装高度之差超出允许偏差范围，需要及时更正。

（37）为了美观，应选用统一的螺钉固定面板。

（38）易燃、易爆的场所，开关需要分别采用防爆型、密闭型，或者安装在其他处所控制。

7-40 安装插座有哪些要求与标准？

答 安装插座的一些要求与标准如下。

（1）安装插座接线时，需要注意把护口带好。

（2）安装插座时不得碰坏墙面，需要保持墙面的清洁。

（3）暗装的工业用插座距地面，一般不应低于 30cm。

（4）暗装的插座需要有专用盒，并且盖板需要端正严密，与墙面平。

（5）插座安装完成后，不得再次进行喷浆，以免破坏面板的清洁。

（6）插座安装在木结构内，需要做好防火处理。

（7）插座的安装底盒子内要清洁无杂物，不变形。

（8）插座的安装位置要正确。

（9）插座的底板、插座的面板并列安装时，插座的高度差允许大约为 0.5mm，同一场所的高度差大约为 5mm。面板的垂直允许偏差大约 0.5mm。

（10）插座的接地端子不得与零线端子连接。

（11）插座的接地线一般要单独敷设。

（12）插座的面板不平整，与建筑物表面间有缝隙，需要调整好。

（13）插座的相线、零线、地线压接混乱，需要及时改正。

（14）插座盖板紧贴建筑物的表面。

（15）插座盒，一般在距室内地坪 0.3m 处埋设。

（16）插座连接的保护接地线措施、相线与中性线的连接导线位置，需要符合规定。

（17）插座面板已经上好，盒子过深，没有加套盒处理，需要及时补上。

（18）插座使用的漏电开关，动作需要灵敏可靠。

（19）潮湿场所采用密封型，带保护地线触头的保护型插座，安装高度一般不低于 1.5m。

（20）成排安装的插座高低差不得大于 2mm。

（21）单相两孔插座，面对插座的右孔或上孔与相线连接，左孔或下孔与零线连接。

（22）单相三孔、三相四孔、三相五孔插座的接地或接零线接在上孔。

（23）单相三孔插座，面对插座的右孔与相线连接，左孔与零线连接。一些插座的插孔排列如图 7-5 所示。

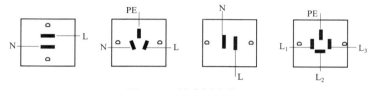

图 7-5　插座插孔排列

（24）儿童活动场所，需要采用安全插座。如果采用普通插座，则安装高度不得低于 1.5m。

（25）固定插座面板的螺钉尽量选择统一的螺钉。

（26）交流、直流或不同电压等级的插座安装在同一场所时，需要有明显的区别。

（27）落地插座，需要有保护盖板。

（28）其他工种在施工时，不要碰坏、碰歪插座。

（29）特别潮湿与有易燃、易爆气体、粉尘的场所，不得装设插座。

（30）特殊场所暗装的插座高度，一般不小于 0.15m。

（31）同一场所的三相插座，接线的相序要一致。

（32）同一房间的插座的安装高度差超出允许偏差范围，需要及时更正。

（33）同一室内安装的插座高度差不得大于 5mm。

7-41　墙壁插座怎样接线？

答　根据插座接线符号来接线，具体如图 7-6 所示。

插座接地线一般用黄绿双色线，然后先用试电笔找出相、中性线，再做好标记后进行连线。插座的 L 接线端子接相线，插座的 N 接线端子接中性线。

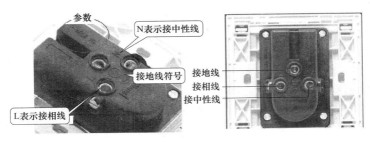

参数
N表示接中性线
接地线符号
接地线
接相线
接中性线
L表示接相线

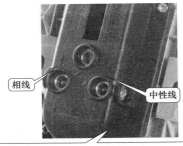

相线
中性线

插座里的接线标识L、N、PE等分别接线相线、中性线、地线、一般相线、中性线、地线的颜色分别是黄（红、绿）色、蓝色、黄绿双色。

图7-6 根据插座接线符号来接线

7-42 墙壁开关插座安装有哪些要求？

答 （1）墙壁开关插座安装前，需要充分考虑好是否需要安装、安装位置、安装效果，如图7-7所示。

（2）开关一般需要离地130～150cm，距离门框边15～20cm。

（3）门后一般不能够安装开关插座，有护墙板的墙壁开关位置至少距板顶端0.2m以上。

（4）明装开关插座离地面一般高于1.3m，插座不低于0.3m。

（5）龙头、灶台、浴缸上方与煤气表周围20cm不能安装开关插座。

（6）计算负荷率时，无固定负荷的插座一般以1000W来计算。

（7）普通插座一般使用2.5mm²的铜芯线。

（8）三孔插座，上孔接地线，右边接相线，左边接零线。

（9）两眼插座，右边接相线，左边接零线。

（10）安装导线接头需要充分与开关、插座后座接线桩头接触良好。

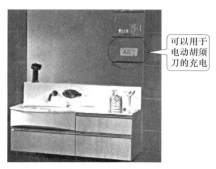

可以用于电动胡须刀的充电

图 7－7　安装效果

（11）安装墙壁开关时，一般情况下在进门的左侧，并且进门开关要用荧光型的开关。

（12）安装墙壁开关插座，接头需拧紧，安装要牢固。

（13）开关方向需要保持一致性。

（14）安装墙壁开关插座前，需要先保护好开关插座的面板，避免损坏、污染。

（15）在浴室、阳台内需要安装防溅型插座，或配备防水盒。

（16）家庭中的大电器严禁用两孔插座。

（17）浴室中的浴霸开关功率较大，需要多留位置。

（18）通常需要插拔的电器，可以用带开关的插座。

7－43　怎样安装插座面板？

答　安装插座面板的方法与要点如图7－8所示。

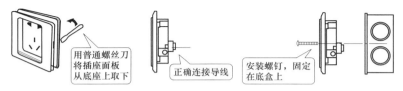

用普通螺丝刀将插座面板从底座上取下

正确连接导线

安装螺钉，固定在底盒上

图 7－8　安装插座面板的方法与要点

7－44　双控开关怎样接线？

答　单联开关是指组合在一起的两个单开，控制两个点位的灯光。双联双控开关多用于两个位置对同一个点位灯光开关的控制。双联开关可以分为

325

双联单控、双联双控。

双控开关接线分为单联双控开关接线和双联双控开关接线。单联双控开关的原理就是把两个单刀双掷开关串联起来后，再接入电路。其三个接线端分别连着两个触点与一个刀。单联双控开关的接线就是把两个单刀双掷开关的两个触点分别相连，两个开关的刀作为整个开关的两端。该两端就是接入电灯的两端，如图 7-9 所示。

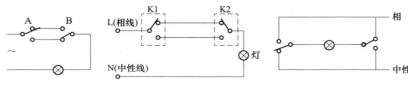

图 7-9　单联双控开关

双联双控开关接线就是通过两个按钮的开关来控制两个用电设备。先把一个双控开关的中间接线柱连接到相线，另一个双控开关的中间接线柱连接到灯头，如图 7-10 所示。

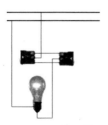

图 7-10　双联双控开关

7-45　怎样用墙壁开关控制插座电源？

答　用墙壁开关控制插座电源的连线方法如下：把相线接入开关的 L 接线端子上，然后从开关的 L2 接线端子上连接到插座 L 接线端子上。零线、地线分别直接接入插座的 N 接线端子与地线端子上。

7-46　墙壁开关插座安装不当的常见情况有哪些？

答　（1）在一个桩上接了两根导线。

（2）中性线、相线接错了。

（3）工作电压、工作电流与插座的功率不符。

（4）开关安装在可燃物体上。

（5）开关线芯露在外面或水汽渗入，造成短路的现象。

7-47　怎样安装组合模块卡装式多功能电气接插件？

答　安装组合模块卡装式多功能电气接插件的方法与要点如图 7-11 所示。

7-48　怎样安装组合调速开关？

答　安装组合调速开关的方法与要点如图 7-12 所示。

⚞ 7-49 怎样安装组合数码控制开关？

答 安装组合数码控制开关的方法与要点如图7-13所示。

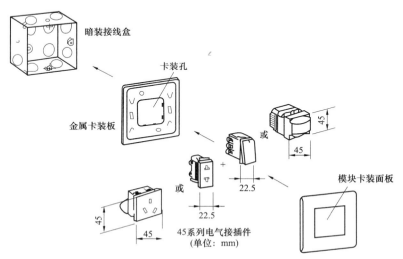

图 7-11 安装组合模块卡装式多功能电气接插件的方法与要点

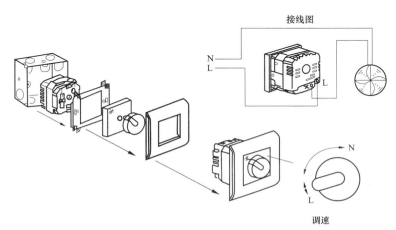

图 7-12 安装组合调速开关的方法与要点

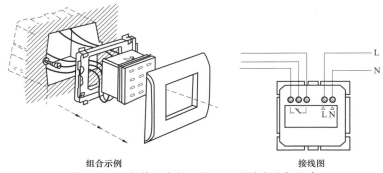

组合示例   接线图

图7-13　安装组合数码控制开关的方法与要点

7-50　电气照明装置施工与验收有哪些基本要求？

答　（1）电气照明装置的安装，需要根据已批准的文件、要求施工。如果修改时，需要经相关单位与人员同意，才可能进行。

（2）采用的设备、器材、运输、保管，均需要符合现行有关标准的规定。

（3）设备、器材到达施工现场后，需要检查、登记、核对。

（4）施工中的安全技术措施，均需要符合现行有关标准的规定。

（5）电气照明装置的接线需要牢固，电气接触需要良好。

（6）电气照明装置接地或接零的灯具、开关、插座等非带电金属部分，一般采用具有明显标志的专用接地螺钉。

（7）砖石结构中安装电气照明装置时，一般需要采用预埋吊钩、螺栓、螺钉、膨胀螺栓、尼龙塞或塑料塞固定，严禁使用木楔。

（8）砖石结构中安装电气照明装置时，如果无设计要求，则螺栓、螺钉等固定件的承载能力，需要与电气照明装置的重量相匹配。

（9）危险性较大、特殊危险场所，灯具距地面高度小于2.4m时，需要使用额定电压为36V及以下的照明灯具，或者采取相应的保护措施。

（10）安装在绝缘台上的电气照明装置，导线的端头绝缘部分一般需要伸出绝缘台的表面。

（11）电气照明装置施工前，对灯具安装有妨碍的模板、脚手架，一般可以拆除。

（12）电气照明装置施工前，顶棚、墙面等抹灰工作、地面清理工作应完成。

（13）电气照明装置施工结束后，对施工中造成的一些局部破损，需要修补完整。

◢ 7-51 室内灯具安装的一般规定有哪些？

答 （1）需要严格控制照明器具接线相位的准确性。

（2）照明灯具使用的导线最小线芯截面需要符合有关规定。

（3）照明灯具使用的导线，需要确保灯具承受一定的机械力与可靠的安全运行。

（4）照明灯具使用的导线工作电压等级不应低于交流 500V。

（5）固定灯具带电部件的绝缘材料、提供防触电保护的绝缘材料，需要选择耐燃烧、防明火的。

（6）软线吊灯的软线两端需要做保护扣，两端芯线需要搪锡。

（7）灯具的外形、灯头、接线需要符合有关规定。

（8）灯具与其配件要齐全，没有机械损伤、变形、涂层剥落、灯罩破裂等缺陷。

（9）灯头的绝缘外壳不得破损、漏电。

（10）带有开关的灯头，开关手柄需要无裸露的金属部分。

（11）连接灯具的软线盘扣、搪锡压线。

（12）采用螺口灯头时，相线接在螺口灯头中间的端子上。

（13）软线吊灯装升降器时，需要套塑料软管，需要采用安全灯头。

（14）除敞开式灯具外，其他各类灯具灯泡容量在 100W 及以上的，需要采用瓷质灯头。

（15）一般敞开式灯具，灯头对地面距离一般不小于下列数值：室外为 2.5m（室外墙上安装）、厂房为 2.5m、室内为 2m、软吊线带升降器的灯具在吊线展开后为 0.8m。

（16）灯具距地面高度小于 2.4m 时，灯具的可接近裸露导线必须接地，或接零，并且采用专用接地螺栓。

（17）在混凝土、砖混结构中，安装电气照明装置时，需要采用预埋吊钩、铁件、木砖、螺钉、膨胀螺栓、尼龙塞或塑料塞固定，严禁使用木楔。

（18）灯具固定需要牢固可靠，每个灯具固定用的螺钉或螺栓不应少于 2 个。

（19）绝缘台直径为 75mm 及以下时，可以采用 1 个螺钉或螺栓固定。

（20）采用钢管作灯具的吊杆时，钢管内径不应小于 10mm。钢管壁厚度不应小于 1.5mm。

（21）花灯吊钩圆钢直径不应小于灯具挂销直径，并且不小于 6mm。

（22）大型花灯的固定与悬吊装置，需要根据灯具质量的 2 倍做过载试验，做好试验记录。

（23）软线吊灯灯具质量在 0.5kg 及以下时，可以采用软电线自身悬吊安装。

（24）软线吊灯灯具质量大于 0.5kg 时，灯具安装固定需要采用吊链，软电线需要均匀编叉在吊链内，使电线不受拉力。

（25）吊灯灯具质量大于 3kg 时，需要采用预埋吊钩或螺栓固定。

（26）吊灯灯具质量大于 5kg 时，需要根据灯具质量的 2 倍做过载试验，做好试验记录。

（27）易燃、易爆场所，需要采用防爆式灯具。

（28）有腐蚀性气体、特别潮湿的场所，需要采用封闭式灯具，并且灯具的各部件需要做好防腐处理。

（29）除开敞式外，其他各类灯具的灯泡容量在 100W 以上的，均需要采用瓷灯口。

（30）灯内配线颜色要区分相线与零线。

（31）灯箱内的导线不应过于靠近热光源。

（32）穿入灯箱的导线在分支连接处，不得承受额外应力与磨损。

（33）穿入灯箱的多股软线的端头需盘圈、刷锡。

7-52 路灯、草坪灯、庭园灯、地灯的常见异常情况有哪些？

答 （1）灯杆掉漆、生锈、松动。

（2）灯罩太薄、破损、脱落。

（3）接地安装不符合要求，甚至没有接地线。

（4）草坪灯、地灯的灯泡瓦数太大，使用时灯罩温度过高，易烫伤人。

（5）路灯、草坪灯、庭园灯、地灯灯罩边角锋利易割伤人。

7-53 路灯、草坪灯、庭园灯、地灯常见异常的原因有哪些？

答 （1）选择灯具没有严格要求。

（2）防锈层没有做好。

（3）对接地认识不足。

（4）灯罩的玻璃或塑料强度不够。

（5）固定灯座的螺栓不符合要求。

（6）只考虑照度，疏忽了可能会对行人触摸时造成的伤害。

7-54　怎样安装 LED 灯？

答　安装 LED 灯的方法与主要步骤如图7-14 所示。

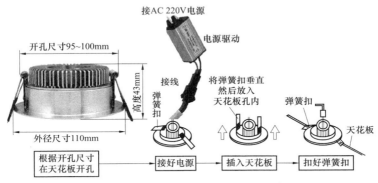

接AC 220V电源

电源驱动

开孔尺寸95~100mm

高度43mm

接线

弹簧扣

将弹簧扣垂直
然后放入
天花板孔内

弹簧扣

天花板

外径尺寸110mm

| 根据开孔尺寸在天花板开孔 | → | 接好电源 | ← | 插入天花板 | ← | 扣好弹簧扣 |

图 7-14　安装 LED 灯的方法与主要步骤

7-55　怎样选择灯具导线？

答　选择灯具导线的最小截面见表7-11。

表 7-11　　　　　　　选择灯具导线的最小截面

灯具安装场所、用途		线芯最小截面（mm²）		
		铜芯软线	铜线	铝线
灯头线	民用建筑室内	0.4	0.5	2.5
	工业建筑室内	0.5	0.8	2.5
	室外	1.0	1.0	2.5
移动用电设备的导线	生活用	0.4	—	—
	生产用	1.0	—	—

7-56　灯具施工与验收有哪些要求？

答　（1）灯具与其配件需要齐全，并且没有机械损伤、变形、油漆剥落、灯罩破裂等异常情况。

（2）根据灯具的安装场所、用途，引向每个灯的导线线芯最小截面需要符合有关规定。

（3）灯具不得直接安装在可燃构件上。

（4）灯具表面高温部位靠近可燃物时，必须采取隔热、散热措施。

（5）变电站内，高压配电设备、低压配电设备、母线的正上方，不能够安装灯具。

（6）室外安装的灯具，距地面的高度不能够小于3m。

（7）室外安装的灯具，在墙上安装时，距地面的高度不能够小于2.5m。

（8）螺口灯头的接线，相线需要接在中心触头的端子上，零线需要接在螺纹的端子上。

（9）螺口灯头的接线，灯头的绝缘外壳不能够有破损与漏电现象。

（10）螺口灯头的接线，对带开关的灯头、开关手柄不能够有裸露的金属部分。

（11）装有白炽灯泡的吸顶灯具，灯泡不能够紧贴灯罩。

（12）白炽灯泡与绝缘台间的距离小于5mm时，灯泡与绝缘台间需要采取隔热措施。

（13）采用钢管作灯具的吊杆时，钢管内径不能够小于10mm，钢管壁厚度不能够小于1.5mm。

（14）吊链灯具的灯线不能够受拉力。

（15）吊链灯具灯线需要与吊链编叉在一起。

（16）软线吊灯的软线两端需要做保护扣。

（17）软线吊灯的软线两端芯线需要搪锡。

（18）同一室内或场所成排安装的灯具，其中心线偏差不能够大于5mm。

（19）日光灯、高压汞灯与其附件需要配套使用，安装位置需要便于检查、维修。

（20）灯具固定需要牢固可靠，每个灯具固定用的螺钉或螺栓一般不少于2个。

（21）灯具固定需要牢固可靠，绝缘台直径为75mm及以下时，可以采用1个螺钉或螺栓固定。

（22）每套路灯需要在相线上装设熔断器。

（23）架空线引入路灯的导线，在灯具入口处，需要做防水弯处理。

（24）36V及以下照明变压器电源侧，需要有短路保护，其熔丝的额定电流不能够大于变压器的额定电流。

（25）外壳、铁心、低压侧的任意一端或中性点，均需要接地或接零。

（26）固定在移动结构上的灯具，其导线需要敷设在移动构架的内侧。

（27）固定在移动结构上的灯具，移动构架活动时，导线不能够受拉力、磨损等异常现象。

（28）吊灯灯具质量大于 3kg 时，一般需要采用预埋吊钩、螺栓固定。

（29）软线吊灯灯具质量大于 1kg 时，一般需要增设吊链。

（30）投光灯的底座、支架，需要固定牢固，枢轴需要沿需要的光轴方向拧紧固定。

（31）金属卤化物灯安装高度需要大于 5m，导线应经接线柱与灯具连接，不得靠近灯具表面。

（32）金属卤化物灯灯管必须与触发器、限流器配套使用。

（33）金属卤化物灯落地安装的反光照明灯具，一般需要采取保护措施。

（34）嵌入顶棚内的装饰灯具，一般需要固定在专设的框架上，导线不能够贴近灯具外壳、灯盒内应留有余量、灯具的边框应紧贴在顶棚面上。

（35）嵌入顶棚内的矩形灯具的边框，一般需要与顶棚面的装饰直线平行，其偏差不能够大于 5mm。

（36）嵌入顶棚内的日光灯管组合的开启式灯具，灯管排列需要整齐，金属或塑料的间隔片不应有扭曲等异常情况。

（37）固定花灯的吊钩，其圆钢直径不能够小于灯具吊挂销、钩的直径，并且不得小于 6mm。

（38）大型花灯、吊装花灯的固定、悬吊装置，一般需要根据灯具质量的 1.25 倍做过载试验。

（39）安装在重要场所的大型灯具的玻璃罩，一般需要根据设计要求采取防止碎裂后向下溅落的措施。

（40）公共场所用的应急照明灯、疏散指示灯，一般需要有明显的标志。

（41）公共场所用的应急照明灯、疏散指示灯，无专人管理的公共场所照明需要装设自动节能开关。

🖋 7-57　照明用灯头线的最小允许截面是怎样的？

答　照明用灯头线的最小允许截面见表7-12。

表 7-12　　　　照明用灯头线的最小允许截面

项目	线芯最小截面（mm²）		
	铜芯软线	铜线	铝线
工业建筑室内用	0.5	0.8	2.5

续表

项目	线芯最小截面（mm²）		
	铜芯软线	铜线	铝线
民用建筑室内用	0.4	0.5	2.5
生产用	1.0	—	—
生活用	0.4	—	—
室外用	1.0	1.0	2.5

7-58 灯具、吊扇安装常见的材料有哪些？

答 灯具、吊扇安装，可以适用于室内、外电气照明、灯具、吊扇安装工程。一般的灯具、吊扇安装不适用于特殊场所，如船舶、矿井等地的电气照明灯具、吊扇安装工程。

一般的灯具、吊扇安装需要的常见材料有塑料（木）台、吊管、吊钩、瓷接头、支架、灯卡具（爪子）、弹簧、吊链、线卡子、灯罩、尼龙丝网、灯头铁件、铅丝、胀管、木螺钉、螺栓、螺母、垫圈、灯架、灯口、日光灯脚、灯泡、灯管、镇流器、电容器、启辉器、启辉器座、熔断器、吊盒（法兰盘）、软塑料管、焊锡、焊剂、松香、酒精、橡胶绝缘带、粘塑料带、黑胶布、砂布、抹布、石棉布等。

7-59 灯具、吊扇安装常见材料的要求是怎样的？

答 灯具、吊扇安装常见材料的一些要求见表 7-13。

表 7-13　　　灯具、吊扇安装常见材料的一些要求

名称	解　说
瓷接头	（1）瓷接头需要完好无损。 （2）瓷接头配件齐全
灯卡具（爪子）	塑料灯卡具（爪子）不得有裂纹、缺损等异常现象
吊钩	（1）花灯的吊钩，其圆钢直径一般不得小于吊挂销钉的直径，并且不得小于 6mm。 （2）吊扇的挂钩，不得小于悬挂销钉的直径，并且不得小于 10mm
吊管	采用钢管作为灯具的吊管时，钢管内径一般不得小于 10mm

续表

名称	解　说
塑料（木）台	（1）塑料台需要有足够的强度。 （2）塑料台受力后，无弯翘变形等异常现象。 （3）木台需要完整无劈裂，油漆完好无脱落
支架	需要根据灯具的重量选择相应规格的镀锌材料做成的支架

7-60　灯具、吊扇安装需要的机具有哪些？

答　灯具、吊扇安装需要的一些机具如下：锯条、压力案子、扁锉、手锤、錾子、钢锯、圆锉、剥线钳、扁口钳、尖嘴钳、红铅笔、卷尺、小线、丝锥、一字改锥、十字改锥、线坠、水平尺、套丝板、电炉、电烙铁、锡锅、锡勺、手套、安全带、扎锥、活扳手、台钳、台钻、电钻、绝缘电阻表、万用表、电锤、射钉枪、工具袋、工具箱、高凳等。

7-61　灯具、吊扇安装作业条件有哪些？

答　（1）对灯具安装有影响的模板、脚手架，已经拆除。

（2）盒子口完好。

（3）混凝土楼板，需要预埋螺栓。吊顶内，需要预下吊杆。

（4）结构施工中，做好预埋工作。

（5）木台、木板油漆完好。

（6）棚、墙面的抹灰工作、室内装饰浆活、地面清理工作，均已经完成。

7-62　灯具、吊扇安装的工艺流程是怎样的？

答　检查灯具、检查吊扇→组装灯具、组装吊扇→安装灯具、安装吊扇→通电试运行。

7-63　怎样检查灯内配线？

答　（1）灯内配线，需要符合有关要求与规定。

（2）穿入灯箱的导线在分支连接的地方，不得承受额外应力与磨损。

（3）穿入灯箱的多股软线的端头，需要盘圈、涮锡。

（4）灯箱内的导线，不能够太靠近热光源，一般需要采取隔热措施。

（5）日光灯的接线要正确。

（6）使用螺灯口时，相线必须压在灯芯柱上。

7-64　怎样检查特征灯具？

答　（1）标志灯的指示方向需要正确无误。

（2）供局部照明的变压器需要是双圈的，一、二次侧均需要装有熔断器。

（3）事故照明灯具，需要有特殊的标志。

（4）携带式局部照明灯具用的导线，需要采用橡套导线，接地或接零线需要在同一护套内。

（5）应急灯需要灵敏可靠。

7-65　怎样组装组合式吸顶花灯？

答　（1）首先把灯具的托板放平。

（2）如果托板是多块拼装的，则把所有的边框对齐，并且用螺钉固定好成一体。

（3）把各个灯口装好。

（4）确定出线、走线的位置。

（5）把端子板（瓷接头）用机螺钉固定在托板上。

（6）根据固定好的端子板（瓷接头）到各灯口的距离掐线。

（7）掐好的导线削出线芯，并且盘好圈后，进行涮锡。

（8）把涮锡导线压入各个灯口。

（9）理顺各灯头的相线、零线，并且用线卡子分别固定。

（10）根据供电要求分别压入端子板。

7-66　怎样组装吊顶花灯？

答　（1）把导线从各个灯口穿到灯具本身的接线盒里。

（2）一端盘圈，涮锡后压入各个灯口。

（3）理顺各个灯头的相线、零线。

（4）另一端涮锡后，根据相序分别连接好。

（5）包扎好，并且甩出电源引入线。

（6）把电源引入线从吊杆中穿出。

7-67　怎样安装普通灯具？

答　安装普通灯具的主要步骤见表7-14。

表 7-14　　　　　　　安装普通灯具的主要步骤

步骤	解　说
塑料（木）台的安装	（1）把接灯线从塑料/木台的出线孔中穿出。 （2）把塑料/木台紧贴住建筑物表面。 （3）塑料/木台的安装孔，需要对准灯头盒的螺孔。 （4）再用机螺钉，把塑料/木台固定好

续表

步骤	解　说
穿线、固定	（1）把从塑料/木台甩出的导线留出适当的维修长度，然后削出线芯。 （2）把线芯推入灯头盒内，线芯需要高出塑料/木台的台面。 （3）用软线在接灯线芯上缠绕 5～7 圈后，再把灯线芯折回压紧。 （4）用粘塑料带、黑胶布分层包扎紧密，包扎好的接头要调顺，扣在法兰盘内。 （5）法兰盘需要与塑料/木台的中心找正，然后用长度小于 20mm 的木螺钉固定好

7-68　安装普通灯具有哪些要求？

答　（1）灯具固定，需要可靠牢固，不得使用木楔。

（2）每个灯具固定用螺钉或螺栓不少于 2 个，当绝缘台直径在 75mm 与以下时，可以采用一个螺钉或螺栓固定。

（3）采用螺口灯头的灯具，相线需要接在螺口灯头中间的端子上，中性线需要接在螺纹的端子上。

（4）灯具距地面高度小于 2.4m 时，灯具的可接近裸露导体必须可靠接地或接零，并且采用专用接地螺栓连接，具有标志。

7-69　怎样安装自在器吊灯？

答　（1）根据灯具的安装高度、数量，把吊线全部预先掐好。

（2）灯具的安装高度，需要保证在吊线全部放下后，其灯泡底部距地面高度为 800～1100mm。

（3）削出线芯。

（4）盘圈、涮锡、砸扁。

（5）根据已掐好的吊线长度，断取软塑料管。

（6）把塑料管的两端管头剪成两半，长度大约为 20mm，并且把吊线穿入塑料管。

（7）把自在器穿套在塑料管上。

（8）把吊盒盖、灯口盖，分别套入吊线两端，并且挽好保险扣。

（9）把剪成两半的软塑料管端头紧密搭接，加热粘合。

（10）把灯线压在吊盒、灯口螺柱上。

（11）螺钉口的，需要找出相线，做好标记。

（12）把吊线灯安装好。

7-70 怎样安装组合式吸顶花灯？

答 （1）根据预埋的螺栓、灯头盒的位置，在灯具的托板上用电钻开好安装孔、出线孔。

（2）安装时，把托板托起，并且把电源线与从灯具甩出的导线连接好，并且包扎好。

（3）尽可能地把导线塞入灯头盒内。

（4）把托板的安装孔对准预埋螺栓，使托板四周与顶棚贴紧，并且用螺母拧紧。

（5）调整好各个灯口。

（6）悬挂好灯具的各种装饰物，并且上好灯管、灯泡。

7-71 怎样安装吊式花灯？

答 （1）把灯具托起，并且把预埋好的吊杆插入灯具内。

（2）把吊挂销钉插入后，将其尾部掰开成燕尾状，并且将其压平。

（3）导线接好，包扎好。

（4）理顺导线，然后向上推起灯具上部的扣碗。

（5）将接头放在其内，并且把扣碗紧贴顶棚，然后把螺钉拧好。

（6）调整好各个灯口。

（7）上好灯泡，配好灯罩。

吊花灯的安装图例如图 7-15 所示。

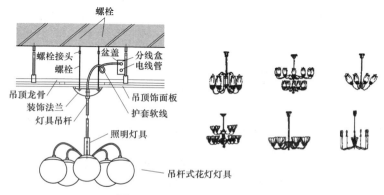

图 7-15　吊花灯的安装图例

7-72　怎样安装光带？

答　(1) 根据灯具的外形尺寸，确定支架的支撑点。

(2) 根据灯具的具体重量，选择好支架。

(3) 根据灯具的安装位置，用预埋件或用胀管螺栓把支架固定好。

(4) 轻型光带的支架，可以直接固定在主龙骨上。

(5) 大型光带的支架，需要先下好预埋件，然后把光带的支架用螺钉固定在预埋件上，再固定好支架。

(6) 把光带的灯箱，用机螺钉固定在支架上。

(7) 然后把电源线，引入灯箱与灯具的导线连接好，并且包扎好。

(8) 调整各个灯口、灯脚，并且装上灯泡、灯管，上好灯罩。

(9) 调整灯具的边框与顶棚面的装修直线平行。

(10) 灯具对称的，其纵向中心轴线需要在同一直线上，并且偏斜不得大于 5mm。

7-73　怎样安装壁灯？

答　(1) 根据灯具的外形，选择合适的木台/板，或灯具底托。

(2) 把灯具摆放木台/板，或者底托上面，并且四周留有一定余量。

(3) 用电钻在木板上开好出线孔、安装孔，在灯具的底板上开好安装孔。

(4) 把灯具的灯头线，从木台/板的出线孔中甩出。

(5) 墙壁上的灯头盒内接线头，并且包好。

(6) 把接线头塞入盒内。

(7) 把木台或木板对正灯头盒，并且贴紧墙面，用机螺钉把木台直接固定在盒子耳朵上，木板可以用胀管固定好。

(8) 调整木台/板，或灯具底托，使其平正。

(9) 用机螺钉，把灯具拧在木台/板，或灯具底托上。

(10) 配好灯泡、灯罩。

(11) 室外的壁灯，其台板或灯具底托，与墙面间需要加防水胶垫，并且需要打好泄水孔。

托架壁灯的安装图例如图 7-16 所示。

7-74　怎样安装手术台无影灯？

答　(1) 固定螺钉的数量，不得少于灯具法兰盘上的固定孔数，并且螺栓直径需要与孔径配套。

(2) 固定无影灯底座时，均需要采用双螺母。

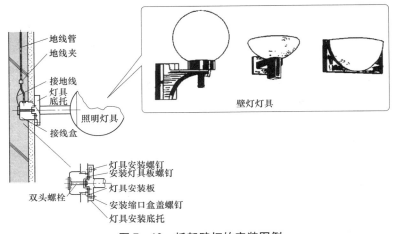

图 7－16　托架壁灯的安装图例

（3）混凝土结构上，预埋螺栓需要与主筋相焊接，或将挂钩末端弯曲与主筋绑扎锚固。

7－75　怎样直附安装荧光灯？

答　直附安装荧光灯的一些要求与方法如图7－17所示。

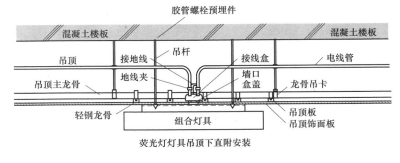

荧光灯灯具吊顶下直附安装

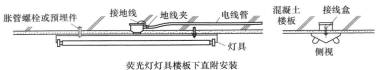

荧光灯灯具楼板下直附安装

图 7－17　直附安装荧光灯的一些要求与方法

7-76　怎样安装卤钨灯？

答　（1）安装卤钨灯泡时，需要把电源关掉，利用塑料套保护灯泡玻璃壳清洁，不要用手触摸。如果不慎触摸了玻璃壳，则可以用酒精擦拭干净。

（2）卤钨灯泡使用耐高温的石英玻璃制成，如果沾上油污，会使石英玻璃失去光泽、变成白浊色、减低亮度、缩短寿命、玻璃壳破裂等。

（3）卤钨灯泡点灯时，封口处的温度不可超过 $350°$，以免缩短卤钨灯泡的寿命。

（4）卤钨灯具，需要良好的通风散热。

（5）卤钨灯泡点灯时，需要避免冷气直接吹向灯泡。

（6）卤钨灯泡点灯中，需要避免受到冲击或震动。

（7）卤钨灯泡点灯中或刚熄灯后，灯泡温度仍高，不可用手去触摸。

7-77　怎样安装吊扇？

答　（1）吊扇挂钩安装要牢固，吊扇挂钩的直径一般不小于吊扇挂销直径，并且不小于 8mm。

（2）挂钩有防振橡胶垫。

（3）挂销的防松零件应齐全可靠。

（4）吊扇扇叶距地高度，一般不小于 2.5m。

（5）吊扇组装不得改变扇叶角度，扇叶固定螺栓的防松零件要齐全。

（6）吊杆间、吊杆与电动机间的螺纹连接，啮合长度一般不小于 20mm，并且防松零件齐全紧固。

（7）吊扇接线正确。

（8）吊扇运转时，扇叶无明显颤动与异常声响。

7-78　怎样在安装前检查吊扇？

答　（1）吊杆上的悬挂销钉需要装设防震橡皮垫与防松装置。

（2）吊扇的各种零配件需要齐全。

（3）扇叶需要无变形、受损的情况。

7-79　怎样组装吊扇？

答　（1）吊杆间、吊杆与电动机间，螺纹连接的啮合长度，不得小于 20mm，并且需要有防松装置。

（2）扇叶的固定螺钉，需要有防松装置。

（3）组装时，严禁改变扇叶角度。

7-80 壁扇施工与验收有哪些要求？

答 （1）壁扇底座可以采用尼龙塞或膨胀螺栓固定。

（2）壁扇固定的尼龙塞或膨胀螺栓的数量不应少于两个，并且直径不应小于 8mm。

（3）壁扇底座需要固定牢固。

（4）壁扇的安装，其下侧边缘距地面高度不应小于 1.8m，并且底座平面的垂直偏差不宜大于 2mm。

（5）运转时，扇叶与防护罩均不能有明显的颤动、异常声响。

（6）壁扇防护罩需要扣紧、固定可靠。

7-81 怎样交接验收工程？

答 （1）检查并列安装的相同型号的灯具、开关、插座、照明配电箱（板），其中心轴线、垂直偏差、距地面高度是否符合要求。

（2）暗装开关、插座的面板，盒（箱）周边的间隙是否符合要求。

（3）交流、直流、不同电压等级电源插座的安装是否符合要求。

（4）照明配电箱的安装是否符合要求。

（5）照明配电箱的回路编号是否符合要求。

（6）回路绝缘电阻测试、灯具试亮、灯具控制性能测试是否符合要求。

（7）接地或接零是否符合要求。

（8）大型灯具的固定是否符合要求。

（9）吊扇、壁扇的防松、防振措施是否具有，或者是否正确。

（10）工程交接验收时，技术资料与文件是否符合要求。

7-82 工程交接验收时提交的技术资料与文件有哪些？

答 （1）合格证。

（2）试验记录。

（3）安装技术记录。

（4）产品的说明书。

（5）变更设计的证明文件。

（6）竣工图。

7-83 怎样确定直埋电缆的预留长度？

答 电缆敷设过程中，电缆接头处均需要预留长度，具体的预留长度见表 7-15。

表 7 - 15   预 留 长 度

项 目 名 称	预留长度（m）	说 明
电缆中间接线盒	两端各留 2m	检修余量
电缆进入控制及保护屏	高＋宽	按盘面尺寸
高压开关柜及低压配电屏	2.0	盘下进出线
电缆之电动机	0.5	不包括接线盒至地坪距离
电缆敷设长度，弯度，交叉	2.5％	按全长计算
电缆进入建筑物	2.0	规程规定最小值
变电站进线、出线	1.5	规程规定最小值
电力电缆终端头	1.5	检修余量

7 - 84　电缆、母线安装常见异常与预防措施是怎样的？

答　电缆、母线安装常见异常与预防措施见表 7 - 16。

表 7 - 16　　　电缆、母线安装常见异常与预防措施

现 象	预 防 措 施
（1）电缆安装后，没有统一挂牌。 （2）电缆安装后，电缆在电缆沟、桥架中敷设杂乱。 （3）电缆穿过进户管后，没有封堵严密。 （4）母线的插接箱子安装不平直。 （5）母线的插接箱子各段母线太长，不易安装。 （6）接线端子（线耳）过大或过小，壁太薄，压接头时破裂。 （7）在竖井中，电缆孔堵封不严密。	（1）电缆施工时，需要协调好。 （2）大小电缆分别排好走向、位置。安装完毕后，需要统一用防潮防腐纸牌挂牌，并且注明各电缆的线路编号、型号、规格、起讫点。 （3）电缆挂牌位置为：电缆终端头、电缆拐弯、电缆夹层内、竖井的两端、电缆沟的工艺孔等。 （4）电缆支架、接线端子等材料需要符合要求。 （5）压接接头时，准确选择相对应的油压钳与对应的套件。 （6）每段母线不得大于每层楼高，一般不大于3m，以方便楼内搬运、安装。 （7）母线、配件进场时，需要验货。 （8）安装插接箱时，需要横平竖直，与母线接触要可靠、牢固。 （9）强电竖井的面积不能够太小，以免造成强电竖井布置困难。

续表

现 象	预 防 措 施
（8）在竖井中，垂直固定电缆的支架太小、太软、向下倾斜	（10）用麻丝与沥青混合物堵封竖井电缆通过的洞口，有室外进户管到地下室时，管口要做防水处理。 （11）竖井中堵封后，需要清理干净现场

✒ 7-85 室内外电缆沟构筑物与电缆管敷设常见异常与预防措施是怎样的？

答 室内外电缆沟构筑物与电缆管敷设常见异常与预防措施见表7-17。

表 7-17 室内外电缆沟构筑物与电缆管
敷设常见异常与预防措施

现 象	预 防 措 施
（1）电缆沟和混凝土支架安装不平直。 （2）电缆沟、电缆管排水不畅。 （3）接地极在电缆沟中不平直、松脱，部分管漏焊等。 （4）钢管防锈防腐漆不均匀，密封性不够。 （5）钢管管内没有做防锈、防腐处理。 （6）电缆过路管，埋设深度不够，喇叭口破裂、不规则	（1）安装混凝土支架时，需要拉线找平、找垂直。 （2）电缆沟底部排水沟坡度不应小于0.5%，并且设集水坑、积水直接排入下水道。 （3）喇叭口要求均匀整齐、没有裂纹。 （4）电缆管需要用厚壁铜管，并且内外均需要涂刷防腐、防锈漆或沥青，漆面要均匀。 （5）两根电缆管对接时，内管口应对准，然后加短套管，再密封地焊接。 （6）通过过路管时，需要分别与各条钢管搭接，搭接处做好防腐防锈处理。 （7）电缆管预埋时，需要保证深度在0.7m以下。如果客观条件不能满足，则需要在管上面做水泥砂浆包封，以确保管道不被压坏。 （8）电缆沟中的接地扁钢安装要牢固，一般每隔0.5～1.5m安装一个固定端子，高沟底高度为250～300mm

✒ 7-86 电缆桥架电缆最小允许弯曲半径是多少？

答 电缆桥架转弯处的弯曲半径，一般要求不小于桥架内部电缆最小允许弯曲半径，电缆最小允许弯曲半径见表 7 - 18。

表 7 - 18　　　　　　　电缆最小允许弯曲半径

电 缆 种 类	最小允许弯曲半径
多芯控制电缆	$10D$
交联聚氯乙烯绝缘电力电缆	$15D$
聚氯乙烯绝缘电力电缆	$10D$
无铅包钢铠护套的橡皮绝缘电力电缆	$10D$
有钢铠护套的橡皮绝缘电力电缆	$20D$

注　D 为电缆外径。

7 - 87　电缆桥架敷设与其他管道最小净距是多少？

答　电缆桥架敷设在易燃、易爆气体管道与热力管道的下方，如果设计没有要求时，与管道的最小净距需要符合表 7 - 19 的要求。

表 7 - 19　　　　　　电缆桥架与管道的最小净距

管道类别	平行净距（m）	交叉净距（m）
热力管道无保温层	1.0	0.5
热力管道有保温层	0.5	0.3
一般工艺管道	0.4	0.3
易燃易爆气体管道	0.5	0.5

7 - 88　电缆敷设固定点的间距是多少？

答　电缆敷设需要排列整齐，其中水平敷设的电缆，首尾两端、转弯两侧、每隔 5～10m 处需要设立固定点。敷设在垂直桥架内的电缆的固定点间距，不应大于表 7 - 20 的要求。

表 7 - 20　　　　　　　　电缆固定点的间距

电缆种类	固定点的间距（mm）
电力电缆全塑型	1000
电力电缆除全塑型外的电缆	1500
控制电缆	1000

✎ 7-89 电缆支架间或固定点间的最大间距是多少？

答 电缆支架间或固定点间的最大间距见表7-21。

表7-21 电缆支架间或固定点间的最大间距

电缆种类 敷设方式	塑料护套、铝包、铅包、钢带铠装		钢丝铠装
	电力电缆	控制电缆	
水平敷设	1.00	0.80	3.00
垂直敷设	1.50	1.00	6.00

✎ 7-90 电缆沟内和电缆竖井内电缆支架层间最小允许距离是多少？

答 设计没有要求时，电缆支架最上层到竖井顶部或楼板的距离一般不应小于150～200mm。电缆支架最下层到沟底或地面的距离一般不应小于50～100mm。设计没有要求时，电缆支架层间最小允许距离一般需要符合表7-22的要求。

表7-22 电缆支架层间最小允许距离

电 缆 种 类	支架层间最小距离（mm）
控制电缆	120
10kV及以下电力电缆	150～200

✎ 7-91 电缆沟内与电缆竖井内电缆支持点间距是多少？

答 电缆沟内与电缆竖井内电缆排列需要整齐，少交叉。如果设计没有要求时，电缆支持点间距一般不大于表7-23的要求。

表7-23 电缆支持点间距

电 缆 种 类	敷设方式水平（mm）	敷设方式垂直（mm）
电力电缆除全塑型外的电缆	800	1500
电力电缆全塑型	400	1000
控制电缆	800	1000

✎ 7-92 钢索配线零件间与线间距离是多少？

答 钢索中间吊架间距一般不应大于12m，吊架与钢索连接处的吊钩深度一般不应小于 20mm，应有防止钢索跳出的锁定零件。电线与灯具在钢索上安装后，钢索需要承受全部负载，并且钢索表面需要整洁、没有锈蚀。钢索配线的零件间与线间距离需要符合表 7 - 24 的要求。

表 7 - 24　　　　　　钢索配线的零件间与线间的距离

配线类别	支持件间最大距离（mm）	支持件与灯头盒间最大距离（mm）
刚性绝缘导管	1000	150
钢管	1500	200
塑料护套线	200	100

7 - 93　怎样检查电缆头制作、接线与线路绝缘？

答　检查电缆头制作、接线与线路绝缘的一些要求如下。

（1）截面在 10mm^2 及以下的单股铜芯线与单股铝芯线，可以直接与设备、器具的端子连接。

（2）截面在 2.5mm^2 及以下的多股铜芯线拧紧搪锡或接续端子后，可以与设备、器具的端子连接。

（3）截面大于 2.5mm^2 的多股铜芯线，除了设备自带插接式端子外，接续端子后，可以与设备或器具的端子连接。

（4）多股铜芯线与插接式端子连接前，端部需要拧紧搪锡。

（5）多股铝芯线接续端子后，可以与设备、器具的端子连接。

（6）每个设备、器具的端子接线不能够多于 2 根电线。

（7）电线、电缆的芯线连接金具，其规格需要与芯线的规格相适配，并且不得采用开口端子。

（8）电线、电缆的回路标记需要清晰准确。

（9）高压电力电缆直流耐压试验需要根据相关规定交接试验合格。

（10）低压电线与电缆，线间与线对地间的绝缘电阻值，一般必须大于 0.5MΩ。

（11）电线、电缆接线必须准确，并联运行电线或电缆的型号、规格、长度、相位需要一致。

（12）铠装电力电缆头的接地线，一般需要采用铜绞线或镀锡铜编织线，横截面积一般不能够小于表 7 - 25 的要求。

表 7 - 25   电缆芯线与接地线横截面积

电缆芯线横截面积（mm²）	接地线横截面积（mm²）
120mm²及以下	16
150mm²及以上	25

注　电缆芯线横截面积在 16mm²及以下，接地线横截面积与电缆芯线截面积相等。

7 - 94　怎样选择灯具的防爆结构？

答　选择灯具种类与防爆结构的方法与要点见表7- 26。

表 7 - 26   灯具种类与防爆结构的选型

照明设备种类	爆炸危险区域防爆结构			
	Ⅰ 区		Ⅱ 区	
	隔爆型 d	增安型 e	隔爆型 d	增安型 e
固定式灯	○	×	○	○
携带式电池灯	○	—	○	—
移动式灯	△	—	○	—
镇流器	○	△	○	○

注　○为适用、△为慎用、×为不适用。

7 - 95　怎样安装庭院灯？

答　（1）每套灯具的导电部分对地绝缘电阻值一般需要大于 2MΩ。

（2）立柱式路灯、落地式路灯、特种园艺灯等灯具与基础固定要可靠，地脚螺栓需要备帽齐全。

（3）架空线路电杆上的路灯要固定可靠，紧固件齐全。每套灯具一般需要配有熔断器保护。

（4）金属立柱、灯具可接近裸露导体接地或接零需要可靠。

（5）金属立柱、灯具可接近裸露导体接地线一般需要单设干线，干线沿庭院灯布置位置形成环网状，并且不少于 2 处与接地装置引出线连接。

（6）干线引出支线与金属灯柱、灯具的接地端子连接，一般需要具有标志。

（7）灯具的自动通、断电源控制装置动作要准确。

（8）灯具的接线盒或熔断器盒，盒盖的防水密封垫需要完整。

7-96 建筑物照明通电试运行有什么要求？

答 （1）照明系统通电，灯具回路控制需要与照明配电箱、回路的标志一致。

（2）开关与灯具控制顺序需要对应好。

（3）风扇的转向与调速开关应正常。

（4）公用建筑照明系统通电连续试运行时间一般为 24h。

（5）民用住宅照明系统通电连续试运行时间一般为 8h。

（6）照明系统通电试运行时，所有照明灯具均需要开启，并且每 2h 记录运行状态 1 次，连续试运行时间内应没有故障。

7-97 怎样安装行灯？

答 （1）行灯变压器的固定支架需要牢固，油漆应完整。

（2）灯体与手柄绝缘需要良好、坚固、耐热、耐潮湿。

（3）灯头与灯体结合需要紧固好。

（4）灯头应无开关，灯光外部应有金属保护网。

（5）灯金属网、反光罩、悬吊挂钩均应固定在灯具的绝缘手柄上。

（6）变压器外壳、铁心、低压侧的任意一端或中性点，接地或接零应可靠。

（7）携带式局部照明灯具所用的导线一般采用橡胶软线，接地线或接零线一般位于同一护套线内。

（8）灯具导线需要敷在托架的内部，不应在托架的活动连接处受到拉力与磨损，一般需要加套塑料套予以保护。

（9）行灯电压一般不得超过 36V。

（10）在特殊潮湿场所、导电良好的地面上、工作地点狭窄场所、行动不便场所，行灯电压一般不得大于 12V。

7-98 怎样安装应急照明灯具？

答 （1）应急照明灯的电源除正常电源外，另有一路电源供电，或者是独立于正常电源的柴油发电机组供电，或者由蓄电池柜供电。

（2）可以自带电源型应急灯具。

（3）不能够在疏散标志灯的周围设置容易混同疏散标志灯的其他标志牌。

（4）应急照明在正常电源断电后，电源转换时间如下：安全照明不大于 0.5s、疏散照明不大于 15s、备用照明不大于 15s（金融商店交易所不大于 1.5s）。

（5）疏散照明一般由安全出口标志灯、疏散标志灯组成。

（6）安全出口标志灯距地高度一般不低于 2m，并且安装在疏散出口、楼梯口里侧的上方。

（7）疏散标志灯一般安装在安全出口的顶部、楼梯间、疏散走道、相关转角处，并且安装在 1m 以下的墙面上。

（8）不易安装的部位，可以安装在墙面的上部。

（9）疏散通道上的标志灯间距一般不大于 20m（人防工程一般不大于 10m）。

（10）疏散标志灯的设置，不能够影响正常的通行。

（11）采用白炽灯、卤钨灯等光源时，不能够直接安装在可燃装修材料、可燃物件上。

（12）应急照明线路在每个防火分区，一般需要有独立的应急照明回路，穿越不同防火分区的线路需要有防火隔堵措施。

（13）疏散照明线路一般需要采用耐火电线、电缆。

（14）疏散照明电线一般需要采用额定电压不低于 750V 的铜芯绝缘电线。

（15）疏散照明线路穿管明敷，或者在非燃烧体内穿刚性导管暗敷，暗敷保护层厚度一般不小于 30mm。

（16）应急照明灯具、运行中温度大于 60℃ 的灯具，当靠近可燃物时，需要采取隔热、散热等措施。

（17）疏散照明一般采用荧光灯或白炽灯。

（18）安全照明一般采用卤钨灯，或采用瞬时可靠点燃的荧光灯。

（19）安全出口标志灯、疏散标志灯一般需要装有玻璃或非燃材料的保护罩，并且保护罩需要完整无裂纹，面板亮度均匀度一般为 1∶10（最低∶最高）。

7-99 怎样安装吸顶荧光灯？

答 （1）根据图纸规定的荧光灯的位置确定荧光灯的安装地方。

（2）荧光灯贴紧建筑物表面，荧光灯的灯箱需要完全遮盖住灯头盒。

（3）进线孔一般是对着灯头盒的位置。

（4）荧光灯进线孔处，一般需要套上塑料软管以保护导线。

（5）灯头盒螺孔的位置，一般通过在灯箱的底板上用电钻打好孔，再用机螺钉拧紧，在灯箱的另一端使用膨胀螺栓固定。

（6）荧光灯严禁利用吊顶龙骨固定灯箱。

（7）如果荧光灯安装在吊顶上，一般需要预先在顶板上打膨胀螺栓，再把吊杆与灯箱固定好，吊杆的直径一般要求不得小于 6mm。荧光灯灯箱固定好后，再把电源线压入灯箱内的端子板上。之后，把灯具的反光板固定在灯箱上，把灯箱调整顺直，再把荧光灯管装好。

7－100　怎样安装吊链荧光灯？

答　（1）根据灯具的安装高度，将全部吊链编好，然后把吊链挂在灯箱挂钩上，在建筑物顶棚上安装好塑料台，或者木台，再把导线依顺序编叉在吊链内，并且引入灯箱。

（2）灯箱的进线孔处，一般需要套上软塑料管加以保护导线，再压入灯箱内的端子板（瓷接头）内。

（3）把灯具导线与灯头盒中甩出的电源线连接好，之后用粘塑料带、黑胶布分层包扎好。

（4）理顺接头扣在法兰盘内。

（5）灯具的法兰盘的中心需要与塑料或者木台的中心对正，再用木螺钉拧紧。

（6）把灯具的反光板用机螺钉固定在灯箱上，调整好灯脚。

（7）把灯管装好即可。

7－101　怎样安装防爆灯具？

答　（1）防爆标志清晰。

（2）灯罩没有裂纹。

（3）金属护网没有扭曲变形。

（4）灯具、开关的外壳需要完整无损伤无凹陷无沟槽。

（5）灯具、开关的紧固螺栓没有松动锈蚀，密封垫圈完好。

（6）灯具外壳防护等级、温度组别与爆炸危险环境相适配，并且符合设计要求。

（7）灯具吊管、开关、接线盒螺纹啮合扣数不能够少于 5 扣，并且螺纹加工光滑完整、无锈蚀。

（8）灯具的安装位置离开释放源，并且不在各种管道的泄压口、排放口上下方安装灯具。

（9）灯具配套需要齐全，不能够用非防爆零件替代灯具配件。

（10）灯具的开关安装位置要便于操作，一般安装高度为 1.3m。

7－102　怎样安装 36V 及其以上照明变压器？

答　（1）变压器一般需要采用双圈，不允许采用自耦变压器。

（2）外壳、铁心、低压侧的一端或中心点，一般需要接保护地线。

（3）变压器的一次侧与二次侧，一般需要分别在两盒内接线。

（4）电源侧一般需要有短路保护，其熔丝的额定电流不应大于变压器的额定电流。

7-103 热熔连接有哪些要求？

答 热熔连接前，需要刮除表皮的氧化层，清除连接面与加热工具上的污物，有的连接端面需要采用机械方法加工，以保证与管道轴线垂直，与加热板接触紧密。

组对时，对接连接的两个被连接件的管端夹具需要分别伸出一定的自由长度，并且需要校正两对应的连接件使其在同一轴线上。

被连接的两管件厚度不一致时，需要对较厚的管壁做削薄处理。承插连接时，插口的插入深度需要符合有关要求。

连接中，热熔连接的参数均需要符合管材、管件的要求。在保压时间、冷却时间内不得移动连接件或在连接件上施加任何外力，使其形成均匀的凸缘，从而获得最佳的熔接质量。

7-104 法兰连接有哪些要求？

答 （1）选择的法兰需要符合要求。

（2）设计没有要求时，可以根据系统的最高工作压力、最高工作温度、工作介质、法兰的材料等因素综合选择适当形式、规格的法兰。

（3）安装法兰前，进行必要的外观检查：表面需要光滑的，没有砂眼裂纹斑点毛刺的。

（4）法兰在与管道焊接连接时，需要根据标准规定双侧焊接，并且焊脚高度需要符合要求。

（5）法兰与管道组装时，需要用法兰弯尺检查法兰的垂直度。法兰连接的平行偏差尺寸没有要求的，一般不大于法兰外径的 1.5%，并且不大于 2mm。

（6）两法兰不平行，并且超过规定要求时，需要进行调整，注意不得使用多个垫片校正。

7-105 电杆埋设的深度是多少？

答 （1）35 kV 及其以下的架空线路，多采用预应力钢筋混凝土电杆，电杆的埋设深度一般需要根据有关要求与当地的土壤地质条件来确定。

（2）一般的土壤地质条件下，埋深可以根据杆长的 1/6 左右来确定。

（3）一般的土壤地质条件下，电杆的埋深参考深度见表 7-27。

表 7 - 27　　　　　　　　　电杆的埋深参考深度

杆长（mm）	7	8	9	10	11	12	13	15
梢径（mm）	100	150	150	190	190	190	190	190
底径（mm）	193	257	270	323	337	350	363	390
总重（kg）	204	392	480	620	750	880	980	1250
埋深（m）	1.4	1.5	1.6	1.7	1.8	1.9	2.0	2.2

7 - 106　对电杆杆坑有哪些一般要求？

答　（1）坑基土质不良，可挖深后换好土夯实，或者加枕木。

（2）坑底要踏平夯实。

（3）土质松软的地段，需要采取防止塌方等措施。

（4）分层埋土也需要夯实。

（5）多余的土要堆积压紧在电杆根部。

（6）挖坑时，注意地下各种工程设施，需要与这些设施保持一定的距离。

7 - 107　室内配线管内穿线工艺有哪些要求？

答　（1）钢电线管穿线前，需要检查管口的护口，要整齐。

（2）管路较长，或者转弯较多时，要在穿线的同时，往管内吹入适量的滑石粉。

（3）两人穿线时，需要配合协调，一拉一送。

（4）不同回路、不同电压、交流与直流的导线，不得穿入同一管内。

（5）同一交流回路的电线，需要穿入同一金属导管内，并且管内不得有接头。

（6）三相或单相的交流单芯电缆电线，不得单独穿入钢管内。

（7）导线在变形缝处，补偿装置需要活动自如，导线需要留有一定的余度。

（8）敷设在垂直管路中的导线，当截面积为 $180\sim240mm^2$ 的导线为 18m 时，需要在管口处长接线盒中加以固定。

（9）敷设在垂直管路中的导线，当截面积为 $70\sim95mm^2$ 的导线为 20m 时，需要在管口处长接线盒中加以固定。

（10）敷设在垂直管路中的导线，当截面积为 $50mm^2$ 及以下的导线为 30m 时，需要在管口处长接线盒中加以固定。

7 - 108　怎样绑扎室内配线导线与带线？

答　（1）当导线根数较少时，可以将导线前端的绝缘层削去，再把线芯直接插入带线的盘圈内，并且折回压实，然后绑扎牢固，使绑扎处形成一个平滑的锥形过渡部位。

（2）当导线根数较多，或者导线截面较大时，可以将导线前端的绝缘层削去，再把线芯斜错排列在带线上，再用绑线缠绕绑扎牢固，使绑扎接头处形成一个平滑的锥形过渡部位。

7-109　室内配线穿管怎样放线？

答　（1）放线前，需要根据施工图对导线的规格、型号进行必要的核对。

（2）放线时，导线需要放在放线架或放线车上进行。

7-110　室内配线穿管怎样断线？

答　（1）公用导线在分支处，可不剪断导线而直接穿过。

（2）接线盒、开关盒、插销盒、灯头盒内导线的预留长度一般为 15cm。

（3）出户导线的预留长度，一般为 1.5m。

（4）配电箱内导线的预留长度，一般为配电箱箱体周长的 1/2。

7-111　室内配线穿管怎样穿带线？

答　（1）穿带线的目的就是检查管路是否畅通、管路走向、盒/箱位置等是否符合有关要求。

（2）带线一般采用 $\phi 1.2\sim2.0$ 的钢丝。

（3）先把钢丝的一端弯成不封口的圆圈，然后利用穿线器把带线穿入管路内，再在管路的两端留有 10～15cm 的余量。阻燃型塑料波纹管的管壁呈波纹状，带线端头需要做成圆形。

（4）管路转弯较多时，可以在敷设管路的同时把带线一并穿好。

（5）穿带线受阻时，需要用两根铁丝同时搅动，使两根钢丝的端头互相钩绞在一起，再把带线拉出来。

7-112　怎样安装航空障碍标志灯？

答　（1）距地面 60m 以下装设时采用的低光强，一般选择红色光、有效光强大于 1600cd 的光源。

（2）距地面 150m 以上装设时采用的高光强，一般选择白色光，有效光强随背景亮度来确定。

（3）航空障碍标志灯一般装设在建筑物或构筑物的最高部位。

（4）灯具在烟囱顶上装设时，可以安装在低于烟囱口 1.5～3m 的部位，并且呈正三角形水平排列。

（5）最高部位平面面积较大，或者是建筑群时，除了需要在最高端装设外，还需要在其外侧转角的顶端分别装设标志灯。

（6）标志灯的自动通、断电源控制装置需要动作准确可靠。

（7）标志灯的电源，根据主体建筑中最高负荷等级的要求来供电。

（8）标志灯安装需要牢固可靠，并且要便于维修与更换光源。

（9）同一建筑物或建筑群，标志灯间的水平、垂直距离不大于 45m。

7-113　怎样安装景观照明灯？

答　（1）人行道等人员来往密集的场所安装的落地式灯具，没有围栏防护的场所，安装高度距地面一般需要 2.5m 以上。

（2）金属构架与灯具的可接近裸露导体、金属软管的接地，或接零需要可靠，并且需要具有相应的标识。

（3）建筑物景观照明灯具构架需要固定可靠，地脚螺栓应拧紧，备帽要齐全。

（4）灯具外露的电线或电缆，一般需要采用柔性金属导管来保护。

（5）每套景观照明灯的导电部分对地绝缘电阻值需要大于 2MΩ。

7-114　怎样安装霓虹灯？

答　（1）霓虹灯灯管一般需要完好，无破裂。

（2）霓虹灯灯管一般需要采用专用的绝缘支架固定，并且必须牢固可靠。

（3）霓虹灯灯管专用支架可采用玻璃管制成。固定后的灯管与建筑物表面的最小距离不宜小于 20mm。

（4）霓虹灯专用变压器所供灯管长度不应超过允许负载长度。

（5）霓虹灯专用变压器的安装位置需要隐蔽，并且便于检修。

（6）霓虹灯专用变压器不宜装在吊平顶内，不宜被非检修人员触及的地方。

（7）霓虹灯专用变压器明装时，其高度不应小于 3m。如果小于 3m 时，需要采取防护措施。

（8）霓虹灯专用变压器在室外安装时，需要采取防水措施。

（9）霓虹灯专用变压器的二次导线与灯管间的连接线，一般需要采用额定电压不低于 15kV 的高压尼龙绝缘导线。

（10）霓虹灯专用变压器的二次导线与建筑物表面的距离不应小于 20mm。

7-115　怎样安装彩灯？

答　（1）彩灯电线导管防腐完好。

（2）彩灯电线导管敷设平整顺直。

（3）建筑物顶部彩灯灯罩需要完整没有碎裂。

（4）垂直彩灯采用防水吊线的灯头，下端灯头距离地面一般要求高于 3m。

（5）采用明配管敷设的彩灯配线管路，需要有防雨功能。管路间、管路与灯头盒间可以采用螺纹连接。金属导管、彩灯构架、钢索等可接近裸露导体，需要可靠接地，或可靠接零。

（6）建筑物顶部安装的彩灯，需要采用有防雨性能的专用灯具，并且灯罩要拧紧。

（7）垂直彩灯悬挂挑臂时，一般需要采用不小于 10 号的槽钢。端部吊挂钢索用的吊钩螺栓，一般要求直径不小于 10mm。螺栓在槽钢上固定，两侧需要螺帽，并且加平垫、弹簧垫圈拧紧。

（8）彩灯的悬挂钢丝绳，一般要求直径不小于 4.5mm，底把圆钢直径不小于 16mm。

（9）彩灯的地锚采用架空外线用拉线盘的，埋设深度一般要求大于 1.5m。

◀ 7-116 怎样安装线槽？

答 （1）线槽需要平整无扭曲变形，内壁没有毛刺，接缝处紧密平直。

（2）线槽附件齐全。

（3）线槽连接口处平整，接缝处紧密平直。

（4）槽盖装上后应平整、无翘角，出线口位置正确。

（5）线槽经过变形缝时，线槽本身需要断开，并且线槽内用连接板连接，不得固定，保护的线应有补偿余量。

（6）非金属线槽所有非导电部分，均需要相应连接与跨接，并且做好整体连接。

（7）线槽 CT300×100 以下与横旦固定至少 1 个螺栓，CT400×100 以上线槽必须固定至少 2 个螺栓。

（8）敷设在竖井内的线槽、穿越不同防火区的线槽，需要根据相关要求、位置设好防火隔堵措施。

（9）电缆线槽跨变形缝处，需要设补偿装置。

（10）镀锌电缆线槽间连接板的两端不跨接接地线，连接板两端不少于 2 个有防松螺母或防松垫圈的连接固定螺栓。

（11）金属电缆线槽间、支架全长，一般不能够少于 2 处与接地或接零干线相连接。

（12）非镀锌电缆线槽间连接板的两端跨接铜芯接地线时，接地线最小允许截面积 BVR 一般不小于 4mm²。

（13）直线端的钢制线槽长度超过 30m，一般需要加伸缩节。

7-117　塑料线槽配线需要哪些机具？

答　塑料线槽配线需要的一些机具包括手电钻,绝缘电阻表，电锤，万用表，工具袋，工具箱，高凳，钢锯，锡锅，锡勺，焊锡，钢锯条，喷灯，焊剂，铅笔，线坠，粉线袋，卷尺，电工常用工具，活扳子，手锤，錾子等。

7-118　塑料线槽配线作业条件是怎样的？

答　（1）屋顶、墙面、地面、油漆、浆活需要全部完成后才能够进行塑料线槽配线作业。

（2）配合土建结构施工预埋的保护管、木砖、预留孔洞需要全部完成后才能够进行塑料线槽配线作业。

7-119　塑料线槽配线工艺流程是怎样的？

答　弹线定位→线槽固定→线槽连接→槽内放线→导线连接→线路检查绝缘摇测。

7-120　塑料线槽配线工艺怎样进行弹线定位？

答　（1）线槽配线在穿过楼板、墙壁时，需要采用保护管。

（2）过变形缝时，需要做必要的补偿处理。

（3）线槽配线在穿楼板处，需要采用钢管保护，并且保护高度距地面不能够低于 1.8m。

（4）线槽配线装设开关的地方，可以引到开关的位置。

（5）弹线定位主要步骤如下。

1）根据设计与要求来确定进户线、盒、箱等电气器具的固定点的位置，并且找好水平或垂直线，用粉线袋在线路中心弹线分均档。

2）用笔画出加档位置，然后检查位置是否正确，位置正确后在固定点位置进行钻孔。

3）钻孔后，埋入塑料胀管或伞形螺栓。

7-121　塑料线槽配线工艺怎样进行线槽固定？

答　塑料线槽配线工艺线槽固定可以采用木砖固定、塑料胀管固定、伞形螺栓固定，具体固定方法与要点见表 7-28。

表 7-28 塑料线槽配线工艺线槽固定的方法

名称	解 说
木砖固定线槽	（1）配合土建结构施工时预埋木砖，或者加气砖墙或砖墙剔洞后再埋木砖。 （2）梯形木砖较大的一面，需要朝洞里，外表面与建筑物的表面需要平齐，再用水泥砂浆抹平，等凝固后，然后把线槽底板用木螺钉固定在木砖上
伞形螺栓固定线槽	（1）石膏板墙、其他护板墙上，可以用伞形螺栓固定塑料线槽。 （2）首先根据弹线定位的标记，找出固定点的位置，然后把线槽的底板横平竖直地紧贴建筑物的表面。钻好孔后，把伞形螺栓的两伞叶捏紧往拢插入孔中，等合拢伞叶自行张开后，再用螺母紧固。固定线槽时，需要先固定两端，再固定中间。 （3）注意，露出线槽内的部分需要加套塑料管
塑料胀管固定线槽	（1）混凝土墙、砖墙，可以采用塑料胀管固定塑料线槽。 （2）首先根据胀管直径、长度选择相应的钻头，然后在标出的固定点位置上钻孔，把孔内残存的杂物清净。清净后用木锤把塑料胀管垂直敲入孔中，敲入与建筑物表面平齐为准，然后用石膏将缝隙填实抹平。之后，可以用半圆头水螺钉加垫圈将线槽底板固定在塑料胀管上，并且紧贴建筑物表面。固定时，需要先固定两端，再固定中间。固定的同时，需要找正线槽底板，作到横平竖直。 （3）钻孔时，不要歪斜、豁口，需要垂直钻好的孔

7-122 塑料线槽配线工艺怎样连接线槽？

答 （1）线槽附件盒子，需要两点固定。

（2）线槽各种附件角、转角，三通等固定点不应少于两点（卡装式除外）。

（3）线槽接线盒、灯头盒，一般需要采用相应插口连接。

（4）线槽的终端，一般需要采用终端头封堵。

（5）在线路分支接头处，一般需要采用相应接线箱。

（6）线槽与附件连接处，需要平整严密，没有缝隙。

（7）槽底与槽盖直线段对接时，槽底固定点的间距不小于 500mm，盖板不小于 300mm，底板离终点 50mm 与盖板距离终端点 30mm 处，均需要固定。

（8）槽底与槽盖直线段对接时，三线槽的槽底，需要用双钉固定。

（9）槽底与槽盖直线段对接时，槽底对接缝与槽盖对接缝，需要错开，并且不小于 100mm。

（10）线槽分支接头，线槽附件需要采用相同材质的产品。

（11）槽底、槽盖与各种附件相对接时，接缝处需要严实平整，固定好。

✎ 7 - 123　塑料线槽配线工艺怎样进行槽内放线？

答　（1）放线前，需要先用布清除槽内的污物。

（2）放线时，先把导线放开抻直，以及捋顺后盘成大圈，放在放线架上，然后从始端到终端先干线后支线，边放边整理使导线顺直。

（3）绑扎导线时，需要采用尼龙绑扎带，不允许采用金属丝进行绑扎。

（4）接线盒处的导线预留长度，一般不要超过 150mm。

（5）穿墙保护管的外侧，需要有防水措施。

（6）线槽内放线，不得有挤压、背扣、扭结、受损等现象。

（7）线槽内不允许出现接头。

（8）导线接头，需要放在接线盒内。

（9）从室外引进室内的导线在进入墙内一段，需要用橡胶绝缘导线，严禁使用塑料绝缘导线。

✎ 7 - 124　塑料线槽配线工艺怎样进行导线连接？

答　导线连接需要使连接处的接触电阻值最小，机械强度不降低，绝缘强度要恢复原来的程度要求。连接时，正确区分相线、中性线、保护地线。连接后，需要检查测试。

✎ 7 - 125　怎样检查、判断塑料线槽配线工艺的好与差？

答　（1）木槽板，需要采用经阻燃处理的产品。

（2）木槽板应采用无劈裂的产品。

（3）塑料槽板，表面需要有阻燃标识的产品。

（4）槽板与各种器具连接时，电线需要留有余量。

（5）槽板敷设严禁用木楔固定。

（6）槽板的底板接口与盖板接口，一般需要错开 20mm。

（7）盖板在直线段与 90°转角处，需要成 45°斜口对接。

（8）盖板在 T 形分支处，需要成三角叉接。

（9）盖板需要无翘角。

（10）接口需要严密整齐。

（11）线槽盖板接口不严，缝隙过大，则需要在操作时仔细地将盖板接口对好。

（12）线槽内的导线放置杂乱，因此，配线时，需要把导线理顺，绑扎成束。

（13）实测或用绝缘电阻测试表检测，导线间、导线对地间的绝缘电阻值，应大于 0.5MΩ。

（14）可以通过观察来检查：槽板需要紧贴建筑物的表面，布置需要合理，固定需要可靠，横需要平，竖需要直。直线段的盖板接口与底板接口需要错开，并且间距不小于 100mm。盖板需要无扭曲、无翘角变形，槽板表面需要色泽均匀无污染，接口需要严密整齐。

（15）可以通过观察来检查：塑料线槽线路穿过梁、柱、墙、楼板需要有保护管，跨越建筑物变形缝处槽板需要断开，并且导线加套保护软管，保护软管需要放在槽板内。线路与电气器具、塑料圆台连接需要平密，导线需要无裸露现象等。

（16）可以通过观察来检查：导线的连接需要连接牢固、绝缘良好、不伤线芯、包扎严密、槽板内没有接头等。

（17）槽板配线允许偏差需要符合有关要求，具体可以参考表 7-29。

表 7-29　　　　　　　　　槽板配线允许偏差

项　　目		允许偏差（mm）	检查方法
水平或垂直敷设的直线段	平直程度	5	拉线、尺量检查
	垂直度	5	拉线、尺量检查

（18）安装塑料线槽配线时，需要保持墙面整洁。

（19）塑料线槽配线接、焊、包完成后，盒盖、槽盖需要全部盖严实平整，不允许有外露导线。

（20）塑料线槽配线完成后，不得再喷浆、刷油等。

（21）线槽内有灰尘、杂物，配线前，需要先把线槽内的灰尘、杂物清除干净。

（22）线槽底板松动、有翘边时，可能是胀管或木砖固定不牢、螺钉没有拧紧引起的，则需要处理好。另外，也可能是槽板本身有质量问题，则需要更正好。

（23）线槽底板松动、有翘边时，还可能是操作工艺不正确引起的，正常的一般工序是固定底板时，需要先把木砖或胀管固定牢，然后把固定螺钉拧紧。

（24）不同电压等级的电路不要放置在同一线槽内。同一电压等级的导线可以放在同一线槽内。

（25）线槽内导线截面、根数不能够超出线槽的允许规定。

7-126 · 怎样验收建筑电气工程中电线、电缆安装？

答 验收建筑电气工程中电线、电缆安装的项目与方法、要求见表7-30。

表 7-30   验收建筑电气工程中电线、电缆安装的项目与方法、要求

主 控 项 目	一 般 项 目
（1）不同回路、不同电压等级、交流与直流的电线，不能够穿在同一导管内。 （2）同一交流回路的电线，需要穿在同一金属导管内，并且管内电线不应有接头现象。 （3）三相或单相的交流单芯电缆，不得单独穿于钢导管内。 （4）爆炸危险环境的照明线路的电线与电缆额定电压不得低于750V，并且电线需要穿在钢导管内	（1）电线、电缆穿管前，需要清除管内杂物、积水。 （2）电线、电缆穿管管口需要有保护措施。 （3）采用多相供电时，同一建筑物、构筑物的电线绝缘层颜色需要一致。 （4）线槽敷线时的电线在线槽内需要有一定余量，不得有接头。 （5）线槽敷线时的电线，需要根据回路编号分段绑扎，并且绑扎点间距不能够大于2m。 （6）线槽敷线时，敷设在同一线槽内有抗干扰要求的线路需要用隔板隔离，或者采用屏蔽电线并且屏蔽护套一端接地。 （7）线槽敷线时，同一回路的相线、零线，需要敷设在同一金属线槽内。 （8）线槽敷线时，同一电源的不同回路无抗干扰要求的线路可敷设于同一线槽内

7-127 怎样验收建筑电气工程中金属导管的安装？

答 （1）金属导管、金属线槽必须可靠接地或接零。

（2）金属线槽不作设备的接地导体，无相关要求时，金属线槽全长不少于2处与接地或接零干线连接。

（3）非镀锌钢导管采用螺纹连接时，连接处的两端焊跨接接地线。

（4）非镀锌金属线槽间连接板的两端跨接铜芯接地线。

（5）镀锌的钢导管、可挠性导管、金属线槽不能够熔焊跨接接地线，以专用接地卡跨接的两卡间连线为铜芯软导线，截面积不能够小于$4mm^2$。

（6）镀锌线槽间连接板的两端不跨接接地线，但是连接板两端不少于2个有防松螺母或防松垫圈的连接固定螺栓。

（7）镀锌钢导管采用螺纹连接时，连接处的两端用专用接地卡固定跨接接地线。

7-128 怎样验收建筑电气工程中柔性导管敷设的安装？

答 （1）刚性导管经柔性导管、电气设备、器具连接，柔性导管的长度，在动力工程中一般不大于0.8m。

（2）刚性导管经柔性导管、电气设备、器具连接，柔性导管的长度，在照明工程中一般不大于1.2m。

（3）可挠性金属导管、金属柔性导管，不能够做接地或接零的接续导体。

（4）可挠金属管、其他柔性导管与刚性导管或电气设备、器具间的连接，一般采用专用接头。

（5）复合型可挠金属管、其他柔性导管的连接处，需要密封良好，并且防液覆盖层无损。

7-129 怎样验收建筑电气工程中绝缘导管敷设的安装？

答 （1）绝缘导管管口需要平整光滑。

（2）绝缘导管管与管、管与盒（箱）等器件，采用插入法连接时，连接处结合面一般需要涂专用胶合剂，并且要求接口牢固。

（3）导管、线槽，在建筑物变形缝处，一般需要设补偿装置。

（4）沿建筑物、构筑物表面与在支架上敷设的刚性绝缘导管，一般要求装设温度补偿装置。

（5）直埋在地下或楼板内的刚性绝缘导管，在穿出地面或楼板易受机械损伤的一段，一般需要采取保护措施。

（6）当无相关要求时，埋设在墙内或混凝土内的绝缘导管，一般需要采用中型以上的导管。

7-130 建筑电气安装工程中用电气主要设备与材料常见的问题有哪些？

答 （1）导线电阻率高、熔点低、尺寸不够、截面小于标称值、机械性能差、温度系数大等。

（2）导线内部接头多、绝缘层与线芯严密性差。

（3）电缆耐压低、抗腐蚀性差、绝缘电阻小、耐温低。

（4）电线管壁薄、强度差。

（5）镀锌管镀锌层质量不符合要求、耐折性差。

（6）灯具、光源粗制滥造、防锈防腐性能差、机械强度差等。

（7）动力、照明、插座箱外观差、几何尺寸达不到要求。

（8）动力、照明、插座箱的钢板、塑壳厚度不够。

（9）开关、插座导电值与标称值不符。

（10）开关、插座导电金属片弹性不强，接触不好等。

（11）相关电气设备、材料没有合格证或质量证明书等。

（12）相关电气设备、材料与设计、要求的不一致。

（13）没有现场检测。

7-131　建筑电气安装工程中防雷接地常见的问题有哪些？

答　（1）均压环、引下线、避雷带搭接的地方存在夹渣、虚焊、焊瘤、焊缝不饱满等异常情况。

（2）焊渣没有敲掉。

（3）避雷带上的焊接处，没有刷防锈漆。

（4）直接利用对头焊接的主钢筋作为防雷引线。

（5）用螺纹钢代替圆钢作搭接钢筋。

（6）作为引下线的主钢筋土木建设时，如果是对头碰焊的，没有在碰焊处根据规定补一搭接圆钢。

7-132　建筑电气安装工程中电线管敷设常见的问题有哪些？

答　（1）穿线管弯曲半径太小，并且出现了弯瘪、弯皱、死弯的现象。

（2）出现黑铁管代替镀锌管的现象。

（3）出现 PVC 管代替金属管的现象。

（4）出现薄壁管代替厚壁管的现象。

（5）管子转弯，没有按规定设过渡盒。

（6）钢管不接地，或者接地不牢的现象。

（7）明管、暗管进箱、进盒没有顺直，而是挤成一捆。

（8）明管、暗管进箱、进盒的露头长度不符合要求，并且钢管没有套丝，PVC 管没有锁紧纳子。

（9）管子埋墙、埋地深度不够。

（10）预制板上敷管交叉太多，影响土建施工。

（11）现浇板内敷管集中成排成捆，从而影响了结构的安全。

（12）管子通过结构伸缩缝、沉降缝，没有设过路箱，从而留下了不安全的隐患。

（13）金属管口毛刺没有处理，而是直接对口焊接。

（14）金属管口丝扣连接处与通过中间接线盒时，没有焊跨接钢筋，或焊接长度不够，出现点焊、焊穿管子的现象。

（15）镀锌管、薄壁钢管没有用丝接的现象。

7-133 建筑电气安装工程中室外进户管预埋常见的问题有哪些?

答 （1）出现采用薄壁铜管代替厚壁铜管的现象。

（2）出现预埋深度不够，位置偏差较大的现象。

（3）进户管与地下室外墙的防水出现处理不好的现象。

（4）出现转弯处用电焊烧弯的现象。

（5）上墙管与水平进户管网出现电焊驳接成90°角的现象。

7-134 建筑电气安装工程的电力电缆怎样进行直埋敷设?

答 10kV及其以下一般工业与民用建筑电气安装工程的电力电缆直埋敷设方法与主要步骤、要求见表7-31。

表7-31 建筑电气安装工程的直埋电力电缆的敷设

项目	解 说
前期工作	需要清除沟内杂物、铺完底沙或细土
电缆敷设	电缆敷设，可以用人力拉引或机械牵引。电缆敷设时，需要注意电缆弯曲半径应符合要求。电缆在沟内敷设时，需要有适量的蛇型弯。电缆的两端、中间接头、垂直位差的地方，需要留有适当的余度
铺砂盖砖	电缆敷设完后，需要检查、验收。只有隐蔽工程验收合格后，电缆上下才可以分别铺盖10cm砂子或细土（覆盖宽度，一般需要超过电缆两侧5cm），再用砖或电缆盖板把电缆盖好（使用电缆盖板时，盖板需要指向受电方向）
回填土	回填土前，需要再做一次隐蔽工程检验。只有合格后，才能够及时回填土，并且进行夯实
埋标桩	电缆在拐弯、接头、交叉、进出建筑物等地段，一般需要设有明显方位的标桩。其中，直线段一般需要适当地加设标桩，并且标桩露出地面大约为15cm
做防水处理	直埋电线进出建筑物，室内过管口低于室外地面者，对其过管根据实际要求做防水处理
涂防腐漆	有麻皮保护层的电缆，进入室内的部分，需要把麻皮剥掉，并且涂防腐漆

7-135　建筑电气安装工程的电力电缆怎样进行电缆沿支架、桥架敷设?

答　10kV 及其以下一般工业与民用建筑电气安装工程的电力电缆沿支架、桥架敷设的方法、主要步骤、要求见表 7-32。

表 7-32　建筑电气安装工程的电力电缆沿支架、桥架敷设

项目	解　　说
垂直敷设	(1) 垂直敷设,尽量自上而下敷设。 (2) 土建没有拆吊车前,需要将电缆吊到楼层顶部。 (3) 敷设时,同截面电缆需要先敷设低层,再敷设高层。 (4) 自下而上敷设时,低层小截面电缆,可以采用滑轮大绳人力牵引敷设。 (5) 自下而上敷设时,高层、大截面电缆,可以采用机械牵引敷设。 (6) 电缆轴附近与部分楼层,需要采取防滑措施。 (7) 沿支架敷设时,支架距离不得大于 1.5m。 (8) 沿桥梁或托盘敷设时,每层最少加装两道卡固支架,并且敷设时,需要放一根,立即卡固一根。 (9) 电缆穿过楼板时,装套管与敷设完后,需要把套管用防火材料封堵
水平敷设	(1) 水平敷设可以用人力牵引,或者机械牵引。 (2) 电缆沿桥架,或者托盘敷设时,排列要整齐。 (3) 不同等级电压的电缆,需要分层敷设,并且高压电缆需要敷设在上层。 (4) 电缆沿桥架,或者托盘敷设时,一般需要单层敷设。 (5) 电缆沿桥架,或者托盘敷设时,拐弯的地方需要以最大截面电缆允许弯曲半径为准。 (6) 同等级电压的电缆沿支架敷设时,水平净距一般不得小于 35mm

7-136　建筑电气安装工程的电力电缆挂标志牌有什么要求?

答　10kV 及其以下一般工业与民用建筑电气安装工程的电力电缆挂标志牌的一些要求如下。

(1) 标志牌上,一般需要注明电缆编号、规格、型号、电压等级。

（2）标志牌需要挂装牢固。

（3）标志牌需要有防腐性能。

（4）标志牌规格需要一致。

（5）直埋电缆进出建筑物、电缆井、两端，一般需要挂标志牌。

（6）沿支架桥架敷设电缆在其两端、拐弯、交叉的地方，一般需要挂标志牌。

（7）沿支架桥架敷设电缆，直线段一般需要适当增设标志牌。

7－137　建筑电气安装工程的电力电缆最小弯曲半径的要求是怎样的？

答　10kV及其以下一般工业与民用建筑电气安装工程的电缆最小弯曲半径见表7－33。

表7－33　　　　　　　　电缆最小弯曲半径

项　　目			弯曲半径	检验方法
最小允许弯曲半径	电缆	单芯	≥20d	尺量
		多芯	≥15d	
	橡皮绝缘电力电缆	橡皮或聚氯乙烯护套	≥10d	
		裸铅护套	≥15d	
		铅护套钢带铠装	≥20d	
	塑料绝缘电力电缆		≥10d	
	控制电缆		≥10d	

注　d为电缆外径。

7－138　怎样制作电缆终端头？

答　0.6/1kV以下的室内聚氯乙烯绝缘、聚氯乙烯护套、电力电缆终端头制作安装的方法与要点见表7－34。

表7－34　　　　　　电缆终端头制作安装的方法与要点

项目	解　　说
摇测电缆绝缘	（1）可以采用1000V摇表，对电缆进行检测，正常情况下，绝缘电阻一般需要在10MΩ以上。 （2）电缆检测完后，需要将芯线分别对地放电

项目	解　说
剥电线铠甲，打卡子	（1）根据电缆与设备连接的尺寸，量出电缆需要的尺寸，并且做好标记。 （2）锯掉多余电缆，并且根据电缆头套型号尺寸要求，剥除外护套。 （3）可以用钢锉处理地线的焊接部位，以备焊接。 （4）打钢带卡子时，可以把多股铜线排列整齐后卡在卡子里。 （5）可以利用电缆本身钢带宽的 1/2 做卡子，采用咬口的方法把卡子打牢，并且需要打两道（间距大约为 15mm），以防止钢带松开。 （6）剥电缆铠甲，可以用钢锯在第一道卡子向上 3～5mm 处，锯一环形深痕，深度大约是钢带厚度的 2/3，但是，不能够锯透。 （7）用螺丝刀在锯痕尖角处，把钢带挑起，再用钳子把钢带撕掉，然后把钢带锯口的地方用钢锉修理毛刺
焊接地线	地线用锡焊接在电缆钢带上时，需要焊接牢固，并且需要焊在两层钢带上
包缠电缆，套电缆终端头套	（1）剥去电缆包的绝缘层。 （2）把电缆头套下部先套入电缆。 （3）根据电缆头的型号尺寸，以及电缆头套长度、内径，用塑料带采用半叠法包缠电缆。塑料带包缠需要紧密。 （4）把电缆头套上部套上，与下部对接、套严
压电缆芯线接线鼻子	（1）量出芯线端头长度，也就是量出线鼻子的深度＋5mm。 （2）剥去电缆芯线绝缘。 （3）把芯线插入接线鼻子内。 （4）用压线钳子压紧接线鼻子，并且压接两道以上。 （5）根据不同的相位，使用不同颜色塑料带分别包缠电缆各芯线到接线鼻子的压接部位。 （6）把作好终端头的电缆，固定在预先做好的电缆头支架上，把芯线分开。 （7）根据接线端子的型号，选择好螺栓，把电缆接线端子压接在设备上

7-139 建筑电气工程母线接线端子安装有哪些要求？

答 建筑电气工程中，母线与母线，或者母线与电器接线端子，采用螺栓搭接连接时，安装的一些要求如下。

（1）母线的各类搭接连接的钻孔直径与搭接长度，需要符合有关规定。

（2）母线的各类搭接连接的钻孔直径与搭接的连接螺栓，用力矩扳手拧紧钢制连接螺栓的力矩值需要符合有关规定。

（3）母线螺栓孔周边应无毛刺。

（4）母线接触面需要保持清洁，有的需要涂电力复合脂。

（5）螺栓受力要均匀。

（6）连接螺栓两侧需要有平垫圈，相邻垫圈间有大于 3mm 的间隙，螺母侧需要装有弹簧垫圈或锁紧螺母。

7-140 建筑电气工程母线搭接安装有哪些要求？

答 建筑电气工程中，母线与母线、母线与电器接线端子搭接，搭接面处，安装的一些要求如下。

（1）钢与钢：搭接面需要搪锡或镀锌。

（2）铝与铝：搭接面可以不做涂层处理。

（3）铜与铝：干燥的室内，铜导体搭接面需要搪锡。潮湿的场所，铜导体搭接面需要搪锡，并且需要采用铜铝过渡板与铝导体连接。

（4）钢与铜或铝：钢搭接面需要搪锡。

（5）铜与铜：室外、高温、潮湿的室内，搭接面需要搪锡。干燥的室内，可以不搪锡。

7-141 建筑电气工程母线相序排列与涂色有哪些要求？

答 （1）水平布置的交流母线，由盘后向盘前排列为 A、B、C 相。

（2）水平布置的交流母线，直流母线正极在后，负极在前。

（3）面对引下线的交流母线，由左到右排列为 A、B、C 相。

（4）面对引下线的交流母线，直流母线正极在左，负极在右。

（5）上、下布置的交流母线，由上到下排列为 A、B、C 相。

（6）上、下布置的交流母线，直流母线正极在上，负极在下。

（7）母线的涂色：交流，A 相为黄色、B 相为绿色、C 相为红色。

（8）母线的涂色：直流，正极为赭色、负极为蓝色。

（9）母线在连接处或支持件边缘两侧 10mm 以内不涂色。

7-142　建筑电气工程母线在绝缘子上安装有哪些要求？

答　（1）金具与绝缘子间的固定需要平整牢固，不使母线受额外应力。

（2）交流母线的固定金具或其他支持金具不形成闭合铁磁回路。

（3）母线的固定点，每段设置 1 个，并且设置在全长或两母线伸缩节的中点。

（4）母线采用螺栓搭接时，连接处距绝缘子的支持夹板边缘一般需要不小于 50mm。

（5）除了固定点外，母线平置时，母线支持夹板的上部压板与母线间一般需要有 1～1.5mm 的间隙。

（6）除了固定点外，母线立置时，上部压板与母线间一般需要有 1.5～2mm 的间隙。

7-143　硬母线安装的工艺流程是怎样的？

答　10kV 及以下矩形硬母线安装工艺流程如下：放线测量→支架、拉紧装置制作安装→绝缘子安装→母线加工→母线连接→母线安装→母线涂色刷油→检查送电。

7-144　硬母线安装的工艺的要点是怎样的？

答　10kV 及以下矩形硬母线安装的一些工艺的要点见表 7-35。

表 7-35　10kV 及以下矩形硬母线安装的一些工艺的要点

项目	解　说
放线测量	（1）根据母线、支架敷设的情况，核对进入现场的母线等材料。 （2）核对沿母线敷设的全长方向有无障碍物，有无与其他安装部件交叉的现象。 （3）配电柜内安装的母线，测量其与设备上其他部件的安全距离是否符合有关要求。 （4）放线测量出各段母线加工尺寸、支架尺寸，划出支架安装距离、剔洞安装位置、固定件安装位置等
支架、拉紧装置的制作安装	（1）母线支架，一般可以用 50×50×5 角钢来制作，并且采用膨胀螺栓固定在墙上。 （2）母线拉紧装置，需要根据附图与有关要求来制作组装

项目	解　说
绝缘子安装	（1）绝缘子安装前，需要用绝缘电阻表检测其绝缘情况，正常情况下，绝缘电阻值要求大于1MΩ。 （2）绝缘子安装前，检查绝缘子外观，正常情况下，应无裂纹无缺损，螺栓螺母正常。 （3）6～10kV支柱绝缘子安装前，需要做耐压试验。 （4）绝缘子上下各需要垫一个石棉垫。 （5）绝缘子夹板、卡板安装需要牢固。 （6）绝缘子夹板、卡板的制作规格，需要与母线的规格相适应
母线的调直与切断	（1）母线的调直，可以采用母带调直器来进行。 （2）母线的手工调直，可以采用木锤进行，注意下面需要垫道木进行作业，不得用铁锤。 （3）母线切断，可以使用手锯或砂轮锯作业，注意不得用电弧或乙炔进行切断
母线的弯曲	（1）母线的弯曲，可以采用母线煨弯器专用工具来冷煨，注意弯曲的地方，不得有裂纹、显著的皱折。 （2）母线一般不得热弯。 （3）母线扭弯、扭转部分的长度，一般不得小于母线宽度的2.5～5倍。 （4）母线平弯、立弯的弯曲半径不得小于有关规定
母线的连接	母线的连接可以采用焊接或者螺栓连接方式
母线的焊接	（1）焊缝距离弯曲点、支持绝缘子边缘一般不得小于50mm。 （2）同一相，如果有多片母线，其焊缝需要相互错开，一般不得小于50mm。 （3）铝、铝合金母线的焊接，需要采用氩弧焊。 （4）铜母线的焊接，可以采用201号或202号紫铜焊条、301号铜焊粉或硼砂。 （5）铜母线的焊接，可以采用废电线芯或废电缆芯线代替焊条，但是表面需要光洁无腐蚀，无油污。 （6）母线焊接后，需要检验

项目	解　说
母线的螺栓连接	（1）母线的钻孔尺寸、螺栓规格需要符号要求。 （2）矩形母线采用螺栓固定搭接时，连接处距支柱绝缘子的支持夹板边缘，不得小于 50mm。上片母线端头与下片母线平弯开始的地方的距离，不得小于 50mm。 （3）母线与母线、母线与分支线、母线与电器接线端子搭接时，搭接面需要平整、清洁、涂有电力复合脂。 （4）铝与铝连接，一般可以直接连接。 （5）铜与铜连接，一般需要搪锡。在干燥室内，可以直接连接。 （6）铜与铝连接，干燥室内，铜母线一般需要搪锡。室外或空气相对湿度接近 100% 的室内，一般需要采用铜铝过渡板，并且铜端搪锡。 （7）钢与铜或铝连接，钢搭接面一般需要搪锡。 （8）母线的接触面需要紧密连接，连接螺栓可以用力矩扳手紧固，并且紧固力矩值符合有关要求。 （9）母线采用螺栓连接时，平垫圈一般需要专用厚垫圈，并且需要采用弹簧垫。螺栓、平垫圈、弹簧垫，一般需要用镀锌件的。 （10）母线采用螺栓连接时，螺栓长度需要考虑在螺栓紧固后，丝扣能露出螺母外 5～8mm
母线的安装	（1）母线安装垂直段，二支持点垂直误差不大于 2mm，全长不大于 5mm。 （2）母线安装水平段，二支持点高度误差不大于 3mm，全长不大于 10mm。 （3）母线安装平行部分间距，需要均匀一致，误差不大于 5mm。 （4）母线支持点的间距，对于低压母线不得大于 900mm，对于高压线不得大于 1200mm。 （5）低压母线垂直安装且支持点间距无法满足要求时，一般需要加装母线绝缘夹板。 （6）水平安装的母线，一般需要采用开口卡子。 （7）垂直安装的母线，一般需要采用母线夹板。 （8）母线只允许在垂直部分的中部夹紧在一对夹板上，同一垂直部分其余的夹板与母线间，一般需要留有 1.5～2mm 的间隙。 （9）母线安装，需要作到平整美观。 （10）母线安装的最小安全距离需要符合有关要求

续表

项目	解　　说
母线的涂色刷油	（1）母线的排列顺序、涂漆颜色需要符合要求。 （2）母线的刷漆需要整齐均匀，不得流坠、不得沾污有关设备。 （3）设备接线端、母线连接卡子处、母线连接夹板处、明设地线的接线螺钉处等两侧 10～15mm 的地方不刷漆
检查送电	（1）母线安装完后，经过全面检查，清理现场，与有关单位人员协商好，以及无关人员离开现场等情况后，才能够根据有关要求送电。 （2）母线送电前，需要进行耐压试验。 （3）母线送电，一般需要专人负责。 （4）母线送电的一般程序：先高压、后低压；先干线，后支线；先隔离开关，后负荷开关。 （5）母线停电的一般程序与母线送电的一般程序的顺序是相反的

7-145　铜母线焊接的要求是怎样的？

答　（1）焊接前，用铜丝刷清除母线坡口处的氧化层。

（2）把母线用耐火砖等垫平对齐防止错口，在坡口处按母线规格留出 1～5mm 的间隙。

（3）施焊焊接。

（4）焊接的焊缝需要对口平直，并且要求双面焊接。

（5）焊接的焊缝需要凸起呈弧形，并且要求上部有 2～4mm 的加强高度，角焊缝加强高度大约为 4mm。

（6）焊接的焊缝需要无裂纹、无夹渣、没有无焊透等缺陷。

（7）焊完后，需要趁热用水清洗掉焊药。

7-146　矩形母线最小弯曲半径是多少？

答　矩形母线最小弯曲半径见表7-36。

表 7-36　　　　　　　　　矩形母线最小弯曲半径

弯曲方式	母线断面尺寸（mm）	最小弯曲半径 R（mm）		
		铜	铝	钢
平弯	50×5	2h	2h	2h
平弯	125×10	2h	2.5h	2h

续表

弯曲方式	母线断面尺寸（mm）	最小弯曲半径 R（mm）		
		铜	铝	钢
立弯	50×5	1b	1.5b	0.5b
立弯	125×10	1.5b	2b	1b

7-147 室内配电装置最小安全净距是多少？

答 室内配电装置最小安全净距见表7-37。

表 7-37　　　　　　　室内配电装置最小安全净距

项　目	额定电压		
	1～3kV	6kV	10kV
带电部分到地、不同相带电部分间	75mm	100mm	125mm
带电部分到栅栏	825mm	850mm	875mm
带电部分到网状遮栏	175mm	200mm	225mm
带电部分到板状遮栏	105mm	130mm	155mm
无遮栏裸导体到地面	2375mm	2400mm	2425mm
不同分段的无遮栏裸导体间	1875mm	1900mm	1925mm
出线套管到室外通道路面	4000mm	4000mm	4000mm

7-148 母线的相位排列是怎样的？

答 母线的相位排列见表7-38。

表 7-38　　　　　　　母线的相位排列

母线的相位排列	三　线	四　线
水平（盘后向盘面）	A—B—C	A—B—C—O
垂直（由上向下）	A—B—C	A—B—C—O
引下线（由左到右）	ABC	ABCO

7-149 母线涂色的要求是怎样的？

答 母线涂色的要求见表7-39。

表 7 - 39 母线涂色的要求

母线相位	涂 色	母线相位	涂 色
A 相	黄色	中性（不接地）	紫色
B 相	绿色	中性（接地）	紫色带黑色条纹
C 相	红色	—	—

7-150 成套配电柜、动力开关柜安装工艺流程是怎样的？

答 10kV 及以下一般工业与民用建筑电气安装工程的成套配电柜、动力开关柜（盘）工艺流程如下：设备开箱检查→设备搬运→柜/盘稳装→柜/盘上方母带配制→柜/盘二次回路接线→柜/盘试验调整→送电运行验收。

7-151 成套配电柜、动力开关柜开箱检查、设备搬运有哪些要点与注意点？

答 10kV 及以下一般工业与民用建筑电气安装工程的成套配电柜、动力开关柜（盘）开箱检查、设备搬运的一些要点与注意点见表 7 - 40。

表 7 - 40 检查、设备搬运的一些要点与注意点

项目	解　说
设备开箱检查	（1）开箱检查，需要安装单位、供货单位、建设单位共同进行，并且做好检查记录。 （2）根据清单、技术资料，核对设备本体与附件，检查合格证件与技术资料、说明书等。 （3）柜/盘本体的检查。 （4）柜/盘内部检查
设备搬运	（1）设备运输，一般需要起重工作业，可能需要电工配合。 （2）根据实际情况，选择合适的运输工具与方式。 （3）汽车运输时，需要用麻绳将设备与车身固定牢，并且开车需要平稳。 （4）设备运输、吊装时，先要清理道路，保证平整畅通。 （5）柜/盘顶部有吊环的，吊索一般需要穿在吊环内。没有吊环的，吊索一般需要挂在四角主要承力结构的地方，不得把吊索吊在设备部件上，并且吊索的绳长需要一致

7-152 怎样安装成套配电柜、动力开关柜？

答 安装10kV 及以下一般工业与民用建筑电气安装工程的成套配电

柜、动力开关柜的一些方法、要求见表7-41。

表7-41 安装成套配电柜、动力开关柜

项目	解　说
基础型钢安装	（1）把弯的型钢调直，再根据要求预制加工基础型钢架，并且刷好防锈漆。 （2）根据所要求的位置，把预制好的基础型钢架放在预留铁件上，用水准仪或水平尺找平找正。找平中，需要用垫片的地方最多不能超过三片。 （3）把基础型钢架、预埋铁件、垫片用电焊焊牢。注意基础型钢顶部，一般要求高出抹平地面10mm。 （4）基础型钢安装允许偏差需要在规定的范围内。 （5）基础型钢安装完后，把室外地线扁钢分别引入室内与基础型钢的两端焊牢。一般焊接面是扁钢宽度的2倍。 （6）把基础型钢刷两遍灰漆
柜/盘稳装	（1）根据施工要求布置，按顺序把柜放在基础型钢上。 （2）单独柜/盘可以只根据柜面、侧面的垂直度。 （3）成列柜/盘各台就位后，先需要找正两端的柜，再从柜下到上2/3高的位置绷上小线，逐台找正。柜的标准可以以柜面为准。 （4）成列柜/盘找正时，可以采用0.5mm铁片进行调整，并且每处垫片最多不能超过3片。 （5）根据柜固定螺孔尺寸，在基础型钢架上用手电钻钻孔。如果无要求时，一般高压柜可以钻 ϕ16.2孔，低压柜可以钻 ϕ12.2孔，然后分别用M16、M12镀锌螺钉固定即可。 （6）柜/盘的安装误差，需要在允许偏差范围内。 （7）柜/盘就位、找正、找平后，除了柜体与基础型钢固定外，柜体与柜体、柜体与测挡板，一般均需要用镀锌螺钉连接。 （8）每台柜/盘单独与基础型钢连接时，可以把每台柜从后面左下部的基础型钢侧面上焊上鼻子，然后利用 $6mm^2$ 铜线与柜上的接地端子连接牢固

✎ **7-153 安装成套配电柜、动力开关柜基础型钢的允许偏差是多少？**

答 安装10kV及以下一般工业与民用建筑电气安装工程的成套配电柜、动力开关柜基础型钢允许偏差见表7-42。

表 7 - 42 安装成套配电柜、动力开关柜
基础型钢的允许偏差

项 目	允 许 偏 差	
	mm/m	mm/全长
不直度	<1	<5
水平度	<1	<5
位置误差及不平行度	—	<5

注 环形布置可以根据设计要求来确定。

7 - 154 安装成套配电柜、动力开关柜/盘的允许偏差是多少?

答 安装10kV及以下一般工业与民用建筑电气安装工程的成套配电柜、动力开关柜/盘的允许偏差见表7-43。

表 7 - 43 柜/盘安装的允许偏差

项 目		允许偏差（mm）
垂直度（m）		<1.5
水平偏差	相邻两盘顶部	<2
	成列盘顶部	<5
盘面偏差	相邻两盘边	<1
	成列盘面	<5
盘间接缝		<2

7 - 155 成套配电柜、动力开关柜/盘二次小线连接有什么要求?

答 10kV及以下一般工业与民用建筑电气安装工程的成套配电柜、动力开关柜/盘二次小线连接的一些要求如下。

（1）需要根据原理图逐台检查柜/盘上的全部电器元件是否符合要求。

（2）敷设、控制电缆连接线需要正确。

（3）控制线校线后，需要把每根芯线煨成圆圈，并且用镀锌螺钉、眼圈、弹簧垫连接在每个端子板上。

（4）柜/盘端子板每侧一般是一个端子压1根线，最多不能够超过2根，两根线间需要加眼圈。

（5）柜/盘端子板上连接的多股线，需要涮锡处理，不得有断股现象。

7-156 安装电动机与其附属设备需要哪些机具？

答 一般工业与民用建筑电气安装工程固定式交流电动机、直流电动机、同步电动机与其附属设备安装需要的机具包括转速表，绝缘电阻表，万用表，卡钳电流表，台钻，砂轮，手电钻，吊链，龙门架，绳扣，联轴节顶出器，台虎钳，油压钳，扳手，电锤，板锉，榔头，钢板尺，圆钢套丝板，电焊机，气焊工具，塞尺，水平尺，测电笔，试铃，电子点温计等。

7-157 安装电动机与其附属设备的工艺流程是怎样的？

答 一般工业与民用建筑电气安装工程固定式交流电动机、直流电动机、同步电动机与其附属设备安装电动机与其附属设备的工艺流程如下：拆箱点件→安装前检查→电动机安装→抽芯检查→电动机干燥→控制、保护、起动设备安装→试运行前检查→试运行与验收。

7-158 安装电动机与其附属设备安装前需要有哪些检查？

答 一般工业与民用建筑电气安装工程固定式交流电动机、直流电动机、同步电动机与其附属设备安装前需要的一些检查如下。

（1）电动机的性能需要符合其工作环境的要求。

（2）电动机的附件、备件需要完整无损的。

（3）检查预安装的电动机，必须是完好无损的。

（4）盘动电动机转子时，应轻快没有卡阻、正常无异声。

（5）分箱装运的电动机定子、转子，其铁心转子、轴颈，应是完整无锈的。

7-159 怎样选择电动机的形式？

答 选择电动机形式的方法见表7-44。

表7-44 选择电动机形式的方法

安 装 地	选择电动机的形式
一般场所	可选择防护式电动机
潮湿的场所	可选择防滴式及有耐潮绝缘电动机
有粉尘多纤维、有火灾危险性的场所	可选择封闭式电动机
有易燃、易爆炸危险的场所	可选择防焊式电动机
有腐蚀性气体、有蒸汽侵蚀的场所	可选择密封式及耐酸绝缘电动机

7-160 怎样安装电动机？

答 一般工业与民用建筑电气安装工程固定式交流电动机、直流电动机、同步电动机与其附属设备的安装方法与要点如下。

（1）电动机安装，一般需要电工、钳工等人员共同来协同完成，具体根据工程大小复杂程度来考虑。

（2）安装电动机的位置需要方便操作、检修。

（3）固定在基础上的电动机，一般需要有不小于1.2m的维护通道。

（4）采用水泥基础时，没有相关要求，基础重量一般需要不小于电动机重量的3倍。基础各边，一般需要超出电动机底座边缘100～150mm。

（5）稳固电动机的地脚螺栓，一般需要与混凝土基础牢固地结合成一体。

（6）浇灌前预留的孔，需要清洗干净。

（7）稳固电动机的地脚螺栓本身要直，机械强度需要满足要求。

（8）稳装电动机垫片一般不超过3块，并且垫片与基础面接触要严密。

（9）电动机底座安装完后，才能够进行二次灌浆。

（10）采用皮带传动的电动机轴与传动装置轴的中心线，需要平行。

（11）电动机与传动装置的皮带轮，自身垂直度全高不超过0.5mm，并且两轮的相应槽需要在同一直线上。

（12）采用齿轮传动时，伞形齿轮中心线需要根据规定角度交叉，咬合程度需要一致。

（13）采用齿轮传动时，圆齿轮中心线需要平行，接触部分不应小于齿宽的2/3。

（14）采用靠背轮传动时，互相连接的靠背轮螺栓孔需要一致，并且螺母需要具有防松装置。

（15）采用靠背轮传动时，轴向与径向允许误差，弹性连接的不应小于0.05mm，钢性连接的不应大于0.02mm。

（16）各组电刷，需要调整在换向器的电气中性线上。

（17）带有倾斜角的电刷，其锐角尖需要与转动方向相反。

（18）电刷与铜编带的连接、铜编带与刷架的连接需要良好。

（19）同一组刷握，需要均匀排列在同一直线上。

（20）刷握的排列一般使相邻不同极性的一对刷架彼此错开。

（21）电刷与换向器或集电环接触良好。

（22）电刷在刷握内能上、下活动，电刷的压力正常，引线与刷架连接可靠紧密。

（23）绕线电动机的电刷抬起装置动作可靠，动作方向与标志一致，短路刀片接触良好。

（24）电动机运行时，要求电刷无明显火花。

（25）定子、转子分箱装运的电动机，安装转子时，不可将吊绳绑在滑环、换向器、轴颈等部分。

（26）高压同步电动机轴承座有绝缘时，一般需要用 1000V 绝缘电阻表检测的绝缘电阻不应小于 1MΩ。

（27）电动机接线需要可靠牢固。

（28）电动机外壳需要做保护接地或保护接零。

（29）接地（接零）线截面选择正确，并且防腐的部分采用了涂漆处理。

（30）接地线路走向合理，色标准确。

（31）电动机接线方式需要与供电电压相符合。

（32）安装电动机后，需要做几圈人力转动试验。

7-161　电动机什么情况下需要做抽心检查？

答　一般工业与民用建筑电气安装工程固定式交流电动机、直流电动机、同步电动机，在下面一些情况下需要做抽心检查。

（1）出厂日期超过制造厂保证期限的电动机。

（2）试运转时，怀疑质量存在问题的电动机。

（3）外观检查，或电气试验，怀疑质量存在问题的电动机。

（4）开启式电动机，经端部检查，怀疑质量存在问题的电动机。

（5）交流电动机容量在 40kW 及其以上者，安装前一般需要做抽心检查。

7-162　电动机抽心检查需要符合哪些要求？

答　一般工业与民用建筑电气安装工程固定式交流电动机、直流电动机、同步电动机，抽心检查需要符合的一些要求如下。

（1）电动机内部无杂物。

（2）电动机的铁心、轴颈、滑环、换向器等应清洁，无伤痕无锈蚀。

（3）电动机的轴承无裂纹、无锈蚀。

（4）电动机的滚珠轴承工作面需要光滑无裂纹、无锈蚀。

（5）电动机的滚珠轴承加入轴承内的润滑脂，一般需要填满内部空隙的 2/3。

（6）电动机的线圈绝缘层需要完好无伤痕、槽楔无断裂不松动、引线焊接牢固。

（7）电动机通风孔无阻塞。

（8）电动机绕组连接正确。

（9）磁极、铁轭固定良好，励磁线圈紧贴磁极，不能松动。

（10）电动机线圈绝缘层完好，绑线没有松动现象。

（11）定子槽楔需要无断裂、无凸出、无松动。

（12）笼型异步电动机转子导电条与端环的焊接需要良好，浇铸的导电条与端环需要没有裂纹。

（13）直流电动机的磁极中心线与几何中心线需要一致。

（14）转子的平衡块需要紧固，平衡螺钉需要锁牢。

（15）转子的风扇方向要正确，叶片需要没有裂纹。

✒ 7-163 电动机干燥有哪些要求与注意事项？

答 一般工业与民用建筑电气安装工程固定式交流电动机、直流电动机、同步电动机干燥的一些要求与注意事项如下。

（1）由于运输、保存、安装后受潮，绝缘电阻达不到规范要求时，需要进行干燥处理。

（2）电动机干燥前，需要根据电动机受潮情况制定烘干方法、有关技术措施。

（3）烘干处理，可以根据实际情况选择循环热风干燥室进行烘干。

（4）烘干处理，可以根据实际情况选择灯泡干燥法。

（5）烘干处理，可以根据实际情况选择电流干燥法。

（6）烘干温度需要缓慢上升。

（7）铁心与线圈的最高温度一般控制在 $70\sim80℃$。

（8）电动机绝缘电阻值达到要求，在同一温度下经 5h 稳定不变时，则可以认为完成干燥。

✒ 7-164 安装电动机控制、保护、起动设备有哪些要求与注意事项？

答 安装一般工业与民用建筑电气安装工程固定式交流电动机、直流电动机、同步电动机控制、保护、起动设备的一些要求与注意事项如下。

（1）控制、保护设备在安装前，需要检查是否与电动机容量相符。

（2）引到电动机接线盒的明敷导线长度，一般要小于 0.3m。

（3）引到电动机接线盒的明敷导线长度，一般采用加强绝缘的导线，并且在容易受机械损伤的地方加套管保护。

（4）高压电动机的电缆终端头，一般要直接引进到电动机的接线盒内。

（5）直流电动机、同步电动机与调节电阻回路、励磁回路的连接，一般采用铜导线，并且导线应没有接头。

（6）电动机一般要装设过电流、短路保护装置。

（7）电动机采用熔丝（片）保护时，熔丝（片）一般根据电动机额定电流的 1.5～25 倍来选择。

（8）电动机采用热元件保护时，热元件一般根据电动机额定电流的 1.1～1.25 倍来选择。

（9）控制、保护设备的安装，需要根据有关要求进行。

（10）控制、保护设备的安装，一般安装在电动机的附近。

（11）控制设备、所拖动设备需要有对应的编号。

（12）电动机的调节电阻器，需要调节均匀、接触良好。

7-165　安装电动机试运行前有哪些检查与要求？

答　安装一般工业与民用建筑电气安装工程固定式交流电动机、直流电动机、同步电动机前的一些检查与要求如下。

（1）土建工程全部结束，现场清扫完毕后，根据有关规定进行。

（2）电动机本体安装、检查已经结束。

（3）相关附属系统安装完毕，验收合格，分部试运行情况良好。

（4）电刷与换向器、滑环的接触要良好。

（5）盘动电动机转子需要转动灵活。

（6）电动机引出线相位正确，连接牢固。

（7）电动机外壳油漆完整。

（8）电动机保护接地良好。

（9）照明、通信、消防装置齐全。

（10）电动机保护、控制、测量、信号、励磁等回路的调试完成后，动作正常。

（11）1kV 及以下电动机使用 1kV 绝缘电阻表检测，绝缘电阻值一般不低于 1MΩ。

（12）1kV 及以上电动机，使用 2.5kV 绝缘电阻表检测，绝缘电阻值在 75℃时，定子绕组一般不低于每千伏 1MΩ，转子绕组一般不低于每千伏 0.5MΩ，并且做吸收比试验。

（13）1000V 以上或 1000kW 以上、中性关联线已引出到出线端子板的定子绕组，需要分项做直流耐压、泄漏试验。

7-166 安装电动机试运行有哪些检查与要求?

答 安装一般工业与民用建筑电气安装工程固定式交流电动机、直流电动机、同步电动机试运行的一些检查与要求如下。

(1) 电动机试运行一般在空载的情况下进行,空载运行时间为 2h,并且做好电动机空载电流电压记录。

(2) 电动机试运行接通电源后,如果发现电动机不能起动、起动时转速很低、声音异常等现象,则需要立即切断电源,进行检查。

(3) 起动多台电动机时,需要根据容量从大到小逐台起动,不能同时起动。

(4) 电动机试运行中,需要检查电动机的旋转方向是否符合要求,换向器工作情况是否正常,电动机的温度是否正常等。

(5) 交流电动机带负载起动次数尽量减少。

(6) 电动机验收时,需要提交产品说明书、试验记录、合格证、安装记录、调整试验记录等。

7-167 电线导管、电缆导管与线槽敷设管卡间最大距离是多少?

答 电线导管、电缆导管与线槽敷设管卡间最大距离见表 7-45。

表 7-45　　　　　　　　管卡间最大距离

敷设方式	导管种类	导管直径（mm）				
		15～20	25～32	32～40	50～65	65mm 以上
		管卡间最大距离（m）				
支架、沿墙明敷	壁厚>2mm 刚性钢导管	1.5	2.0	2.5	2.5	3.5
	壁厚≤2mm 刚性钢导管	1.0	1.5	2.0	—	—
	刚性绝缘导管	1.0	1.5	1.5	2.0	2.0

7-168 明敷 PVC 对材料有哪些要求?

答 室内硬质阻燃塑料管(PVC)明敷设对材料的一些要求如下。

(1) 阻燃型塑料管管壁厚度均匀一致。

(2) 阻燃型塑料管外壁阻燃标记、厂标,间距不大于 1m。

（3）阻燃型塑料管里外光滑无凸棱、无针孔、无凹陷、没有气泡。

（4）阻燃型塑料管内径、外径尺寸符合有关现行标准。

（5）阻燃型塑料管附件、明配阻燃型塑料品均是配套的阻燃型塑料品。

（6）所使用的阻燃型（PVC）塑料管材质、相关附件均需要采用阻燃、耐冲击性能好、氧指数不低于27％阻燃指标、具有合格证、检验报告单的PVC塑料管。

（7）黏合剂需要与使用阻燃型塑料管配套的，并且黏合剂在使用限期内。

7-169 明敷 PVC 需要哪些机具？

答 室内硬质阻燃塑料管（PVC）明敷设需要的一些机具如下：工具袋、工具箱、煨管器、电锤、热风机、电炉子、手电钻、钻头、开孔器、绝缘手套、高凳、弯管弹簧、剪管器、压力案子、台钻、卷尺、尺杆、角尺、铅笔、皮尺、水平尺、线坠、小线、粉线袋等。

7-170 明敷 PVC 作业条件有哪些？

答 室内硬质阻燃塑料管（PVC）明敷设的一些作业条件如下。

（1）配合混凝土结构施工时，需要根据相关图在梁、板、柱中预留/埋过管、埋件。

（2）配合砖结构施工时，预埋大型埋件、角钢支架、过管。

（3）装修前，根据土建水平线、抹灰厚度、管道走向，以及相关图进行弹线、浇注埋件、稳装角钢支架。

（4）喷浆完成后，进行管路、各种盒/箱的安装。

（5）喷浆时，需要防止污染管道。

7-171 明敷 PVC 工艺流程是怎样的？

答 室内硬质阻燃塑料管（PVC）明敷设工艺流程如下：预制支/吊架铁件与管弯→测定盒箱与管路固定点的位置→管路的固定→管路的敷设→管路入盒箱→变形缝做法。

7-172 怎样预制明敷、暗敷 PVC 的管弯？

答 室内硬质阻燃塑料管（PVC）明敷、暗敷工程中预制管弯的方法见表7-46。

7-173 怎样固定明敷 PVC 管路？

答 固定明敷 PVC 管路的方法见表7-47。

表 7-46　　　　　室内硬质阻燃塑料管（PVC）明敷、暗敷工程中预制管弯的方法

名称	解　说
冷煨法	（1）PVC 管径在 25mm 及其以下的，可以采用冷煨法。 （2）使用手扳弯管器煨弯 PVC 管的操作主要步骤如下：首先把 PVC 管插入配套的弯管器内，然后用手扳一次，煨出所需要的弯度。 （3）使用弯簧煨弯 PVC 管的操作主要步骤如下：首先把弯簧插入 PVC 管内需要煨弯的地方，然后两手抓住弯簧两端头，再用膝盖顶在被弯的地方，用手扳动，逐步煨出所需要的弯度。之后，抽出弯簧。弯曲较长 PVC 管时，可以将弯簧用铁丝、尼龙线拴牢上一端，等煨完弯后，以便抽出弯簧
热煨法	首先用电炉子、热风机等均匀加热管子，烘烤管子煨弯的地方，等 PVC 管被加热到可随意弯曲时，马上把 PVC 管放在木板上，固定 PVC 管一头，逐步煨出所需要的弯度。之后用湿布擦抹，使弯曲部位冷却定型。然后抽出弯簧

表 7-47　　　　　　　固定明敷 PVC 管路的方法

名称	解　说
抱箍法	根据测定位置，遇到梁、柱时，需要用抱箍把支架、吊架固定好
木砖法	采用木螺钉直接固定在预埋木砖上
剔注法	根据测定位置，剔出墙洞，用水把洞内浇湿，然后把合好的高标号砂浆填入洞内。填满之后，把支架、吊架、螺栓插入洞内，校正埋入深度、平直。正确后，把洞口抹平
稳注法	随土建砌砖墙，把支架固定好
预埋铁件焊接法	随土建施工，根据测定位置预埋铁件，拆模后，把支架、吊架焊在预埋铁件上
胀管法	首先在墙上打孔，然后把胀管插入孔内，再用螺钉（栓）固定

注　无论采用何种固定方法，均应先固定两端支架、吊架，然后拉直线固定中间的支架、吊架。

7-174　明敷 PVC 管路敷设有哪些要求？

答　（1）支架、吊架位置要正确、间距要均匀、管卡要平正牢固。

（2）小管径可以使用剪管器断管。

（3）大管径可以使用钢锯锯断断管，并且断口后，要用管口锉平。

（4）敷管时，可以先把管卡一端的螺钉（栓）拧紧一半，再把管敷设在管卡内，并且逐个拧紧。

（5）埋入的支架，需要有燕尾，并且埋入深度一般不小于 120mm。

（6）用螺栓穿墙固定 PVC 时，加的垫圈与弹簧垫，需要用螺母紧固。

（7）PVC 管水平敷设时，高度一般要求不低于 2000mm。

（8）PVC 管垂直敷设时，高度一般要求不低于 1500mm。如果在 1500mm 以下，则需要加保护管保护。

（9）PVC 管路无弯时，管路长 30m，需要加接线盒。

（10）PVC 管路有一个弯时，管路长 20m，需要加接线盒。

（11）PVC 管路有两个弯时，管路长 15m，需要加接线盒。

（12）PVC 管路有三个弯时，管路长 8m，需要加接线盒。

（13）无法加装接线盒时，需要把 PVC 管直径加大一号。

（14）支架、吊架、敷设在墙上的管卡固定点，盒、箱边缘的距离一般为 150～300mm。

（15）PVC 管路连接时，管口需要平整光滑。

（16）PVC 管路连接时，管与管、管与盒/箱等器件，需要采用插入法连接，连接的地方结合面一般需要涂专用胶合剂。

（17）PVC 管路连接时，管与管间采用套管连接，套管长度一般为管外径的 1.5～3 倍。

（18）PVC 管路连接时，管与管的对口需要位于套管中，并且对齐。

（19）PVC 管路连接时，管与器件连接时，插入深度一般为管外径的 1.1～1.8 倍。

（20）PVC 配管与支架、吊架安装要平直牢固、排列整齐。

（21）PVC 管子弯曲处，不能出现明显折皱凹扁等现象。

（22）PVC 直管每隔 30m，一般需要加装补偿装置。

（23）PVC 补偿装置接头的大头与直管需要套入，并且粘牢，另一端管套上一节小头并且粘牢，然后把该小头一端插入卡环中，小头可在卡环内滑动。

（24）PVC 管引出地面一段，可以使用一节钢管引出，并且需要制作合适的过渡专用接箍，把钢管接箍埋在混凝土中，钢管外壳做接地或接零保护。

7-175 明敷 PVC 管路成品保护有哪些要点？

答 （1）需要保持墙面、顶棚、地面的清洁完整。

（2）搬运物件、设备时，不得砸伤管路、管盒、管箱。

（3）修补铁件油漆时，不得污染建筑物。

（4）施工用高凳时，不得碰撞墙、角、门、窗。

（5）施工时，不得靠墙面立高凳。

（6）施工时，采用的高凳脚需要有包扎物。

7-176 暗敷 PVC 管路材料有哪些要求？

答 一般民用建筑内的照明系统，在混凝土结构内、砖混结构暗配管敷设工程，材料的一些要求如下。

（1）所使用的阻燃型 PVC 塑料管需要具有阻燃、耐冲击性能的、氧指数不应低于 27% 的阻燃指标。

（2）所使用的阻燃型 PVC 塑料管需要具有相应的检验报告单、合格证。

（3）阻燃型塑料管外壁，一般需要有连续阻燃标记、厂标。

（4）PVC 塑料管内外径尺寸，需要符合有关现行标准。

（5）PVC 塑料管里外应光滑无凸棱、无凹陷无针孔。

（6）PVC 塑料管管壁厚度，需要均匀一致。

（7）所用阻燃型塑料管附件、暗配阻燃型塑料制品，需要使用配套的阻燃型塑料品。

（8）阻燃型塑料灯头盒、开关盒、接线盒，需要开孔齐全、外观整齐、无破裂损坏。

（9）黏结剂需要采用专用 PVC 管黏结剂。

（10）辅助铁丝需要采用镀锌的。

7-177 暗敷 PVC 管路作业条件有哪些？

答 （1）配合土建砌体施工时，需要根据有关要求与土建墙上弹出的水平线，正确、规范安装管路、盒箱。

（2）混凝土楼板、圆孔板配合土建调整好吊装楼板的板缝时，需要根据有关要求配管。

（3）配合土建混凝土结构施工时，大模板、滑模板施工混凝土墙，在钢筋绑扎过程中，需要根据有关要求预埋套盒、管路，并且需要办理隐检手续。

7-178 暗敷 PVC 管的工艺流程是怎样的？

答 暗敷 PVC 管的工艺流程如下：弹线定位→加工管弯→稳注盒箱→管路暗敷→扫管穿带线。

✒ 7-179 暗敷 PVC 管工艺怎样弹线定位?

答 (1)根据有关要求,在砖墙、大模板混凝土墙、滑模板混凝土墙、木模板混凝土墙、组合钢模板混凝土墙等地方,确定盒、箱的位置,并且进行弹线定位。

(2)根据弹出的水平线用小线、水平尺测量出盒、箱的具体位置,然后标出其尺寸。

(3)根据灯位要求,在加气混凝土板、预制圆孔板、现浇混凝土楼板、预制薄混凝土楼板上,进行测量后,标注出灯头盒的具体位置的尺寸。

(4)砖墙、泡沫混凝土墙、石膏孔板墙、礁渣砖墙等需要隐埋开关盒的位置,进行测量,确定开关盒的具体位置的尺寸。

✒ 7-180 暗敷 PVC 管工艺怎样隐埋盒、箱?

答 (1)盒、箱固定需要平正牢固、灰浆饱满、收口平整、纵横坐标准确。

(2)盒、箱固定需要符合有关设计、施工、验收规范的要求与规定。

(3)根据规定要求在盒、箱预留的具体位置,随土建砌体预留出进入盒、箱的管子长度,并且把管子甩在盒、箱预留孔外。再把管端头堵好,完成一管一孔进入盒、箱。

(4)弹好水平线,根据盒、箱的准确位置尺寸,再剔洞。一般要求踢的孔洞比盒、箱稍大一些。剔好洞后,可以用水把洞内四壁浇湿,把洞中杂物清理干净。再根据管路的走向,敲掉盒、箱的敲落孔,然后用高标号水泥砂浆填入洞内,注意盒、箱需要端正。水泥砂浆凝固后,再接短管入盒、箱。

(5)根据不同土建特点,采用合适的隐埋盒、箱方法与步骤。

✒ 7-181 怎样在组合钢模板、大模板混凝土墙隐埋盒、箱(暗敷 PVC 管工艺)?

答 (1)首先在模板上打孔,然后用螺钉把盒、箱固定在模板上。拆模前,及时把固定盒、箱的螺钉拆除。

(2)利用穿筋盒,直接固定在钢筋上,焊好支撑钢筋,使盒口、箱口与墙体平面平齐。

✒ 7-182 怎样在顶板隐埋灯头盒(暗敷 PVC 管工艺)?

答 在顶板隐埋灯头盒(暗敷 PVC 管工艺)的一些方法与要求见表7-48。

表7-48 顶板隐埋灯头盒（暗敷 PVC 管工艺）的
一些方法与要求

名称	解说
隔墙隐埋开关盒、插座盒	（1）砖墙、泡沫混凝土墙等地方，在剔槽前，需要在槽两边先弹线，并且槽的宽度、深度，均需要比管外径大，一般开槽宽度、深度大于 1.5 倍管外径。 （2）砖墙可以用錾子沿槽内边进行剔槽。 （3）泡沫混凝土墙可以用刀膏圆锯成槽的两边后，再剔成槽。 （4）石膏圆孔板上安装时，需要把管穿入板孔内，敷设到盒、箱的地方。 （5）剔槽后，需要先隐埋盒，再接管，并且管路每隔 1m 左右，需要用镀锌铁丝固定好管路。 （6）管路固定后，再抹灰，注意需要抹平、抹齐
加气混凝土板、圆孔板隐埋灯头盒	（1）根据有关要求标注出灯位的具体位置尺寸。 （2）打孔，一般需要由下向上剔洞，洞口下小上大。 （3）把盒子配上相应的固定体放入洞中，并且固定好吊板。 （4）等配好管后，再用高标号水泥砂浆隐埋牢固
现浇混凝土楼板隐埋灯头盒	（1）根据有关要求标注出灯位的具体位置尺寸。 （2）吊扇、花灯、吊装灯具超过 3kg 时，需要预埋吊钩、螺栓，其吊挂力矩需要保证能够承载的要求

7-183 怎样暗敷设管路（暗敷 PVC 管工艺）？

答 暗敷设管路（暗敷 PVC 管工艺）的一些方法与要求见表 7-49。

表7-49 暗敷设管路（暗敷 PVC 管工艺）的
一些方法与要求

名称	解说
现浇混凝土墙板内暗敷设管路	（1）管路一般需要敷设在两层钢筋中间。 （2）管进盒、箱时，需要煨成灯叉弯。 （3）管路每隔 1m 的地方，需要用镀锌铁丝绑扎好。 （4）管路弯曲的地方，需要根据要求固定好。 （5）管路往上引管不宜过长，以能够煨弯为准。 （6）向墙外引管，可以采用管帽预留管口，等拆模后，再取出管帽并接管

续表

名称	解　　说
滑升模板 暗敷设管路	灯位管，可以先引到牛腿墙内，滑模过后支好顶板，再敷设管 到灯位
现浇混凝土楼板 暗敷设管路	（1）根据建筑物内房间四周墙的厚度，弹好十字线。 （2）确定灯头盒的具体位置。 （3）把端接头、内锁母固定在盒子的管孔上，使用顶帽护口堵 好管口、盒口。 （4）把固定好的盒子，用机螺钉、短钢筋固定在底筋上。 （5）敷管，注意管路需要敷设在弓筋的下面底筋的上面，并且 管路每隔 1m 需要用镀锌铁丝绑扎牢。 （6）引向隔断墙的管子，可以使用管帽预留管口，拆模后取出 管帽再接管
预制薄型混凝土 模板暗敷设管路	（1）根据有关要求，确定好灯头盒的具体位置尺寸。 （2）用电锤在板上面打孔。 （3）在板下面扩孔，注意孔的大小应比盒子外口略大一些。 （4）在高桩盒上安装好卡铁。 （5）把端接头、内锁母固定在盒孔位置。 （6）把高桩盒用水泥砂浆埋好。 （7）敷设管路，注意管路保护层不小于 80mm
预制圆孔板内 暗敷设管路	（1）及时配合土建吊装圆孔板时，敷设管路。 （2）在吊装圆孔板时，及时找好灯位具体位置的尺寸，并且打 好灯位盒孔。 （3）敷设管路。 （4）管子可以从圆孔板板孔内一端穿入到灯头盒的地方，然后 把管固定在灯头盒上，再把盒子用卡铁放好位置，并且用水泥砂 浆固定好盒子
灰土层内 暗敷设管路	（1）灰土层夯实后，可以挖管路槽。 （2）路槽挖好后，敷设管路。 （3）在管路上面，用混凝土砂浆埋护，并且厚度一般不小 于 80mm

7-184　怎样扫管穿带线（暗敷 PVC 管工艺）？

答　扫管穿带线（暗敷 PVC 管工艺）的一些方法与要求见表 7-50。

表 7-50　扫管穿带线（暗敷 PVC 管工艺）的一些方法与要求

名　称	解　　说
现浇混凝土结构	墙、楼板需要及时进行扫管，也就是随拆模随扫管
砖混结构墙体	（1）抹灰前，需要扫管。有问题时，及时修改管路，便于土建修复。 （2）经过扫管后，确认管路畅通，及时穿好带线。 （3）经过扫管后，需要把管口、盒口、箱口堵好，加强成品配管保护，防止出现二次堵塞管路等异常现象

7-185　项目的质量标准是怎样的（暗敷 PVC 管工艺）？

答　项目的质量标准（暗敷 PVC 管工艺）见表 7-51。

表 7-51　　项目的质量标准（暗敷 PVC 管工艺）

名　称	解　　说
保证项目	（1）阻燃型塑料管与其附件材质氧指数需要达到 27% 以上的性能指标。 （2）阻燃型塑料管不得在室外高温、易受机械损伤的场所明敷设
基本项目	（1）管路连接需要紧密、管口光滑。 （2）管路连接的保护层需要大于 15mm。 （3）管路使用胶粘剂连接的地方，需要紧密牢固。 （4）盒、箱内设置要正确，固定要可靠。 （5）管子进入盒、箱的地方，需要顺直，并且一孔一管。 （6）管子进入盒、箱的地方，需要用端接头、内锁母把 PVC 管固定好。 （7）盒、箱安装需要牢固不松动。 （8）穿过变形缝的地方，需要有补偿装置
允许偏差项目	硬质 PVC 塑料管、弯曲半径的允许偏差需要符合有关要求

7-186　怎样进行成品保护（暗敷 PVC 管工艺）？

答　（1）剔槽打洞时，需要先画好线，不要造成洞口过大过宽、槽剔过大过宽，影响土建结构质量。

（2）管路敷设完后，需要注意成品保护。

（3）合模、拆模时，需要注意保护管路，防止移位、砸扁、踩坏等异常现象发生。

（4）配合土建浇灌混凝土时，需要注意看护，以防管路移位、机械损伤等异常现象发生。

（5）混凝土板、加气板上剔洞时，需要注意保护钢筋，防止剔断。

（6）混凝土板、加气板上剔洞时，先要用钻打孔，再扩孔。

✎ 7 - 187　暗敷 PVC 管工艺需要注意哪些质量问题？

答　（1）保护层小于 15mm 管路有外露现象，需要把管槽深度剔到 1.5 倍管外径的深度，把管子固定好后，再用水泥砂浆保护，然后抹平灰层。

（2）隐埋盒、箱不得出现歪斜。

（3）暗盒、箱不能够有凹进、凸出墙面的现象。

（4）隐埋盒、箱需要用线坠找正。

（5）暗装盒子口、箱口，需要与墙面平齐。

（6）暗箱与墙面的贴面缝隙需要预留好。

（7）暗箱与墙面的缝隙，需要用水泥砂浆把盒、箱底部四周填实抹平，并且盒子收口要平整。

（8）盒、箱不能够出现破口的现象。

（9）盒、箱的尺寸，不能够超出允许偏差值。

（10）箱体厚度与墙厚度相差不大，箱底处抹灰开裂。因此，需要在箱底加金属网固定后，再抹灰找平。

（11）管子煨弯处的凹扁度不能够过大，并且弯曲半径需要小于 6D（D 为管子直径）。

（12）管子煨弯需要根据要求，其弯曲半径一般要大于 6D（D 为管子直径）。

（13）管路不通，朝上管口没有及时堵好管堵，造成异物落入管中。

（14）用热煨弯时，需要注意避免 PVC 管出现凹扁过大、烤变色、煨弯倍数不够等异常现象。

（15）立管时，随时堵好管堵。

（16）不要碰坏已经敷设好的管路。

✎ 7 - 188　半硬质阻燃型塑料管暗敷的作业条件有哪些？

答　（1）配合土建施工，根据建筑物墙体结构弹好水平线、墙厚度线。

（2）配合土建施工，根据要求安装好盒、箱、管路。

（3）加气混凝土楼板、圆孔板，需要及时配合土建调整好吊装楼板的板缝，然后进行配管。

（4）大模板、滑模板施工混凝土墙时，需要在钢筋绑扎过程中预埋套盒、管路。

（5）只有办理隐检后，才可以进行混凝土浇灌施工。

7-189　半硬质阻燃型塑料管暗敷的工艺流程是怎样的?

答　半硬质阻燃型塑料管暗敷的工艺流程如下：弹线定位→盒箱的固定→管路的敷设→扫管穿带线。

7-190　怎样固定盒、箱（半硬质阻燃型塑料管暗敷）?

答　固定盒、箱（半硬质阻燃型塑料管暗敷）的一些方法与要点见表 7-52。

表 7-52　　固定盒、箱的一些方法与要点

名称	解　说
滑模板混凝土墙隐埋盒、箱	可以采取预留盒、箱套，再拆除盒、箱套，也就是在预留孔洞的地方隐埋盒、箱
砌块墙隐埋盒、箱	（1）根据盒、箱位置线剔好洞。 （2）剔的盒、箱洞的大小需要比盒、箱略大。 （3）需要清理干净洞内。 （4）安装盒、箱前，需要用水将洞内浇湿。 （5）固定盒、箱后，可以用强度等级不小于 M10 的水泥砂浆隐埋盒、箱。 （6）空心砌块墙剔洞后，一般用碎砌块水泥砂浆将空洞先封堵，然后隐埋盒、箱
现浇钢筋混凝土墙、楼板固定盒、箱	（1）可以用机螺钉将盒、箱固定在扁钢上，然后把扁钢固定在钢筋上。 （2）可以用穿筋盒直接固定在钢筋上
预制楼板隐埋灯头盒	（1）预制圆孔板、加气混凝土楼板上的灯头盒孔洞，需要在楼板下面由下向上剔洞，上方洞口可在楼板上面扩孔。 （2）盒子安装好卡铁、轿杆，可以在楼板下面装好托灰板，然后用水将洞内浇湿，再用强度等级不小于 M10 的水泥砂浆隐埋盒子

7-191　半硬质阻燃型塑料管管路暗敷有哪些要求?

答　（1）敷设管子时，需要尽量减少弯曲。

（2）线路直线段长度超过 15m 或直角弯超过 3 个时，一般需要增设中

间接线盒。

（3）管路经过建筑物变形缝的地方，一般需要有补偿装置。

（4）半硬塑料管的连接，可以采用套管粘接法，并且注意套管的长度不得小于管外径的三倍。

（5）半硬塑料管管子的接口，需要位于套管的中心，并且连接处结合面需要用胶粘剂粘接牢固。

（6）剔槽敷管时，不允许剔横槽，不允许剔断钢筋。

（7）加气混凝土板只能够允许沿板缝剔槽。

（8）滑模板内的竖向管段一般不能够有接头。

（9）半硬塑料管入盒、箱，管口需要平齐，并且管口露出盒、箱一般不大于5mm。

（10）半硬塑料管入盒、箱，需要一管一孔，并且孔的大小需要与管外径相吻合。

✐ 7-192 怎样进行管路敷设（半硬质阻燃型塑料管暗敷）？

答 进行半硬质阻燃型塑料管暗敷工艺中的管路敷设的一些方法与要点见表7-53。

表7-53 半硬质阻燃型塑料管暗敷的管路敷设

名称	解　说
滑模板的管路敷设	滑模板施工时，由开关盒或接线盒到灯位的管段，可以先放在牛腿墙段内，滑模过后，需要及时把管取出，等顶板支好后引到灯位
砌块墙内的管路敷设	（1）砌墙时需要配合土建，把半硬塑料管敷设在墙中。 （2）向上引管，需要堵好管口，并且用钢筋或木杆等临时支杆把管沿敷设方向挑起。 （3）把管子敷设到盒、箱位置大约100mm的地方甩出，等墙体砌完后，然后入管隐埋盒、箱。 （4）剔槽敷管时，需要在槽两边弹线，然后用快錾子剔槽。 （5）加气混凝土墙，一般用刀锯锯两边后再进行。 （6）剔的槽宽、槽深，一般比管外径大约大5mm。 （7）敷管时，一般每隔0.5m左右需要用铁钉、细铅丝把管子固定好，再用强度等级不小于M10的水泥砂浆抹厚度不小于15mm的保护层

名称	解　说
现制混凝土墙、楼板内的管路敷设	（1）管路需要敷设在两层钢筋中间。 （2）管入盒后，需要堵好管口，堵好盒子。 （3）管路一般每隔 0.5m 左右，距盒子 0.15m 内用细铅丝与钢筋绑扎牢。 （4）引向隔墙的预留管不能够过长，并且需要堵好管口。 （5）向上引管，可以用钢筋挑起。 （6）向下引管，可以预留与隔墙呈垂直方向的豁洞，或预埋套管。等拆模后，把管引下
预制楼板上的管路敷设	（1）一般每隔 0.5m 左右，距灯头盒 0.15m 内，用细铅丝与板孔绑扎固牢，然后用水泥砂浆把灯头盒隐埋牢固。 （2）引向隔墙的预留管不应过长，并且需要堵好管口。 （3）容易受机械损伤的管段，一般需要用水泥砂浆进行保护

7-193　怎样扫管穿带线（半硬质阻燃型塑料管暗敷)？

答　（1）管路敷设后，墙、楼板施工完成后，现浇混凝土工程拆除模板后，需要及时进行预扫管。

（2）扫管过程中，需要把管路与要求、规则进行核对，以便及时处理管路中存在的一些问题。

（3）扫管可以使用带布扫管法：首先把布条固定在带线的一端，然后从管路的另一端拉出，从而利用布条把管内杂物、积水清除。等扫管完成后，及时堵好管口，封闭盒口，以免出现二次掉入杂物。

7-194　塑料阻燃型可挠（波纹）管敷设需要哪些机具？

答　塑料阻燃型可挠(波纹)管敷设需要的一些机具如下：灰桶、灰铲、水桶、小线、线坠、水平尺、盒尺、高凳、钢锯、刀锯、半圆锉、手锤、錾子、手电钻、液压开孔器、活扳手等。

7-195　半硬质阻燃型塑料管暗敷作业条件有哪些？

答　半硬质阻燃型塑料管暗敷的一些作业条件如下：敷设管路需要与土建施工紧密配合、建筑水平线与墙厚度线需要弹好等。

7-196　半硬质阻燃型塑料管暗敷的工艺流程是怎样的？

答　半硬质阻燃型塑料管暗敷的工艺流程如下：预制加工→盒箱的定位→管路的敷设→预扫管。

7-197　管、盒、箱连接的一般要求是怎样的？

答　管、盒、箱连接的一般要求见表 7-54。

表 7-54　　　　　　　　　管、盒、箱连接的一般要求

项目	解　说
管与管的连接	一般波纹管需要采用配套的管箍进行连接，并且注意连接管的对口处于管箍的中心
管与盒、管与箱的连接	（1）把波纹管直接穿过盒子的两个管孔，不断管，等拆除模板，清理盒子后，再将管切断。注意管口处在穿线前，需要装好护口。 （2）采用配套的管卡头连接管与盒、管与箱

7-198　怎样布线安装金属管？

答　布线安装金属管的方法与要点如图7-18所示。

7-199　钢管暗敷设的作业条件有哪些？

答　（1）各层水平线、墙厚度线需要弹好，配合土建施工。

（2）预制混凝土板上配管，做好地面前需要弹好水平线。

（3）预制空心板，需要配合土建就位同时配管。

（4）预制大楼板就位完成，及时配合土建在整理板缝锚固筋（胡子筋）时，把管路弯曲连接部位，根据有关要求做好。

（5）需要随墙（砌体）配合施工立管。

（6）随大模板现浇混凝土墙配管，需要在土建钢筋网片绑扎完毕，根据墙体线配管。

（7）现浇混凝土板内配管，底层钢筋绑扎完后，上层钢筋没有绑扎前，根据图、有关要求、有关尺寸的位置配合土建施工。

7-200　钢管明敷设的作业条件有哪些？

答　（1）需要配合土建结构安装好预埋件。

（2）采用胀管安装时，需要在土建抹灰完成后，才能够进行。

（3）需要配合土建内装修油漆、浆活完成后，进行明配管。

7-201　钢管吊顶内、护墙板内管路敷设的作业条件有哪些？

答　（1）结构施工时，需要配合土建安装好预埋件。

（2）内部装修施工时，需要配合土建做好吊顶灯位、电气器具位置的翻样图，在预板或地面弹好实际位置。

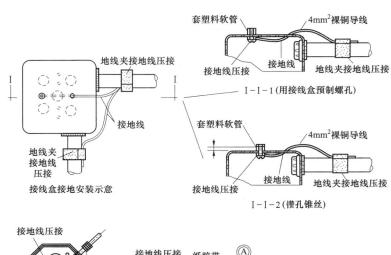

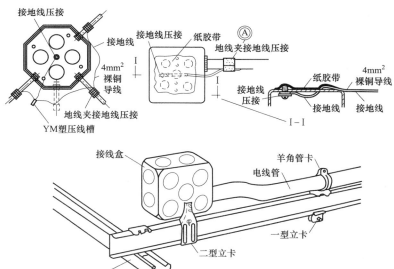

图 7-18 布线安装金属管的方法与要点

7-202 钢管暗敷有哪些基本要求？

答 （1）多尘、潮湿场所的电线管路、管口、管子连接的地方，均需要做密封处理。

（2）埋入墙、埋入混凝土内的管子，一般需要离表面的净距不小于 15mm。

（3）埋入地下的电线管路，一般不能够穿过设备基础。

（4）埋入地下的电线管路，在穿过建筑物基础时，一般需要加保护管。

（5）进入落地式配电箱的电线管路，需要排列整齐，并且管口高出基础面不小于 50mm。

（6）暗配的电线管路，需要沿最近的路线敷设，并且需要减少弯曲。

7-203　钢管煨弯的方法有哪些？

答　钢管煨弯的方法见表7-55。

表 7-55　　　　　　　　钢管煨弯的方法

名称	解　说
冷煨法	（1）一般管径为 20mm 及其以下的，可以用手板煨管器冷煨钢管：首先把管子插入煨管器，然后逐步煨出所需的弯度。 （2）管径为 25mm 及其以上的，可以使用液压煨管器冷煨钢管：首先把管子放入模具，然后扳动煨管器，炼出所需的弯度
热煨法	（1）炒干砂子，再堵住管子的一端。 （2）把干砂子灌入管内，用手锤敲打，直到砂子灌实。 （3）把另一端管口堵住放在火上转动加热，等烧红后，再煨成所需要的弯度，并且随煨随冷却。 （4）管路的弯曲处，不能够有折皱、凹穴、裂缝等现象。 （5）埋设在地下或混凝土楼板内时，不能够小于管外径的 10 倍。 （6）管路弯扁程度不能够大于管外径的 1/10。 （7）暗配管时，弯曲半径不能够小于管外径的 6 倍

7-204　怎样切断钢管管子？

答　切断钢管管子常用钢锯、割管器、无齿锯、砂轮锯进行切管。具体的操作要点如下：首先把需要切断的管子长度量好，然后放在钳口内，并且卡好，再切断钢管。

切断钢管管子的要求如下：钢管管子断口处，需要平齐无毛刺，管内无铁屑杂质。

7-205　钢管管子怎样套丝？

答　钢管管子套丝可以采用套丝板、套管机进行。具体的操作要点如下：首先根据管外径选择相应的板牙，然后把管子用台虎钳或龙门压架钳紧好，再把绞板套在管端，并且均匀用力。

（1）操作时，需要随套随浇冷却液。

（2）丝扣不能够乱，不能过长。

（3）丝扣消除渣屑，应清晰干净。

（4）管径在 25mm 及其以上的，一般需要分三板套成。

（5）管径 20mm 及其以下的，一般需要分两板套成。

7-206　钢管敷设测定盒、箱位置的方法与要求是怎样的？

答　（1）根据有关要求确定盒、箱轴线的位置。

（2）可以以土建弹出的水平线为基准，挂线找平，线坠找正。

（3）标出盒、箱的实际位置的尺寸。

7-207　钢管敷设稳注盒、箱的方法与要求是怎样的？

答　（1）稳注盒、箱要求平整牢固、发浆饱满、坐标正确。

（2）现制混凝土板墙固定盒、箱，需要加支铁固定。

（3）盒、箱底距外墙面小于 3cm 时，需要加金属网固定后，再抹灰，以防空裂。

（4）盒、箱安装要求与允许偏差见表7-56。

表7-56　　　　　　　　　盒、箱安装要求

项　　目	要　　求	允许偏差（mm）
盒、箱口与墙面	平齐	最大凹进深度10mm
盒、箱水平、垂直的位置	正确	10（砖墙）、30（大模板）
盒箱1m内相邻的标高	一致	2
盒子固定	垂直	2
箱子固定	垂直	3

7-208　钢管敷设托板怎样稳注灯头盒？

答　钢管敷设托板稳注灯头盒的一些方法与要求如下。

（1）预制圆孔板、其他顶板打灯位洞时，需要在找好位置后，用尖錾子由下往上踢，并且洞口大小比灯头盒外口略大 1~2cm。灯头盒焊好卡铁后，再用高标号砂浆稳注好，用托板托牢。等砂浆凝固后，拆除托板。

（2）现浇混凝土楼板，需要把盒子堵好，随底板钢筋固好。管路配好后，需要随土建浇灌混凝土施工同时完成。

7-209　钢管敷设管路连接的方法有哪些？

答　钢管敷设管路连接的方法见表7-57。

表 7 - 57　　　　　　　　**钢管敷设管路连接的方法**

项　目	解　　说
管箍丝扣连接	（1）管箍需要使用通丝管箍。 （2）套丝不能够乱扣。 （3）上好管箍后，管口需要对严。 （4）外露丝需要不多于 2 扣
套管连接	（1）套管连接一般用于暗配管，并且套管长度是连接管径的 1.5～3 倍。 （2）连接管口的对口的地方，一般在套管的中心。 （3）连接管的焊口需要焊接严密
坡口（喇叭口）焊接	（1）管径 80mm 以上的钢管，需要先把管口除去毛刺，然后找平。 （2）用气焊加热管端，并且需要边加热，边用手锤沿管周边逐点均匀向外敲打出坡口。再把两管坡口找平对齐，然后把周边焊严焊密

7 - 210　钢管敷设中管与管怎样连接？

答　（1）管径 20mm 及其以下的钢管，以及各种电线管，一般需要用管箍连接，并且管口需要锉平整光滑，接头需要紧密牢固。

（2）电线管路与其他管道最小距离需要符合有关要求。

（3）管径 25mm 及其以上的钢管，一般需要用管箍连接，或用套管焊接。

（4）管路垂直敷设时，导线截面为 50mm² 及以下的，则接线盒的距离为 30m。

（5）管路垂直敷设时，导线截面为 70～95mm² 的，则接线盒的距离为 20m。

（6）管路垂直敷设时，导线截面为 120～240mm² 的，则接线盒的距离为 18m。

（7）有一个弯时，管路长为 30m，需要加装接线盒。

（8）有两个弯时，管路长为 20m，需要加装接线盒。

（9）有三个弯时，管路长为 12m，需要加装接线盒。

（10）无弯时，管路长为45m，需要加装接线盒。

7-211 钢管敷设中管进盒、箱怎样连接？

答 （1）盒、箱开孔，要求一管一孔，不得开长孔。

（2）盒、箱开孔，需要整齐，并且与管径相吻合。

（3）铁制盒、箱需要刷防锈漆。

（4）铁制盒、箱严禁用电、用气焊开孔。

（5）定型的盒、箱，敲落孔大而管径小时，可以用铁皮垫圈垫严，或用砂浆加石膏补平齐，但是不得露洞。

（6）管口入盒、入箱，暗配管时，有锁紧螺母的，需要与锁紧螺母平齐，并且露出锁紧螺母的丝扣为2～4扣。

（7）管口入盒、入箱，暗配管时，如果两根以上管入盒、入箱，则需要长短一致，间距均匀整齐。

（8）管口入盒、入箱，暗配管时，可以用跨接地线焊接、固定在盒棱边上，严禁管口与敲落孔焊接，管口露出盒、箱需要小于5mm。

7-212 钢管暗管敷设方式及其特点是怎样的？

答 钢管暗管敷设方式及其特点见表7-58。

表7-58　　　　　　　　钢管暗管敷设方式及其特点

名称	解　　说
随墙（砌体）配管	（1）砖墙、加砌气混凝土块墙、空心砖墙配合砌墙立管时，立管最好放在墙中心。 （2）管口向上的钢管，需要堵好。 （3）可以先把管先立偏高大约200mm，再把盒子稳好，最后接短管。 （4）往上引管有吊顶时，管上端需要煨成90°弯，直进吊顶内。 （5）由顶板向下引管，不能够过长，以达到开关盒上口为准。 （6）短管入盒、入箱端，可以不套丝，可用跨接线焊接固定，但是管口需要与盒、箱里口平整齐。 （7）等砌好隔墙，先稳盒，再接短管
大模板混凝土墙配管	（1）把盒、箱焊在该墙的钢筋上，然后接着敷管。 （2）管进盒、进箱，需要用煨灯叉弯。 （3）每隔大约1m，需要用铅丝绑扎好。 （4）往上引管不能够过长，以能煨弯为准

名称	解　　说
现浇混凝土楼板配管	（1）先找灯位，根据墙厚度，弹出十字线，把堵好的盒子固定牢，再敷管。 （2）有两个以上盒子时，需要拉直线。 （3）管进盒、进箱长度要适宜，管路每隔大约 1m，需要用铅丝绑扎好。 （4）吸顶灯、日光灯，需要预下木砖。 （5）吊扇、花灯或超过 3kg 的灯具，需要焊好吊杆
预制圆孔板上配管	（1）焦碴垫层，管路需要用混凝土砂浆保护。 （2）素土内配管，可以用混凝土砂浆保护，也可以缠两层玻璃布，再刷三道沥青油保护。 （3）管路下先用石块垫起 50mm，尽量减少接头，然后在管箍丝扣连接处，抹油缠麻拧好

7－213　钢管敷设变形缝怎样处理？

答　可以在变形缝两侧各预埋一个接线箱，然后把管的一端固定在接线箱上，另一侧接线箱底部的垂直方向开长孔，孔径长宽度尺寸应不小于被接入管直径的 2 倍。然后在两侧连接好补偿跨接地线。

7－214　钢管敷设地线怎样焊接？

答　钢管敷设地线需要作整体接地连接，穿过建筑物变形缝的，需要有接地补偿装置。如果采用跨接法连接，则跨接地线两端焊接面不得小于该跨接线截面的 6 倍。跨接线的一些选择规格见表 7－59。

表 7－59　　　　　　　　跨接地线规格

管径（mm）	圆钢（mm）	扁钢（mm）
15～25	$\phi 5$	—
32～38	$\phi 6$	—
50～63	$\phi 10$	25×3
≥70	$\phi 8×2$	（25×3）×2

另外，镀锌钢管、可挠金属电线保护管，一般需要用专用接地线卡连接，不得采用熔焊连接地线。

7-215 怎样预制加工管弯、支架、吊架（钢管明敷）？

答 （1）明配管的加工方法有冷煨法、热煨法。

（2）明配管弯曲半径一般不小于管外径 6 倍。

（3）明配管，有一个弯时，可不小于管外径的 4 倍。

（4）明配管的支架、吊架，需要根据有关要求进行加工。

（5）明配管的支架、吊架的规格，没有相关设计要求时，一般不小于以下规定。

1）角钢支架不小于 25mm×25mm×3mm。

2）扁铁支架不小于 30mm×3mm。

3）埋注支架应有燕尾，并且埋注深度一般不小于 120mm。

7-216 怎样测定盒、箱及固定点位置（钢管明敷）？

答 （1）根据要求，测出盒、箱、出线口的具体位置。

（2）根据测定的盒、箱位置，弹好管路的垂直、水平走向线。

（3）根据安装要求的固定点间距尺寸，计算确定支架、吊架的具体位置。

（4）管卡与终端、转弯中点、电气器具、接线盒边缘的距离，为 150～500mm。

（5）固定点的距离需要均匀。

7-217 怎样固定盒、箱（钢管明敷）？

答 （1）地面引出管路到自制明盘、箱时，可以直接焊在角钢支架上。

（2）采用定型盘、定型箱，需要在盘、箱下侧 100～150mm 处加稳固支架，并且把管固定在支架上。

（3）盒、箱安装需要平整牢固。

（4）铁制盒、箱，严禁用电气焊开孔。

（5）盒、箱开孔需要整齐，并与管径相吻合。

（6）盒、箱开孔要求一管一孔。

（7）盒、箱开孔不得开长孔。

7-218 怎样进行管路敷设（钢管明敷）？

答 （1）管子顺直。

（2）管路要畅通，内侧无毛刺。

（3）镀锌层、防锈漆完整。

（4）水平或垂直敷设明管，管路在 2m 内，允许偏差大约为 3mm，并且全长不应超过管子内径的 1/2。

（5）使用铁支架时，可以把钢管固定在支架上，不得把钢管焊接在其他管道上。

（6）敷管时，首先把管卡一端的螺钉拧进一半，再把管敷设在管卡内，然后逐个拧好。

7-219 钢管与设备怎样连接（钢管明敷）？

答 （1）钢管敷设到设备内，如果不能直接进入，需要满足相关要求。

（2）室外、潮湿房间内，钢管不能直接进入时，可以在管口处装设防水弯头。防水弯头引出的导线，需要套绝缘保护软管，并且经弯成防水弧度后再引入设备。

（3）干燥房屋内，钢管不能直接进入时，可以在钢管出口处加保护软管引入，并且管口包扎好。

（4）埋入土层内的钢管，一般需要刷沥青包缠玻璃丝布后，再刷沥青油，也可以采用水泥砂浆进行保护。

（5）管口距地面高度一般不得低于200mm。

7-220 金属软管引入设备有哪些要求（钢管明敷）？

答 （1）不得利用金属软管作为接地导体。

（2）金属软管需要用管卡固定，并且固定间距不得大于1m。

（3）金属软管与钢管、设备连接时，一般需要采用金属软管接头连接，长度一般不能够超过1m。

7-221 钢管明敷成品保护有哪些要求？

答 （1）搬运材料、使用高凳机具时，不得碰坏门窗、墙面。

（2）电气照明器具安装完后，不要再喷浆。

（3）吊顶内稳盒配管时，不要踩电线管。

（4）吊顶内稳盒配管时，不要踩坏龙骨。

（5）混凝土楼板、墙等不得私自断筋。

（6）明配管路时，需要保持顶棚、墙面、地面的清洁、完整。

（7）施工中，不得碰坏电气配管。

（8）刷防锈漆时，不要污染墙面、吊顶、护墙板。

（9）剔槽不得过大、过深、过宽。

（10）现浇混凝土楼板上配管时，不要踩坏钢筋、损坏配管、损坏盒、盒箱移位。

（11）严禁私自改动电线管、电气设备。

（12）预制梁柱、预应力楼板均不得随意剔槽、打洞。

（13）遇到管路损坏，需要及时修复。

7-222 扣压式薄壁钢管敷设安装需要哪些机具？

答 扣压式薄壁钢管敷设安装可以适用于一般工业、民用建筑工程 1kV 及其以下照明、动力配线的钢管明、暗敷设，以及吊顶内、护墙板内钢管敷设安装工程。其安装需要的机具包括专用搬子、活搬子、钢锯、半圆锉、圆锉、木锉、切割刀、铣子、扁锉、平锉、手锤、錾子、钻头、管钳子、液压开孔器、砂轮锯、无齿锯、扣压器、手扳弯管器、台钻、手电钻、电锤、水平尺、角尺、卷尺、尺杆、电焊机、铁画笔、点冲子、气焊工具、射钉枪、红铅笔、线坠、水桶、绝缘手套、小线、灰铲、灰桶、工具袋、工具箱、高凳等。

7-223 扣压式薄壁钢管暗敷的作业条件是怎样的？

答 （1）各层水平线、墙厚度线、设备基础线需要弹好，并且配合土建施工。

（2）随墙（砌体）配合土建施工立管。

（3）预制混凝土楼板上配管，需要在楼板吊装就位，以及调整好后、地面做好前，弹好水平线。

（4）现浇混凝土楼板配管，需要在底层钢筋绑扎完后，上层钢筋没有绑扎前作业。

（5）现浇混凝土楼板配管，需要墙板配管在钢筋绑扎后进行。

7-224 扣压式薄壁钢管明敷的作业条件是怎样的？

答 （1）配合建筑结构安装好预埋件、预留洞。

（2）配管需要在土建喷浆、刷漆后进行。

（3）采用剔注法固定支架，需要在抹灰前进行。

（4）采用膨胀螺栓固定支架，需要在抹灰后进行。

7-225 扣压式薄壁钢管吊顶内管路敷设的作业条件是怎样的？

答 （1）配合建筑结构进行预埋件、预留孔洞。

（2）单独支撑、吊挂的管路，需要在吊顶龙骨安装进行施工。

（3）敷设在吊顶主龙骨上的管路，需要配合龙骨安装进行施工。

（4）内部装修施工时，需要配合土建做好吊顶灯位、电气器具位置样图，并且在顶板、地面弹出实际位置的尺寸。

7-226 怎样弯管（扣压式薄壁钢管）？

答 扣压式薄壁钢管的弯管可以采用冷煨法。

（1）一般管径 25mm 及以下的，可以使用手扳煨管器来进行。

（2）一般管径 32mm 及以上的，可以使用液压弯管器来进行。

7-227 扣压式薄壁钢管暗敷的要求与步骤是怎样的？

答 扣压式薄壁钢管暗敷的一些要求与步骤见表7-60。

表 7-60　　　　扣压式薄壁钢管暗敷的一些要求与步骤

项目	解 说
箱、盒的测位	（1）根据要求确定箱、盒轴线的具体位置。 （2）以土建弹出的水平线为基准，线坠找正、挂线找平，标出箱、盒的实际位置。 （3）成排、成列的箱、盒的位置，需要挂通线、十字线
管路敷设	（1）暗配的电线管路直沿最近的路线敷设，并且需要减少弯曲。 （2）埋入墙体、混凝土内的导管，需要与墙体、混凝土表面的净距不小于 15mm
剔槽孔	（1）砖墙、砌体墙需剔槽时，需要在槽两边弹线，并且用快錾子剔。 （2）槽宽、槽深均需要比管外径大 5mm。 （3）预制圆孔时，楼板上灯位打孔位置，需要用手锤由板下往上打。 （4）预制实心板上灯位打孔，可以先在板上面用电锤打孔，然后在板下面用手锤、铣子扩孔。注意孔的大小需要比灯盒稍大为宜
管子切断	（1）常用钢锯、无齿锯、砂轮锯进行切管。 （2）切断管子前，需要准确度量。 （3）管子断口处，需要平齐、无毛刺，管内无铁屑
稳注箱、盒	（1）根据有关要求，注意箱、盒引出管的定向。 （2）砖墙、砌体墙、预制楼板的箱、盒，需要用强度不小于 M10 的水泥砂浆稳注，并且灰浆要饱满平整，坐标要正确。 （3）预制楼板上的灯头盒，需要安装好卡铁、轿杆，并且在楼板下面装设托板后再稳注。 （4）木模板时，可以用钉子、细铅丝把箱、盒绑扎固定在模板上。 （5）现制混凝土墙、楼板上的箱、盒，需要先安装好卡铁或轿杆，再把卡铁或轿杆点焊在钢筋上

项目	解　说
进入落地式配电箱、屏的电线管路	进入落地式配电箱、屏的电线管路，需要排列整齐，管口需要高出配电箱基础面不少于 50mm
管路连接	（1）采用直管接头连接，其长度应为管外径的 2.0～3.0 倍，并且管的接口在直管接头内中心即 1/2 的地方。 （2）根据要求，采用 90°直角弯管接头时，管的接口应插入直角弯管的承插口处，并且插到位，然后使用压接器压接，并且扣压点不能够少于两点。压接后，在连接口处需要涂抹铅油
加装接线盒	（1）管路有三个弯时，不超过 8m，需要加装接线盒。 （2）管路有两个弯时，不超过 15m，需要加装接线盒。 （3）管路有一个弯时，不超过 20m，需要加装接线盒。 （4）管路无弯时，不超过 30m，需要加装接线盒
管入箱、盒	（1）管入箱、入盒，需要采用爪型螺纹管接头。 （2）使用专用搬子锁紧，爪型根母护口需要良好。 （3）箱、盒开孔需要整齐，并且与管径相吻合。 （4）箱、盒需要一管一孔，并且不得开长孔。 （5）铁制箱、盒，严禁用电气焊开孔。 （6）两根以上管入箱、入盒，需要长短一致，间距均匀。 （7）金属箱、盒，需要接地良好
管路固定	（1）砖墙、砌体墙剔槽敷设的管路，一般每隔 1000mm 左右，需要用铅丝、铁钉固定。 （2）钢筋混凝土墙、楼板内的管路，一般每隔 1000mm 左右，需要用铅丝绑扎在钢筋上。 （3）预制圆孔板上的管路，可以利用板孔用铅丝绑扎固定

7-228　怎样预制加工扣压式薄壁钢管明敷有关管材？

答　（1）当两个接线盒间只有一个弯曲时，其弯曲半径不能够小于管外径的 4 倍。

（2）明配管弯曲半径一般不小于管外径的 6 倍。

（3）加工明配管，可以采用冷煨法、定型弯管。

（4）支架、吊架，需要根据设计要求进行加工。

（5）支架、吊架的规格，如果没有相关设计要求，埋注支架需要有燕尾，并且埋注深度不小于 120mm。

（6）支架、吊架的规格，如果没有相关设计要求，扁钢支架一般不小于 30mm×3mm。

（7）支架、吊架的规格，如果没有相关设计要求，角钢支架一般不小于 25mm×25mm×3mm。

7-229 怎样固定箱、盒（预制加工扣压式薄壁钢管明敷）？

答 （1）采用胀管法、稳注法、剔注法、木砖法、预埋铁件焊接法、抱箍法等方法来固定。

（2）采用定型的箱、盒，一般需要在箱、盒下侧 100～150mm 处加稳固支架，并且把管固定在支架上。

（3）铁制箱、盒，严禁电气焊开孔。

（4）箱、盒安装，需要平整牢固，与管径相吻合。

（5）箱、盒要求一管一孔，并且不得开长孔。

（6）固定点的距离需要均匀，并且管卡与终端、转弯中点、电气器具、接线盒边缘的距离为 150～300mm。

（7）固定点中间管卡最大距离需要符合表 7-61 的要求。

表 7-61　　　　　　　薄壁铜管中间管卡最大距离

钢管直径（mm）	15～20	25～32	40～50
最大距离（mm）	1000	1500	2000

7-230 预制加工扣压式薄壁钢管明敷的要求是怎样的？

答 （1）会审图纸，需要注意结合土建结构图、建筑图、通风布线图、暖卫布线图、消防综合布线图，并且与各专业人员配合协调。

（2）注意各专业管道施工交汇处等关键部位，需要及时绘制翻样图。经审核无误后，才能够在顶板、地面进行弹线定位。

（3）灯头盒没有用的敲落孔，不能够敲掉。

（4）灯头盒没有用的敲落孔，如果已脱落，则需要补好。

（5）灯位测位后，需要不少于 2 个螺钉把灯盒固定好。

（6）灯位有防火要求时，可以用防火布、其他防火措施进行处理。

（7）吊顶各种箱、盒口的方向，需要朝向检查口。

（8）吊顶内灯头盒到灯位，过渡的金属可挠导管，需要使用专用接头。

（9）吊顶内灯头盒到灯位，可以采用金属可挠导管过渡，一般长度不超过1000mm。

（10）吊顶有方格块线条的灯位，需要根据格块分均来进行。

（11）管路敷设，需要通顺牢固，禁止用拦腰管、拌脚管。

（12）管路固定点的间距，一般不得大于1500mm。

（13）管路一般要敷设在主龙骨的上边。

（14）管入箱、入盒必须煨灯叉弯，并且以爪型螺纹管接头，用专用搬子锁好，然后用扣压器在连接处扣压不少于2点。

（15）受力灯头盒，一般需要用吊杆固定，并且在管入盒处、弯曲部位两端150～300mm处安装卡子固定。

7-231 预制加工扣压式薄壁钢管工艺的质量标准是怎样的？

答 （1）暗配管保护层，需要大于15mm。

（2）薄壁钢管严禁熔焊连接。

（3）补偿装置螺纹管接头与管子可靠连接。

（4）补偿装置需要平整、管口光滑。

（5）穿过变形缝处，需要有补偿装置。

（6）穿过建筑物与设备基础处，需要加保护套管。

（7）管与器件连接到位。

（8）管子弯曲处，没有明显折皱，油漆防腐完整。

（9）加保护套管处，在隐蔽工程记录中需要标示正确。

（10）金属电线保护管、箱、盒，在整个线路中采用压接方式形成完整接地。

（11）金属电线线路走向合理。

（12）连接紧密。

（13）明配管与其支架、吊架平直牢固、排列整齐。

（14）涂刷部分不得污染设备、建筑物。

（15）允许偏差在规定的范围。

7-232 可挠金属电线管暗敷的作业条件是怎样的？

答 可挠金属电线管工艺适用于一般工业、民用建筑工程1kV及其以下照明、动力、弱电的可挠金属电线管的明敷设、暗敷设，以及吊顶内、护墙板内可挠金属电线管（即普利卡管）的敷设。

（1）吊顶内采用单独支撑，吊挂的暗敷管路，需要在吊顶龙骨安装前进行配管做盒。

（2）配合吊顶内、轻隔墙板内暗敷管时，需要根据土建大样图，先弹好线确定灯具、插座等的具体位置，然后随吊顶、立墙龙骨进行配管、稳盒、稳箱。

（3）配合混凝土结构暗敷时，需要根据有关要求，在钢筋绑扎完、混凝土浇灌前进行配管稳盒，下埋件预留盒、箱位置。

（4）配合砖混结构暗敷时，需要随墙立管，安装盒、箱，或者预留盒、箱的位置。

7-233　可挠金属电线管明敷的作业条件是怎样的？

答　（1）采用膨胀螺栓固定支架时，需要在抹灰后进行。

（2）采用预埋法固定支架，需要在抹灰前完成。

（3）配管稳盒，需要在土建喷浆装修后进行。

（4）需要在建筑结构期间安装好预埋件、预留孔、预留洞。

7-234　可挠金属电线管暗敷有哪些要求？

答　可挠金属电线管暗敷的一些要求见表7-62。

表 7-62　　　　　　　　　**可挠金属电线管暗敷的一些要求**

项目	解　　说
箱、盒的测位	（1）需要根据相关图确定箱、盒轴线的位置。 （2）以土建弹出的水平线、轴线为基准，线坠找正挂线找平找位。 （3）正确标出箱、盒实际位置。 （4）成排、成列的箱、盒的位置，需要挂通线，或十字线来确定其位置
吊顶内暗敷	（1）管路可以敷设在主龙骨上。 （2）盒、箱两侧的管路固定点，一般不大于 300mm。 （3）单独吊挂的管路，其吊点不超出 1000mm
护墙板、石膏板轻隔墙内暗敷	（1）需要随土建立龙骨的同时进行。 （2）管路的固定，一般采用可挠金属电线管配套的卡子来固定
进入箱、盘的管路	（1）进入箱、盘的管路，需要排列整齐。 （2）可以采用 BG 型、UBG 型接线箱连接器与箱体锁紧，并且需要安装好 BP 型绝缘护口。 （3）进入落地式配电箱、屏的可挠金属电线管，需要高出配电箱基础面不少于 50mm，并且还需要做排管的固定支架

续表

项目	解　说
剔槽敷设	(1) 剔槽敷设时，一般需要在槽两边先弹线，再用快錾子剔。 (2) 剔槽敷设时，严禁剔横槽。 (3) 加气混凝土墙，一般需要用电动刀锯开槽。 (4) 剔的槽的槽宽、槽深均需要比管径大 5mm 为宜
现浇混凝土 结构中的管路	(1) 垂直方向的管路，一般需要沿同侧竖向钢筋敷设。 (2) 水平方向的管路，一般需要沿同侧横向钢筋敷设。 (3) 暗敷在现浇混凝土结构中的管路，管路一般需要敷设在两层钢筋中间
预制楼板上 暗敷	(1) 预制楼板上暗敷设时，一般需要先找灯位盒位，后配管。 (2) 管路敷设后，需要立即用强度不低于 C10 的水泥砂浆稳注保护
砖混结构上 暗敷	砖混结构随墙暗敷时，向上引管应及时堵好管口，并且用临时支杆把管沿敷设方向挑起

7-235　怎样固定管路（可挠金属电线管暗敷）？

答　(1) 敷设在钢筋混凝土中的管路，一般需要与钢筋绑扎好，并且管子绑扎点间距不大于 500mm。绑扎点距盒、箱一般不大于 300mm。绑扎线，可以采用细铁丝来固定。

(2) 预制板（圆孔板）上的管路，可以采用板孔用钉子、铅丝来固定，再用砂浆来保护。

(3) 砖墙、砌体墙剔槽敷设的管路，一般间距不大于 1000mm，可以用细铅丝、铁钉来固定。

(4) 吊顶内、护墙板内管路，一般间距不大于 1000mm，可以采用专用卡子来固定。与接线箱、盒连接的地方，固定点距离一般不大于 300mm。

7-236　可挠金属电线管附件有哪些种类？

答　可挠金属电线管附件的一些种类见表7-63。

表7-63　　　　　　　　可挠金属电线管附件的一些种类

种　　类	型　号	作　　用
防水角型接线箱连接器	WAG	外覆 PVC 塑料的可挠金属电线管与接线箱等直角组合时连接

种　　类	型号	作　　用
防水型混合连接器	WCG	外覆 PVC 塑料的可挠金属电线管与钢制电线保护管组合时连接
防水型接线箱连接器	WBG	外覆 PVC 塑料的可挠金属电线管与接线箱等组合时连接
固定夹	SP	固定可挠金属电线管
混合连接器	KG	可挠金属电线管与钢制电线管连接
混合组合连接器	UKG	连接
角型接线箱连接器	AG	可挠金属电线管与接线箱等直角组合时连接
接地夹	DXA	固定接地线
接线箱连接器	BG	可挠金属电线管与接线箱等连接
绝缘护套	BP	保护电线绝缘层不受损伤，安装在可挠金属电线管末端
无螺纹连接器	VKC	可挠金属电线管与钢制电线管等组合
直接连接器	KS	可挠金属电线管间相互连接
组合接线箱连接器	UBG	可挠金属电线管与接线箱等组合连接

◢ 7-237　怎样连接管路（可挠金属电线管暗敷)？

答　（1）可挠金属电线管与可挠金属电线管的连接，以及与钢制电线管、厚铁管、各类箱盒的连接，一般需要采用其配套的专用附件来连接。

（2）可挠金属电线管与箱、盒连接时，箱盒开孔要排列整齐，并且孔径与管径需要吻合，应一管一孔。

（3）铁制箱、盒，严禁用电气焊开孔。

（4）采用无螺纹连接器与钢管连接时，一般需要用扳手，或钳子把连接器拧好。

（5）可挠金属电线管与可挠金属电线管的连接，可以采用 KS 系列连接器。

（6）管子、连接器自身有螺纹的，一般可以用手将管子直接拧入拧好。

（7）可挠金属电线管暗敷时，其弯曲半径不小于外径的 6 倍。

（8）暗敷在建筑物、构筑物内的管路与建筑物、构筑物表面的最小保护层，不小于 15mm。

（9）可挠金属电线管经过建筑物、构筑物的沉降缝、伸缩缝时，需要采取补偿措施，并且导线需要留有余量。

（10）暗敷时，可挠金属电线管有可能受重物压力，或有明显机械冲击的地方，需要采取有效的保护措施。

7-238 怎样切断管子（可挠金属电线管暗敷）？

答 （1）可挠金属电线管的切断，可以采用专用的切割刀、普通钢锯来进行切断。

（2）操作要点：用手握住可挠金属电线管，或放置在工作台上，然后用手压住，注意刀刃轴向垂直对准管子纹沟。然后边压边切，即可断管。

（3）切面处理：管子切断后，可以直接与连接器连接。为了便于连接，需要用刀背敲掉毛刺使断面光滑。需要用刀柄旋转绞动几圈，使内侧便于过线。

7-239 怎样连接地线（可挠金属电线管暗敷）？

答 （1）交流 50V、直流 120V 及以下配管，可以不跨接接地线。

（2）可挠金属电线管、盒、箱等，均需要连接一体可靠接地。

（3）可挠金属电线管不得作为电气接地线。

（4）可挠金属电线管不得采用熔焊方式连接地线。

（5）可挠金属电线管与管、箱盒等连接的地方，需要采用可挠金属电线管配套的接地夹子连接，其接地跨接线截面不小于 4mm² 铜线。

7-240 什么情况下需要设置接线盒或拉线盒（可挠金属电线管暗敷）？

答 （1）不同直径的管相连时，需要设置接线盒或拉线盒。

（2）管长每超过 8m，有三个弯时，需要设置接线盒或拉线盒。

（3）管长每超过 15m，有两个弯时，需要设置接线盒或拉线盒。

（4）管长每超过 20m，有一个弯时，需要设置接线盒或拉线盒。

（5）管长每超过 30m，无弯时，需要设置接线盒或拉线盒。

7-241 垂直敷设什么情况下需要设置过路盒（可挠金属电线管暗敷）？

答 （1）管内导线截面为 $120 \sim 240mm^2$，长度每超过 18m 时，需要设置过路盒。

（2）管内导线截面为 $70 \sim 95mm^2$，长度每超过 20m 时，需要设置过路盒。

（3）管内导线截面为 50mm² 及以下，长度每超过 30m 时，需要设置过路盒。

⚡ 7-242 可挠金属电线管明敷有哪些要求？

答 （1）根据设计要求，结合土建结构、装修特点，注意暖卫、通风、消防等专业的影响前提下，确定管路走向、箱盒准确安装的位置，然后进行弹线、定位。

（2）抱柱、梁弯曲时，可以采用专用的 30°弯附件进行配接。

（3）沉降缝、伸缩缝，需要做补偿处理。

（4）吊顶板内接线盒采用可挠金属电线管引到灯具或设备时，长度一般不超出 1000mm，并且两端需要采用配套的连接器锁固。

（5）固定点间距要均匀，转角处要对称。

（6）管长不超出 1000mm 时，最少需要固定两处。

（7）管内导线包括绝缘层在内的总截面积，一般不大于管子内空截面积的 40%。

（8）管外皮保护接地线，一般需要与接线盒处的管进行连接，并且与盒内 PE 保护线连接。

（9）接线盒上不用敲落孔的，不允许敲掉。

（10）绝缘导线允许穿管根数，需要与相应的可挠金属电线管管号匹配。

（11）可挠金属电线管公称直径的编号与普通电线管、厚铁管公称直径有所不同，使用时，可能需要互算。

（12）明敷前，需要注意不能使可挠金属电线管出现碎弯。

（13）明敷时，可挠金属电线管的弯曲半径，不小于管径的 3 倍。

（14）配电箱（盘），不允许开长孔与电气焊开孔。

（15）上人吊顶内可挠金属电线管敷设，一般根据明管要求进行敷设。

（16）设备控制线配管、先穿线后配管时，管内导线包括绝缘层在内的总截面积不大于管子内空截面积的 60%。

（17）水平或垂直敷设的明敷，允许偏差大约为 5‰，全长偏差不应大于管内径的 1/2。

（18）先用膨胀螺栓把箱、盒稳装好，再计算确定支架、吊架的具体位置，然后安装支架、吊架。

（19）箱盒进管孔，需要预先根据连接器外径开好。

（20）箱盒进管孔，一般需要一管一孔。

（21）预制管路支架、吊架，需要根据排管数量、管径，钻好管卡固定孔位。

（22）支架、吊架与终端、转弯点、电气器具或接线盒、配电箱（盘）边缘的距离，一般大约为150～300mm。

（23）中间的支架、吊架的最大距离不能够超出相关允许值。

7-243 可挠金属电线管明敷固定点的间距是多少？

答　可挠金属电线管明敷固定点的间距见表7-64。

表7-64　　　　　可挠金属电线管明敷固定点的间距

敷　设　条　件	固定点间距离（mm）
建筑物侧面或下面水平敷设	＜1000
可挠金属电线管互接，与接线箱或器具的连接	固定点距连接处＜300
人可能触及的部位	＜1000

7-244 可挠金属电线管敷设的质量要求是怎样的？

答　（1）暗敷的管路，需要连接牢固，电气连接可靠，保护层厚度需要大于15mm。

（2）暗敷时，需要检查隐蔽工程的记录。

（3）并列安装的电门、插座盒，不能够在同一水平线上。

（4）并列安装的电门、插座盒，超出允许偏差，需要挂通线，稳装，或者采取接短管后稳盒。

（5）穿线时，发生管路堵塞现象，需要找原因，并且及时解决。

（6）导线间、导线对地间的绝缘电阻值，一般需要大于0.5MΩ。

（7）敷设的管路、盒、箱等，需要接地可靠。

（8）管路、接地线，一般不得熔焊连接。

（9）管路、接地线，一般可以通过观察检查来查看是否符合要求。

（10）管路穿过沉降缝或伸缩缝时，需要有补偿措施，导线需要留有余量。

（11）管路间与盒、箱间的跨接地线，卡接要牢。

（12）绝缘电阻值的测试，一般可以通过绝缘电阻表来检测。

（13）可挠金属电线管的材质、型号、规格，需要与其应用场所相适用。

（14）明敷的管路，需要配管排列整齐、固定牢固、固定点间距离均匀、转角处对称。

（15）明敷时，测位不准易使管弯曲的点，排列不齐，水平、垂直度均超出允许偏差。

（16）明敷时，需要观察检查管子是否合格。

（17）现浇混凝土内、吊顶内，配管固定点距离远，不符合规范要求，需要增加固定点。

（18）选用的可挠金属电线管、附件，质量要好，规格要配套，连接要牢。

（19）选择的卡子、导线，需要符合质量标准。

（20）选择的跨接地线规格、材质，需要符合有关规范与要求。

7-245　管内穿绝缘导线安装工艺需要哪些机具？

答　管内穿绝缘导线安装工艺需要的机具包括一字改锥，十字改锥，电工刀，高凳，万用表，绝缘电阻表，电炉，锡锅，锡斗，锡勺，电烙铁，克丝钳，尖嘴钳，剥线钳，压接钳，放线架，放线车等。

7-246　管内穿绝缘导线安装工艺的作业条件有哪些？

答　（1）高层建筑中的强电竖井、弱电竖井、综合布线竖井内，配管、线槽安装完毕。

（2）配管工程或线槽安装工程，需要配合土建结构施工完毕。

（3）配合土建工程顶棚施工配管或线槽安装完毕。

7-247　管内穿绝缘导线安装工艺流程是怎样的？

答　管内穿绝缘导线安装工艺流程如下：选择导线→扫管→穿带线→放线与断线→导线与带线的绑扎→管口带护口→导线连接→线路绝缘摇测。

7-248　怎样选择导线（管内穿绝缘导线安装工艺）？

答　（1）需要根据设计要求、规定来选择导线。

（2）进出户的导线，一般使用橡胶绝缘导线。

（3）相线、中性线、保护地线的颜色需要加以区分。

（4）中性线需要选择淡蓝颜色的导线。

（5）保护地线需要选择黄绿颜色相间的线。

7-249　怎样清扫管路（管内穿绝缘导线安装工艺）？

答　管内穿绝缘导线安装工艺清扫管路的方法如下：首先把布条的两端牢固地绑扎在带线上，然后两人来回拉动带线，从而把管内的杂物清净，达到清扫管路的目的。

7-250　怎样穿带线（管内穿绝缘导线安装工艺）？

答　（1）带线一般采用 $\phi 1.2 \sim \phi 2.0$ 的铁丝。

（2）具体操作要点如下：首先把铁丝的一端弯成不封口的圆圈，然后利用穿线器把带线穿入管路内，并且需要在管路的两端留有 10～15cm 的余量。

（3）在管路较长、转弯较多时，可以在敷设管路的同时把带线一并穿好。

（4）阻燃型塑料波纹管的管壁呈波纹状，带线的端头一般需要弯成圆形。

（5）穿带线受阻时，需要用两根铁丝同时搅动，使两根铁丝的端头互相钩绞在一起，再把带线拉出。

7-251 怎样预留导线的长度（管内穿绝缘导线安装工艺）？

答 管内穿绝缘导线安装工艺中剪断导线时，导线的预留长度的一些要求如下。

（1）接线盒、开关盒、插销盒、灯头盒内导线，一般需要预留长度大约为 15cm。

（2）公用导线在分支处，可不剪断导线而直接穿过。

（3）配电箱内导线的预留长度，一般为配电箱箱体周长的 1/2。

（4）出户导线的预留长度，一般为 1.5m。

7-252 管内怎样穿线（管内穿绝缘导线安装工艺）？

答 （1）同一交流回路的导线，需要穿同一管内。

（2）标称电压为 50V 以下的回路，不同回路、不同电压的交流与直流导线可以穿入同一管内。

（3）同一设备或同一流水作业线设备的电力回路、无特殊防干扰要求的控制回路的导线，可以穿入同一管内。

（4）不同回路、不同电压的交流与直流的导线，不得穿入同一管内。

（5）导线在变形缝处，需要加补偿装置，并且导线需要留有一定的余度。

（6）敷设在垂直管路中的导线，截面为 50mm^2 及以下的导线为 30m，需要在管口处、接线盒中加以固定。

（7）敷设在垂直管路中的导线，截面为 70～95mm^2 的导线为 20m，需要在管口处、接线盒中加以固定。

（8）敷设在垂直管路中的导线，截面为 180～240mm^2 的导线为 18m，需要在管口处、接线盒中加以固定。

（9）钢管（电线管）穿线前，需要先检查各个管口的护口是否齐整，如果有遗漏、破损的，需要补齐、更换。

（10）管路较长、转弯较多时，需要在穿线的同时往管内吹入适量的滑石粉。

（11）两人穿线时，需要配合协调，一拉一送。

（12）同类照明的几个回路，但管内的导线总数不能够多于 8 根。

（13）同一花灯的几个回路，可以穿入同一管内。

7-253　导线连接需要具备哪些条件（管内穿绝缘导线安装工艺）？

答　（1）不能够降低原绝缘强度。

（2）导线接头不能够增加电阻值。

（3）导线做电气连接时，需要先削掉绝缘后连接，然后加焊，再包缠绝缘。

（4）受力导线不能够降低原机械强度。

7-254　怎样选择剥削绝缘的工具（管内穿绝缘导线安装工艺）？

答　（1）导线截面、绝缘层薄厚程度、分层多少不同，选择使用剥线的工具也不尽相同。

（2）剥削导线常用的工具有电工刀、克丝钳、剥线钳。

（3）一般 4mm² 以下的导线，可以使用剥线钳，如果使用电工刀，则不允许采用刀在导线周围转圈后剥导线绝缘层。

7-255　剥削绝缘的方法有哪些（管内穿绝缘导线安装工艺）？

答　管内穿绝缘导线安装工艺中剥削绝缘的方法见表7-65。

表 7-65　　管内穿绝缘导线安装工艺中剥削绝缘的方法

名称	解　说
单层剥法	单层剥法剥削绝缘导线，不允许采用电工刀、美工刀转圈剥削导线绝缘层，可以使用剥线钳剥削导线绝缘层
分段剥法	（1）分段剥法一般适用于多层绝缘导线剥削绝缘层，以及加编织橡皮绝缘导线剥削绝缘层。 （2）可以用电工刀先削去外层编织层，并且留有约 12mm 的绝缘台，线芯长度随结线方法、要求的机械强度来选择
斜削法	斜削法可以用电工刀以 45°角倾斜切入绝缘层，当切近线芯时就停止用力，然后使刀面的倾斜角度改为大约 15°，沿着线芯表面向前头端部推出，再把残存的绝缘层剥离线芯，最后用刀口插入背部以 45°角削断

✎ 7-256 单芯铜导线的直线连接的方法有哪些（管内穿绝缘导线安装工艺)？

答 管内穿绝缘导线安装工艺中单芯铜导线的直线连接的方法见表7-66。

表 7-66 单芯铜导线的直线连接的方法

名称	解　说
缠绕卷法	（1）缠绕卷法分为有加辅助线、不加辅助线两种。 （2）缠绕卷法适用于 6mm² 及以上的单芯线的直线连接。 （3）缠绕卷法的操作要点：首先把两线相互并合，然后加辅助线后用绑线在并合部位中间向两端缠绕（即公卷），其长度大约为导线直径的 10 倍，再把两线芯端头折回，在此向外单独缠绕 5 圈，与辅助线捻绞 2 圈，最后把余线剪掉
绞接法	（1）适用于 4mm² 及以下的单芯线连接。 （2）把两线互相交叉，然后用双手同时把两芯线互绞两圈后，再把两个线芯在另一个芯线上缠绕 5 圈，最后剪掉余头

✎ 7-257 单芯铜线的分支连接的方法有哪些（管内穿绝缘导线安装工艺)？

答 管内穿绝缘导线安装工艺中单芯铜线的分支连接的方法见表7-67。

表 7-67 单芯铜线的分支连接的方法

名称	解　说
绞接法	（1）适用于 4mm² 以下的单芯线。 （2）操作要点：首先用分支线路的导线往干线上交叉，然后打好一个圈以防脱落，然后密绕 5 圈。等分线缠绕完后，剪去余线
缠卷法	（1）适用于 6mm² 及以上的单芯线的分支连接。 （2）操作要点：首先将分支线折成 90°紧靠干线，公卷的长度为导线直径的 10 倍，单卷缠绕 5 圈，然后剪断余下线头

✎ 7-258 多芯铜线直接连接的方法有哪些（管内穿绝缘导线安装工艺)？

答 管内穿绝缘导线安装工艺中多芯铜线直接连接的方法见表7-68。

表 7-68　　　　　　　　　　多芯铜线直接连接的方法

名称	解　说
单卷法	(1) 取任意一侧的两根相邻的线芯，在接合处中央交叉。 (2) 用其中的一根线芯作为绑线，在导线上缠绕 5～7 圈后。 (3) 用另一根线芯与绑线相绞后，把原来的绑线压住上面继续按上述方法缠绕，其长度为导线直径的 10 倍。 (4) 缠卷的线端与一条线捻绞 2 圈后剪断。 (5) 另一侧的导线依次进行。 (6) 注意：需要把线芯相绞处排列在一条直线上
缠卷法	缠卷法与单芯铜线直线缠绕连接法基本相同
复卷法	(1) 适用于多芯软导线的连接。 (2) 首先把合拢的导线一端用短绑线做临时绑扎、以防止松散，然后把另一端线芯全部紧密缠绕 3 圈，多余线端依次阶梯形剪掉。另一侧也根据该方法处理

7-259　多芯铜导线分支连接的方法有哪些（管内穿绝缘导线安装工艺）？

答　管内穿绝缘导线安装工艺中多芯铜导线分支连接的方法见表7-69。

表 7-69　　　　　　　　　　多芯铜导线分支连接的方法

名称	解　说
缠卷法	(1) 把分支线折成 90°紧靠干线。 (2) 在绑线端部适当处弯成半圆形。 (3) 把绑线短端弯成与半圆形成 90°角，与连接线靠紧。 (4) 用较长的一端缠绕，其长度为导线结合处直径 5 倍。 (5) 把绑线两端捻绞 2 圈，再剪掉余线
单卷法	(1) 把分支线破开（或劈开两半）。 (2) 把根部折成 90°紧靠干线。 (3) 用分支线其中的一根在干线上缠圈，缠绕 3～5 圈后剪断。 (4) 用另一根线芯继续缠绕 3～5 圈后剪断。 (5) 根据该方法直到连接到双根导线直径的 5 倍时为止。 (6) 需要保证各剪断处在同一直线上

名称	解　说
复卷法	（1）把分支线端破开劈成两半，然后与干线连接处中央相交叉。 （2）把分支线向干线两侧分别紧密缠绕后，余线根据阶梯形剪断，注意长度为导线直径的10倍

7-260　铜导线在接线盒内的连接方法有哪些（管内穿绝缘导线安装工艺)？

答　管内穿绝缘导线安装工艺中铜导线在接线盒内的连接方法见表7-70。

表7-70　　　　　接线盒内的连接方法

名称	解　说
LC安全型压线帽——铝导线压接帽	（1）铝导线压接帽，一般分为绿、蓝等，适用于2.5mm²、4mm²的2~4条导线连接。 （2）采用圆形套管时，需要把连接的铝芯线分别在铝套管的两端插入，然后各插到套管一半处。 （3）采用椭圆形套管时，需要使两线对插后，线头分别露出套管两端4mm，再用压接钳与压模压接，压接模数与深度需要与套管尺寸相对应
LC安全型压线帽——铜导线压线帽	（1）铜导线压线帽，一般有黄、白、红等颜色，适用于1.0mm²、1.5mm²、2.5mm²、4mm²的2~4条导线连接。 （2）操作要点是：首先把导线绝缘层剥去12~10mm（具体根据帽的型号来决定），然后清除氧化物，再根据规格选择适当的压线帽。然后把线芯插入压线帽的压接管内。如果填不实，则可以把线芯折回头（剥的长度要增加），直到填满为止。线芯插到底后，导线绝缘需要与压接管平齐，并且包在帽壳内。然后用专用压接钳压实即可。 （3）采用LC安全型压线帽，一般优于结焊包老工艺（结就是导线连接、焊就是导线涮锡焊接、包就是导线连接涮锡焊接后的导线绝缘包扎）

名称	解　说
不同直径导线接头	（1）如果导线截面小于 2.5mm² 的独根线，或者多芯软线时，需要先进行涮锡处理。 （2）把细线在粗线上距离绝缘层 15mm 处交叉，并且把线端部向粗导线（独根）端缠绕 5～7 圈。 （3）把粗导线端折回压在细线上
单芯线并接头	（1）把导线绝缘台并齐合拢。 （2）在距绝缘台约 12mm 处，用其中一根线芯在其连接端缠绕 5～7 圈。 （3）剪断，把余头并齐折回压在缠绕线上

✒ 7-261　怎样压接接线端子（管内穿绝缘导线安装工艺）？

答　（1）多股铜或铝导线，可以采用与导线同材质、规格相适应的接线端子来压接。

（2）操作要点：首先削去导线的绝缘层，注意不要碰伤线芯。然后把线芯紧紧地绞在一起，并且清除套管、接线端子孔内的氧化膜。然后把线芯插入，再用压接钳压紧，注意导线外露部分需要小于 1～2mm。

✒ 7-262　单芯线与平压式接线柱怎样连接（管内穿绝缘导线安装工艺）？

答　单芯线与平压式接线柱连接要点如下。

（1）单芯线与平压式接线柱连接，可以用一字机螺钉或十字机螺钉来压接。

（2）导线要顺着螺钉旋进方向紧绕。

（3）盘圈开口，一般不能够大于 2mm。

（4）不允许反圈压接。

✒ 7-263　多股铜芯软线与螺钉怎样压接（管内穿绝缘导线安装工艺）？

答　先把软线芯做成单眼圈状，然后涮锡，再把其压平，最后用螺钉加垫紧固。注意，外露线芯的长度不能够超过 1～2mm。

✒ 7-264　导线与针孔式接线桩怎样连接（管内穿绝缘导线安装工艺）？

答　导线与针孔式接线桩连接的要点如下：首先把要连接导线的线芯插

入到接线桩头针孔内，注意导线裸露出针孔 1～2mm，针孔大于导线直径 1 倍时，需要折回头插入压接。最后拧好。

7-265 怎样焊接铝导线（管内穿绝缘导线安装工艺）？

答 （1）焊接前，需要把铝导线线芯破开，并且顺直合拢。

（2）把绑线连接处做临时缠绑。

（3）导线绝缘层处用浸过水的石棉绳包好，以防烧坏。

（4）铝导线焊接的焊剂成分，均根据重量比来配。

（5）铝导线焊接所用的焊剂：一种是锌 58.5％、铅 40％、铜 5％的焊剂，另一种是含锌 80％、铜 1.5％、铅 20％的焊剂。

7-266 怎样焊接铜导线（管内穿绝缘导线安装工艺）？

答 焊接铜导线（管内穿绝缘导线安装工艺）的方法与要点见表 7-71。

表 7-71 　　　　焊接铜导线（管内穿绝缘导线
安装工艺）的方法与要点

名称	解　说
电烙铁加焊	（1）电烙铁加焊适用于线径较小的导线的连接，并且用其他工具焊接困难的场所。 （2）首先在导线连接处加焊剂，然后用电烙铁进行锡焊
喷灯加热加焊、用电炉加热加焊	（1）将焊锡放在锡勺（或锡锅）内。 （2）用喷灯（或电炉）加热，焊锡熔化后即可进行焊接。 （3）加热时，需要掌握好温度。温度过高，涮锡不饱满。温度过低，涮锡不均匀。 （4）根据焊锡的成分、质量、外界环境温度等因素，随时掌握好适宜的温度进行焊接。 （5）焊接后，需要用布把焊接处的焊剂、其他污物擦干净

7-267 怎样包扎导线（管内穿绝缘导线安装工艺）？

答 （1）用橡胶（或粘塑料）绝缘带从导线接头地方的始端完好绝缘层开始，缠绕 1～2 个绝缘带幅宽度。

（2）以半幅宽度重叠进行缠绕。

（3）包扎过程中，需要尽可能地收紧绝缘带。

（4）在绝缘层上缠绕 1～2 圈后，再进行回缠。

（5）采用橡胶绝缘带包扎时，需要把其拉长 2 倍后再进行缠绕。

（6）用黑胶布包扎。

（7）用黑胶布包扎时，需要衔接好，并且以半幅宽度边压边进行缠绕，同时在包扎过程中收紧胶布，使导线接头处两端的缠绕严密。

（8）绝缘带包扎后，一般呈枣核形。

7-268 怎样检查线路（管内穿绝缘导线安装工艺）？

答 （1）导线接、焊、包全部完成后，需要进行自检、互检。

（2）检查导线的接、焊、包是否符合要求、施工验收是否规范、是否符合质量验评标准的规定。

（3）检查中，发现不符合规定的需要立即纠正。

（4）检查无误后，需要用绝缘电阻表摇测。

7-269 怎样摇测绝缘（管内穿绝缘导线安装工艺）？

答 （1）普通建筑的照明线路的绝缘摇测，一般选择 500V，量程为 $1 \sim 500 M\Omega$ 的绝缘电阻表。

（2）确认绝缘摇测无误后，才能够进行送电试运行。

（3）绝缘电阻表读数，一般采用一分钟后的读数为宜。

（4）绝缘电阻表上一般有接地 E、线路 L、保护环 G 端钮。测量线路绝缘电阻时，可以把被测两端分别接在 E 与 L 两个端钮上。

（5）绝缘电阻表摇动的速度，一般保持在 120r/mm 左右。

（6）电气器具没有安装前进行线路绝缘摇测时，需要先把灯头盒内导线分开，然后把开关盒内导线连通。再把干线与支线分开，一人摇测，另一人及时读数与记录。

（7）电气器具全部安装完，在送电前进行摇测时，需要先把线路上的开关、刀闸、仪表、设备等用电开关全部置于断开位置，然后采取正确摇测方法进行摇测。

7-270 管内穿绝缘导线安装工艺有哪些质量要求与标准？

答 （1）穿线时不得遗漏带护线套管或护口。

（2）使用高凳与其他工具时，不得碰坏其他设备、门窗、墙面、地面等。

（3）铜导线连接时，导线的缠绕圈数不足 5 圈，需要拆除重新连接。

（4）LC 型线帽需要使用符合导线线径规格、要求的压线帽，或者可以填充实的压接压线帽。

（5）使用与 LC 型压线帽、线径配套的产品。

（6）LC 型压线帽需要选择塑料帽氧指数不低于 27% 的性能指标，阻燃的。

（7）LC 型压线帽压接前要填充实，压接要牢，线芯不外露。

（8）保护接地线、中性线截面选择正确，线色符合规定，连接牢固。

（9）不进入盒、箱的垂直管子上口穿线后，密封处理要良好，导线连接要牢固。

（10）穿线时，不得污染设备、建筑物品。

（11）导线规格、型号，需要符合要求与规定。

（12）导线截面正确。

（13）导线绝缘要良好，没有伤线芯。

（14）导线连接处的焊锡不饱满，出现虚焊、夹渣等现象，需要拆除重新连接。

（15）导线在管子内没有接头。

（16）动力线路的绝缘电阻值，不能够小于 1MΩ。

（17）多股软铜线涮锡遗漏，需要及时进行补焊锡。

（18）防止盒、箱内进水。

（19）盒、箱护口、护线套管齐全没有脱落，导线排列要整齐，并且有适当的余量。

（20）盒、箱内清洁无杂物。

（21）接、焊、包完成后，需要把导线的接头盘入盒、箱内，用纸封堵，以防污染。

（22）接头绝缘层包扎错误的，需要按工艺要求重新进行包扎。

（23）接头绝缘层包扎要平整严密。

（24）接线钮不合格、线芯剪得余量过短的均可能会造成松动，因此，需要注意。

（25）接线钮线芯的预留长度一般取 1.2mm 为宜。

（26）螺旋接线钮不得松动、线芯不得外露。

（27）施工中存在护口遗漏、脱落、破损、与管径不符等现象，需要及时补齐、更换等处理好。

（28）套管压接，压模需要配套或深度要足够，为此，应用时，需要选择合格的压模进行压接。

（29）套管压接后，压模的位置需要在中心线上。

（30）线路的绝缘电阻值偏低，则可能是管路内进水、绝缘层受损，为此，需要将管路中的泥水及时清干净，或者更换导线。

（31）削线时，需要根据线径来选择剥线钳相应的刀口。

（32）选择与导线截面、导线根数相应的产品。

（33）压接管管径尺寸误差不能够过大，并且需要选择经过镀银处理的压接管。

（34）照明线路的绝缘电阻值，不能够小于 0.5MΩ。

7-271 瓷夹或塑料夹配线需要哪些工具？

答 适用于干燥、无机械损伤的室内、室外挑檐下的电气照明明配线工程中的瓷夹或塑料夹配线需要的工具包括工具袋，工具箱，万用表，绝缘电阻表，高凳，铅笔，卷尺，线坠，粉线袋，水桶，手电钻，电锤，钢丝刷，手锤，錾子，电炉，锡锅，锡勺等。

7-272 瓷夹或塑料夹配线的作业条件有哪些？

答 瓷夹或塑料夹配线的作业条件如下。

（1）配合土建结构施工，根据设计要求的位置尺寸，把木砖、过墙管预埋好。

（2）装修作业完成。

7-273 瓷夹或塑料夹配线工艺流程是怎样的？

答 瓷夹或塑料夹配线工艺流程为：弹线定位→预埋木砖与保护管/预埋塑料胀管→夹板固定→导线敷设→导线连接→线路检查/绝缘摇测。

7-274 怎样弹线定位（瓷夹或塑料夹配线工艺）？

答 （1）室内敷设的导线与建筑物表面最小距离在瓷（塑料）夹板配线时，一般不小于 5mm。

（2）采用瓷夹板、塑料夹板配线时，支持点与转弯中点、分支点与电气器具边缘的距离一般为 40～60mm。

（3）导线沿室内墙壁、顶棚敷设时，其支持件固定点间的距离需要符合相关要求。

（4）导线在转弯、分支、进入电气器具的地方，均需要装设支持件，并且固定。

（5）根据有关要求，从线路的电源设备、用电器具的位置，找好水平线、垂直线，并且用粉线袋沿建筑物表面，由始端到终端弹出线路的中心线，然后均匀分档距，并且标出固定点的位置。

（6）线路与其他管路，需要避免相遇，接近敷设时，最小距离需要符合要求。

（7）瓷（塑料）夹板配线时，导线到地面的最小距离需要符合表 7-72 的要求。

表7-72　　　　　导线到地面的最小允许距离

敷　设　方　式		最小允许距离（m）
水平敷设	室内	2.5
水平敷设	室外	2.7
垂直敷设	室内	1.8
垂直敷设	室外	2.7

7-275　怎样预埋木砖与保护管（瓷夹或塑料夹配线工艺)?

答　（1）可以采用钢管、塑料管做保护管。

（2）根据要求，在结构施工中，把木砖与保护管预埋在准确的位置。

（3）保护管的两端，需要突出墙面5～10mm。

（4）预埋时，需要先找准水平线、垂直线。

（5）梯形木砖较大的一面，需要埋入墙内。较小的一面，需要与墙面找平。

（6）需要仔细核对木砖与保护管的数量、位置是否正确，不得遗漏，或者搞错位置的情况。

7-276　怎样预埋塑料胀管（瓷夹或塑料夹配线工艺)?

答　（1）根据要求弹线、定位，确定固定点的位置。

（2）根据所选择的塑料胀管的外径、长度来选择合适的钻头。

（3）钻孔，并且要求孔深大于胀管的长度。

（4）埋入胀管，并且与墙面平齐。

7-277　怎样固定夹板（瓷夹或塑料夹配线工艺)?

答　（1）瓷双线夹、塑料单线夹、塑料三线夹可以采用一点固定。

（2）瓷单线（双线）可以采用两点固定。

（3）木螺钉拧入木砖、塑料胀管的深度，一般不得小于12mm。

7-278　怎样放线（瓷夹或塑料夹配线工艺)?

答　（1）把导线放开后，双根平行地盘在放线架上。

（2）根据线路的始终端顺序穿入每个过墙管。

（3）在需要加保护管的地方，需要同时穿好保护管。

7-279　怎样敷设导线（瓷夹或塑料夹配线工艺)?

答　（1）导线的弛度不能够过大，以免绝缘不良造成短路。

（2）导线敷设，需要横平竖直。

（3）导线敷设，在同一平面上有曲折时，折角为90°角。

（4）导线在分支时，分支的地方用瓷（塑料）夹固定好。

（5）导线在进入电器具的地方，需要装设瓷（塑料）夹固定好。

（6）敷设导线，从每个支路的一端开始，顺着线路走，顺着房间进行。

（7）两条线路相互交叉时，需要在靠近建筑物的导线上套绝缘套管，并且管两端用瓷（塑料）夹固定好。

（8）容易刮碰导线的地方，需要加保护装置。

（9）在一端用木螺钉将瓷（塑料）夹固定在木砖或塑料胀管上，再把导线放在夹板凹槽内，然后拧紧瓷（塑料）夹上的螺钉。再将导线捋直。然后采用同样的方法在另一端把导线与瓷（塑料）夹固定好，最后把中间的导线与瓷（塑料）夹固定好。

7-280　瓷夹或塑料夹配线工艺有哪些质量要求与标准？

答　（1）变形缝两侧的导线如果没有加装瓷件固定，需要根据要求及时补装。

（2）穿过梁、墙、楼板与跨越线路等地方需要加保护管。

（3）瓷（塑料）夹配线线路中心线，水平线路允许偏差为 5mm；垂直线路允许偏差为 5mm。

（4）瓷夹、塑料夹的底板与盖板需要整齐不歪斜、不错台。

（5）瓷件、导线的规格、质量，需要符合有关要求、规定。

（6）瓷件安装需要牢固无损坏。

（7）瓷件固定要牢、要平齐。

（8）导线不能够松弛，不超过允许偏差。

（9）导线敷设位置距地面的高度不符合要求，需要根据要求进行调整。

（10）导线敷设需要平直整齐。

（11）导线敷设转弯、分支处的瓷（塑料）夹，需要可靠固定。

（12）导线间、导线对地间的绝缘电阻，需要大于 0.5MΩ。

（13）导线连接的地方，需要包扎严密，绝缘需要良好。

（14）导线连接的地方，需要不伤线芯，并且导线接头不受拉力。

（15）导线严禁扭绞，严禁出现死弯、绝缘层损坏等缺陷。

（16）导线与夹板排列需要整齐，表面需要清洁，固定间距需要均匀准确。

（17）丁字配线时，导线需要顺直。如果存在不符合要求的地方，需要及时调整正确。

（18）进入电气器具处的绝缘需要良好。

（19）跨越建筑物变形缝的导线两端需要留有补偿余量，并且可靠固定。

（20）木砖、塑料胀管预埋需要牢固。

（21）在导线分支处，转角处如果没有加装固定瓷件，需要及时补装。

7-281 瓷夹或塑料夹配线工艺成品保护有哪些注意点？

答 （1）安装电气器具时，不得碰松已敷设完的导线。

（2）紧固螺钉时，不应用力过猛，以免破裂瓷件。

（3）配线时，不能够损坏建筑物的表面，并且要保持各部位的清洁。

（4）线路敷设后，不得再次喷浆刷油，以防止污染导线。

7-282 瓷柱、绝缘子配线需要哪些机具？

答 瓷柱、绝缘子配线可以适用于电气照明室内、室外的瓷柱、绝缘子明配线工程。该工程需要的一些机具包括手电钻，冲击钻，万用表，工具袋，工具箱，电锤，绝缘电阻表，高凳，铅笔，卷尺，钢丝刷，电烙铁，线坠，粉线袋，水桶，喷灯，锡锅，锡勺，手锤，錾子等。

7-283 瓷柱、绝缘子配线作业条件有哪些？

答 （1）待内装修全部完成后，才可以进行配线。

（2）土建结构施工阶段，需要根据有关要求尺寸位置预埋木砖、过墙管。

7-284 瓷柱、绝缘子配线的工艺流程是怎样的？

答 瓷柱、绝缘子配线的工艺流程为：弹线定位→预埋木砖与保护管/预埋塑料胀管→瓷柱、绝缘子固定→导线敷设→导线连接→线路检查与绝缘摇测。

7-285 瓷柱、绝缘子配线时怎样弹线定位？

答 （1）绝缘子配线时，导线线间最小距离与固定点间最大距离需要符合有关要求。

（2）瓷柱配线时，导线线间最小距离与固定点最大距离需要符合有关要求。

（3）导线在转弯、分支、进入电气器具处，均需要装设支持件固定。

（4）导线在转弯、分支、进入电气器具处的支持件与转弯中点、分支点与电气器具边缘的距离在瓷柱配线时，一般为60～100mm。

（5）固定瓷柱、绝缘子，可以采用木砖、塑料胀塞、支架来固定。

（6）石瓷柱、绝缘子固定在支架上时，其固定点间距需要符合有关要求。

（7）室内、室外敷设时，绝缘导线到地面的最小距离需要符合有关要求。

（8）室内沿墙壁、顶棚支持件固定点的距离，需要符合有关要求。

（9）室外配线当跨越人行道时，导线距地面高度，不能够低于 3.5m。

（10）室外配线当跨越通车道路时，导线距地面高度，不能够低于 6m。

（11）线路与其他管道，需要避免相遇。

（12）线路与其他管道接近敷设时，其最小距离需要符合有关要求。

（13）在室内采用瓷柱、绝缘子配线时，导线到建筑物表面的最小距离，一般不小于 10mm。

（14）在室外，瓷柱、绝缘子在墙面上直接固定时，其固定点间距不能够超过 2m。

7-286　瓷柱、绝缘子配线时，室内沿墙壁、顶棚支持件固定点的距离是多少？

答　瓷柱、绝缘子配线工艺中，室内沿墙壁、顶棚支持件固定点的距离，可以参考表 7-73。

表 7-73　　　　室内沿墙壁、顶棚支持件固定点距离

项　　　目	导　　　线				
	线芯截面（mm²）				
	1～4	6～10	16～25	35～70	95～120
	最大允许距离（mm）				
瓷柱（珠）配线	1500	2000	3000		
绝缘子配线	2000	2500	3000	6000	6000

7-287　瓷柱、绝缘子配线时，石瓷柱及绝缘子固定在支架上时的固定点间距是多少？

答　瓷柱、绝缘子配线工艺中，石瓷柱与绝缘子固定在支架上时，固定点间距见表 7-74。

表 7-74　　　　敷设在绝缘支持件上的绝缘导线的支持点间距

线芯最小截面（mm²）		绝缘导线的支持点间距
铜　　　线	铝　　　线	（mm）
1.0	1.5	
1.5	2.5	

续表

| 线芯最小截面（mm²） | | 绝缘导线的支持点间距 |
铜　线	铝　线	（mm）
1.0	2.5	
1.5	2.5	
2.5	4	≤6000
2.5	6	≤12 000

7-288　瓷柱、绝缘子配线进行室内、室外敷设时，绝缘导线到地面的最小距离是多少？

答　瓷柱、绝缘子配线工艺中，室内、室外敷设时，绝缘导线到地面的最小距离，见表7-75。

表7-75　　　　室内、室外敷设时到地面的最小距离

敷　设　方　式		最小距离（mm）
瓷柱（珠）配线	室内	2500
	室外	2700
绝缘子配线	室内	1800
	室外	2700

7-289　瓷柱、绝缘子配线时，导线是如何敷设的？

答　（1）把绑线按所需的长度断开，然后扎成小束。

（2）把导线放开，并抻直，由一端开始绑回头固定在瓷柱（瓶）上。

（3）中间的受力瓷柱（瓶），可以采用"双花"绑法。

（4）中间的加档瓷柱（瓶），可以采用"单花"绑法。

（5）绑扎好后，需要进行调直，到终端瓷柱（瓶）的地方，抻紧绑回头。

（6）由上到下，逐条绑扎。

（7）绑扎固定中间支点。

（8）导线固定好后，需要留有一定的余量。

7-290　瓷柱、绝缘子配线时，导线敷设有哪些要求？

答　（1）瓷柱、绝缘子配线时，终端回头绑扎的公卷与单卷数需要符合相关要求。

（2）导线分支时，其分支点需要加装瓷柱、绝缘子，用以支持分支线的张力。

（3）导线间的距离，需要符合有关要求。

（4）导线与热力管（水管）道交叉时，需要加套绝缘管，并且绝缘管的两端需要应用瓷柱（珠）或绝缘子固定。

（5）导线在进入电气器具、开关、插座时，需要在距其 100mm 处用瓷柱或绝缘子加以固定。

（6）两根相邻的导线，需要在两瓷柱、绝缘子的同一方向同侧，或者导线需要在两瓷柱或绝缘子的外侧，不允许放在内侧。

（7）所用绑线，需要根据导线的截面来选择。

7-291　瓷柱或绝缘子配线时，终端回头绑扎的公卷与单卷数是多少？

答　瓷柱或绝缘子配线时，终端回头绑扎的公卷与单卷数见表 7-76。

表 7-76　　　　　　　　　　**公 卷 与 单 卷 数**

导线截面（mm²）	1.5～2.5	4～25	35～70	95～120
公卷数	8	12	16	20
单卷数	5	5	5	5

7-292　瓷柱、绝缘子配线时，怎样选择绑线？

答　瓷柱、绝缘子配线中，所用绑线需要根据导线的截面来选择，具体参考表 7-77。

表 7-77　　　　　　　　　　**导线与绑线的选择**

导线截面（mm²）	绑线直径（mm）		
	铁扎线	铜扎线	铝扎线
<10	0.8	1.0	2.0
10～35	1.2	1.4	2.0
50～70		2.0	2.6
≥95		2.6	3.0

7-293　瓷柱、绝缘子配线有哪些质量要求与标准？

答　（1）安装电气器具时，不得碰松已敷设完的导线。

（2）绑扎导线时，可以采用裸导线作为绑线。塑料绝缘导线必须采用塑料绑线进行绑扎。

（3）不得有瓷件损坏、瓷件倒置的现象。

（4）穿过梁、墙、楼板，跨越其他线路、其他管道时，需要装设保护管。

（5）垂直敷设的线路，导线的线间距离与固定点间距的允许偏差为 5mm。

（6）瓷件、支架排列要整齐，表面要清洁，油漆要完整。

（7）瓷件表面要清洁。

（8）瓷件的固定需要符合要求，一般可以用木螺钉固定瓷件，严禁使用铁钉或采用粘接法。

（9）瓷件要固定可靠。

（10）瓷件与导线的规格、质量，需要符合有关要求与规定。

（11）瓷件与其支架安装要牢固。

（12）导线、瓷件的固定点间距要正确。

（13）导线不得有松弛现象。

（14）导线垂直敷设时，平直程度允许偏差一般为 5mm。

（15）导线的结、焊包需要符合有关要求。

（16）导线分支处、接头处没有加装固定瓷件，需要及时补装，保证导线不受横向拉力。

（17）导线过分松弛，超过允许偏差，需要及时调整。

（18）导线间与导线对地间的绝缘电阻值，需要大于 0.5MΩ。

（19）导线进入电气器具处的绝缘处理要良好。

（20）导线连接要牢固，包扎要严密，绝缘要良好。

（21）导线水平敷设时，平直程度允许偏差一般为 10mm。

（22）导线严禁有扭绞、死弯、损坏绝缘层等缺陷。

（23）导线要平直整齐。

（24）导线转角与分支处要齐整。

（25）固定点间距的允许偏差一般为 50mm。

（26）紧固螺钉时，不应用力过猛，以免碎裂瓷件。

（27）经过建筑物的变形缝处的导线两端，需要可靠固定，并且需要留有一定的补偿余量。

（28）配线时不得损坏地面、墙面、顶棚。

（29）水平敷设的线路，导线的线间距离与固定点间距的允许偏差为 10mm。

（30）同一档内的瓷柱或绝缘子，需要排列在同一条直线上，并且该直线需要与线路成直角。

（31）线路敷设后，不得再次喷浆和刷油，以防污染导线。

7-294　塑料护套线配线需要哪些机具？

答　塑料护套线配线适用于室内电气照明的塑料护套线明配线工程，其需要的一些机具包括手锤、錾子、钢锯、锯条、水平尺、线坠、水桶、手电钻、冲击钻、铅笔、卷尺、灰铲、粉线袋、工具袋、绝缘电阻表、万用表、工具箱、高凳等。

7-295　塑料护套线配线的工艺流程是怎样的？

答　塑料护套线配线的工艺流程为：弹线定位→木砖、保护管的预埋/塑料胀塞的安装→护套线的配线→导线的连接→线路检查与绝缘摇测。

7-296　线卡定位的要求是怎样的（塑料护套线配线）？

答　（1）线卡间距均匀，有的允许偏差为 5mm。

（2）线卡距离木台、接线盒、转角处，有的要求不大于 50mm。

（3）线卡最大间距，有的要求为 300mm。

7-297　护套线怎样配线（塑料护套线配线）？

答　（1）根据先预埋好的木砖、塑料胀管的位置，弹出定位线，确定固定的档距。

（2）把铝卡子用钉子固定在木砖上。

（3）用木螺钉把接线盒、电门盒、插销盒等固定在塑料胀管上。

（4）根据线路的实际长度量好导线长度，并且剪断。

（5）一般需要从线路的一端开始逐段地敷设，一边敷设，另一边固定。

（6）敷设好后，需要把导线调直理顺。

7-298　怎样焊接铜导线（塑料护套线配线）？

答　（1）削出线芯。

（2）用砂布擦光，并且对齐绝缘层。

（3）用其中一根线芯在其余的线芯上紧密缠绕 5~7 圈。

（4）缠好后，再把其余的线芯顶端折回压实。

（5）抹上少许焊剂，放在火热的锡斗里进行锡焊。

（6）焊完后，擦去残留的焊剂。

（7）包扎好。

7-299 塑料护套线配线有哪些质量要求与标准？

答 （1）搬运物件时，不要碰松导线。

（2）板孔内无导线接头。

（3）导线的接线盒位置要正确，盒盖需要齐全平整。

（4）导线间、导线对地间的绝缘电阻值，需要大于 $0.5M\Omega$。

（5）导线进入接线盒式、电气器具内，需要留有一定的适当余量。

（6）导线连接的接头，需要设在接线盒、电气器具内。

（7）导线连接要牢固，包扎要严密，绝缘要良好。

（8）导线明敷部分需要紧贴建筑物表面。

（9）导线如果出现松弛、平直度与垂直度超过允许误差，则需要调整好。

（10）导线严禁出现扭绞、死弯、绝缘层损坏、护套管开裂等异常现象。

（11）多根导线明敷平行敷设，需要间距一致，并且分支与弯头处需要整齐。

（12）护套线的规格、质量，需要符合有关要求。

（13）护套线敷设穿过梁、墙、楼板、跨越线路等处，需要加保护管。

（14）护套线敷设跨越建筑物变形缝的地方，导线两端需要固定好，并且需要留有一定的补偿余量。

（15）护套线敷设需要平直整齐、可靠固定。

（16）接线盒开口不能够过大，以免与护套线不吻合。

（17）接线盒开口如果过大，则需要及时修补开口，或者更换接线盒。

（18）配线时，弹粉线可以采用淡黄色、其他浅色。

（19）配线时，需要保持顶棚、墙面整洁。

（20）配线时，找木砖不得损坏墙体。

（21）配线完后，不得喷浆、不得刷油。

（22）塑料护套线严禁直接埋入抹灰内敷设。

（23）线卡间距如果超出允许偏差，需要调整好。

（24）线卡间距要均匀。

7-300 塑料护套线配线允许偏差是多少？

答 护套线配线，允许偏差、弯曲半径见表 7-78。

表 7-78　　　　　　　护套线配线允许偏差、弯曲半径

项　目		允许偏差或者弯曲半径	检查法
固定点间距		5mm	尺量
配线	平直度	5mm	拉线、尺量
	垂直度	5mm	吊线、尺量
最小弯曲半径		≥3b	尺量

注　b 为平弯时护套线厚度、侧弯时护套线宽度。

✎ 7-301　钢索配管、配线需要哪些机具？

答　钢索配管、配线适用于室内照明钢索配管、配线工程。该工程需要的一些机具包括电烙铁，电炉，牙管，绝缘电阻表，工具袋，工具箱，锡锅，锡勺，大绳，滑轮，倒链，高凳，砂轮锯，砂轮锯片，套管机，铣刀，电焊机，煨管器，液压煨管器，气焊工具，压力案子，手锤，半圆锉，套丝板，钻头，铅笔，錾子，钢锯，锯条，扁锉，圆锉，皮尺，水平尺，线坠，粉线袋，桶，刷子等。

✎ 7-302　钢索配管、配线的作业条件有哪些？

答　（1）配合土建装修进行钢索吊装、配管、配线。

（2）配合土建结构施工的同时，做好预埋铁件、预留孔洞。

✎ 7-303　钢索配线的规定与要求是怎样的？

答　钢索配线的规定与要求见表7-79。

表 7-79　　　　　　　钢索配线的一些规定与要求

项目	解　说
钢索上吊装绝缘子时的要求	（1）支持点间距不能够大于 1.5m。 （2）屋内的线间距离不能够小于 50mm。 （3）屋外的线间距离不能够小于 100mm。 （4）扁钢吊架的终端，需要加拉线，并且其直径不能够小于 3mm
钢索上吊装护套线时的要求	（1）用橡胶、塑料护套线时，接线盒一般需要采用塑料制品。 （2）用铝卡子直敷在钢索上时，其支持点间距不能够大于 50mm。 （3）卡子距接线盒的距离不能够大于 100mm

项目	解　说
室内的钢索布线	（1）钢索布线所采用的铁线、钢绞线的截面，需要根据跨距、荷重、机械强度来选择。 （2）钢索布线所采用的铁线、钢绞线的最小截面一般不能够小于 10mm²。 （3）钢索的固定件，需要刷防锈漆或采用镀锌件。 （4）钢索的两端需要拉紧，当跨距较大时，应在中间增加支持点，并且中间支持点的间距不能够大于 12m （5）钢索上绝缘导线到地面的距离，在室内时，一般为 2.5m。 （6）室内的钢索布线用护套线、金属管、硬质塑料管布线时，可以直接固定在钢索上。 （7）室内的钢索布线用绝缘导线明敷时，需要采用瓷（塑料）夹，或者鼓形绝缘子、针式绝缘子来固定
在钢索上吊装金属管、塑料管的布线	（1）钢索上吊装金属管、塑料管支持点的最大间距需要符合有关要求。 （2）吊装接线盒与管路的扁钢卡子的宽度，一般不能够小于 20mm，并且吊装接线盒卡子的数量不能够少于 2 个

7-304　钢索上吊装金属管、塑料管支持点的最大间距是多少？

答　钢索上吊装金属管、塑料管支持点的最大间距见表 7-80。

表 7-80　钢索上吊装金属管、塑料管支持点的最大间距

类　别	支持点间距（mm）	支持点距灯头盒（mm）
金属管布线	1500	200
塑料管布线	1000	150

7-305　怎样预制加工工件（钢索配管、配线）？

答　（1）采用镀锌钢绞线钮圆钢作为钢索时，需要根据实际所需长度剪断，并且擦去表面油污。

（2）对钢管、电线管进行切断、套丝、煨弯。

（3）对塑料管进行煨管、断管。

（4）非镀锌铁件，需要先除锈，然后刷防锈漆。

（5）钢管、电线管，需要调直。

（6）根据有关尺寸，加工好预留孔洞的框架、吊架、吊钩、耳环、抱箍、支架、固定卡子等镀锌铁件。

（7）焊在铁件上的锚固钢筋，直径一般不能够小于 8mm，并且其尾部需要弯成燕尾状。

（8）加工预埋铁件尺寸，一般不能够小于 120mm×60mm×6mm。

7-306　怎样固定支架（钢索配管、配线）？

答　（1）把加工好的抱箍支架固定在结构上。

（2）把心形环穿套在耳环、花篮螺栓上，用于吊装钢索。

（3）固定好的支架，可以作为线路的始端、中间点、终端。

7-307　怎样组装钢索（钢索配管、配线）？

答　（1）把预先抻好的钢索一端穿入耳环，并且折回穿入心形环。

（2）把两只钢索卡固定两道。

（3）为防钢索尾端松散，可以用铁丝将钢索绑紧。

（4）把花篮螺栓两端的螺杆均旋进螺母，使其保持最大距离。

（5）把绑在钢索尾端的铁丝拆去，然后把钢索穿过花篮螺栓、耳环，并且折回后嵌进心形环，再用两只钢索卡固定两道。

（6）把钢索与花篮螺栓同时拉起，并且钩住另一端的耳环，再用大绳把钢索收紧，由中间开始，把钢索固定在吊钩上，调节松紧度符合要求。

（7）钢索的长度在 50m 内时，允许只在一端装设花篮螺栓。

（8）钢索的长度超过 50m 时，两端均需要装设花篮螺栓。

（9）钢索的长度每增加 50m，需要加装一个中间花篮螺栓。

7-308　安装保护地线有哪些要求（钢索配管、配线）？

答　（1）钢索就位后，需要在钢索的一端装有明显的保护地线。

（2）每个花篮螺栓处，均需要做好跨接地线。

7-309　钢索怎样吊装金属管（钢索配管、配线）？

答　（1）根据有关要求，选择好金属管、三通、五通专用明配接线盒，以及相应吊卡。

（2）吊装管路时，需要根据先干线后支线的顺序来操作。

（3）吊装管路时，首先把加工好的管子从始端到终端，根据顺序连接起来，与接线盒连接的丝扣，需要拧好，进盒的丝扣不得超过 2 扣。

（4）吊卡的间距，需要符合有关要求。

（5）每个灯头盒，需要用 2 个吊卡固定在钢索上。

（6）双管并行吊装时，可以把两个吊卡对接起来进行吊装，并且管与钢索需要在同一平面内。

（7）吊装完成后，需要做整体的接地保护。

（8）吊装完成后，接线盒的两端需要有跨接地线。

7-310　钢索怎样吊装塑料管（钢索配管、配线）？

答　（1）根据有关要求，选择好塑料管、管子接头、吊卡、专用明配接线盒、灯头盒等。

（2）管进入接线盒、灯头盒时，可以用管接头进行连接。

（3）两管对接时，可以用管箍粘接法。

（4）吊卡的间距，需要均匀合理。

（5）吊卡需要平整，固定好。

7-311　钢索怎样吊瓷柱（珠）（钢索配管、配线）？

答　（1）根据有关要求，在钢索上准确测量出灯位位置尺寸、吊架位置尺寸、固定卡子间的间距，并且用色漆做好标记。

（2）自制加工的二线式扁钢吊架、四线式扁钢吊架，需要调平找正、打孔，之后把瓷柱（珠）垂直平整，并在吊架上固定好。

（3）上好瓷柱（珠）的吊架，需要根据确定的位置，用螺钉固定在钢索上。

（4）钢索上的吊架，不能够有松动、歪斜的现象。

（5）终端吊架与固定卡子间，需要用镀锌拉线连接好。

（6）瓷柱（珠）用吊架或支架安装时，一般需要使用不小于 30mm× 30mm×3mm 的角钢或不小于 40mm×4mm 的扁钢。

（7）瓷柱（珠）配线时，导线到建筑物的最小距离，需要符合有关规定。

（8）瓷柱（珠）配线时，其绝缘导线到地面的最低距离，需要符合有关规定。

（9）瓷柱（珠）固定在望板上时，望板的厚度一般不能够小于 20mm。

（10）瓷柱（珠）配线时，其支持点间距、导线的允许距离，需要符合有关规定。

7-312　钢索怎样吊护套线（钢索配管、配线）？

答　（1）根据有关要求，在钢索上测量出灯位、固定点的尺寸位置。

（2）把护套线，按段剪断，并且调直后放在放线架上。

（3）敷设时，一般需要从钢索的一端开始。

（4）放线时，一般需要先把导线理顺，同时用铝卡子在标出固定点的位置上，把护套线固定在钢索上，直到终端。

（5）接线盒两端 100～150mm 处，需要加卡子固定，并且盒内导线需要留有一定的适合余量。

（6）吊链灯时，从接线盒到灯头的导线，需要依次编叉在吊链内，并且导线不能够受力。

（7）吊链为瓜子链时，可以用塑料线把导线垂直绑在吊链上。

7-313　钢索配管、配线有哪些质量要求与标准？

答　（1）扁钢吊架不垂直、不平整、固定点松动时，需要及时修复找正。

（2）穿过墙体的护套线被抹在墙上时，需要补做保护管后再配线。

（3）瓷柱（珠）需要保持完整清洁、无破损等现象，并且安装时不能够颠倒。

（4）导线敷设，需要横平竖直，不应有扭绞、死弯、绝缘层损坏等缺陷。

（5）导线间、导线对地间的绝缘电阻值，一般要求大于 0.5MΩ。

（6）导线接头绝缘包扎时，可以先用橡皮绝缘带或粘塑料绝缘带半幅重叠包扎紧密后，再用黑胶布半幅重叠包扎紧密。

（7）导线连接处的焊锡需要饱满，不得出现虚焊、夹渣等现象。

（8）电气设备安装中，需要注意不得碰坏其他设备、建筑物的门窗、墙面、地面等。

（9）吊点要均匀。

（10）吊杆不能够歪斜，油漆需要完整。

（11）吊钩把钢索固定好，吊杆或其他支持点受力正常。

（12）吊装前，钢索需要进行预抻。

（13）调整花篮螺栓，使钢索的垂度符合有关要求。

（14）镀锌钢索没有锈蚀。

（15）耳环接口处需要焊牢。

（16）钢管或钢电线管凹扁度过大时，需要更换凹扁度过大的管。

（17）钢管或钢电线管的管口不光滑时，需要把管口的毛刺锉光。

（18）钢管或钢电线管煨弯倍数不够，需要重新煨弯。

（19）钢索保护地线或保护地线的截面过小，则需要及时更改。

（20）钢索表面要整洁。

（21）钢索的中间固定点的间距，一般要求不大于 12m。

（22）钢索端头，需要用专用金具卡牢，其数量一般不得少于两个，并且用金属线绑扎好。

（23）钢索配管配线的允许偏差，需要符合有关规定。

（24）钢索与金属管、吊架，需要做可靠的保护接地。

（25）钢索终端拉环需要拉紧、调节装置齐全、可靠牢固。

（26）固定点间距相同，钢索的弛度一致。

（27）护套线配线平整度差时，需要理顺导线后再固定好。

（28）护套线与导线穿越梁、墙、楼板等地方，需要加穿保护管。

（29）跨越建筑物变形缝时，导线需要留有补偿余量。

（30）配管、配线完成后，不得再进行喷浆、刷油。

（31）配管时，盒子的材料与管材不相符，需要及时更换。

（32）塑料管凹扁度过大时，需要更换管子。

（33）塑料管承插口偏心时，需要重新找正承插口。

（34）中间档距不能够过大，以免造成垂度过大。

（35）中间的花篮螺栓与金属盒的两端，需要做跨接地线。

7-314 钢索配管配线允许偏差是多少？

答　钢索配管配线的允许偏差见表7-81。

表7-81　　　　　　　　　钢索配管配线的允许偏差

项　　目	允许偏差（mm）	检验方法
瓷柱配线支持间的距离	30	尺量
钢管配线支持间的距离	30	尺量
塑料护套线配线支持间的距离	5	尺量
硬塑料管配线支持间的距离	20	尺量

7-315 金属线槽配线安装需要的机具有哪些？

答　金属线槽配线安装适用于建筑物内金属线槽配线安装工程，其需要的机具包括电工工具，万用表，工具袋，工具箱，高凳，手电钻，冲击钻，绝缘电阻表，铅笔，卷尺，线坠，粗线袋，锡锅，喷灯等。

7-316 金属线槽配线安装的作业条件有哪些？

答　（1）配合土建结构施工，需要预留好孔洞、预埋铁、预埋吊杆、吊架等。

（2）地面线槽，需要及时配合土建施工。

（3）高层建筑竖井内土建湿作业全部完成。

（4）顶棚、墙面的喷浆、油漆、壁纸全部完成后，才可以进行线槽敷设与槽内配线。

7-317 怎样弹线定位（金属线槽配线安装）？

答 （1）根据有关要求，确定进户线、出户线、箱、盒、柜等电气器具的安装位置。

（2）操作要点如下：首先从始端到终端，先干线后支线，找好垂直线、水平线，然后用粉线袋沿墙壁、地面、顶棚等地方，在线路的中心线进行弹线，并且分匀档距，用笔标出具体的位置。

7-318 怎样预留孔洞（金属线槽配线安装）？

答 （1）根据有关要求与标注的轴线部位，把预制加工好的木质、铁制框架，调直。

（2）在标出的位置上固定好预制加工件。

（3）找正预制加工件。

（4）等现浇混凝土凝固模板拆除后，可以拆下框架。

（5）抹平好孔洞口。

7-319 安装支架与吊架有哪些要求（金属线槽配线安装）？

答 （1）对线槽进行吊装时，需要有各自独立的吊装卡具、支撑系统。

（2）钢结构、轻钢龙骨焊接后，需要做防腐处理。

（3）钢支架与吊架，需要焊接好。

（4）固定支点间距，一般不能够大于 1.5～2m。

（5）进出接线盒、箱、柜、转角、转弯、变形缝两端与丁字接头的三端500mm 内，一般需要设置固定支持点。

（6）轻钢龙骨上敷设线槽时，吊杆支撑需要固定在主龙骨上，不允许固定在辅助龙骨上。

（7）轻钢龙骨上敷设线槽时，一般需要有各自单独卡具吊装、支撑系统，并且吊杆直径，一般不应小于 5mm。

（8）万能吊具，可以选择定型的产品。

（9）严禁用电气焊切割钢结构、轻钢龙骨的任何部位。

（10）严禁用木砖固定支架与吊架。

（11）有坡度的建筑物上安装支架与吊架，需要与建筑物有相同的坡度。

（12）支架与吊架，需要安装好，保证横平竖直。

（13）支架与吊架的规格，一般扁铁不能够小于 30mm×3mm，扁钢不能够小于 25mm×25mm×3mm。

（14）支架与吊架距离地面的高度，一般不能够低于 100～150mm。

（15）支架与吊架距离上层楼板，一般不能够小于 150～200mm。

（16）支架与吊架所用钢材，下料后，长短偏差一般允许在 5mm 范围内，并且切口无卷边、无毛刺等。

（17）支架与吊架所用钢材，需要平直无扭曲。

7-320　怎样预埋吊杆、吊架（金属线槽配线安装）？

答　（1）吊杆、吊架，可以选择直径不小于 5mm 的圆钢，经过切割、调直、煨弯、焊接等步骤制作而成。

（2）吊杆、吊架的端部，一般需要攻丝，以便于调整。

（3）配合土建结构中，需要随着钢筋上配筋的同时，把吊杆、吊架锚固在需要的位置。

（4）混凝土浇注时，需要专人看护，以防吊杆、吊架移位。

（5）拆模板时，不得碰坏吊杆端部的丝扣。

7-321　怎样预埋铁自制件（金属线槽配线安装）？

答　（1）预埋铁自制件的尺寸，一般不小于 120mm×60mm×6mm。

（2）预埋铁自制件锚固圆钢的直径，一般不小于 5mm。

（3）配合土建结构施工，把预埋铁的平面放在钢筋网片下面，并且紧贴模板，采用绑扎或焊接的方法把锚固圆钢固定在钢筋网上。

（4）拆除模板后，预埋铁自制件的平面需要明露或者吃进深度为 10～20mm。

（5）用扁钢，或角钢制成的支架、吊架焊在预埋铁自制件的上面。

7-322　安装金属膨胀螺栓有哪些要求（金属线槽配线安装）？

答　（1）金属膨胀螺栓，一般不适用在空心砖墙上安装。

（2）金属膨胀螺栓，一般可以适用在 C5 以上混凝土、实心砖墙上安装。

（3）金属膨胀螺栓的钻孔深度误差，一般不得超过 +3mm。

（4）金属膨胀螺栓的钻孔直径的误差，一般不得超过 +0.5～－0.3mm。

（5）金属膨胀螺栓钻孔后，需要把孔内残存的碎屑清除干净。

（6）螺栓固定后，其头部偏斜值，一般不能够大于 2mm。

（7）需要采用质量好的螺栓与套管。

7-323　怎样安装金属膨胀螺栓（金属线槽配线安装）？

答　(1) 根据有关要求，沿着墙壁、顶板进行弹线定位，并且标出固定点的位置。

(2) 根据支架式吊架承受的荷重，选择相应的金属膨胀螺栓、钻头，注意所选钻头的长度需要大于套管的长度。

(3) 打孔的深度，需要把套管全部埋入墙内、顶板内后，达到平齐。

(4) 安装前，需要清除孔洞内的碎屑，然后用木锤或铁锤垫上木块后，把膨胀螺栓敲进洞内，一般保证套管与建筑物表面平齐。

(5) 敲击时，不得损伤螺栓的丝扣。

(6) 埋好螺栓后，选择好螺母、垫圈，把支架、吊架直接固定在金属膨胀螺栓上。

7-324　线槽安装有哪些要求（金属线槽配线安装）？

答　(1) 不允许将穿过墙壁的线槽与墙上的孔洞一起抹死。

(2) 吊顶内敷设时，如果吊顶无法上人，则吊顶需要留有检修孔。

(3) 敷设在通道、夹层、竖井、吊顶、设备层等地方的线槽需要符合有关防火要求与规则。

(4) 线槽安装的附件需要齐全。

(5) 线槽槽盖装上后，平整没有翘角，出线口位置准确。

(6) 线槽的底板对地距离低于 2.4m 时，线槽本身与线槽盖板，均需要加装保护地线。

(7) 线槽的底板对地距离为 2.4m 以上，线槽盖板可不加保护地线。

(8) 线槽的接口需要平整，接缝处紧密平直。

(9) 线槽经过建筑物的变形缝、伸缩缝、沉降缝时，保护地线与槽内导线，均需要留有一定的补偿余量。

(10) 线槽经过建筑物的变形缝、伸缩缝、沉降缝时，线槽本身可以断开，槽内需要用内连接板搭接，不需要固定。

(11) 线槽所有非导电部分的铁件，均需要相互连接与跨接，成为连续导体，并且做好整体接地。

(12) 线槽需要平整无扭曲、内壁无毛刺。

7-325　怎样敷设安装线槽（金属线槽配线安装）？

答　(1) 线槽进行交叉、转弯、丁字连接时，导线接头的地方，需要设置接线盒或把导线接头放在电气器具内。

（2）线槽进行交叉、转弯、丁字连接时，需要采用单通、二通、三通、四通、平面二通、平面三通等进行变通连接。

（3）线槽与盒、箱、柜等接茬时，进线口与出线口等地方需要采用抱脚连接，并且用螺钉紧固，末端需要加装封堵。

（4）线槽直线段连接，需要采用连接板，用垫圈、弹簧垫圈、螺母紧固，并且在接茬地方的缝隙需要平齐严密。

（5）有坡度的建筑物表面安装时，线槽需要随坡度变化。

（6）线槽全部敷设完后，配线前，需要进行调整、检查。只有确认合格后，才能够进行槽内配线。

7-326 怎样吊装金属线槽（金属线槽配线安装）？

答 （1）出线口处，需要利用出线口盒进行连接，并且末端部位要装上封堵。

（2）盒、箱、柜进出线的地方，需要采用抱脚连接。

（3）万能型吊具一般应用在钢结构中，其可以预先把吊具、卡具、吊杆、吊装器组装成一整体，然后在标出的固定点位置进行吊装，再逐件地把吊装卡具压接在钢结构上，并且把顶丝拧牢拧好。

（4）线槽交叉、丁字、十字连接时，需要采用二通、三通、四通进行连接，导线接头的地方，需要设置接线盒，并且放在电气器具内。

（5）线槽内，不允许有导线的接头。

（6）线槽与线槽，可以采用内连接头或外连接头。

（7）线槽与线槽采用连接头时，需要配上合适的平垫、弹簧垫，然后用螺母紧固紧好。

（8）线槽直线段组装时，把吊装器与线槽用蝶形夹卡固定在一起，并且把线槽逐段组装成形。

（9）线槽直线段组装时，需要先做干线，再做分支线。

（10）转弯的地方，需要采用立上弯头、立下弯头，并且安装的角度要适宜。

7-327 怎样安装地面线槽（金属线槽配线安装）？

答 （1）地面线槽安装时，需要及时配合土建地面工程施工。

（2）地面型式不同，有的需要先抄平，再测定固定点位置，然后把卧脚螺栓上好，以及压板的线槽水平放置在垫层上，再连接线槽、槽管、槽盒等。

（3）地面线槽安装时，安装要求到位，螺钉要求紧固可靠。

（4）地面线槽与附件全部上好后，一般需要进行一次系统调整。

（5）把各种盒盖盖好，以防水泥砂浆进入，直到配合土建地面施工结束。

7－328　怎样在线槽内安装保护地线（金属线槽配线安装）?

答　（1）线槽盖板有关保护接地需要符合有关要求。

（2）保护地线，需要根据有关要求，敷设在线槽内一侧。

（3）接地处螺钉直径，一般不小于 6mm，并且需要加平垫、弹簧垫圈，再用螺母压接好。

（4）金属线槽的宽度为 200mm 或者以上，两端线槽，一般需要用连接板连接的保护地线，每端螺钉固定点不少于 6 个。

（5）金属线槽的宽度为 100mm 或者以内，两段线槽，一般需要用连接板连接，每端螺钉固定点不少于 4 个。

7－329　线槽内配线有哪些要求（金属线槽配线安装）?

答　（1）不同电压、不同回路、不同频率的导线，需要加隔板隔开，才能够放在同一线槽内。

（2）穿墙的保护管的外侧，一般需要采取相应的防水措施。

（3）穿越建筑物的变形缝时，导线需要留一定的补偿余量。

（4）导线较多时，可以采用导线外皮颜色区分相序，并且利用导线端头与转弯处所做的标记来区分。

（5）电压在 60V 及以下的线路，可以直接放在同一线槽内。

（6）接线盒内的导线预留长度，一般不能够超过 15cm。

（7）盘、箱内的导线预留长度，一般为其周长的 1/2。

（8）三相四线制的照明回路，可以直接放在同一线槽内。

（9）室外引入室内的导线，穿过墙外的一段，一般需要采用橡胶绝缘导线，不允许采用塑料绝缘导线。

（10）同一设备或同一流水线的动力、控制回路，可以直接放在同一线槽内。

（11）同一线槽内的导线截面积总和，不能够超过内部截面积的 40%。

（12）线槽底向下配线时，需要用尼龙绑扎带把分支导线分别绑扎成束，并且固定在线槽底板下，以防导线下坠。

（13）线槽内配线前，需要消除线槽内的积水、污物。

（14）照明花灯的所有回路，可以直接放在同一线槽内。

7－330　怎样清扫线槽（金属线槽配线安装）?

答　（1）清扫暗敷在地面内的线槽时，可以先把带线穿通到出线口，再把布条绑在带线一端，然后从另一端把布条拉出。

（2）清扫明敷线槽时，可以使用抹布擦净线槽内残存的杂物、积水。

（3）反复多次，即可以把线槽内的杂物、积水清理干净。

（4）清扫线槽，也可以用空气压缩机把线槽内的杂物、积水吹出。

7-331 怎样放线（金属线槽配线安装）？

答 （1）选择导线与保护地线，需要符合设计、规则的要求。

（2）放线前，需要检查管与线槽连接地方的护口，要齐全。

（3）管进入盒时，内外根母需要锁紧，并且确认无误后，才能够放线。

（4）每个分支导线，需要绑扎成束。

（5）绑扎导线时，一般需要采用尼龙绑扎带，不允许使用金属导线进行绑扎。

（6）放线的方法：先把导线抻直捋顺，然后盘成大圈或放在放线架上，从始端到终端，先干线后支线，一边放一边整理。放线时，不能够出现挤压背扣、扭结损伤等现象。

（7）地面线槽放线的方法：利用带线从出线一端到另一端，然后把导线放开、抻直捋顺，再削去端部绝缘层，并且做好标记。然后把芯线绑扎在带线上，再从另一端抽出。放线时，一般需要逐段进行。

7-332 导线连接有哪些要求（金属线槽配线安装）？

答 （1）要实现导线连接的目的。

（2）导线连接处的接触电阻要最小。

（3）导线连接处的机械强度、绝缘强度均不能够降低。

（4）连接时，需要正确区分相线、中性线、保护地线。

（5）连接时，导线颜色要区分好，标记要标好。

7-333 金属线槽配线安装的质量要求与标准有哪些？

答 （1）安装金属线槽与槽内配线时，需要注意保持墙面的清洁。

（2）暗敷线槽，需要做检修入孔。

（3）保护地线的线径与压接螺钉的直径，需要符合要求。

（4）不同电压等级的线路，敷设在同一线槽内，需要分开。

（5）导线、金属线槽的规格，需要符合有关要求、规定。

（6）导线间与导线对地间的绝缘电阻值，需要大于 0.5MΩ。

（7）导线接头，需要设置在器具或接线盒内，线槽内不能够有接头。

（8）导线连接牢固、包扎严密、绝缘良好、不伤线芯。

（9）导线连接时，线芯不能够受损，缠绕圈数与倍数需要符合规定与要求，涮锡要饱满，绝缘层包扎要严密。

（10）接、焊、包完成后，接线盒盖、线槽盖板需要齐全平实，不得遗漏。

（11）金属膨胀螺栓固定不牢，或者吃墙过深、出墙过多、钻孔偏差过大，需要及时修复。

（12）可以采用金属膨胀螺栓固定，或者焊接支架与吊架，也可以采用万能卡具固定线槽。

（13）跨越建筑物变形缝处的线槽底板，需要断开。导线与保护地线，均需要留有一定补偿余量。

（14）配线完成后，不得再进行喷浆、刷油。

（15）切割钢结构、轻钢龙骨，需要及时补焊加固。

（16）使用高凳时，不得碰坏建筑物的墙面、门窗。

（17）竖井内配线，如果没有做防坠落措施，需要根据要求予以补做。

（18）线槽盖板需要无翘角，接口整齐严密。

（19）线槽拐角、转角、丁字连接、转弯连接，需要正确严实，内外无污染。

（20）线槽内的导线放置杂乱无章，需要把导线理顺平直，并且绑扎成束。

（21）线槽水平或垂直敷设直线部分的平直程度、垂直度，允许偏差一般不能够超过 5mm。

（22）线槽需要紧贴建筑物表面，横平竖直，布置合理。

（23）线槽与电气器具连接严密，导线不能够外露。

（24）线路穿过墙、梁、楼板等地方时，线槽不能够被抹死在建筑物上。

（25）支架、吊架，需要布置合理、牢固固定、平整良好。

（26）支架式吊架的焊接处，需要做防腐处理，刷防锈漆。

（27）支架与吊架需要固定牢，金属膨胀螺栓的螺母要拧紧。

7-334　建筑电气工程柜、屏、台、箱、盘内检查试验需要符合哪些规定？

答　（1）控制开关、保护装置的规格、型号需要符合相关要求。

（2）闭锁装置动作需要准确。

（3）接线端子的编号，需要清晰、不易脱色。

（4）柜、屏、台、箱、盘上的标识编号、名称、操作位置要正确。

（5）主开关的辅助开关切换动作需要与主开关动作一致。

✒ 7-335 怎样选择低压成套配电柜/控制柜（屏、台）与动力/照明配电箱（盘）内的保护导体？

答 低压成套配电柜、低压成套控制柜/屏/台、动力配电箱/盘、照明配电箱/盘应需要可靠的电击保护。柜/屏/台/箱/盘内的保护导体，需要有裸露的连接外部保护导体的端子。设计无要求时，柜/屏/台/箱/盘内的保护导体最小截面 S_p 不能够小于表 7-82 的要求。

表 7-82 保护导体的截面

相线的截面 S/mm^2	相应保护导体的最小截面 S_p/mm^2
$S \leqslant 16$	S
$16 < S \leqslant 35$	16
$35 < S \leqslant 400$	$S/2$
$400 < S \leqslant 800$	200
$S > 800$	$S/4$

注 S 是指柜/屏/台/箱/盘电源进线相线截面积，并且需要两者（S、S_p）材质相同。

✒ 7-336 照明配电箱（盘）基础型钢安装允许偏差是多少？

答 照明配电箱(盘)基础型钢安装允许偏差见表 7-83。

表 7-83 照明配电箱（盘）基础型钢安装允许偏差

项 目	允许偏差（mm/m）	允许偏差（mm/全长）
不直度	1	5
水平度	1	5
不平行度	—	5

✒ 7-337 安装建筑电气工程照明配电箱（盘）有哪些规定？

答 （1）位置需要正确。

（2）部件需要齐全。

（3）箱体开孔与导管管径需要适配。

（4）暗装配电箱箱盖需要紧贴墙面，箱（盘）涂层需要完整。

（5）箱（盘）内接线需要整齐，回路编号需要齐全。

（6）箱（盘）内接线标志需要正确。

（7）箱（盘）不采用可燃材料制作。

（8）箱（盘）安装需要牢固，垂直度允许偏差为 1.5‰。

（9）箱（盘）底边距地面为 1.5m。

（10）照明配电板底边距地面不小于 1.8m。

7 - 338 配电箱安装、配线常见异常与预防措施是怎样的？

答 配电箱安装、配线常见异常与预防措施见表 7 - 84。

表 7 - 84   配电箱安装、配线常见异常与预防措施

现　　象	预　防　措　施
（1）箱体与墙体有缝隙。 （2）箱体不平直。 （3）箱体内的砂浆、杂物没有清理干净。 （4）箱壳的开孔不符合要求。 （5）用电焊或气焊开箱壳的孔，破坏了箱体的油漆保护层。 （6）落地的动力箱接地不明显。 （7）落地的动力箱重复接地导线截面不够。 （8）落地的动力箱箱体内线头裸露，布线不整齐，导线不留余量	（1）安装箱体时，需要与土建配合。 （2）箱体安装时，需要用水准校水平。 （3）需要将箱内的砂浆杂物清理干净。 （4）箱体的敲落孔开孔与进线管需要匹配。 （5）箱体的孔需要用机械开孔。 （6）订箱体，或者选择箱体时，根据尺寸来选择。 （7）动力箱的箱体接地与导线必须明确显露出来，不能够在箱底下焊接或接线。 （8）动力箱的箱体接地的导线需要符合相关规范。 （9）箱体内的线头要统一，不能裸露，布线要整齐，绑扎要固定。 （10）箱体内的导线，需要留一定的余量，一般在箱体内的余量为 10～5cm

7 - 339 怎样安装 NDP1A 系列配电箱？

答 NDP1A 系列配电箱主要由安装导轨、零排、面盖、地排、导轨支架、底箱等组成，如图 7 - 19 所示。

NDP1A 系列配电箱主要安装步骤如下。

第 1 步：箱体预装墙的准备。首先为底箱开进线、出线孔准备。配电箱埋入墙体需要垂直、水平，并且边缘留 5～6mm 的缝隙。另外，底箱需要安装在干燥、通风、无妨碍物、方便使用的地方。如果底箱没有敲落孔，则需要根据实际需求自行开敲落孔。

第 2 步：接中性线、接地线。将零排、地排分别固定在底箱零排、地排上。零接线、地接线需要规则整齐，端子螺钉需要紧固。零排、地排孔数与

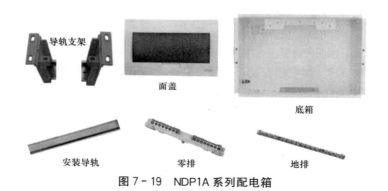

导轨支架

面盖

底箱

安装导轨　　零排　　地排

图 7 - 19　NDP1A 系列配电箱

孔径可以根据实际需求来选择。

第 3 步：元器件组配。根据要求，把断路器、隔离开关等元器件卡入导轨，按接线顺序安装好，并且把能连接的线路连接好，然后检查线路是否正确，螺钉安装是否紧固。

第 4 步：安装元器件。将组配好的元器件固定在埋入墙体的箱体中，然后连接好线路，安装完后用万用表测试接线是否正确，检查螺钉安装是否紧固。

第 5 步：安装面盖。检查线路是否正确、螺钉是否拧紧，清理配电箱内的残留物，并且标明各回路名称。再将面盖安装在箱体上。

7 - 340　照明配电箱/板施工与验收有哪些要求？

答　（1）照明配电箱/板内的交流、直流、不同电压等级的电源，需要具有明显的标志。

（2）照明配电箱/板不能够采用可燃材料制作。

（3）干燥无尘的场所，采用的木制配电箱/板需要经过阻燃处理。

（4）照明配电箱/板暗装时，照明配电箱/板四周应无空隙，其面板四周边缘需要紧贴墙面。

（5）照明配电箱/板箱体与建筑物、构筑物接触部分，一般需要涂防腐漆。

（6）导线引出面板时，面板线孔需要光滑无毛刺，金属面板需要装设绝缘保护套。

（7）照明配电箱/板需要安装牢固，垂直偏差不能够大于 3mm。

（8）照明配电箱底边距地面高度一般为 1.5m。

（9）照明配电板底边距地面高度一般不小于 1.8m。

（10）照明配电箱/板上，需要标明用电回路名称。

（11）照明配电箱/板内，需要分别设置中性线、保护地线、汇流排，中性线与保护线需要在汇流排上连接，不得绞接。

（12）照明配电箱/板内，中性线、保护地线、汇流排需要有编号。

（13）照明配电箱/板内装设的螺旋熔断器，其电源线需要接在中间触点的端子上，负载线需要接在螺纹的端子上。

7-341 安装配电板与户表板需要哪些材料？

答 安装配电板与户表板需要的一些材料包括防腐剂，绝缘嘴，塑料表板或者木制表板，瓷闸盒或瓷插熔丝，熔丝，漏电开关，水泥，砂子，木砖，绝缘导线，镀锌机螺钉，镀锌平光垫圈，镀锌弹簧垫圈，镀锌木螺钉，钉子等。

7-342 安装配电板与户表板材料的特点与要求是怎样的？

答 安装配电板与户表板材料的一些特点与要求见表7-85。

表7-85 安装配电板与户表板材料的一些特点与要求

名称	解 说
瓷闸盒、瓷插熔丝	（1）瓷件不得有破损、裂痕。 （2）铜件固定牢固，动静刀口接触良好。 （3）带电部位不得明露，需要采用绝缘物封填严实。 （4）需要有合格证
护口	需要根据管径的大小，来选择相应的护口
绝缘导线	绝缘导线的规格、型号，需要符合有关要求，并需要选择具有产品合格证的
漏电开关	（1）漏电开关的规格、型号、基本参数，需要符合有关的要求。 （2）漏电开关需要有合格证
木制表板	（1）木制表板不得有劈裂、变形现象。 （2）木制表板油漆要均匀，绝缘嘴要齐全，并且牢固。 （3）木制表板厚不得小于15mm
熔丝	（1）熔丝的规格，需要符合本支路负载的容量要求。 （2）熔丝的规格，一般选择不得大于本支路负载的1.5倍
塑料表板	（1）塑料表板规格有300mm×250mm×30mm，并且需要具有一定强度，断合闸时不发生颤动。 （2）板厚一般不得小于8mm（有肋成型的合格品除外）。 （3）塑料表板不得刷油漆。 （4）塑料表板需要有合格证

7-343 安装配电板与户表板需要哪些机具？

答 安装配电板与户表板需要的一些机具包括台钻,钻头,剥线钳,手锤,錾子,电钻,工具袋,水平尺,方尺,线坠,水桶,高凳,铅笔,卷尺,灰桶,灰铲,铁剪子等。

7-344 安装配电板与户表板作业条件有哪些？

答 (1)屋顶、墙面喷浆全部完成。

(2)木表板已预刷油漆,并且做了防火处理。

(3)抹灰前,已经根据预定位置埋好了木砖。

7-345 安装配电板与户表板的工艺流程是怎样的？

答 安装配电板与户表板的工艺流程如下:明确闸具组装的要求→闸具的组装→固定点的测定→表板的固定。

7-346 闸具组装有哪些要求？

答 (1)表板的配线,需要正确。

(2)表板的尾线不能够交叉,一般要求一孔穿一根导线。

(3)表板需要避开暖卫管、柜门等。

(4)表板需要固定好,一般需要紧贴墙面。

(5)表尾线长度,一般大约取100mm为宜。

(6)采用塑料配电板时,板上要装电器元件,必须采用镀锌木螺钉拧好。

(7)干燥无尘埃的场所,可以装木制配电板。导线引出配电板面,均需要套加绝缘嘴。

(8)固定表板的螺钉,一般需要在四角均匀对称,并且螺母与板面子要齐。

7-347 怎样组装闸具？

答 组装闸具的要求与主要步骤见表7-86。

表7-86 组装闸具的要求与主要步骤

主要步骤	解 说
实物排列	(1)把闸具在表板上先作实物排列。 (2)预留出安装电能表的位置。 (3)量好间距,画好水平线,均分线孔位置。 (4)画出固定闸具与表板的孔径

主要步骤	解　　说
钻孔	（1）撤去闸具，进行钻孔。 （2）钻孔时，先用尖錾子准确点冲凹窝，再用钻进行钻孔。 （3）为便于螺丝帽与面板表面平齐，再用一个钻头直径与螺丝帽直径相同钻头，进行第二次扩孔，深度以螺丝帽埋入面板表面平齐为准
固定闸具	（1）检查闸具是否完整。 （2）固定端正闸具。 （3）把板后的配线穿出表板的出线孔，并且套好绝缘嘴。 （4）剥去导线的绝缘层，与闸具的接线柱压接好

7-348　怎样测定表板的固定点？

答　（1）在需要安装表板的地方，用尺子量好标高。

（2）用水平尺，画出底平线找出木砖。如果用塑料胀管固定时，需要弹线定位好，找出固定点位置，进行钻孔，然后预埋塑料胀管与墙面平齐。

7-349　怎样固定表板？

答　（1）可以采用木砖固定表板。

（2）先把电源线、支路线正确地穿出表板的出线孔，并且需要套好绝缘嘴，导线也需要预留一定的余量。

（3）用长短适当的木螺钉固定好。

（4）用线坠校对平直。

（5）找平找正后，固定其他点。

（6）固定好后，把进户线端头削好、压牢，并且把明露配线调顺直。

（7）砖墙上采用塑料胀管固定。

（8）表板先钻孔，再用木螺钉紧固，并且注意孔不能够钻在砖缝中间。如果孔在砖缝中间，则需要处理，也就是先把孔扩大后，然后把塑料胀管或木砖用水泥砂浆稳注。

7-350　安装配电板与户表板有哪些质量要求与标准？

答　（1）表板标高不一致，超出允许偏差时，需要检查预埋木砖、胀管的位置是否正确，或是由于地面高低不平等原因造成的，也就是需要修正。

（2）安装表板时，需要注意保持墙面的整洁。

（3）板后导线杂乱，长短不齐，需要把导线留有适当余量，长短一致，绑扎成束。

（4）表板安装后，不得砸碰、弄脏用具。

（5）表板安装时，不得损坏墙面。

（6）表板不平正，垂直度超出允许偏差，需要修正。

（7）表板垂直度允许偏差，一般不得大于 3m。

（8）表板的安装标高，需要符合要求，一般为表板底口距地面不得小于 1.8m，一般允许偏差大约 10mm。

（9）表板的全部标高需要一致。

（10）表板固定需要牢固。

（11）表板上导电部件需要接触紧密。

（12）瓷件表面严禁有裂纹缺损、瓷釉损坏脱落等异常现象，并且绝缘耐压等级需要符合要求。

（13）导线压接不牢、线芯受损且线芯过长，需要修正。

（14）导线与电器、端子排的连接需要紧密整齐，回路清晰，并且还需要标明用电回路的名称。

（15）定型的产品，需要选择有合格证的可靠产品。

（16）漏电开关，不能起到安全保护作用，需要及时修正。

（17）木砖埋注位置不准，固定螺钉不均匀对称，表板四角的螺母倾斜不平，需要修正。

（18）配电板、开关的型号、规格、质量需要符合有关要求。

（19）一般表板，需要避开暖卫管 300mm。

（20）闸具松动、铜件松动，需要重新紧固螺钉。

7-351　配电箱（盘）安装需要哪些材料？

答　用于建筑电气配电箱(盘)安装需要的一些材料如下：木砖射钉、塑料带、黑胶布、配电箱、电器仪表、熔丝（或熔片）、焊锡、焊剂、电焊条、端子板、绝缘嘴、铝套管、卡片框、软塑料管、防锈漆、灰油漆、水泥、砂子等。

7-352　配电箱（盘）安装的一些材料有什么特点？

答　配电箱(盘)安装的一些材料的特点见表 7-87。

表 7-87　　　　配电箱（盘）安装的一些材料的特点

名称	解　说
镀锌材料	镀锌材料有角钢、木螺钉、螺栓、扁铁、铁皮、机螺钉、垫圈、圆钉等

名称	解　说
绝缘导线	绝缘导线的型号、规格需要符合有关要求
木制配电箱(盘)	(1) 木制配电箱(盘)需要刷防腐、防火涂料。 (2) 木制板盘面厚度，一般不得小于 20mm
塑料配电箱(盘)	(1) 塑料二层底板厚度，一般不得小于 5mm。 (2) 塑料配电箱(盘)需要具有合格证。 (3) 箱体需要有一定的机械强度。 (4) 周边平整无损伤
铁制配电箱(盘)	(1) 铁制配电箱(盘)需要具有合格证。 (2) 箱内各种器具，需要安装牢固，导线排列整齐，压接好。 (3) 箱体二层底板厚度，一般不得小于 1.5mm，也不得采用阻燃型塑料板做二层底板。 (4) 箱体需要有一定的机械强度，周边需要平整无损伤，油漆无脱落

7-353　配电箱（盘）安装需要哪些机具？

答　配电箱（盘）安装需要的一些机具包括台钻，木钻，台钳，案子，射钉枪，手电钻，钻头，电炉，电焊工具，气焊工具，绝缘手套，铁剪子，点冲子，绝缘电阻表，工具袋，工具箱，木锉，扁锉，圆锉，剥线钳，高凳，手锤，錾子，钢锯，锯条，尖嘴钳，压接钳，活扳子，套筒扳子，方尺，水平尺，钢板尺，锡锅，锡勺，铅笔，卷尺，线坠，桶，刷子，灰铲等。

7-354　配电箱（盘）安装的作业条件有哪些？

答　(1) 安装配电箱盘面时，抹灰、喷浆、油漆，需要全部完成。

(2) 随土建结构预留好暗装配电箱的安装位置。

(3) 预埋铁架、螺栓时，墙体结构需要弹出施工水平线。

7-355　配电箱（盘）安装有哪些要求？

答　(1) 照明配电箱（板）内，需要分别设置中性线 N、保护地线汇流排，并且中性线 N、保护地线，需要在汇流排上连接，不得绞接，需要有编号。

(2) 照明配电箱（板）内的交流、直流、不同电压等级的电源，需要具有明显的标志。

（3）PE保护地线，如果不是供电电缆、电缆外护层的组成部分时，需要根据机械强度来要求：有机械性保护时选择 2.5mm²，无机械性保护时选择 4mm²。

（4）TN—C低压配电系统中的中性线 N，需要在箱体、盘面上，引入接地干线的地方，做好重复接地。

（5）安装配电箱（盘）所需的木砖、铁件等，均需要预埋。

（6）垂直装设的刀闸、熔断器等电器上端接电源，下端接负载。横装者（面对盘面）左侧接电源，右侧接负载。

（7）磁插熔钉不得裸露金属螺钉，需要填满火漆。

（8）磁插式熔断器底座中心明露螺钉孔，需要填充绝缘物，以防止对地放电。

（9）当 PE 线所用材质与相线相同时应按热稳定要求选择截面。

（10）导线必须穿孔用顶丝压接时，多股线需要涮锡后再压接，不得减少导线股数。

（11）导线剥削处，不得伤线芯、线芯过长。

（12）导线压头，需要可靠牢固。多股导线，不应盘圈压接，需要加装压线端子（有压线孔者除外）。

（13）导线引出面板时，面板线孔需要光滑无毛刺。

（14）干燥无尘场所，采用的木制配电箱（板）需要阻燃处理。

（15）固定面板的机螺钉，需要采用镀锌圆帽机螺钉，并且间距不得大于 250mm，四角需要均匀对称。

（16）挂式配电箱（盘），需要采用金属膨胀螺栓固定好。

（17）基础型钢安装前，需要调直后埋设固定，其水平误差每米不大于1mm，全长总误差不大于 5mm。

（18）金属面板需要装设绝缘保护套。

（19）立式盘，需要设在专用房间内、加装栅栏，如果是铁栅栏，则需要接地。

（20）立式盘背面距建筑物不小于 800mm。

（21）立式盘盘面底口距地面不得小于 500mm。

（22）木制盘面板，需要做防腐防火处理，并且包好铁皮，可靠接地。

（23）盘面引出、引进的导线，需要留有适当余度，便于检修。

（24）配电箱（盘）安装时，其底口距地一般大约为 1.5m。

（25）配电箱（盘）带有器具的铁制盘面、装有器具的门、电器的金属外壳，均需要可靠保护地线，但 PE 保护地线不允许利用箱体或盒体串接。

（26）配电箱（盘）的盘面上安装的各种刀闸、自动开关等，处于断路状态时，刀片可动部分均不应带电（特殊情况除外）。

（27）配电箱（盘）面板较大时，需要有加强衬铁。

（28）配电箱（盘）面板宽度超过 500mm 时，箱门需要做双开门。

（29）配电箱（盘）明装时，底口距地一般大约为 1.2m。

（30）配电箱（盘）明装时，电能表板底口距地一般不得小于 1.8m。

（31）配电箱（盘）配线，活动的部位需要固定。

（32）配电箱（盘）配线需要排列整齐，并绑扎成束。

（33）配电箱（盘）上的电源指示灯，其电源需要接到总开关的外侧，并且需要装单独熔断器（电源侧）。

（34）配电箱（盘）上的母线相线，需要涂颜色标出，A（L1）相需要涂黄色；B（L2）相需要涂绿色；C（L3）相需要涂红色；中性 N 线需要涂淡蓝色；保护地线需要涂黄绿相间双色。

（35）配电箱（盘）上的盘面闸具位置，需要与支路相对应，其下面需要装设卡片框，并且标明路别、容量。

（36）配电箱（盘）上电具、仪表，需要牢固平正、间距均匀、启闭灵活、铜端子无松动、零部件齐全。

（37）配电箱（盘）需要安装在安全、干燥、易操作的场所。

（38）铁架明装配电盘距离建筑物，需要考虑便于维修。

（39）铁制配电箱（盘），均需要先刷一遍防锈漆，再刷灰油漆两道。

（40）同一建筑物内，同类盘的高度需要一致，一般允许偏差大约为 10mm。

（41）预埋的各种铁件，均需要刷防锈漆，并且可靠接地。

（42）照明配电箱（板），不能够采用可燃材料制作。

（43）照明配电箱（板），需要安装牢固平正，其垂直偏差不得大于 3mm。

（44）照明配电箱（板）安装时，其四周需要无空隙，面板四周边缘需要紧贴墙面，并且箱体与建筑物、构筑物接触部分需要涂防腐漆。

（45）照明配电箱（板）内装设的螺旋熔断器，其电源线需要接在中间触点的端子，负载线需要接在螺纹的端子上。

7-356　配电箱（盘）安装时怎样弹线定位？

答　（1）根据有关要求，找出配电箱（盘）的位置，根据箱（盘）的外形尺寸进行弹线定位。

（2）有预埋木砖、铁件的情况，弹线定位可以准确地找出预埋件，或者找出金属胀管螺栓的位置。

7-357 怎样明装铁架固定配电箱（盘）？

答 （1）把角钢调直，然后量好尺寸，画好锯口线。

（2）锯断煨弯，钻好孔位，再焊接好。煨弯时，需要找正，并且埋注端需要做成燕尾。

（3）除锈、刷防锈漆。

（4）然后用标高水泥砂浆把铁架燕尾端埋注牢固，注意埋入时，铁架的平直程度、孔间距离，需要用线坠、水平尺测量准确。

（5）等水泥砂浆凝固后，可以进行配电箱（盘）的有关安装。

7-358 怎样用金属膨胀螺栓固定明装配电箱（盘）？

答 （1）采用金属膨胀螺栓，可以在混凝土墙、砖墙上固定配电箱（盘）。

（2）用金属膨胀螺栓固定明装配电箱（盘），需要弹线定位，准确固定位置。

（3）用电钻、冲击钻在固定点位置钻孔，其孔径需要刚好把金属膨胀螺栓的胀管部分埋入墙内，并且孔洞需要平直不得出现歪斜现象。

7-359 怎样加工钢板制作配电箱（盘）？

答 加工钢板制作配电箱（盘）的一些要点与主要步骤如下：首先根据尺寸，把钢板量好，然后画好切割线，再对钢板进行切割。钢板切割后，需要用扁锉将棱角锉平。

如果是制作配电箱，则还需要折边弯型，安装锁。

7-360 配电箱（盘）怎样组装配线？

答 配电箱（盘）组装配线的一些要点与主要步骤见表7-88。

表7-88　配电箱（盘）组装配线的一些要点与主要步骤

名称	解　说
实物排列	（1）把盘面板放平。 （2）把全部电具、仪表，放在盘面板上，进行实物排列。 （3）对照图、电具/仪表的规格与数量，选择最佳位置，使之符合间距要求，满足操作维修方便、外形美观的需要

续表

名称	解　说
加工	（1）位置确定后，可以用方尺找正，并且画出水平线，分均孔距。 （2）撤去电具、仪表，进行钻孔，注意孔径需要与绝缘嘴吻合。 （3）钻孔后就是去毛刺，除锈刷防锈漆、灰油漆
固定电具	（1）油漆干后，装上绝缘嘴。 （2）把全部电具、仪表摆平找正。 （3）用螺钉固定好
电盘配线	（1）根据电具、仪表的规格、容量、位置，选择好导线的截面、长度，确定后，可以剪断进行组配。 （2）盘后导线，需要排列整齐，绑扎成束。 （3）盘后导线压头时，导线需要留有一定的适当余量。 （4）削出一小段线芯，逐个压接。 （5）多股线的压接，需要采用压线端子。 （6）立式盘开孔后，需要先固定盘面板，再进行配线操作

◢ 7-361　怎样在不同土建结构上固定配电箱（盘）？

答　在不同土建结构上固定配电箱（盘）的方法与要点见表 7-89。

表 7-89　　　　　固定配电箱（盘）的方法与要点

项目	解　说
混凝土墙、砖墙上固定明装配电箱(盘)	（1）混凝土墙、砖墙上固定明装配电箱（盘）时，可以采用暗配管/暗分线盒、明配管等方式。 （2）采用分线盒，需要先把盒内杂物清理干净，再理顺导线。 （3）分清支路、相序，再根据支路绑扎成束。 （4）找准箱（盘）位置后，把导线端头引到箱内、盘上。 （5）逐个剥削导线端头。 （6）逐个压接导线在器具上。 （7）保护地线压接好。 （8）箱（盘）调整平直后，固定好。 （9）电具、仪表较多的盘面板安装完后，需要先用仪表校对有无差错。

项目	解　说
混凝土墙、砖墙上固定明装配电箱(盘)	（10）调整无误后，试送电。试电正常，则说明达到要求。 （11）把卡片框内的卡片，编上号、填好部位、名称等标志。 （12）配电箱（盘）全部电器安装完后，需要用500V绝缘电阻表对线路进行绝缘摇测。 （13）绝缘电阻表摇测的项目包括相线与相线间、相线与中性线间、相线与保护地线间、中性线与保护地线间的绝缘电阻。 （14）绝缘电阻表摇测时，一般由两人进行摇测，同时做好摇测数据记录存档工作
木结构、轻钢龙骨护板墙上固定配电箱（盘）	（1）木结构、轻钢龙骨护板墙上固定配电箱（盘）时，可以采用加固措施。 （2）配管在护板墙内暗敷时，要求暗接线盒盒口与墙面平齐。 （3）木制护板墙的地方，需要做防火处理，即涂防火漆、加防火材料衬里。 （4）其他安装方法与在混凝土墙、砖墙上固定安装配电箱（盘）的方法差不多

7-362　怎样固定暗装配电箱？

答　（1）根据预留孔洞的尺寸，把配电箱体找好标高、水平尺寸。

（2）把箱体固定好。

（3）用水泥砂浆填实周边，并且抹平。

（4）等水泥砂浆凝固后，再安装盘面、贴脸。

（5）箱底与外墙平齐时，需要在外墙固定金属网后，再做墙面抹灰。不得在箱底板上抹灰。

（6）安装盘面，需要平整，周边间隙均匀对称。

（7）贴脸（门）需要平正不歪斜，螺钉垂直受力要均匀。

7-363　配电箱（盘）安装时有哪些质量要求与标准？

答　（1）配电箱（盘）的标高、垂直度超出允许偏差，需要找出原因，及时修正。

（2）配电箱安装需要位置正确、部件齐全、开孔适合、切口整齐。

（3）安装箱（盘）面板时，需要保持墙面整洁。

（4）暗式配电箱箱盖，需要紧贴墙面。

（5）保护地线不串接，并且安装牢固。

（6）导线与器具连接牢固紧密，不伤线芯。

（7）导线与器具螺栓连接时，在同一端子上导线不超过两根，并且具有防松垫圈。

（8）导线与器具压板连接时，压紧无松动。

（9）低压配电器具的接地保护与其他安全要求，需要符合验收规范的要求与规定。

（10）电气设备、器具、非带电金属部件的保护接地支线敷设，需要连接紧密牢固，接地线截面正确，防腐涂漆均匀无遗漏。

（11）接地导线截面不够或保护地线截面不够，保护地线串接，需要及时修正。

（12）木箱外侧无防腐，内壁粗糙的木箱内部，需要修理平整，并且内外做防腐、防火处理。

（13）配电箱（盘）安装后，需要采取成品保护措施，以免碰坏、弄脏电具、仪表。

（14）配电箱（盘）缺零部件，需要配齐所需零部件。

（15）配电箱（盘）体高 50mm 以上，允许偏差大约 3mm。

（16）配电箱（盘）体高 50mm 以下，允许偏差大约 1.5mm。

（17）配电箱导线截面、线色符合要求。

（18）配电箱内二层板与进、出线配管位置，处理要正确。

（19）配电箱体周边、箱底、管进箱处、缝隙过大、空鼓严重，需要用水泥砂浆把空鼓处填实抹平。

（20）配电箱箱盖、开关灵活，回路编号齐全，结线整齐。

（21）配电箱箱体宽度超过 300mm 时，箱顶部需要增设过梁。

（22）配电箱箱体宽度超过 500mm 时，需要安装钢筋混凝土过梁。

（23）配电箱油漆完整，盘内外清洁。

（24）铁架不方正，需要找出原因，及时修正。

（25）铁架不得用电焊进行开孔，需要采用开孔器进行开孔。

（26）铁箱内壁焊点锈蚀，需要补刷防锈漆。

（27）土建二次喷浆时，不得污染配电箱（盘）。

（28）线路走向合理，涂刷后不能够污染设备、建筑物。

（29）在 240mm 墙上安装配电箱时，需要把箱后背凹进墙内不小于 20mm。主体工程完成后，室内抹灰前，配电箱箱体的后壁要用 10mm 厚石棉板或钢丝网钉牢，再用1:2水泥砂浆抹好。

（30）中性线经汇流排连接，没有绞接现象。

7-364　怎样判断架空电力线路电杆是否符合要求？

答　（1）电杆杆身倾斜，直线杆不大于1个梢径。

（2）电杆杆身倾斜，转角杆、终端杆不大于两个梢径。

（3）水泥杆裂纹宽度需要小于1.0mm。

（4）水泥电杆裂纹横向长度需要小于1/2周长。

（5）水泥电杆裂纹纵向长度需要小于1m。

（6）电杆埋设位置偏离中心线不超过150m。

（7）电杆基础回填土回填冻土与不易夯实的土质时，防沉土层需要高出地面500mm。

（8）电杆基础回填土回填一般土质时，电杆基础回填土需要高出地面300mm。

7-365　怎样判断架空电力线路导线？

答　（1）钢芯铝绞线允许断股数有规定，一般不允许超过两股。

（2）交叉跨越的导线，不准断股。

（3）交叉跨越档，不允许有接头出现。

（4）一般档不超过两个，并且需要接续良好。

7-366　架空线路横担间与导线间的距离是多少？

答　（1）广播明线、通信电缆与380 V及以下架空线路同杆架设时，其间距需要不小于1.5m。

（2）通信电缆与6～10 kV架空线路同杆架设时，其间距不小于2.5m。

（3）同杆架设10 kV及以下双回路或多回路线路时，转角横担或分支线的横担距离，距上面横担距离为0.45m，距下面横担距离为0.6m。

（4）10 kV及以下线路与35 kV线路同杆架设时，导线间垂直距离不小于2m。

（5）35 kV双回路或多回路线路，不同回路的不同相导线间的距离不小于3m。

7-367　连接架空导线有哪些要求？

答　（1）送电线路跨越主要河流，交叉跨越档距内不能有接头。

（2）送电线路跨越特殊管道、铁锁道，交叉跨越档距内不能有接头。

（3）送电线路跨越山涧特殊大档距，交叉跨越档距内不能有接头。

（4）送电线路跨越有轨、无轨电车线，交叉跨越档距内不能有接头。

（5）送电线路跨越 1～3 级公路、城市 1～2 级道路，交叉跨越档距内不能有接头。

（6）送电线路跨越 1～2 级通信线路，交叉跨越档距内不能有接头。

（7）送电线路跨越 1～2 级电力线路，交叉跨越档距内不能有接头。

（8）不同金属材料、不同规格、不同绞向的导线，严禁在档距内连接，必须在耐张杆跳线内连接。

（9）新建线路在一个档距内，一根导线不能够超过一个接头。

（10）档距内不应有引线连接。

（11）在导线档距内，每一档距内每根导线只允许一个接头与三个补修管。

（12）在导线档距内，连接管与补修管间，或者补修管间的距离不小于 15m。

（13）在导线档距内，直线连接管，或者补修管与悬垂线夹的距离越远越好，至少需要位于护线条范围以外，与耐张线夹的距离不小于 15m。

7-368　架空线路的拉线所需材料有哪些要求？

答　用于 10kV 与以下架空配电线路的拉线安装工程中，架空线路的拉线所需材料的一些要求见表 7-90。

表 7-90　　　　　架空线路的拉线所需材料的一些要求

项目或者名称	解　　说
概述	所采用的器材、材料，均需要符合国家现行技术标准的规定，并且是合格的产品
钢绞线	（1）不能有松股、交叉、锈蚀、折叠、断裂、破损等缺陷的钢绞线。 （2）镀锌良好。 （3）最小截面，一般要求不小于 25mm²
镀锌铁丝	（1）不能有死弯、锈蚀、断裂、破损等缺陷的镀锌铁丝。 （2）镀锌良好。 （3）拉线主线用的铁丝直径，不得小于 4.0mm。 （4）拉线缠绕用的铁丝直径，不得小于 3.2mm

续表

项目或者名称	解　说
拉线棒	（1）不能有死弯、断裂、锈蚀、砂眼、气泡等缺陷的拉线棒。 （2）镀锌良好。 （3）最小直径，一般要求不小于 16mm
混凝土拉线盘	（1）预制混凝土拉线盘表面，不得有蜂窝、露筋、裂缝等缺陷。 （2）混凝土拉线盘强度，需要满足有关要求
拉线绝缘子	（1）瓷釉需要光滑、无裂纹、无缺釉、无斑点、无烧痕、无气泡、无瓷釉烧坏等。 （2）高压绝缘子的交流耐压试验结果，需要符合有关要求与规定
螺栓	（1）加大尺寸的内螺纹与有镀层的外螺纹配合，其公差需要符合现行国家标准的有关要求。 （2）螺杆与螺母的配合需要良好。 （3）螺栓表面，不得有裂纹、砂眼、锌层剥落、锈蚀等现象。 （4）螺栓需要采用有防松装置的，并且防松装置弹力要适宜，厚度要符合规定
其他	（1）其他材料包括拉线抱箍、花篮螺栓、双拉线联板、UT 型线夹、楔形线夹、平行挂板、U 形挂板、心形环、钢线卡、钢套管等。 （2）其他材料表面需要光洁无裂纹、无飞边无砂眼等。 （3）其他材料需要热镀锌的，并且无镀锌层剥落锈蚀等现象

7 - 369　架空线路的拉线工艺需要的机具有哪些？

答　架空线路的拉线工艺需要的机具包括倒链，活扳手，脚扣，安全带，铁锹，夯，紧线器，剪线钳等。

7 - 370　架空线路的拉线工艺的作业条件有哪些？

答　架空线路的拉线工艺的一些作业条件如下。

（1）材料备齐，电杆组立完成。

（2）高压绝缘子的交流耐压试验完成，并且符合有关施工规范与要求。

7 - 371　架空线路的拉线工艺的工艺流程是怎样的？

答　架空线路的拉线工艺的工艺流程为：拉线下料→拉线组合制作→拉

线的安装。

7-372　拉线怎样下料（架空线路的拉线工艺）？

答　（1）根据规范、要求、拉线的组合方式，确定拉线上把、中把、底把的长度与股数。

（2）每把铅丝合成的股数，一般不得少于三股。

（3）底把股数，一般比上把、中把多两股。

（4）使用钢绞线时，需要在断线处的两侧，用绑铅丝缠绕。

（5）再下料。

7-373　怎样制作拉线组合（架空线路的拉线工艺）？

答　（1）调整后 UT 型线夹的双螺母需要并紧，花篮螺栓需要封固。

（2）断线的情况下，拉线绝缘子距地面，不得小于 2.5m。

（3）钢绞线拉线，可以使用钢索卡、铅丝缠绕来固定。

（4）混凝土电杆的拉线，一般不装设拉线绝缘子。穿越导线的拉线、水平拉线，一般需要装设绝缘子。

（5）接线棒露出地面长度，一般为 500～700mm。

（6）拉线棒与接线盘连接后，其圆环开口处，需要用铅丝缠绕或焊接。

（7）拉线棒与拉线盘的连接使用螺杆时，需要垫方形垫圈，并且用双螺母来固定。

（8）拉线两端的扣鼻圈内，需要垫好心形环。

（9）铅丝拉线，可以自身缠绕固定。中把与底把连接处，可以另敷铅丝缠绕，并且缠绕要整齐紧密，缠绕顺序、圈数、长度符合要求。

（10）上把、中把、底把连接处，需要煨扣鼻圈，安装拉线绝缘子，缠绕制作。

（11）使用 UT 型线夹、花篮螺栓的螺杆，一般需要露扣，并且不小于 1/2 螺杆丝扣长度可供调紧。

（12）使用 UT 型线夹、楔形线夹时，拉线断头处与拉线主线，需要固定可靠。

（13）使用 UT 型线夹、楔形线夹时，线夹舌板与拉线接触要紧密，受力后无滑动现象。

（14）使用钢线卡固定时，每个连接端不得少于两个钢线卡。中把的下端，不能够单独使用钢线卡固定，可以采用铅丝缠绕来固定。

（15）使用铅丝缠绕时，需要缠绕整齐紧密，缠绕长度符合要求。

（16）使用铅丝绞合时，需要使每股铅丝受力一致，绞合均匀。

(17) 使用铅丝时，需要把铅丝绞成合股。

7-374 铅丝拉线中把与底把缠绕顺序、圈数、长度有哪些要求？

答 架空线路的拉线工艺中，铅丝拉线中把、底把缠绕顺序、圈数、长度的要求见表 7-91。

表 7-91　　　　　　　缠绕顺序、圈数与长度

股数	自身缠绕顺序、圈数	中把与底把连接处的缠绕长度最小值（mm）		
		下端	上端	花缠
3	9、8、7	150	100	250
5	9、9、8、8、7	150	100	250
7	9、9、8、8、7、7、6	200	100	300

7-375 钢绞线拉线使用铅丝缠绕时缠绕长度有哪些要求（架空线路的拉线工艺）？

答 架空线路的拉线工艺中，钢绞线拉线使用铅丝缠绕时缠绕长度见表 7-92。

表 7-92　　　　　　　缠绕长度最小值

钢绞线截面	缠绕长度（mm）				
	中端有绝缘子的两端	上端	中把与底把连接处		
			下端	花缠	上端
25	200	200	150	250	80
35	250	250	200	300	80
50	300	300	250	250	80

7-376 怎样安装拉线（架空线路的拉线工艺）？

答 （1）把已经安装好底把的拉线，盘滑到坑内。然后找正后，分层填土夯实。再用拉线抱箍，把拉线上端固定在电杆上。

（2）撑杆埋深，一般不得小于 0.5m，并且需要设有防沉措施。

（3）撑杆与主杆间的夹角一般为 30°，允许偏差大约为 ±5°。

（4）分角拉线，需要与线路分角线方向与线路方向垂直。

（5）进行拉线中把、底把连接，可以使用紧线器拉紧拉线，并且使终端杆、转角杆间拉线侧倾斜，紧线后的终端杆、转角杆向拉线侧的倾斜不大于一个电杆梢径。

（6）进行拉线中把、底把连接时，水平拉线的拉桩杆向张力反方向倾斜一般为 $15°\sim20°$。

（7）拉线盘的埋设深度，一般最低不得低于 1.3m。

（8）拉线位于交通要道或人易接触的地方，一般需要加装竹套管保护，并且竹套管上端垂直距地面，一般不得小于 1.8m，需要涂有明显标志。

（9）拉线与电杆的夹角，一般不能够小于 $45°$。受环境限制时，一般不得小于 $30°$。

（10）拉桩杆需要向张力反方向倾斜 $10°\sim20°$。

（11）水平拉线的拉桩杆的拉线距路面中心的垂直距离，一般不得小于 6m。

（12）水平拉线的拉桩杆的拉桩坠线与拉桩杆夹角，一般不得小于 $30°$。

（13）水平拉线的拉桩杆的埋设深度，一般不得小于杆长的 1/6。

（14）水平拉线的拉桩坠线与拉桩杆夹角，一般不得小于 $30°$。

（15）水平拉线对通车路面边缘的垂直距离，一般不得小于 5m。

（16）终端杆、耐胀杆承力拉线，需要与线路方向对正。

（17）坠线上端距杆顶，一般为 250mm。

◢ 7-377 架空线路的拉线工艺有哪些质量要求与标准？

答 （1）捆直铅丝时，不得损伤树木等周围物体。

（2）承力杆垂直度允许偏差为 1D（D 为电杆梢径）。

（3）导线架设后，终端杆、转角杆的垂直度超出规范规定，需要更正。

（4）导线紧线后电杆梢，没有明显偏移。

（5）防沉土台尺寸要正确。

（6）高压绝缘子表面，不得有裂纹、缺损、烧坏等情况。

（7）高压绝缘子的交流耐压试验结果，需要符合施工规定与要求。

（8）黑色金属金具零件防腐、保护要完整。

（9）金具的规格、型号、质量，需要符合有关要求。

（10）拉线缠绕圈数不够、不紧密、扣鼻圈过大，需要更正。

（11）拉线位置与电杆的夹角要正确，金具要齐全，连接要牢固。

（12）拉线制作后，需要妥善保管。

(13) 同杆的各条拉线，均要受力正常，无松股断股、抽筋等现象。

(14) 现场运输时，需要注意防止扭弯拉线、损坏拉线绝缘子的现象。

7-378 架空线路的导线架设一些材料要求是怎样的？

答 架空线路的导线架设适用于10kV 及以下架空配电线路的导线架设安装工程。架空线路的导线架设一些材料要求见表 7-93。

表 7-93　　　　架空线路的导线架设一些材料要求

项目	解　说
概述	所采用的器材、材料，需要符合现行技术标准的要求与规定，并且使用合格的产品
导线	(1) 导线不得有松股、交叉、折叠、断裂、破损等缺陷。 (2) 绝缘导线表面需要平整光滑、色泽均匀。 (3) 绝缘导线绝缘层，应挤包紧密，易剥离。 (4) 绝缘导线绝缘层厚度需要符合要求。 (5) 绝缘导线最小截面，需要符合有关要求。 (6) 裸铝绞线，不得有严重腐蚀的现象
悬式绝缘子、蝶式绝缘子	(1) 瓷件、铁件组合无歪斜、结合紧密、铁件镀锌良好。 (2) 瓷釉光滑无裂纹等缺陷。 (3) 弹簧销、垫的弹力适宜。 (4) 高压绝缘子的交流耐压试验结果，需要符合施工规范的要求
绑线	(1) 裸导线的绑扎，需要选择与导线同金属的单股线，并且直径不得小于 2.0mm。 (2) 绝缘导线的绑线，需要选择绝缘绑线
耐张线夹、并沟线夹、钳压管、铝带	(1) 表面需要光洁无裂纹、无飞边无气泡等情况。 (2) 镀锌良好，镀锌层无剥落无锈蚀等现象。 (3) 线夹转动灵活，与导线接触面需要符合要求
螺栓	(1) 螺栓表面不得有裂纹砂眼、锌皮剥落等现象。 (2) 螺杆与螺母的配合，需要良好。 (3) 螺栓宜有防松装置，并且防松装置弹力适宜，厚度符合要求

7-379 怎样选择架设导线的最小截面（架空线路工艺）？

答 选择架设导线的最小截面(架空线路工艺) 的参考值见表 7-94。

表 7-94　　　　　　　　选择架设导线的最小截面
　　　　　　　　　　　（架空线路工艺）的参考值

种类	10kV		1kV 以下（mm²）
	居民区（mm²）	非居民区（mm²）	
铝绞线	35	25	16～25
钢芯铝绞线	25	16～25	16～25
铜绞线	16	16	直径 3.2～4.0mm

7-380　架空线路工艺需要哪些机具？

答　架空线路工艺需要的一些机具包括斧子，挑杆，竹梯，温度计，铁线，大小尼龙绳，望远镜，脚扣，倒链，开口滑轮，放线架，安全带，手锤，钢锯，手推车，紧线器，活扳手，油压线钳，刀锯，细钢丝刷等。

7-381　架空线路工艺作业条件有哪些？

答　（1）导线截面在 150mm² 以上或线路较长时，在线路首端（紧线处）已经打好紧线用的地锚钎子。

（2）放线时，通过其他线路的越线保护架搭设完成。

（3）拉线已经安装完成。

（4）线路上障碍物，已经处理完成。

7-382　架空线路工艺流程是怎样的？

答　架空线路工艺流程如下：放线→紧线→绝缘子绑扎→搭接过引线、搭接引下线。

7-383　架空线路怎样放线？

答　（1）把导线运到线路首端紧线处，然后用放线架架好线轴，再放线。

（2）放线方法有两种：① 把导线沿电杆根部放开后，再把导线吊上电杆；② 在横担上装好开口滑轮，一边放线，一边逐档把导线吊放在滑轮内前进。

（3）1kV 以下线路采用绝缘线架设时，放线过程中不应损伤导线的绝缘层等情况。

（4）不同金属、不同规格、不同绞制方向的导线，严禁在档距内连接。

（5）导线采用缠绕方法连接时，连接部分的线股需要缠绕良好，不得有断股、松股等现象。

（6）导线采用钳压管连接时，连接部位的铝质接触面，需要涂一层电力复合脂，再用细钢丝刷清除表面氧化膜，进行压接，并且压口数、压口位置、压口深度等，需要符合要求。

（7）导线采用钳压管连接时，需要清除导线表面、管内壁的污垢。

（8）导线尽量避免接头，不可避免时，接头需要符合有关要求。

（9）导线在同一处损伤，单股损伤深度不小于直径 1/2，可以把损伤处棱角与毛刺用 0 号砂纸磨光，可不作补修。

（10）导线在同一处损伤，单金属绞线损伤截面积小于 4％，可以把损伤处棱角与毛刺用 0 号砂纸磨光，可不作补修。

（11）导线在同一处损伤，钢芯铝绞线、钢芯铝合金绞线损伤截面积小于导电部分横截面积的 5％，且强度损失小于 4％，可以把损伤处棱角与毛刺用 0 号砂纸磨光，可不作补修。

（12）导线在同一处损伤状况，超过了一定范围时，需要进行补修。

（13）放线过程中，需要对导线进行外观检查，不得发生磨伤断股、扭曲断头等现象。

（14）同一档路内，导线接头的位置与导线固定处的距离，一般需要大于 0.5m。有防震装置时，需要在防震装置以外。

（15）同一档路内，同一根导线上的接头不能够超过一个。

7-384 架空线路怎样紧线？

答 （1）绑扎用的绑线，需要选择与导线同金属的单股线，并且直径不得小于 2mm。

（2）导线架设后，导线对地与交叉跨越距离，需要符合有关要求。

（3）导线紧好后，弧垂的误差不得超过设计弧垂的 15％，并且同档内各相等线弧垂宜一致，各相间弧垂的相对误差，不得超过 200mm。

（4）绝缘子安装，绝缘子裙边与带电部位间隙不得小于 50mm。

（5）绝缘子安装，需要牢固可靠，并且防止积水。

（6）绝缘子安装，需要清除表面灰垢、附着物。

（7）裸铝导线在蝶式绝缘子上的绑扎长度需要符合有关要求。

（8）裸铝导线在线夹上，或者在蝶式绝缘子上固定时，需要缠包铝带，并且缠绕的方向需要与导线外层绞股方向一致，缠绕长度不得超出接触部分 30mm。

（9）首端杆上，挂好紧线器，或者在地锚上拴好倒链。

（10）悬式绝缘子安装，耐张串上的弹簧销子、螺栓、穿钉，需要由上向下穿。

（11）悬式绝缘子安装，悬垂串上的弹簧销子、螺栓、穿针，需要向受电侧穿入。两边线需要由内向外，中线需要由左向右穿入。

（12）悬式绝缘子安装，与电杆、导线金具连接处，需要无卡压现象。

（13）在线路末端，把导线卡固在耐张线夹上，或者绑回头挂在蝶式绝缘子上。

7-385　裸铝导线在蝶式绝缘子上的绑扎长度有多长？

答　裸铝导线在蝶式绝缘子上的绑扎长度见表7-95。

表 7-95　　　　　　　　绑　扎　长　度

导线截面（mm^2）	绑扎长度（mm）
LJ—50、LGJ—50 与以下	150
LJ—70	200

7-386　架空线路怎样绑扎绝缘子？

答　（1）高压线路直线杆的导线，需要固定在针式绝缘子顶部的槽内，并且绑双十字。

（2）低压线路直线杆的导线，可以固定在针式绝缘子侧面的槽内，可以绑单十字。

（3）直线杆的导线在针式绝缘子上的固定绑扎，需要先由直线角度杆或中间杆开始，再逐个向两端绑扎。

（4）直线角度杆的导线，需要固定在外式绝缘子转角外侧的槽内。

（5）直线跨越杆的导线，需要采用双绝缘子固定，导线本体不得在固定处出现角度。

7-387　架空线路怎样搭接过引线、引下线？

答　（1）10kV 线路采用并沟线夹连接过渡引线时，线夹数量不得少于2个，并且要求连接面平整光洁，导线与并沟线夹槽内需要清除氧化膜，涂电力复合脂。

（2）1kV 以下线路采用绝缘导线时，接头需要符合现行有关规范的规定与要求，并且进行绝缘包扎。

（3）1kV 以下线路每相过引线、引下线与邻相的过引线、引下线或导线间，安装后的净空距离不得小于150mm。

（4）1～10kV 线路每相过引线、引下线与邻相的过引线、引下线或导线间，安装后的净空距离不得小于 300mm。

（5）架空配电线路的防雷与接地，需要符合现行有关规范的规定与要求。

（6）耐张杆、转角杆、分支杆、终端杆上搭接过引线，需要呈均匀弧度、没有硬弯，必要时加装绝缘子。

（7）耐张杆、转角杆、分支杆、终端杆上搭接过引线、引下线，铝导线间的连接一般需要采用并沟线夹，70mm² 及以下的导线可以采用绑扎连接，并且绑扎长度需要符合有关要求。

（8）耐张杆、转角杆、分支杆、终端杆上搭接过引线、引下线，需要与主导线连接，不得与绝缘子回头绑扎在一起。

（9）铜、铝导线的连接，需要使用铜铝过渡线夹，或有可靠的过渡措施。

（10）线路的导线与拉线、电杆或构架间安装后的净空距离，1～10kV 时，不得小于 200mm。1kV 以下时，不得小于 100mm。

7-388　铝导线间绑扎连接过引线绑扎长度是多少？

答　铝导线间绑扎连接过引线绑扎长度见表7-96。

表 7-96　　　　　　铝导线间绑扎连接过引线绑扎长度

导线截面（mm²）	绑扎长度（mm）
LJ—35 及以下	150
LJ—50	200
LJ—70	250
TJ—25～35	150
TJ—50～95	200
TJ—6 及以下	100

注　不同截面导线连接时，绑扎长度需要以小截面导线为准。

7-389　架空线路工艺有哪些质量要求与标准？

答　（1）高压瓷件表面，严禁有裂纹缺损、瓷釉烧坏等缺陷。

（2）高压绝缘子的交流耐压试验结果，需要符合施工规范规定与要求。

（3）金具的规格、型号、质量，需要符合有关要求。

（4）超量磨损的线段与有缺陷的线段，需要修好。

（5）导线布置要合理整齐。

（6）导线的接续管在压接或校直后，严禁出现裂纹。

（7）导线连接，需要紧密牢固，连接处严禁有断股与损伤的现象。

（8）导线与绝缘子可靠固定，导线无断股无扭绞等现象。

（9）放线时，导线发生扭绞背扣、断股磨伤，需要采取防护措施。

（10）过引线、引下线导线间与导线对地间的最小安全距离，需要符合要求。

（11）绝缘子绑扎不正确，回头绑扎不紧，长度不够，需要改正。

（12）配电线路遇到与其他线路交叉时，需要搭设越线架，以免线间出现摩擦、碰撞。

（13）线间连接的走向清楚，辨认方便。

（14）线路的接地（接零）线敷设走向合理，连接紧密牢固，导线截面选择正确，并且防腐的部分涂有防腐漆。

7-390　电杆上路灯安装所需的材料有哪些要求？

答　电杆上路灯安装可以适用于架空线路水泥电杆上的路灯安装工程。该工程所需的材料的一些要求见表 7-97。

表 7-97　　　　电杆上路灯安装所需的材料的一些要求

项目	解　　说
材料要求	（1）所采用的设备、器材、材料需要符合现行有关技术标准的规定与要求。 （2）需要使用合格的、质量可靠的设备、器材、材料
灯具	（1）配件要齐全无损伤、无变形无油漆剥落等现象。 （2）灯头铜线，截面不得小于 $1.0mm^2$。 （3）灯头铝线，截面不得小于 $2.5mm^2$
针式绝缘子	（1）瓷件与铁件，需要结合紧密。 （2）铁件镀锌需要良好。 （3）瓷釉光滑无裂纹、无缺釉无斑点等。 （4）严禁使用硫黄浇灌的绝缘子
绝缘导线	（1）不应有扭绞、死弯、破损等缺陷。 （2）引下铜线，截面不得小于 $1.5mm^2$、额定电压不应低于 500V。 （3）引下铝线，截面不得小于 $2.5mm^2$、额定电压不应低于 500V
灯架、抱箍	（1）表面需要光洁无裂纹、无飞边无砂眼等。 （2）需要用热镀锌件

续表

项目	解　说
螺栓	（1）螺栓表面不得有裂纹、锌皮剥落等现象。 （2）螺栓与螺母，需要配合良好。 （3）金属上的各种联结螺栓，需要有防松装置，并且防松装置需要镀锌良好、厚度符合要求、弹力合适

7-391　电杆上路灯安装需要哪些机具？

答　电杆上路灯安装所需的一些机具包括水平尺，卷尺，脚扣，安全带，高凳，滑轮，手锤，活扳手，尼龙绳等。

7-392　电杆上路灯安装作业条件有哪些？

答　（1）架空线路施工已经完成。

（2）灯架制作已经完毕。

7-393　电杆上路灯安装的工艺流程是怎样的？

答　电杆上路灯安装的工艺流程为：灯架与灯具安装→配接引下线→试灯。

7-394　怎样安装灯架、灯具（电杆上路灯安装工艺）？

答　（1）根据有关要求，测量出灯具（灯架）安装的高度，并且在电杆上画出标记。

（2）把灯架、灯具吊上电杆，并且穿好抱箍或螺栓，根据有关要求找好照射角度，找好平正度。

（3）找好灯架、灯具平正度后，可以把灯架固定好。

（4）成排安装的灯具，仰角一般需要保持一致，并且排列要整齐。

（5）较重的灯架、灯具，可以使用滑轮、大绳吊上电杆。

7-395　怎样配接引下线、灯具（电杆上路灯安装工艺）？

答　（1）配接引下线主要步骤如下：把针式绝缘子固定在灯架上，然后把导线的一端在绝缘子上绑好回头，分别与灯头线、熔断器进行连接。接着把接头用橡胶布、黑胶布半幅重叠各包扎一层。再把导线的另一端拉紧，并且与路灯干线背扣后进行缠绕连接。

（2）每套灯具的相线，需要装有熔断器，并且相线需要接螺口灯头的中心端子。

（3）导线进出灯架的地方，需要套软塑料管，并且做好防水弯。

（4）引下线与路灯干线连接点距杆中心，一般为 400～600mm，并且两侧要求对称一致。

（5）引下线凌空段不得有接头，长度不得超过 4m。如果超过 4m，需要加装固定点或使用钢管来引线。

7-396　电杆上路灯安装工艺的质量要求与标准有哪些？

答　（1）灯架、灯具、金具的规格、型号、质量，需要符合有关要求。

（2）导线连接需要紧密、牢固。

（3）灯具安装后，需要防止碰撞。

（4）灯具需要清洁，成排安装的需要排列整齐。

（5）灯位要正确、可靠固定。

（6）杆上路灯的引线，需要拉紧。

（7）黑色金属金具零件，需要进行防腐保护处理。

（8）引下线与干线连接处没有背扣或杆上操作时碰撞引下线，需要及时处理好。

（9）灯具照射角度不准确，可能是灯架安装不牢固，使灯臂横向位移或下倾造成，需要处理好。

7-397　架空线路的接户线安装所需的材料有哪些要求？

答　架空线路的接户线安装工艺适用于1kV 以下架空配电线路自电杆引到建筑物外墙第一支持物的线路安装工程。该安装工程一些材料的要求见表 7-98。

表 7-98　　　　　　　　　　一些材料的要求

名称	解　　说
并沟线夹、钳压管	（1）表面需要光洁无裂纹、无毛刺无砂眼等。 （2）线夹与导线接触面，需要符合要求
角钢、圆钢	（1）横担、支架使用的角钢规格，一般不得小于 50mm×50mm×5mm。 （2）拉环使用的圆钢规格，一般不得小于 $\phi12$
绝缘导线	（1）不得使用扭绞死弯、断裂破损等缺陷的绝缘导线。 （2）最小铜导线截面，不得小于 4mm²，额定电压不应低于 450V/750V。 （3）最小铝导线截面，不得小于 10mm²，额定电压不应低于 450V/750V

名称	解　说
拉板、曲型垫	（1）表面要光洁无裂纹、无毛刺无气泡等。 （2）尽量使用热镀锌件
螺栓	（1）螺栓表面需要无裂纹无砂眼、无锌皮剥落与锈蚀等。 （2）金具上的各种联结螺栓，需要有防松装置，并且采用的防松装置需要镀锌良好、厚度符合要求、弹力合适。 （3）螺杆与螺母，需要配合良好

7-398　架空线路的接户线安装所需的机具有哪些要求？

答　架空线路的接户线安装所需的机具包括钢板尺，灰桶，灰铲，盒尺，方尺，水桶，脚扣，安全带，高凳，电焊机，手锤，錾子，台钻，台钳，油压线钳，钢锯，活扳手等。

7-399　架空线路的接户线安装所需的作业条件有哪些？

答　（1）架空配电线路、建筑物的电源进户管线，已经完成安装敷设。

（2）建筑工程外施工架，已经拆除。

7-400　架空线路的接户线安装的工艺流程是怎样的？

答　架空线路的接户线安装的工艺流程为：横担与支架制作/安装→接户线的架设→导线的连接。

7-401　怎样制作横担、支架（架空线路的接户线安装）？

答　（1）根据进线方式来确定横担、支架的型式，并且计算角钢长度后，锯断角钢。

（2）画出煨角线、孔位线。

（3）钻孔后，根据煨角线锯出豁口，并且夹在台钳上煨制成型。

（4）把豁口的对口缝焊牢。

（5）采用埋注固定的横担、支架、螺栓、拉环的埋注端，需要做出燕尾。

（6）把横担、支架除锈后，需要刷防锈漆一道、灰油漆两道。

（7）埋入砖墙的部分，只需要刷防锈漆。

7-402　怎样安装横担、支架（架空线路的接户线安装）？

答　安装横担、支架（架空线路的接户线安装）的一些方法与要点、主要步骤如下。

（1）等横担、支架的油漆干燥后，进行埋注、固定等操作。

（2）横担、支架固定的地方为砖墙时，需要随墙体预埋为宜。

（3）接户线的进户端固定点对地距离，不得低于 2.7m，以及满足接户线在最大弛度情况下，对路面中心垂直距离不应小于：6m（通车街道）、3m（通车困难的街道、胡同）。

（4）横担、支架的埋入深度，需要根据受力情况来确定，一般不小于 120mm。

（5）横担、支架的埋注，可以用高强度水泥砂浆。

（6）接户线的杆上横担，需要安装在最下一层线路的下方。

（7）横担、支架的埋入使用的螺栓，一般不得小于 M12。

7-403　怎样连接导线（架空线路的接户线安装）？

答　（1）量好导线的长度。

（2）削出线芯。

（3）找对相序后，对导线进行连接。

（4）把连接接头用橡胶布、黑胶布半幅重叠各包扎一层。再整理好成"倒人字"型接头。

（5）接户线与进入建筑物的导线在第一支持物端，需要采用"倒人字"型接头。

（6）接户线与进入建筑物的导线在第一支持物端，铝导线间，可以采用铝钳压管压接。

（7）接户线与进入建筑物的导线在第一支持物端，铜导线间，可以采用缠绕后锡焊。

（8）接户线与进入建筑物的导线在第一支持物端，铜、铝导线间，可以把钢导线涮锡后在铝线上缠绕。

7-404　架空线路的接户线安装的要求与标准有哪些？

答　（1）不得从高压引线间穿过，不得跨越铁路。

（2）档距内不得有接头。

（3）导线间、导线对地间的最小安全距离，需要符合施工规范与要求。

（4）导线连接需要紧密牢固，连接处严禁有断股、损伤等现象。

（5）导线与绝缘子固定可靠，导线无断股等现象。

（6）电气安装施工中，需要注意避免损坏、污染建筑物。

（7）黑色金属金具零件，需要有防腐保护。

（8）横担、支架、绝缘子安装，需要平整牢固。

（9）横担、支架埋注后，需要避免砸碰。

（10）接地线敷设走向合理，连接紧密牢固，线截面选择正确。

（11）接户线安装后，需要注意不要从高层往下扔东西，以免砸坏导线、绝缘子。

（12）接户线固定点与进户电管的距离不能够过大或过小，位置要对应。

（13）接户线固定端采用绑扎固定时，其绑扎长度需要符合有关要求。

（14）接户线架设后，在最大摆动时，不得有接触树木、其他建筑物的现象。

（15）接户线与电杆上的主导线，铜、铝导线间需要用铜、铝过渡线夹。

（16）接户线与电杆上的主导线，需要使用并沟线夹进行连接。

（17）接户线与其装置的防雷、接地，需要符合有关要求。

（18）金具的规格、型号、质量，需要符合有关要求。

（19）进户电线管敷设位置，需要根据横担、支架型式、埋注位置综合来考虑。

（20）两个不同电源引入的接户线，不能够同杆架设。

（21）埋注横担、支架时，需要认真找平，水泥砂浆填埋饱满。

7-405 接户线固定端绑扎长度是多少（架空线路的接户线安装）？

答 架空线路的接户线安装中，接户线固定端可以采用绑扎固定，其绑扎长度的要求见表 7-99。

表 7-99 接户线固定端绑扎长度的要求

导线截面（mm²）	绑扎长度（mm）	导线截面（mm²）	绑扎长度（mm）
10mm² 及以下	＞50	25～50	＞120
16mm² 及以下	＞80	70～120	＞200

7-406 高压限流熔断器接线形式有哪些？

答 （1）母线式：外形尺寸符合英国（BS）的标准，也符合国际电工委员会（IEC）的标准。可以直接用螺钉紧固在母线排上。

（2）插入式：外形尺寸符合德国（DIN）的标准，也符合国际电工委员会（IEC）的标准。该方式便于更换与可带电操作。

7 - 407　安装架空绝缘配电线路施工中跌落式熔断器有哪些规定？

答　（1）动作要灵活可靠，接触要紧密。

（2）各部分零件要完整，并且安装牢固。

（3）绝缘子要良好。

（4）熔断器安装要牢固，排列要整齐，高低要一致。

（5）熔管轴线与地面的垂线夹角，一般为 $15°\sim30°$。

（6）上下引线要压紧，与线路导线的连接要可靠紧密。

（7）转轴要光滑灵活，铸件不得有裂纹、砂眼等异常情况。

（8）熔丝管不得有吸潮膨胀、弯曲等现象。

第8章 Chapter8

施工现场临时用电

8-1 临时用电常用术语的中英文对照有哪些?

答 临时用电常用术语的中英文对照见表8-1。

表8-1 临时用电常见的中英文对照

中文	英文	解　说
安全变压器	safety isolating transformer	(1) 为安全特低电压电路提供电源的隔离变压器。 (2) 其输入绕组与输出绕组在电气上至少由相当于双重绝缘或加强绝缘的绝缘隔离开来。 (3) 安全变压器是专门为配电电路、工具、其他设备提供安全特低电压而设计、设置的
冲击接地电阻	shock ground resistance	根据通过接地装置流入地中冲击电流(模拟雷电流)求得的接地电阻
触电(电击)	electric shock	电流流经人体或动物体,使其产生病理生理效应
带电部分	live-part	(1) 正常使用时要被通电的导体或可导电部分,包括中性导体(中性线),不包括保护导体(保护零线或保护线)。 (2) 根据惯例不包括工作零线与保护零线合一的导线(导体)
低压	low voltage	交流额定电压在1kV与以下的电压
电气连接	electric connect	导体与导体间直接提供电气通路的连接(接触电阻近于零)
高压	high voltage	交流额定电压在1kV以上的电压

中文	英文	解　说
隔离变压器	isolating transformer	隔离变压器是指输入绕组与输出绕组在电气上彼此隔离的变压器，用来避免偶然同时触及带电体，或电绝缘损坏后可能带电的金属部件与大地所带来的危险
工频接地电阻	power frequency ground resistance	根据通过接地装置流入地中工频电流求得的接地电阻
工作接地	working ground connection	为了电路、设备达到运行要求的接地，如变压器低压中性点与发电机中性点的接地
间接接触	indiret contact	人体、牲畜与故障情况下变为带电体的外露可导电部分的接触
接地	ground connection	设备的一部分为形成导电通路与大地的连接
接地电阻	ground resistance	（1）接地装置的对地电阻。它是接地线电阻、接地体电阻、接地体与土壤间的接触电阻和土壤中的散流电阻之和。（2）接地电阻可以通过计算或测量得到它的近似值，其值等于接地装置对地电压与通过接地装置流入地中电流之比
接地体	earth lead	埋入地中并直接与大地接触的金属导体
接地线	ground line	连接设备金属结构与接地体的金属导体
接地装置	grounding device	接地体与接地线的总和
开关箱	switch box	末级配电装置的通称，也可以兼作用电设备的控制装置
配电箱	distribution box	一种专门用作分配电力的配电装置，包括总配电箱、分配电箱
强电磁波源	source of powerful electromagnetic wave	辐射波能够在施工现场机械设备上感应产生有害对地电压的电磁辐射体

续表

中文	英文	解　说
人工接地体	manual grounding	人工埋入地中的接地体
外电线路	external circuit	施工现场临时用电工程配电线路以外的电力线路
外露可导电部分	exposed conductive part	（1）电气设备能触及的可导电部分。 （2）在正常情况下不带电，但在故障情况下可能带电
有静电的施工现场	construction site with electrostatic field	存在因摩擦、挤压、感应、接地不良等而产生对人体、环境有害静电的施工现场
直接接触	direct contact	人体、牲畜与带电部分的接触
重复接地	iterative ground connection	设备接地线上一处或多处通过接地装置与大地再次连接的接地
自然接地体	natural grounding	施工前已经埋入地中，可以兼作接地体用的各种构件

◢ 8-2　临时用电常用电气符号有哪些？

答　临时用电常用电气符号对照见表 8-2。

表 8-2　　　　　　临时用电常用电气符号对照

代号	解　说
DK	表示电源隔离开关
H	表示照明器
L1、L2、L3	表示三相电路的三相相线
M	表示电动机
N	表示中性点、中性线、工作零线
NPE	表示具有中性与保护线两种功能的接地线，又称为保护中性线
PE	表示保护零线、保护线
PN—S	表示工作零线与保护零线分开设置的接零保护系统
RCD	表示漏电保护器、漏电断路器
T	表示变压器

续表

代号	解　　说
TN	表示电源中性点直接接地时，电气设备外露可导电部分通过零线接地的接零保护系统
TN－C	表示工作零线与保护零线合一设置的接零保护系统
TN－C－S	表示工作零线与保护零线前一部分合一，后一部分分开设置的接零保护系统
TT	表示电源中性点直接接地，电气设备外露可导电部分直接接地的接地保护系统，其中电气设备的接地点独立于电源中性点接地点
W	表示电焊机

8-3　全国主要城镇年平均雷暴日数是多少？

答　全国主要城镇年平均雷暴日数见表 8-3。

表 8-3　　　　　　　全国主要城镇年平均雷暴日数

省或市	地区与全年雷暴日数（d/年）	省或市	地区与全年雷暴日数（d/年）
北京市	北京市——36.3（25.0℃） 密云——45.3	黑龙江省	佳木斯市——32.2
上海市	上海市——28.4（27.2℃）		伊春市——35.4
			绥芬河市——27.1
重庆市	达县市——37.1 涪陵市——48.5 重庆市——36.0（28.2℃） 沙坪坝——40.1 篡江——42.5		嫩江县——31.3
			漠河乡——35.2
			黑河市——31.5
			嘉荫县——32.9
			铁力县——36.3
天津市	天津市——29.3（24.5℃） 塘沽——25.3		克山县——29.5
			鹤岗市——27.3
黑龙江省	哈尔滨市——27.7（18.4℃） 齐齐哈尔市——27.7 双鸭山市——29.8 大庆市（安达）——31.9 牡丹江市——27.5		虎林县——26.4
			鸡西市——29.9
			安达——32.5
			尚志——43.6

省或市	地区与全年雷暴日数（d/年）	省或市	地区与全年雷暴日数（d/年）
辽宁省	沈阳市——26.9（21.7℃）	内蒙古自治区	赤峰市——32.4
	大连市——19.2		二连浩特市——23.3
	鞍山市——26.9		海拉尔市——30.1（14.0℃）
	本溪市——33.7（22.1℃）		东乌珠穆沁旗——32.4
	丹东市——27.3		锡林浩特市——31.4
	锦州市——28.8		通辽市——27.5
	营口市——30.0		东胜市——34.8
	阜新市——27.7		杭锦后旗——23.9
	朝阳市——36.9		集宁市——47.3
	彰武——39.3		加格达奇——28.7
	抚顺——28.3		额尔古纳右旗——28.7
	建平——36.4		满洲里市——28.3
吉林省	长春市——35.2（19.3℃）		博克图——33.7
	吉林市——40.5		乌兰浩特市——29.8(21.7℃)
	四平市——33.7		多伦——45.5
	通化市——36.7		林西——40.3
	图们市——23.8		达尔罕茂明安联合旗——33.9
	白城市——29.9		额济纳旗——7.8
	桦甸市——40.4		开鲁——32.0
	天池——28.4	新疆维吾尔自治区	乌鲁木齐市——9.3(22.1℃)
	长岭——37.1		博乐阿拉山口——27.8
	双辽——35.1		塔城市——27.7
	延吉——22.8		富蕴县——14.0
	海龙——40.5		库车县——26.5
内蒙古自治区	呼和浩特市——36.1(20.1℃)		克拉玛依市——31.3
	包头麻池——34.7（22.6℃）		石河子市——19.4
	乌海市（海勃湾）——16.6		伊宁市——27.2

续表

省或市	地区与全年雷暴日数（d/年）	省或市	地区与全年雷暴日数（d/年）
新疆维吾尔自治区	哈密市——6.8 库尔勒市——21.6 喀什市——26.5 奎屯市（乌苏县）——21.0 吐鲁番市——8.7（31.7℃） 且末县——4.6 和田市——2.8 阿克苏市——32.7 阿勒泰市——21.4 巴里坤——19.8 鄯善——7.2 麦盖提——6.7 于田——3.6	甘肃省	夏河县——63.8 安西县——7.1 张掖市——11.9（22.3℃） 窑街（红古）——30.2 玉门镇——8.6 高台——12.5 祁连山——20.1 武威——13.7 环县——28.3 榆中——36.6 临夏——39.9 平凉——32.8 临洮——35.5
宁夏回族自治区	银川市——18.3（21.5℃） 石嘴山市——24.0 固原县——31.0 中宁——15.4 盐池——26.4 同心——25.0 固原——34.8	青海省	西宁市——31.7（17.4℃） 格尔木市——2.3 德令哈（乌兰县）——19.3 化隆县（巴燕）——50.1 茶卡镇——27.2 冷湖镇——2.5 茫崖镇——5.0
甘肃省	兰州市——23.6（21.5℃） 金昌市——19.6 白银市——24.6 天水市——16.3 酒泉市——12.9(24.7℃/0.5m) 敦煌县——3.5 靖远县——23.9		德令哈市——19.3 刚察县——60.4 都兰县——8.8 同德县——56.9 曲麻莱县——65.7 杂多县——74.9 玛多县（黄河沿）——46.8

省或市	地区与全年雷暴日数（d/年）	省或市	地区与全年雷暴日数（d/年）
青海省	班玛县——73.4 祁连托勒——41.8 祁连——56.0 互助却藏滩——75.6 玉树——69.4 同仁隆务——60.7	西藏自治区	昌都县——57.1 林芝县（普拉）——47.5 那曲县——85.2 噶尔县——19.1 改则县——43.5 察隅县——14.4 申扎县——68.8 波密县——10.2 定日县——43.4 丁青——76.5 泽当——57.3 江孜——75.0
陕西省	西安市——15.6 宝鸡市——19.7 铜川市——25.7 榆林市——29.6 延安市——30.5（24.3℃） 略阳县——21.9 山阳县——29.4 汉中市——31.4 榆林县——29.9 安康市——32.3 渭南市——22.1 绥德——39.0（24.8℃） 洛川——32.3 华山——27.3 武功——20.1 商县——31.3 佛坪——35.5 镇安——36.3 宁陕——36.0	四川省	成都市——34.0（26.7℃） 自贡市——37.6 渡口市——66.3 泸州市——39.1 乐山市——42.9 绵阳市——34.9（26.1℃） 平武——32.0（24.1℃） 仪陇——36.4 内江市——40.6 攀枝花市——66.3 若尔盖——64.2 马尔康——65.7 巴塘——78.4 康定——52.1 西昌市——73.2（24.9℃）
西藏自治区	拉萨市——68.9 日喀则县——78.8		

续表

省或市	地区与全年雷暴日数（d/年）	省或市	地区与全年雷暴日数（d/年）
四川省	甘孜县——81.5（19.5℃）	四川省	九龙——67.6
	西阳县（钟名镇）——47.9		泸州——40.9（27.8℃）
	阿坝——90.0		宜宾——39.3（27.8℃）
	松潘——54.9		马边——46.0
	广元——28.4（25.4℃）		越西——75.3
	万源——30.4		雷波——52.7
	巴中——37.1		盐源——88.0
	德格——75.8		会理——74.9
	茂汶——24.9		达川市——37.1
	炉霍——78.3	贵州省	贵阳市——49.4（24.1℃）
	达县——38.2		六盘水市——68.0
	奉节——43.8		遵义市——53.3（25.0℃）
	小金——51.7		桐梓——46.7
	灌县——41.8		凯里市——59.4
	南充——40.1（28.8℃）		毕节——61.3
	万县——47.2		盘县——80.1
	梁平——46.1		兴义市——77.4
	乾宁——96.6		独山——53.1
	遂宁——41.9		沿河——47.5
	简阳——48.4（27.0℃）		赤水——45.3
	理塘——87.1		思南——54.2
	雅安——35.7		铜仁——57.0
	内江——41.2		黔西——61.5
	峨眉山——42.2		镇远——51.5
	汉源——48.5		威宁——68.5
	自贡——43.8		锦屏——43.1
	彭水——42.5		安顺——63.1

省或市	地区与全年雷暴日数（d/年）	省或市	地区与全年雷暴日数（d/年）
贵州省	榕江——62.0（28.5℃） 罗甸——72.9	云南省	江城——71.3 河口——108.0 勐腊——111.5
云南省	昆明市——63.4（22.9℃） 东川市——52.4 个旧市——50.2 大理市——49.8 景洪县（允景洪）——116.4 昭通市——58.4（20.8℃） 丽江县（大矸镇）——75.8 腾冲——79.8 临沧——82.3 思茅——97.4 德钦——20.6 元江——71.7 独山——58.2 中甸——45.7 镇雄——64.0 华坪——87.0 会泽——60.6 东川汤舟——48.2 宾川——58.5 元谋——82.0 楚雄——63.5 丘北——78.0 开远——77.7 耿马勐定——98.6 澜沧——97.9	山西省	太原市——34.5（24.7℃） 大同市——42.3（23.0℃） 阳泉市——40.0 长治市——33.7 临汾市——31.1 离石——38.5 晋城市——32.0 山阴——41.6 五台山——43.8 和顺——39.4 介休——39.0 沁县——39.3 河津——24.7 运城——23.0
		河北省	石家庄市——31.2（27.3℃） 唐山市——32.7 邢台市——30.2 保定市——30.7（24.5℃） 张家口市——45.4（21.0℃） 承德市——41.9（23.3℃） 秦皇岛市——34.7 沧州市——29.4 乐亭——32.1 南宫市——28.6

省或市	地区与全年雷暴日数（d/年）	省或市	地区与全年雷暴日数（d/年）
河北省	邯郸市——28.8	山东省	德州——29.2
	蔚县——45.1		禹城——21.0
	围场——44.0		临清——22.0
	丰宁——50.8		益都——24.0
	怀来——44.3		冠县——23.3
	遵化——51.2		泰山——29.6
	蔚县——50.6		泰安——31.3
	昌黎——24.7		兖州——29.1
	涞源——37.0		菏泽——30.6
	定县——31.7		临昕——28.2
	沧县——33.1	河南省	郑州市——21.4（26.3℃）
	衡水——27.3		开封市——28.2（26.8℃）
	邯郸市——27.3		洛阳市——24.8（27.1℃）
	蔚县——45.1		平顶山市——28.9
山东省	济南市——25.4（28.7℃）		焦作市——26.4
	青岛市——20.8（27.3℃）		安阳市——28.6
	淄博市——28.3		濮阳市——28.0
	枣庄市——31.5		信阳市——28.8
	东营市（垦利）——32.2		南阳市——30.6
	潍坊市——28.4		卢氏——25.4
	威海市——21.2		驻马店市——31.4
	沂源——36.5		固始——36.3
	烟台市——23.2		商丘市——25.0
	济宁市——29.1		三门峡市——24.3
	日照市——29.1		新乡——24.1
	龙口——29.8		许昌——25.5（26.1℃）
	惠民——29.1		栾川——25.2

省或市	地区与全年雷暴日数（d/年）	省或市	地区与全年雷暴日数（d/年）
河南省	鲁山——31.1	江苏省	泰州市——32.1
	淮阳——24.1		沭阳——32.3
	西峡——40.0		睢宁——35.8
	汝南——28.9		东台——39.0
	泌阳——32.3		高邮——37.6
安徽省	合肥市——30.1		镇江——22.3
	芜湖市——34.6		溧阳——43.5
	蚌埠市——31.4（27.3℃）	湖北省	武汉市——34.2
	安庆市——44.3		黄石市——50.4（27.6℃）
	铜陵市——32.2		十堰市——18.8
	屯溪市——57.5		老河口市——26.0
	阜阳市——31.9		随州市——35.1
	宿州市——32.8		远安——46.5
	宿县——31.8（26.6℃）		荆州市（江陵）——38.4
	蒙城——26.5		宜昌市——44.6（27.2℃）
	六安——39.4		襄阳市——28.1
	霍山——44.7		恩施市——49.7
	亳州——28.0		汉口——36.7
江苏省	南京市——32.6（27.7℃）		郧西——39.0
	连云港市——29.6		郧阳——31.0
	徐州市——29.4（25.9℃）		光化——28.1（28.3℃）
	常州市——35.7		竹溪——38.7
	南通市——35.6		宜城——28.5
	淮阴市——37.8		随县——34.8
	扬州市——32.9		钟祥——42.0
	盐城市——31.9		巴东——35.6
	苏州市——28.1		英山——54.8

续表

省或市	地区与全年雷暴日数（d/年）	省或市	地区与全年雷暴日数（d/年）
湖北省	天门——43.6	江西省	上饶市——65.0
	江陵——47.7		吉安市——71.6（27.8℃）
	五峰——51.0		宁岗——78.2
	来凤——61.6		广昌——69.4
	崇阳——51.8		九江市——45.7（28.9℃）
湖南省	长沙市——46.6（29.1℃）		新余市——59.4
	株洲市——52.3		鹰潭市（贵溪县）——70.0
	衡阳市——55.1		赣州市——67.2
	邵阳市——57.0		广昌县（盱江镇）——70.7
	岳阳市——45.0		彭泽——57.2
	大庸——48.3		庐山——48.3
	益阳市——47.3		修水——67.8
	永州市——65.3		玉山——65.7
	怀化市——49.9		宜春——67.5
	郴州——61.5		萍乡——68.7
	常德市——54.3		南城——71.1
	涟源市——54.8		乐安——65.0
	沅江——48.8		遂川——69.7
	安化——57.2		大余——74.5
	沅陵——63.6		寻乌——84.6
	花垣——53.8	浙江省	杭州市——37.6（27.7℃）
	溆浦——56.7		宁波市——40.0
	新化——53.3		温州市——51.0
	汇江——66.4		衢州市——57.6
	武冈——63.6		舟山——28.7
江西省	南昌市——56.4（29.9℃）		丽水市——60.5
	景德镇市——59.8		金华——61.9

续表

省或市	地区与全年雷暴日数（d/年）	省或市	地区与全年雷暴日数（d/年）
浙江省	嘉兴——40.0 遂昌——56.3 龙泉——64.9 衡县——56.4	广西壮族自治区	河池市——64.0 全州——62.0 融安——80.8 金城江——63.7 贺县——91.5 蒙山——89.1 都安——79.9 百色——71.2 田东——78.1 桂平——100.8 靖西——72.5 玉林——102.6 钦州——96.5
福建省	福州市——53.0 厦门市——47.4 莆田市——43.2 三明市——67.5 龙岩市——74.1 宁德县——54.0 邵武市——72.9 长汀——79.5 泉州市——38.4 漳州市——60.5 建阳县——65.5 浦城——72.9 泰宁——70.6 南平——64.5 永安——75.5 上杭——81.5		
		广东省	广州市——76.1（30.4℃） 汕头市——52.6（29.4℃） 湛江市——94.6（30.9℃） 茂名市——94.4 深圳市——73.9 珠海市——64.2 韶关市——77.9 梅州——79.6 南雄——84.7 连县——71.8 梅县——83.1 揭阳——77.3 惠阳——87.1 高要——105.7
广西壮族自治区	南宁市——84.6 柳州市——67.3 桂林市——78.2 梧州市——93.5 北海市——83.1 百色市——76.8 凭祥市——82.7		

续表

省或市	地区与全年雷暴日数（d/年）	省或市	地区与全年雷暴日数（d/年）
广东省	汕尾——52.9 宝安——68.4 信宜——108.9 台山——87.8 徐闻——98.8	海南省	海口市——104.3 儋县——121.0 琼海——105.5 三亚市——69.9 琼中——115.5
香港特别行政区	香港——34.0		

8-4 施工现场临时用电对电工与用电人员有哪些要求？

答 （1）电工需要经过按国家现行标准考核合格后，持证上岗。

（2）其他用电人员，需要通过相关教育培训与技术交底，考核合格后，才可以上岗。

（3）安装、巡检、维修、拆除临时用电设备、线路，需要由电工来完成，并且有人监护。

（4）保管、维护所用设备，发现问题，需要及时报告、解决。

（5）电工等级，需要同工程的难易程度、技术复杂性相适应。

（6）使用电气设备前，需要根据规定穿戴、配备好相应的劳动防护用品，并且检查电气装置、保护设施，严禁设备异常情况下，也带病工作。

（7）移动电气设备时，需要经电工切断电源，并且做妥善处理后，才可以进行移动。

（8）暂时停用设备的开关箱，需要分断电源隔离开关，并且关好门、上好锁。

8-5 施工现场临时用电值班电工岗位责任制有哪些要求？

答 （1）安全工具、消防设施、常用工具、主备用品的定期试验、维护，及时补充调换、保持齐全合格。

（2）保管好技术资料。

（3）负责根据要求布置现场安全措施，保证工作人员安全。

（4）根据规程规定的周期，及时提醒有关工地领导、供电企业联系，做好高压设备的预防性试验、检查工作。

（5）根据规定对设备进行巡视检查，及时发现缺陷、隐患。

（6）积极参加施工现场、电工作业班的安全活动。

（7）认真履行交接手续。

（8）认真填写各种运行记录。

（9）认真做好技术管理工作。

（10）设备的检修、试验。

（11）需要遵守国家的电力法规、规程、各项规章制度，熟悉所管辖设备的性能、运行情况。

（12）正确、熟练地进行倒闸操作、事故处理。

（13）做好变配电所的卫生整洁工作，不得存放杂物。

8-6　施工现场临时用电交接班制度有哪些要求?

答　（1）交接班人员在交接班时，需要查点安全用具、技术资料。

（2）交接班人员在交接班时，需要查阅运行记录、交接班记录。

（3）交接班人员在交接班时，需要检查现场整洁情况。

（4）交接班人员在交接班时，需要交接班人员一起巡视设备的运行情况，检查有无异常。

（5）交接班人员在交接班时，需要接班人员点收未完的工作票，并且详细询问安全情况。如果有疑问，需要向交班人员问清楚，不得含糊。

（6）交接班人员在交接班时，正在执行倒闸操作时接班人员拒绝接班，待交班人员操作完毕后才能够接班。

（7）交接班需要有记录，并且交接班双方要签名。

（8）接班人员，需要提前到班。

（9）有病、酒后、精神不正常的人不得接班。如果遇该情况，交班人员可以拒绝交班，并且需要及时报告有关领导。

（10）值班人员上、下班，需要履行交接班手续。

8-7　施工现场临时用电电气设备巡回检查制度有哪些要求?

答　（1）雷雨天气巡视室外高压设备时，需要穿绝缘靴，并且不得靠近避雷针、避雷器。

（2）巡班人员，需要每小时对所有电气设备巡视一次。遇有特殊情况，需要加强巡视。

（3）巡视变配电装置进、出高压室，必须随手将门锁好。

（4）巡视高压设备时，需要与带电设备保持规定的安全距离，不得移开、超过遮栏，也不得单独进行任何操作与其他工作。

（5）在巡视中发现设备缺陷，需要及时向有关领导汇报，并且记入设备缺陷记录簿内，不得单独进行处理。如果遇到可能发生人身伤亡、重大设备事故，可先停电，再汇报。

8-8　施工现场临时用电电气设备缺陷管理制度有哪些要求？

答　（1）处理缺陷，需要检查分析，对今后可能发生的类似缺陷要制定技术措施，限期整改。

（2）对供电企业管理的设备、表计，一旦发现故障需要及时向供电企业、有关部门报告。

（3）发现缺陷设备，需要尽快处理。如果不属紧急危、安全运行的缺陷，可列入小修计划一并处理。

（4）值班人员发现缺陷，需要及时记入缺陷记录簿内，并且详细记录缺陷设备的名称、部位、发现时间、发现人员、处理时间、处理结果、处理人员等事项。

8-9　施工现场临时用电操作票制度有哪些要求？

答　（1）凡是改变电气设备运行状态的操作，均需要填用操作票。

（2）操作票填写需要正确、认真、齐全。

（3）操作前，需要先在图板上进行模拟操作，无误后再进行设备操作。

（4）操作前，需要核对设备名称、编号、位置。

（5）操作中，需要认真执行监护制度，全部操作完毕后进行复查。

（6）倒闸操作，必须由两人执行，一人操作，一人监护。

（7）下列操作可不使用操作票：事故处理、拉合断路器的单一操作、拉开接地隔离开关或拆除全厂（所）仅有的一组接地线。

（8）操作票执行结束后，需要加盖"已执行"印章。

（9）作废的操作票，需要加盖"作废"印章。

（10）操作票，需要保存三个月。

8-10　施工现场临时用电工作票制度有哪些要求？

答　（1）变压器下端放油，在不停电的二次回路上测量、掉牌指示复位等可用口头命令。

（2）凡在高压设备上工作，需要把设备全部、部分停电或邻近高压带电设备，需要装设遮栏的工作，以及二次回路上的带电装拆工作，均需要填用电气安全工作票。

（3）工作票签发人、工作负责人、工作许可人需要经工地领导批准，并且经供电企业考试合格发证后方可各负其责。

（4）工作票填写需要准确、齐全。

（5）工作完毕后，工作票需要妥善保管，保存期为三个月。

（6）供电企业在用户工作，需要填用工作票。执行电业、用户双签发制度。

8-11 施工现场临时用电现场整洁卫生制度有哪些要求？

答（1）安全工具存放需要整齐。

（2）变电站内外、电气，需要保持清洁，通道需要保持畅通。

（3）充油设备有渗漏油现象，需要设法处理，保持设备清洁。

（4）电气设备外壳、配电屏内二次回路上的污秽灰尘，需要定期停电清扫。

（5）房屋、地面、门窗需要保持清洁完好。

（6）每次交接班前，需要打扫干净，保持整洁。

（7）值班室内外不得堆放杂物。

8-12 施工现场临时用电建立安全技术档案有哪些要求？

答（1）施工现场临时用电，建立的安全技术档案需要完整。

（2）安全技术档案，一般由主管该现场的电气技术人员负责建立和管理。

（3）电工安装、巡检、维修、拆除工作的记录，可以指定电工代管，然后由项目经理审核认可，并且在临时用电工程拆除后，统一归档。

（4）临时用电工程，需要定期检查。定期检查时，需要复查接地电阻值、绝缘电阻值。

（5）临时用电工程定期检查，需要根据分部、分期工程进行。对安全隐患，需要及时处理，并且履行复查验收手续。

8-13 施工现场临时用电建立安全技术档案的内容有哪些？

答（1）电工安装、巡检、维修、拆除工作记录。

（2）电气设备的试验、检验凭单、调试记录。

（3）定期检（复）查表。

（4）接地电阻、绝缘电阻、漏电保护器漏电动作参数测定记录表。

（5）修改用电组织设计的资料。

（6）用电工程检查验收表。

（7）用电技术交底资料。

（8）用电组织设计的安全资料。

8－14　建筑施工现场临时用电 220/380V 三相四线制低压电力系统有什么规定？

答　建筑施工现场临时用电 220/380V 三相四线制低压电力系统，必须符合以下规定。

（1）采用 TN－S 接零保护系统。

（2）采用二级漏电保护系统。

（3）采用三级配电系统。

8－15　施工现场临时用电配置要求是怎样的？

答　（1）一级要求配置：总路采用总隔离＋总断路器或总熔断器，分路采用分路隔离＋分路漏电保护开关。

（2）二级要求配置：总路采用总隔离＋总路熔断器或断路器，分路采用分路隔离＋分路熔断器或断路器。

（3）三级要求配置：采用隔离＋漏电保护器。其中，一级配电中的漏电保护开关，动作电流与动作时间的乘积不大于 30mA·s。三级配电中的漏电保护开关的动作电流不大于 30mA，动作时间不大于 0.1s。

8－16　高压临时用电有哪些注意事项？

答　（1）临时用电，需要选好用电地址，注意方便进线、出线、施工，并且避开高大建筑。

（2）临时用电的电气设计要求同正式用电一样，需要高度重视。

（3）临时用电的安装、运行、安全标准，需要符合现行有关要求。

（4）临时用电维护，与正式电源一样，需要做好定期巡视、保养、检修、预试等工作。

（5）对于架空线路、室外设备，需要加强巡视，做好防冻、防鸟害、防雨、去树障等工作。

（6）对于箱变，还需要定期检查是否漏雨、设备是否锈蚀等。

（7）临时用电不用准备报拆时，需要明确产权关系，从产权分界点以下的客户部分，需要在供电企业断开引线后立即全部拆除，不留死角。

（8）发现问题，需要及时处理。

8－17　农村建房申请临时用电有哪些规定？

答　（1）农村建房申请临时用电，需要根据《农村低压电力技术规程》

等一些规定与要求来执行。

（2）农村临时用电是指小型基建工地、农田基本建设、非正常年景的抗旱、排涝用电，时间一般不超过 6 个月。

（3）农村临时用电不包括农业周期性、季节性用电，如小电泵、脱粒机、黑光灯等电力设备用电。

（4）一般首先需要持身份证原件与村建办开具的建房许可证，到供电企业营业厅提出申请，供电企业一般在 3 个工作日内勘察现场实际情况，并且确定相应的临时用电方案。

（5）审批签订《临时用电协议》后，一般由供电所人员负责安装设备、架设线路。

8-18 临时用电须知有哪些？

答 （1）保护元器件，应灵敏有效。

（2）不能擅自操作开关电器。

（3）单相电 220V、三相电 380V 的相线颜色为黄、绿、红色，接地线颜色为黄绿相间色，零线颜色为蓝色。

（4）根据规范与要求使用临时电。

（5）临时用电的安装、维修、拆除，必须由持证电工来完成。

（6）临时电工，必须持证上岗。

（7）临时电源线，不允许有裸露的线头。

（8）临时用电需要做到：破损的不使用，超载的不使用，不安全的不使用。

（9）每次使用前，需要检查配电箱的完好性。

（10）密闭空间，必须使用安全电压。

（11）破损的临电设备，需要及时更换。

（12）严禁私拉乱接电线。

（13）严禁用金属导线代替熔体。

（14）有问题及时联系上级领导，或维修电工。

8-19 架设临时线路有哪些要求？

答 （1）架设临时线路，需要得到有关部门的批准，并且根据有关规定办理好允许使用期限手续。期限满后，需要根据规定立即拆除。

（2）安装时，注意质量，架设要牢固，防止发生倒杆、导线断落等异常情况。

（3）临时导线截面积，需要具有足够的机械强度，并且档距一般不得超过 25m。

（4）临时低压线，严禁使用裸导线。

（5）临时线路，应尽量短。

（6）临时线路架设高度，需要充分考虑行人安全与汽车安全等情况。

（7）临时线在电源侧，一般需要有开关控制，不得从电源上直接引线。

（8）临时线在用电侧，一般需要安装闸刀开关、熔断器、断路器。

（9）容易损伤导线的地方，包括墙角处、跨人行道处、导线进户处、导线从地下引出处等。

（10）容易损伤导线的地方，均需要做好加强绝缘、穿保护钢管等措施。

（11）使用时，尽可能使用绝缘导线或电缆，以防发生触电。

（12）重要的临时线，尽量安装漏电保护器。

（13）临时线需要检查巡视，发现问题需要及时处理。

（14）拆除临时线时，需要先切断电源，然后从电源端向负荷端拆除。

8-20　临时照明用电的安全要求有哪些？

答　（1）临时照明线路，一般必须使用绝缘导线。

（2）户内（工棚）临时照明线路的导线，需要安装在离地 2m 以上支架上。

（3）户外临时照明线路，需要安装在离地 2.5m 以上支架上。

（4）室外灯具距地面，一般不得低于 3m。

（5）室内灯具距地面，一般不得低于 2.4m。

（6）建设工程的照明灯具，可以采用拉线开关，并且拉线开关距地面高度为 2～3m，与出口、入口的水平距离为 0.15～0.2m。

（7）零星照明线，不允许使用花线，一般使用软电缆线。

（8）严禁在户内（工棚）床头设立开关、插座。

（9）电器、灯具的相线，需要经过开关控制，不得把相线直接引入灯具，也不允许用电气插头代替开关来分合电路。

（10）照明灯具与器具，需要绝缘良好。

（11）照明线路，需要布线整齐。

（12）大功率的金属卤化物灯及钠灯，需要大于 5m。

（13）室外照明灯具，需要选用防水型灯头。

（14）照明灯具与易燃物间，普通灯具不宜小于 3m。聚光灯、碘钨灯等高热灯具，不宜小于 5m，并且不得直接照射易燃物。

8-21 临时用电组织设计有哪些要求？

答 （1）施工现场临时用电组织设计需要对一些内容进行设计。

（2）临时用电工程，需要根据图来施工。

（3）临时用电工程，需要经过编制、审核、批准部门与使用单位共同验收。只有合格后，才能够投入使用。

（4）临时用电工程图，需要单独绘制。

（5）临时用电组织设计、变更时，需要履行编制、审核、批准的程序。也就是由电气工程技术人员组织编制，再经过相关部门审核与具有法人资格企业的技术负责人批准后，才能够实施。变更用电组织设计时，需要补充有关图纸与资料。

（6）施工现场临时用电设备在 5 台以下与设备总容量在 50kW 以下的，需要制定安全用电、电气防火措施，并且符合有关规范与要求。

（7）施工现场临时用电设备在 5 台及以上或设备总容量在 50kW 及以上者，需要编制用电组织设计。

8-22 施工现场临时用电组织设计的内容有哪些？

答 （1）现场勘测。

（2）确定防护措施。

（3）确定电源进线、变电站、配电室、配电装置、用电设备的位置与线路走向。

（4）进行负荷计算。

（5）选择变压器。

（6）设计防雷装置。

（7）制定安全用电的措施与电气防火的措施。

（8）设计配电线路，选择导线或电缆。

（9）设计配电装置，选择电器。

（10）设计配电装置中的接地装置。

（11）绘制临时用电工程图，主要包括用电工程总平面图、配电装置布置图、配电系统接线图、接地装置设计图等。

8-23 在建工程（含脚手架）的周边与架空线路的边线之间的最小安全操作距离是多少？

答 在建工程（含脚手架）的周边与架空线路的边线之间的最小安全操作距离见表 8-4。

表 8-4 在建工程（含脚手架）的周边与架空
线路的边线之间的最小安全操作距离

外电线路电压等级（kV）	<1	1~10	35~110	220	330~500
最小安全操作距离（m）	4.0	6.0	8.0	10	15

注 上、下脚手架的斜道不宜设在有外电线路的一侧。

8-24 施工现场的机动车道与外电架空线路交叉时，架空线路的最低点与路面的最小垂直距离是多少？

答 施工现场的机动车道与外电架空线路交叉时，架空线路的最低点与路面的最小垂直距离见表 8-5。

表 8-5 施工现场的机动车道与架空线路
交叉时的最小垂直距离

外电线路电压等级（kV）	<1	1~10	35
最小垂直距离（m）	6.0	7.0	7.0

8-25 起重机与架空线路边线的最小安全距离是多少？

答 起重机严禁越过无防护设施的外电架空线路作业。在外电架空线路附近吊装时，起重机的任何部位或被吊物边缘在最大偏斜时与架空线路边线的最小安全距离需要符合表 8-6 的规定。

表 8-6 起重机与架空线路边线的最小安全距离

电压（kV）		<1	10	35	110	220	330	500
安全距离（m）	沿垂直方向	1.5	3.0	4.0	5.0	6.0	7.0	8.5
	沿水平方向	1.5	2.0	3.5	4.0	6.0	7.0	8.5

8-26 防护设施与外电线路间的安全距离是多少？

答 防护设施与外电线路间的安全距离，一般不得小于表 8-7 所列的数值。

表 8-7 防护设施与外电线路间的最小安全距离

外电线路电压等级（kV）	≤10	35	110	220	330	500
最小安全距离（m）	1.7	2.0	2.5	4.0	5.0	6.0

8-27 外电线路怎样防护？

答 （1）达不到有关规定时，必须采取绝缘隔离防护措施，悬挂醒目的警告标志等。

（2）防护设施，需要坚固、稳定，并且对外电线路的隔离防护需要达到 IP30 级。

（3）防护设施与外电线路间的安全距离，需要符合有关要求。

（4）架设防护设施时，必须经有关部门批准，采用线路暂时停电或其他可靠的安全技术措施，并且有电气工程技术人员、专职安全人员监护。

（5）起重机严禁越过无防护设施的外电架空线路作业。在外电架空线路附近吊装时，起重机的任何部位或被吊物边缘在最大偏斜时与架空线路边线的最小安全距离应符合有关规定。

（6）施工现场的机动车道与外电架空线路交叉时，架空线路的最低点与路面的最小垂直距离需要符合有关规定。

（7）施工现场开挖沟槽边缘与外电埋地电缆沟槽边缘间的距离，一般不得小于 0.5m。

（8）相应的规定防护措施无法实现时，需要与有关部门协商，采取停电、迁移外电线路、改变工程位置等措施，没有采取上述措施以及认可的前提下，严禁施工。

（9）在建工程（含脚手架）的周边与外电架空线路的边线间的最小安全操作距离，需要符合有关规定。

（10）在建工程不得在外电架空线路正下方施工、搭设作业棚、建造生活设施、堆放构件、堆放架具、堆放材料、堆放其他杂物等。

（11）在外电架空线路附近开挖沟槽时，需要会同有关部门采取加固措施，以防外电架空线路电杆倾斜、悬倒等现象发生。

8-28 电气设备防护有哪些要求？

答 （1）电气设备设置场所，需要避免物体打击、机械损伤。否则，需要做防护处置。

（2）电气设备现场周围不得存放易燃易爆物、污源、腐蚀介质。如果存在，需要予以清除，或者做防护处置，并且防护等级与环境条件相适应。

8-29 接地与防雷有哪些一般规定？

答 （1）在施工现场专用变压器的供电的 TN—S 接零保护系统中，电气设备的金属外壳必须与保护零线连接。保护零线，需要由工作接地线、配电室（总配电箱）电源侧零线或总漏电保护器电源侧中性线处引出，如图 8-1

所示。

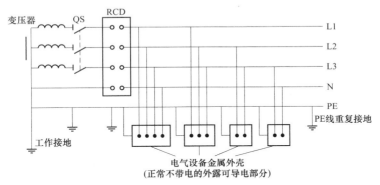

图 8-1 专用变压器供电时 TN—S 接零保护系统

（2）施工现场与外电线路共用同一供电系统时，电气设备的接地、接零保护，需要与原系统保护一致。不得一部分设备保护接零，另一部分设备做保护接地。

（3）施工现场与外电线路共用同一供电系统时，采用 TN 系统做保护接零时，工作中性（N）线需要通过总漏电保护器，保护中性（PE）线需要由电源进线零线重复接地处或总漏电保护器电源侧零线处引出形成局部 TN—S 接零保护系统，如图 8-2 所示。

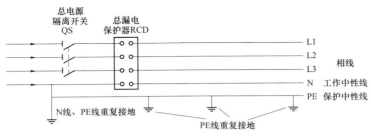

图 8-2 三相四线供电时局部 TN—S 接零保护系统保护中性线引出

（4）TN 接零保护系统中，通过总漏电保护器的工作中性线与保护中性线间不得再做电气连接。

（5）TN 接零保护系统中，PE 线需要单独敷设。重复接地线必须与 PE 线相连接，严禁与 N 线相连接。

（6）变压器尚应采取防直接接触带电体的保护措施，使用一次侧由 50V 以上电压的接零保护系统供电，二次侧为 50V 及以下电压的安全隔离变压器时，二次侧不得接地，并且需要把二次线路用绝缘管保护或采用橡皮护套软线。

（7）变压器尚应采取防直接接触带电体的保护措施，采用普通隔离变压器时，二次侧一端需要接地，并且变压器正常不带电的外露可导电部分应与一次回路保护零线相连接。

（8）施工现场的临时用电电力系统，严禁利用大地做相线或零线。

（9）PE 线所用材质与相线、工作零线相同时，其最小截面需要符合有关规定。

（10）保护零线需要采用绝缘导线。

（11）配电装置、电动机械相连接的 PE 线，需要选择截面不小于 2.5mm² 的绝缘多股铜线。

（12）手持式电动工具的 PE 线，需要截面不小于 1.5mm² 的绝缘多股铜线。

（13）PE 线上，严禁装设开关、熔断器，严禁通过工作电流，严禁断线。

（14）相线、N 线、PE 线的颜色标记，需要符合要求。

（15）接地装置的设置，需要考虑土壤干燥、冻结等季节变化的影响，并且需要符合有关规定与要求。

（16）防雷装置的冲击接地电阻值，只考虑在雷雨季节中土壤干燥状态的影响。

8-30 TN 系统保护零线接地的要求是怎样的？

答 TN 系统保护零线接地的要求需要符合下列两式关系

$$Z_s \cdot I_a \leqslant U_0$$
$$Z_s \cdot I_{\Delta n} \leqslant U_0$$

式中 Z_s——故障回路的阻抗，Ω；

I_a——短路保护电器的短路整定电流，A；

$I_{\Delta n}$——漏电保护器的额定漏电动作电流，A；

U_0——故障回路电源电压，V。

8-31 接地装置的季节系数是多少？

答 接地装置的季节系数见表 8-8。

表8-8 接地装置的季节系数 φ 值

埋深（m）	水平接地体	长 2～3m 的垂直接地体
0.5	1.4～1.8	1.2～1.4
0.8～1.0	1.25～1.45	1.15～1.3
2.5～3.0	1.0～1.1	1.0～1.1

注 大地比较干燥时，取表中较小值；大地比较潮湿时，取表中较大值。

8-32 PE线截面与相线截面的关系是怎样的？

答 PE线截面与相线截面的关系见表8-9。

表8-9 PE线截面与相线截面的关系

相线芯线截面 S（mm²）	PE线最小截面（mm²）
$S \leqslant 16$	5
$16 < S \leqslant 35$	16
$S > 35$	$S/2$

8-33 保护接零有哪些要求？

答 （1）城防、人防、隧道等潮湿、条件特别恶劣施工现场的电气设备，需要采用保护接零。

（2）TN系统中，下列电气设备不带电的外露可导电部分，可不做保护接零。

1）安装在配电柜、控制柜金属框架与配电箱的金属箱体上，并且与其可靠电气连接的电气测量仪表、电流互感器、电器的金属外壳，可不做保护接零。

2）木质、沥青等不良导电地坪的干燥房间内，交流电压380V及以下的电气装置金属外壳，可不做保护接零。但是当维修人员可能同时触及电气设备金属外壳与接地金属件的除外。

（3）TN系统中，下列电气设备不带电的外露可导电部分，需要做保护接零。

1）安装在电力线路杆/塔上的开关、电容等电气装置的金属外壳、支架，需要做保护接零。

2）电动机、电器、照明器具、变压器、手持式电动工具的金属外壳，需要做保护接零。

3）电力线路的金属保护管、敷线的钢索、起重机的底座与轨道、滑升模板金属操作平台等，需要做保护接零。

4）电气设备传动装置的金属部件，需要做保护接零。

5）配电柜、控制柜的金属框架，需要做保护接零。

6）配电装置的金属箱体、框架、靠近带电部分的金属围栏、金属门，需要做保护接零。

8-34　接地与接地电阻有哪些要求？

答　（1）TN系统中，保护零线每一处重复接地装置的接地电阻值不得大于10Ω。在工作接地电阻值允许达到10Ω的电力系统中，所有重复接地的等效电阻值不得大于10Ω。

（2）TN系统中，严禁将单独敷设的工作零线再做重复接地。

（3）TN系统中的保护零线除必须在配电室或总配电箱处做重复接地外，还需要在配电系统的中间处、末端处做重复接地。

（4）不超过2台的用电设备由专用的移动式发电机供电，供、用电设备间距不超过50m，并且供、用电设备的金属外壳间有可靠的电气连接时，可以不另做保护接零。

（5）不得采用铝导体做接地体或地下接地线。

（6）垂直接地体，可以采用角钢、钢管、光面圆钢，但是不得采用螺纹钢。

（7）单台容量不超过100kVA或使用同一接地装置并联运行且总容量不超过100kVA的电力变压器或发电机的工作接地电阻值不得大于10Ω。

（8）单台容量超过100kVA或使用同一接地装置并联运行且总容量超过100kVA的电力变压器或发电机的工作接地电阻值不得大于4Ω。

（9）接地可以利用自然接地体，但是需要保证其电气连接与热稳定。

（10）每一接地装置的接地线，需要采用两根及以上导体，在不同点与接地体做电气连接。

（11）土壤电阻率大于1000Ω·m的地区，当达到不得大于4Ω接地电阻值有困难时，工作接地电阻值可提高到30Ω。

（12）移动式发电机供电的用电设备，其金属外壳、底座，需要与发电机电源的接地装置可靠的电气连接。

（13）移动式发电机系统接地，需要符合电力变压器系统接地的要求。

（14）移动式发电机与用电设备固定在同一金属支架上，并且不供给其他设备用电时，可以不另做保护接零。

（15）有静电的施工现场内，对集聚在机械设备上的静电，需要采取接地泄漏措施。每组专设的静电接地体的接地电阻值，不得大于 100Ω，高土壤电阻率地区不得大于 1000Ω。

8-35　防雷有哪些要求？

答　（1）安装避雷针（接闪器）的机械设备，所有固定的动力、控制、照明、信号、通信线路，宜采用钢管敷设。钢管与该机械设备的金属结构体，需要做电气连接。

（2）机械设备、设施的防雷引下线，可以利用该设备、设施的金属结构体，但是需要保证电气连接。

（3）机械设备上的避雷针（接闪器）长度，一般为 $1\sim 2m$。

（4）确定防雷装置接闪器的保护范围，可以采用有关滚球法来确定。

（5）施工现场内的起重机、井字架、龙门架等机械设备，以及钢脚手架、正在施工的在建工程等的金属结构，在相邻建筑物、构筑物等设施的防雷装置接闪器的保护范围以外时，需要根据地区年均雷暴日来确定。

（6）施工现场内所有防雷装置的冲击接地电阻值，不得大于 30Ω。

（7）塔式起重机，可以不另设避雷针（接闪器）。

（8）土壤电阻率低于 $200\Omega \cdot m$ 区域的电杆，可以不另设防雷接地装置，但是在配电室的架空进线，或出线的地方，需要把绝缘子铁脚与配电室的接地装置相连接。

（9）最高机械设备上避雷针（接闪器）的保护范围，能够覆盖其他设备，并且又最后退出现场，则其他设备可不设防雷装置。

（10）做防雷接地机械上的电气设备，所连接的 PE 线，需要同时做重复接地。同一台机械电气设备的重复接地与机械的防雷接地，可以共用同一接地体，但是接地电阻需要符合重复接地电阻值的要求。

8-36　施工现场内机械设备高度与地区年平均雷暴日对照是怎样的？

答　施工现场内机械设备高度与地区年平均雷暴日对照见表 8-10。

表 8 - 10　　　　　　施工现场内机械设备高度与
地区年平均雷暴日对照

地区年平均雷暴日（d）	机械设备高度（m）
≤15	≥50
>15、<40	≥32
≥40、<90	≥20
≥90及雷电特别严重地区	≥12

8 - 37　配电室母线涂色有什么要求？

答　配电室母线涂色的要求见表 8 - 11。

表 8 - 11　　　　　　配电室母线涂色的要求

相别	颜色	水平排列	引下排列	垂直排列
L1（A）	黄	后	左	上
L2（B）	绿	中	中	中
L3（C）	红	前	右	下
N	淡蓝	—	—	—

8 - 38　配电室有哪些要求？

答　（1）成列的配电柜、控制柜两端，需要与重复接地线、保护零线做电气连接。

（2）配电柜侧面的维护通道宽度，不得小于 1m。

（3）配电柜后面的维护通道宽度，单列布置或双列面对面布置，不得小于 0.8m。双列背对背布置，不得小于 1.5m。个别地点有建筑物结构凸出的地方，该点通道宽度可以减少 0.2m。

（4）配电柜或配电线路停电维修时，需要挂接地线，并且需要悬挂"禁止合闸、有人工作"停电标志牌。

（5）配电柜或配电线路停送电，需要由专人负责。

（6）配电柜需要编号，并且有用途标记。

（7）配电柜需要装设电能表，并且应装设电流表、电压表，电流表与计费电能表不得共用一组电流互感器。

（8）配电柜需要装设电源隔离开关及短路、过载、漏电保护电器。电源隔离开关分断时，需要有明显可见分断点。

（9）配电柜正面的操作通道宽度，单列布置或双列背对背布置，不得小于 1.5m。双列面对面布置，不得小于 2m。

（10）配电室、控制室，需要自然通风，并且采取防止雨雪侵入、动物进入的措施。

（11）配电室的顶栅与地面的距离，不得低于 3m。

（12）配电室的建筑物、构筑物的耐火等级，不得低于 3 级，室内配置砂箱与可用于扑灭电气火灾的灭火器。

（13）配电室的门向外开，并且配好锁。

（14）配电室的照明，需要分别设置正常照明和事故照明。

（15）配电室内的裸母线与地面垂直距离，当小于 2.5m 时，可以采用遮栏隔离，遮栏下面通道的高度不得小于 1.9m。

（16）配电室内的母线涂刷有色油漆，可以标示相序。

（17）配电室内设置值班或检修室时，该室边缘距配电柜的水平距离，需要大于 1m，并且采取屏障隔离。

（18）配电室围栏上端与其正上方带电部分的净距，不得小于 0.075m。

（19）配电室需要保持整洁，不得堆放任何妨碍操作、维修的杂物。

（20）配电室需要靠近电源，并且设在灰尘少、潮气少、振动小、无腐蚀介质、无易燃、无易爆物、道路畅通的地方。

（21）配电装置的上端距栅，不得小于 0.5m。

✎ 8 - 39　230/400V 自备发电机组有哪些要求？

答　（1）发电机供电系统，电源隔离开关分断时，需要有明显可见分断点。

（2）发电机供电系统，需要设置电源隔离开关与短路、过载、漏电保护电器。

（3）发电机控制屏，需要装设一些仪表：交流电压表、交流电流表、电能表、功率因数表、有功功率表、频率表、直流电流表。

（4）发电机组并列运行时，需要装设同期装置，并且在机组同步运行后再向负载供电。

（5）发电机组的排烟管道，需要伸出室外。

（6）发电机组电源，需要与外电线路电源连锁，并且严禁并列运行。

（7）发电机组需要采用电源中性点直接接地的三相四线制供电系统与独立设置 TN—S 接零保护系统，其工作接地电阻值需要符合有关要求。

（8）发电机组与其控制、配电、修理室等，保证电气安全距离与满足防火要求的情况下，可以合并设置。

（9）发电机组与其控制、配电、修理室等可以分开设置。

（10）发电机组与其控制、配电室内，需要配置可用于扑灭电气火灾的灭火器，严禁存放储油桶。

8-40 架空线路相序排列有什么规定？

答 （1）动力、照明线在二层横担上分别架设时，导线相序排列的一般要求为：下层横担面向负载从左侧起依次为 L1（L2、L3）、N、PE。上层横担面向负载从左侧起依次为 L1、L2、L3。

（2）动力、照明线在同一横担上架设时，导线相序排列的一般要求为：面向负载从左侧起依次为 L1、N、L2、L3、PE。

8-41 怎样选择架空导线的截面？架空线路横担间的最小垂直距离是多少？

答 （1）导线中的计算负荷电流不大于其长期连续负荷允许载流量。

（2）根据机械强度要求，绝缘铜线截面不得小于 $10mm^2$，绝缘铝线截面不得小于 $16mm^2$。

（3）跨越铁路、公路、河流、电力线路档距内，绝缘铜线截面不得小于 $16mm^2$，绝缘铝线截面不得小于 $25mm^2$。

（4）三相四线制线路的 N 线与 PE 线截面，不得小于相线截面的 50%，单相线路的中性线截面与相线截面相同。

（5）线路末端电压偏移不得大于其额定电压的 5%。

架空线路横担间的最小垂直距离不得小于表 8-12 所列数值。

表 8-12 横担间的最小垂直距离

排列方式	直线杆（m）	分支或转角杆（m）
高压与低压	1.2	1.0
低压与低压	0.6	0.3

8-42 怎样选择低压铁横担角钢？

答 横担可以采用角钢或方木、低压铁横担角钢，其选择方法见表 8-13。方木横担截面需要根据 80mm×80mm 来选择，横担长度需要根据表 8-14 来选择。

表 8-13　　　　　　　　低压铁横担角钢选用

导线截面（mm²）	直线杆	分支或转角杆	
		二线及三线	四线及以上
16、25、35、50	L50×5	2×L50×5	2×L63×35
70、95、120	L63×5	2×L63×35	2×L70×35

表 8-14　　　　　　　　横 担 长 度 选 用

横担长度（m）		
二线	三线、四线	五线
0.7	1.5	1.8

8-43　架空线路与邻近线路、固定物的距离是多少？

答　架空线路与邻近线路、固定物的距离，需要符合表 8-15 的规定。

表 8-15　　　　架空线路与邻近线路、固定物的距离

项目	距离类别					
最小净空距离（m）	架空线路的过引线、接下线下邻线	架空线与架空线电杆外缘		架空线与摆动最大时树梢		
	0.13	0.05		0.50		
最小垂直距离（m）	架空线同杆架设下方的通信、广播线路	架空线最大弧垂与地面			架空线最大弧垂与暂设工程顶端	架空线与邻近电力线路交叉	
		施工现场	机动车道	铁路轨道		1kV 以下	1~10kV
	1.0	4.0	6.0	7.5	2.5	1.2	2.5
最小水平距离（m）	架空线电杆与路基边缘	架空线电杆与铁路轨道边缘		架空线边线与建筑物凸出部分		
	1.0	杆高（m）+3.0		1.0		

8-44　怎样选择接户线最小截面？

答　选择接户线最小截面参考表 8-16。

表 8-16   选择接户线最小截面

接户线架设方式	接户线长度（m）	接户线截面（mm²）	
		铜线	铝线
架空或沿墙敷设	10～25	6.0	10.0
架空或沿墙敷设	≤10	4.0	6.0

8-45　接户线线间及与邻近线路间的距离是多少？

答　接户线线间及与邻近线路间的距离参考表 8-17。

表 8-17   接户线线间及与邻近线路间的距离

接户线架设方式	接户线档距（m）	接户线线间距离（mm）
架空敷设	≤25	150
架空敷设	>25	200
沿墙敷设	≤6	100
沿墙敷设	>6	150
架空接户线与广播电话线交叉时的距离（mm）		接户线在上部：600
架空接户线与广播电话线交叉时的距离（mm）		接户线在下部：300
架空或沿墙敷设的接户线零线和相线交叉时的距离（mm）		100

8-46　架空配电线路有哪些要求？

答　（1）15°到45°的转角杆，需要采用双横担双绝缘子。

（2）15°以下的转角杆、直线杆，可以采用单横担单绝缘子。但是跨越机动车道时，需要采用单横担双绝缘子。

（3）45°以上的转角杆，需要采用十字横担。

（4）电杆的拉线，需要采用不少于 3 根 $D4.0mm$ 的镀锌钢丝。

（5）电杆的拉线埋设深度不得小于 1m。

（6）电杆的拉线与电杆的夹角，一般为 30°～45°。

（7）电杆拉线如果从导线间穿过，需要在高于地面 2.5m 处装设拉线绝缘子。

（8）电杆埋设深度，一般为杆长的 1/10 加 0.6m，回填土需要分层夯实。松软土质处，需要加大埋入深度或采用卡盘等加固。

（9）架空线导线截面的选择，需要符合有关要求。

（10）架空线路必须有过载保护。

（11）架空线路采用断路器做短路保护时，其瞬动过电流脱扣器脱扣电流整定值，需要小于线路末端单相短路电流。

（12）架空线路采用熔断器、断路器做过载保护时，绝缘导线长期连续负荷允许载流量，不得小于熔断器熔体额定电流或断路器长延时过电流脱扣器脱扣电流整定值的 1.25 倍。

（13）架空线路采用熔断器做短路保护时，其熔体额定电流不得大于明敷绝缘导线长期连续负荷允许载流量的 1.5 倍。

（14）架空线路的档距，不得大于 35m。

（15）架空线路的线间距，不得小于 0.3m，并且靠近电杆的两导线的间距不得小于 0.5m。

（16）架空线路横担间的最小垂直距离、横担长度需要符合有关要求。

（17）架空线路绝缘子，直线杆需要采用针式绝缘子，耐张杆需要采用蝶式绝缘子。

（18）架空线路相序排列，需要符合有关要求。

（19）架空线路宜采用钢筋混凝土杆或木杆。

（20）架空线路用钢筋混凝土杆，不得有露筋、宽度大于 0.4mm 的裂纹、扭曲。

（21）架空线路用木杆不得腐朽，其梢径不得小于 140mm。

（22）架空线路与邻近线路、固定物的距离，需要符合有关要求。

（23）架空线路与邻近线路、固定物的距离需要符合有关要求。

（24）架空线需要采用绝缘导线。

（25）架空线需要架设在专用电杆上，严禁架设在树木、脚手架、其他设施上。

（26）架空线在一个档距内，每层导线的接头数不得超过该层导线条数的 50%，并且一条导线只有一个接头。

（27）接户线在档距内不得有接头，进线处离地高度不得小于 2.5m。

（28）接户线最小截面、接户线线间及与邻近线路间的距离，需要符合有关要求。

（29）跨越铁路、公路、河流、电力线路档距内，架空线不得有接头。

（30）受地表环境限制，不能装设拉线时，可以采用撑杆代替拉线，并且撑杆埋设深度不得小于 0.8m，其底部应垫底盘或石块。撑杆与电杆的夹角，大约为 30°。

8-47 电缆配电线路有哪些要求？

答 （1）电缆截面的选择，需要符合有关要求，根据其长期连续负荷允许载流量、允许电压偏移来选择。

（2）电缆类型，需要根据敷设方式、环境条件来选择。

（3）电缆线路，需要采用埋地或架空敷设，严禁沿地面明设，并且需要避免机械损伤、介质腐蚀。

（4）电缆线路必须有短路保护、过载保护。短路保护、过载保护电器与电缆的选配需要符合有关要求。

（5）电缆直接埋地，敷设的深度不得小于 0.7m，并且应在电缆紧邻上、下、左、右侧均匀敷设不得小于 50mm 厚的细砂，再覆盖砖或混凝土板等硬质保护层。

（6）电缆中，必须包含全部工作芯线、用作保护零线或保护线的芯线。

（7）架空电缆，需要沿电杆、支架、墙壁敷设，并且采用绝缘子固定。

（8）架空电缆绑扎线需要采用绝缘线。固定点间距，需要保证电缆能够承受自重所带来的荷载，敷设高度应符合有关要求。但是沿墙壁敷设时，最大弧垂距地不得小于 2.0m。

（9）架空电缆严禁沿脚手架、树木、其他设施敷设。

（10）架空敷设，需要选用无铠装电缆。

（11）在建工程内的电缆线路，电缆垂直敷设，需要充分利用在建工程的竖井、垂直洞等，并且宜靠近用电负载中心，固定点楼层不得少于一处。

（12）在建工程内的电缆线路，电缆水平敷设，需要沿墙或门口刚性固定，最大弧垂距地不得小于 2.0m。

（13）在建工程内的电缆线路，需要采用电缆埋地引入，严禁穿越脚手架引入。

（14）埋地电缆的接头，需要设在地面上的接线盒内，并且接线盒能防水、防尘、防机械损伤，远离易燃、易爆、易腐蚀场所。

（15）埋地电缆路径，需要设方位标志。

（16）埋地电缆与其附近外电电缆、管沟的平行间距，不得小于 2m。交叉间距，不得小于 1m。

（17）埋地电缆在穿越建筑物、构筑物、道路、易受机械损伤、介质体育馆场所及引出地面从 2.0m 高到地下 0.2m 的地方，需要加设防护套管，并且防护套管内径不得小于电缆外径的 1.5 倍。

（18）埋地敷设，需要选用铠装电缆；如果选用无铠装电缆时，需要防水、防腐。

（19）需要三相四线制配电的电缆线路，需要采用五芯电缆。

（20）五芯电缆，需要包含淡蓝、绿/黄两种颜色绝缘芯线。淡蓝色芯线必须用作 N 线；绿/黄双色芯线必须用作 PE 线，严禁混用。

（21）装饰装修工程、其他特殊阶段，需要补充编制单项施工用电方案。电源线可沿墙角、地面敷设，但是应采取防机械损伤、电火措施。

8-48　室内配线有哪些要求？

答　（1）潮湿场所、埋地非电缆配线，采用金属管敷设时，金属管需要做等电位连接，并且与 PE 线相连接。

（2）潮湿场所、埋地非电缆配线，需要穿管敷设，并且管口与管接头需要密封。

（3）钢索配线的吊架间距，不宜大于 12m。采用瓷夹固定导线时，导线间距不得小于 35mm，瓷夹间距不得大于 800mm。采用绝缘子固定导线时，导线间距不得小于 100mm，绝缘子间距不得大于 1.5m。采用护套绝缘导线或电缆时，可以直接敷设于钢索上。

（4）架空进户线的室外端，需要采用绝缘子固定，过墙的地方需要穿管保护，距地面高度不得小于 2.5m，并且采取防雨措施。

（5）室内非埋地明敷主干线距地面高度，不得小于 2.5m。

（6）室内配线，短路保护与过载保护电器与绝缘导线、电缆的选配，需要符合有关要求。

（7）室内配线，对穿管敷设的绝缘导线线路，其短路保护熔断器的熔体额定电流，不得大于穿管绝缘导线长期连续负荷允许载流量的 2.5 倍。

（8）室内配线，需要根据配线类型采用绝缘子、瓷（塑料）夹、嵌绝缘槽、穿管、钢索敷设。

（9）室内配线，需要有短路保护与过载保护。

（10）室内配线必须采取绝缘导线或电缆。

（11）室内配线所用导线、电缆的截面，需要根据用电设备、线路的计算负载来选择，但是铜线截面，不得小于 $1.5mm^2$；铝线截面，不得小于 $2.5mm^2$。

8-49　配电箱、开关箱内电器安装尺寸是怎样的？

答　配电箱、开关箱内电器安装尺寸见表 8-18。

表 8 - 18 　　　　　　　配电箱、开关箱内电器安装尺寸

间距名称	最小净距（mm）
并列电器（含单极熔断器）间	30
电器到板边	40
电器进、出线瓷管（塑胶管）孔与电器边沿间	15A 为 30mm。20～30A 为 50mm。60A 及以上为 80mm
电器进、出线瓷管（塑胶管）孔到板边	40
上、下排电器进出线瓷管（塑腔管）孔间	25

✒ 8 - 50　怎样设置配电箱与开关箱？

答　（1）动力配电箱与照明配电箱，需要分别设置。当合并设置为同一配电箱时，动力、照明需要分路配电。动力开关箱与照明开关箱必须分别设置。

（2）分配电箱与开关箱的距离，不得超过 30m。

（3）固定式配电箱、开关箱的中心点与地面的垂直距离，一般为 1.4～1.6m。

（4）金属电器安装板与金属箱体，需要做电气连接。

（5）开关箱与其控制的固定式用电设备的水平距离，不宜超过 3m。

（6）每台用电设备，需要有各自专用的开关箱，严禁用同一个开关箱直接控制 2 台及 2 台以上用电设备（含插座）。

（7）配电系统，220V 或 380V 单相用电设备，宜接入 220/380V 三相四线系统。当单相照明线路电流大于 30A 时，宜采用 220/380V 三相四线制供电。

（8）配电系统，需要设置配电柜、总配电箱、分配电箱、开关箱，实行三级配电。

（9）配电系统，需要使三相负载平衡。

（10）配电箱、开关箱，需要采用冷轧钢板、阻燃绝缘材料制作，钢板厚度为 1.2～2.0mm，其中开关箱箱体钢板厚度不得小于 1.2mm，配电箱箱体网板厚度不得小于 1.5mm，箱体表面需要做防腐处理。

（11）配电箱、开关箱，需要装设端正牢固。

（12）配电箱、开关箱，需要装设在干燥、通风、常温的场所，不得装设在有严重损伤作用的瓦斯、烟气、潮气、其他有害介质中，也不得装设在易受外来固体物撞击、强烈振动、液体浸溅、热源烘烤场所。

（13）配电箱、开关箱的金属箱体、金属电器安装板以及电器正常不带

电的金属底座、外壳等，需要通过 PE 线端子板与 PE 线做电气连接。金属箱门与金属箱，需要采用编织软铜线做电气连接。

（14）配电箱、开关箱的进、出线口，需要配置固定线卡，进出线需要加绝缘护套并成束卡在箱体上，不得与箱体直接接触。

（15）配电箱、开关箱的箱体尺寸，需要与箱内电器的数量、尺寸相适应。箱内电器安装板板面电器安装尺寸，需要按照有关要求确定。

（16）配电箱、开关箱内的电器（含插座），需要根据其规定位置紧固在电器安装板上，不得歪斜、松动。

（17）配电箱、开关箱内的电器（含插座），需要先安装在金属、非木质阻燃绝缘电器安装板上，再整体紧固在配电箱、开关箱体内。

（18）配电箱、开关箱内的连接线，需要采用铜芯绝缘导线。导线绝缘的颜色标志要正确，配置要排列整齐。

（19）配电箱、开关箱内的连接线，导线分支接头，不得采用螺栓压接，需要采用焊接并做绝缘包扎，不得有外露带电部分。

（20）配电箱、开关箱外形结构，需要能防雨、防尘。

（21）配电箱、开关箱中导线的进线口、出线口，需要设在箱体的下底面。

（22）配电箱、开关箱周围，需要有足够 2 人同时工作的空间、通道，不得堆放任何妨碍操作、维修的物品，不得有灌木、杂草。

（23）配电箱的电器安装板上，进出线中的 N 线，需要通过 N 线端子板连接。PE 线必须通过 PE 线端子板连接。

（24）配电箱的电器安装板上，需要分设 N 线端子板、PE 线端子板。N 线端子板，需要与金属电器安装板绝缘。PE 线端子板，需要与金属电器安装板做电气连接。

（25）室内配电柜的设置，需要符合有关要求。

（26）移动式配电箱、开关箱的进线、出线，需要采用橡皮护套绝缘电缆，不得有接头。

（27）移动式配电箱、开关箱应装设在坚固、稳定的支架上，其中心点与地面的垂直距离，一般为 0.8～1.6m。

（28）总配电箱，需要设在靠近电源的区域，分配电箱需要设在用电设备或负载相对集中的区域。

（29）总配电箱以下，可以设若干分配电箱。分配电箱以下，可以设若干开关箱。

✒ **8-51　总配电箱的电器设置有哪些原则？**

答　（1）隔离开关需要设置在电源进线端，并且采用分断时具有可见分断点，以及能够同时断开电源所有极的隔离电器。如果采用分断时具有可见分断点的断路器，可以不另设隔离开关。

（2）各分路设置分路漏电保护器时，分路所设漏电保护器是同时具备短路、过载、漏电保护功能的漏电断路器时，可以不设分路断路器或分路熔断器。

（3）各分路设置分路漏电保护器时，还需要装设总隔离开关、分路隔离开关、总断路器、分路断路器或总熔断器、分路熔断器。

（4）熔断器，需要选用具有可靠灭弧分断功能的产品。

（5）总开关电器的额定值、动作整定需要与分路开关电器的额定值、动作整定值相适应。

（6）总路设置总漏电保护器时，当所设总漏电保护器是同时具备短路、过载、漏电保护功能的漏电断路器时，可以不设总断路器或总熔断器。

（7）总路设置总漏电保护器时，还需要装设总隔离开关、分路隔离开关、总断路器、分路断路器或总熔断器、分路熔断器。

✒ **8-52　怎样选择配电箱、开关箱内的电器装置？**

答　（1）分配电箱，需要装设总隔离开关、分路隔离开关、总断路器、分路断路器或总熔断器、分路熔断器。其设置、选择需要符合有关要求。

（2）搁置已久重新使用，或连续使用的漏电保护器，需要逐月检测其特性，发现问题及时处理。

（3）开关箱需要装设隔离开关、断路器或熔断器、漏电保护器。

（4）开关箱中的隔离开关只可直接控制照明电路、容量不大于3.0kW的动力电路，但是不应频繁操作。

（5）开关箱中各种开关电器的额定值、动作整定值，需要与其控制用电设备的额定值、特性相适应。

（6）开关箱中漏电保护器的额定漏电动作电流，不得大于30mA，额定漏电动作时间不得大于0.1s。

（7）开关箱中容量大于3.0kW的动力电路，需要采用断路器控制，操作频繁时还需要附设接触器或其他起动控制装置。

（8）开关箱装设的断路器具有可见分断点时，可以不另设隔离开关。

（9）开关箱装设的隔离开关，需要采用分断时具有可见分断点，能够同时断开电源所有极的隔离电器，并且需要设置在电源进线端。

（10）开关箱装设的漏电保护器同时具有短路、过载、漏电保护功能的漏电断路器时，可以不装设断路或熔断器。

（11）漏电保护器，需要根据产品说明书安装、使用。

（12）漏电保护器，需要装设在总配电箱、开关箱靠近负载的一侧，并且不得用于起动电气设备的操作。

（13）漏电保护器的选择需要符合现行标准 GB/Z 6829—2008《剩余电流动作保护器的一般要求》、GB13955—2005《剩余电流动作保护装置安装和运行》等规定。

（14）漏电保护器的正确使用、接线方法需要符合要求。

（15）配电箱、开关箱的电源进线端，严禁采用插头、插座做活动的连接。

（16）配电箱、开关箱内的电器必须可靠完好，严禁使用破损、不合格的、异常的电器。

（17）配电箱、开关箱中的漏电保护器，需要选用无辅助电源型（电磁式）产品，或选用辅助电源故障时能自动断开的辅助电源型（电子式）产品。

（18）配电箱、开关箱中的漏电保护器，选择辅助电源故障时不能自动断开的辅助电源型（电子式）产品时，需要同时设置缺相保护。

（19）使用于潮湿、有腐蚀介质场所的漏电保护器，需要采用防溅型产品，其额定漏电动作电流不得大于 15mA，额定漏电动作时间不得大于 0.1s。

（20）总配电箱，装设电流互感器时，其二次回路必须与保护零线有一个连接点，并且严禁断开电路。

（21）总配电箱、开关箱中漏电保护器的极数、线数，需要与其负载侧负载的相数、线数一致。

（22）总配电箱的电器，需要具备电源隔离，正常接通与分断电路、短路保护、过载保护、漏电保护等功能。

（23）总配电箱，需要装设电压表、总电流表、电能表、其他需要的仪表。专用电能计量仪表的装设，需要符合供用电管理部门的要求。

（24）总配电箱中漏电保护器的额定漏电动作电流，需要大于 30mA，额定漏电动作时间需要大于 0.1s，但是其额定漏电动作电流与额定漏电动作时间的乘积，不得大于 30mA·s。

8-53 漏电保护器使用接线方法是怎样的？

答 漏电保护器使用接线方法见表 8-19。

表8-19　　　　　　　　　漏电保护器使用接线方法

项目	解　说
图例	
解说	上图中的代号含义如下： 1——工作接地。 2——重复接地。 H——照明器。 L1、L2、L3——相线。 M——电动机。 N——工作中性线。 PE——保护中性线、保护线。 RCD——漏电保护器。 T——变压器。 W——电焊机

8-54　怎样使用与维护配电箱、开关箱？

答　（1）开关箱的操作人员，需要符合有关规定。

（2）配电箱、开关箱，送电操作顺序为：总配电箱→分配电箱→开关箱。出现电气故障的紧急情况可除外。

（3）配电箱、开关箱，停电操作顺序为：开关箱→分配电箱→总配电箱。出现电气故障的紧急情况可除外。

（4）配电箱、开关箱，需要定期检查、维修。检查、维修人员，必须是专业电工。

（5）配电箱、开关箱，需要有名称、用途、分路标记、系统接线图。

（6）配电箱、开关箱的进线、出线，严禁承受外力，严禁与金属尖锐断口、强腐蚀介质、易燃易爆物接触。

（7）配电箱、开关箱检查、维修时，需要按规定穿、戴绝缘鞋、手套，必须使用电工绝缘工具，并且做检查、维修工作记录。

（8）配电箱、开关箱进行定期维修、检查时，需要将其前一级相应的电源隔离开关分闸断电，并且悬挂"禁止合闸、有人工作"停电标志牌，严禁带电作业。

（9）配电箱、开关箱内，不得随意挂接其他用电设备。

（10）配电箱、开关箱内不得放置任何杂物，并且需要保持整洁。

（11）配电箱、开关箱内的电器配置与接线，严禁随意改动。

（12）配电箱、开关箱内漏电保护器，每天使用前，需要起动漏电试验按钮试跳一次。试跳不正常时，严禁继续使用。

（13）配电箱、开关箱内熔断器的熔体更换时，严禁采用不符合原规格的熔体代替。

（14）配电箱、开关箱箱门，需要配锁，并且由专人负责。

（15）施工现场停止作业 1h 以上时，需要把动力开关箱断电上锁。

8-55 施工现场临时用电照明有哪些一般规定？

答 施工现场临时用电照明的一些一般规定如下。

（1）停电后，操作人员需要及时撤离的施工现场，必须装设自备电源的应急照明。

（2）无自采光的地下大空间施工场所，需要编制单项照明用电方案。

（3）现场照明，需要采用高光效、长寿命的照明光源。对需要大面积照明的场所，需要采用高压汞灯、高压钠灯或混光用的卤钨灯等。

（4）一个工作场所内，不得只设局部照明。

（5）在坑、洞、井内作业、夜间施工或厂房、道路、仓库、办公室、食堂、宿舍、料具堆放场、自然采光差等场所，需要设一般照明、局部照明、混合照明。

（6）照明器的选择，需要根据环境条件来确定。

（7）照明器具、器材的质量，需要符合现行有关标准的规定，不得使用绝缘老化、破损的器具、器材。

8-56 怎样选择施工现场临时用电照明器？

答 （1）潮湿、特别潮湿场所，需要选用密闭型防水照明器、配有防水灯头的开启式照明器。

（2）存在较强振动的场所，需要选用防振型照明器。

（3）含有大量尘埃但无爆炸、火灾危险的场所，需要选用防尘型照明器。

（4）有爆炸、火灾危险的场所，需要根据危险场所等级来选择防爆型照明器。

（5）有酸碱等强腐蚀介质场所，需要选用耐酸碱型照明器。

（6）正常湿度的一般场所，需要选择开启式照明器。

8-57 施工现场临时用电照明供电有哪些要求？

答 （1）工作中性线截面需要符合有关要求。

（2）使用行灯，需要符合有关要求。

（3）室内、室外照明线路的敷设，需要符合有关要求。

（4）特殊场所，需要使用安全特低电压照明器。

（5）携带式变压器的一次侧电源线，需要采用橡皮护套或塑料护套铜芯软电缆，中间不得有接头，长度不宜超过3m，其中绿/黄双色线只用PE线使用，电源插销需要有保护触头。

（6）一般场所，需要选择适用额定电压为220V的照明器。

（7）远离电源的小面积工作场地、道路照明、警卫照明、额定电压为12～36V照明的场所，其电压允许偏移值为额定电压值的－10％～5％；其余场所电压允许偏移值为额定电压值的±5％。

（8）照明变压器，必须使用双绕组型安全隔离变压器，严禁使用自耦变压器。

（9）照明系统，需要使三相负载平衡，其中每一单相回路上，灯具、插座数量不宜超过25个，负载电流不宜超过15A。

8-58 哪些特殊场所需要使用安全特低电压照明器？

答 （1）潮湿、易触及带电体场所的照明，电源电压不得大于24V。

（2）特别潮湿场所、导电良好的地面、锅炉、金属容器内的照明，电源电压不得大于12V。

（3）隧道、人防工程、高温、有导电灰尘、比较潮湿、灯具离地面高度低于2.5m等场所的照明，电源电压不得大于36V。

8-59 使用行灯需要符合哪些要求？

答 （1）灯泡外部有金属保护网。

（2）灯体与手柄要坚固、绝缘良好，并且耐热、耐潮湿。

（3）灯头与灯体结合要牢固，并且灯头无开关。

（4）金属网、反光罩、悬吊挂钩需要固定在灯具的绝缘部位上。

（5）行灯的电源电压不大于36V。

8-60 怎样选择施工现场临时用电照明工作中性线截面？

答 （1）单相二线、二相二线线路中，中性线截面与相线截面相同。

（2）三相四线制线路中，照明器为白炽灯时，中性线截面不得小于相线截面的50％。

（3）三相四线制线路中，照明器为气体放电灯时，中性线截面需要根据最大负载相的电流来选择。

（4）逐相切断的三相照明电路中，中性线截面与最大负载相相线截面需要相同。

8-61 施工现场临时用电照明装置有哪些要求？

答 （1）荧光灯管需要采用管座固定或用吊链悬挂，荧光灯的镇流器不得安装在易燃的结构物上。

（2）灯具内的接线，必须牢固。灯具外的接线，必须做可靠的防水绝缘包扎。

（3）碘钨灯及钠、铊、铟等金属卤化物灯具的安装高度，一般要求在3m以上，灯线需要固定在接线柱上，不得靠近灯具表面。

（4）对夜间影响飞机、车辆通行的在建工程及机械设备，需要设置醒目的红色信号灯，其电源需要设在施工现场总电源开关的前侧，并且需要设置外电线路停止供电时的应急自备电源。

（5）聚光灯、碘钨灯等高热灯具与易燃物距离，不得小于500mm，并且不得直接照射易燃物。达不到规定安全距离时，需要采取隔热措施。

（6）路灯的每个灯具，需要单独装设熔断器保护，并且灯头线需要做防水弯。

（7）螺口灯头的绝缘外壳，需要无损伤无漏电。

（8）螺口灯头的相线接在与中心触头相连的一端，零线接在与螺纹口相连的一端。

（9）普通灯具与易燃物距离，不得小于300mm。

（10）室内220V灯具距地面，不得低于2.5m。

（11）室外220V灯具距地面，不得低于3m。

（12）投光灯的底座，需要安装牢固，并且根据需要的光轴方向把枢轴拧紧好。

（13）暂设工程的照明灯具，需要采用拉线开关控制。

（14）暂设工程的照明灯具的拉线开关距地面高度为2~3m，与出入口的水平距离为0.15~0.2m，拉线的出口向下。

（15）暂设工程的照明灯具的其他开关距地面高度为1.3m，与出入口的水平距离为0.15~0.2m。

（16）照明灯具的金属外壳，需要与PE线相连接。

（17）照明开关箱内，需要装设隔离开关、短路、过载保护电器与漏电保护器。

8-62 怎样选配电器与电动机负载线？

答 选配电器与电动机负载线的方法与要点见表8-20。

表8-20　选配电器与电动机负载线的方法与要点

电动机				熔　断　器				起动器		接触器			漏电保护器		负载线	
型号	功率(kW)	额定电流(A)	起动电流(A)	BL1	RM10	RT10	RC1A	QC20	MSJB/MSBB	B	CJX	LCI-D	DZ15L	DZ20L	通用橡套软电缆主芯线截面(mm²) 环境35℃	铜芯绝缘线芯线截面(mm²) 环境30℃
Y				熔断器规格(A)				额定电流(A)		额定电流(A)			脱扣器额定电流(A)			
1	2	3	4	5	6	7	8	9	10	11	12	13	14	15	16	17
801-4	0.55	1.6	10	15/4			10/4									
801-2		1.8	13	15/5												
802-4	0.75	2.0	14			20/6										
90S-6		2.3	14	15/6			10/6									
802-2	1.1	2.5	18													
90S-4		2.7	18		15/6											
90L-6		3.2	19			20/10										
90S-2	1.5	3.4	24	15/10				16	8.5	8.5	9	9	6	16	2.5	1.5
90L-4		3.7	24		15/10											
100L-6		4.0	24			20/15	10/10									
90L-2	2.2	4.8	33	15/15												
100LJ-4		5.0	35	60/20												
112M-6		5.6	34	15/15	15/15											
132S-8		5.8	32	15/15		20/20										

续表

电动机 型号	功率 (kW)	额定电流 (A)	起动电流 (A)	熔断器规格 (A) BL1	RM10	RT10	RC1A	起动器额定电流 (A) QC20	MSJB MSBB	接触器额定电流 (A) B	CJX	LC1-D	脱扣器额定电流 (A) DZ15L	DZ20L	通用橡套软电缆主芯线截面 (mm²) 环境35℃	铜芯绝缘线芯线截面 (mm²) 环境30℃
Y	2	3	4	5	6	7	8	9	10	11	12	13	14	15	16	17
100L-2	3.0	6.4	45	60/20	60/20	20/20	15/15	16	8.5	8.5	9	9	10	16	2.5	1.5
100L2-4		6.8	48													
132S-6		7.2	47													
132M-8		7.7	43													
112M-2	4.0	8.2	57	60/30	60/25	30/25	30/20	16				9				
112M-4		8.8	62													
132M-6		9.4	61													
160M-8		9.9	59													
132S1-2	5.5	11	78	60/35	60/35	30/30	30/25	16	11.5	11.5 (B12)	12	12	16	16	2.5	1.5
132S-4		12	81													
132M2-6		13	82													
160M2-8		13	80													

续表

电动机				熔 断 器				起动器					漏电保护器		负载线	
型号	功率(kW)	额定电流(A)	起动电流(A)	BL1	RM10	RT10	RC1A	QC20	MSJB MSBB	B	CJX	LCI-D	DZ15L	DZ20L	通用橡套软电缆主芯截面(mm²) 环境35℃	铜芯绝缘线芯截面(mm²) 环境30℃
Y		(A)	(A)	熔断器规格(A)				额定电流(A)			额定电流(A)		脱扣器额定电流(A)		环境35℃	环境30℃
1	2	3	4	5	6	7	8	9	10	11	12	13	14	15	16	17
132S2-2	7.5	15	105	60/50	60/45	60/40	60/40		15.5	15 (B16)	16	16	20	20	2.5	1.5
132M-4		15	108													
160M-6		17	111													
100L8		18	97	60/40												
160M1-2	11	22	153		60/45	60/50	60/50	32	22	22 (B25)	22 (CJ×1) 25 (CJ×2)	25	25		4.0	2.5
160M-4		23	158											32		
160L-6		25	160													
180L-8		25	151													
160I2-2	15	29	206			60/60	60/60	63	30	30 (B30)	32 (CJ×1)	32	32		6.0	4.0
160L-4		30	212	100/80	100/80											
180L-6		32	205													
200L-8		34	205													
160L-2	18.5	36	249			100/80	100/80		37	37 (B37)		40	40	40	10.0	4.0
180M-4		36	251	100/100												
200LI-6		38	245													
225S-8		41	248										50	50		

续表

电动机 型号 Y	功率(kW)	额定电流(A)	起动电流(A)	熔断器 熔断器规格(A) BL1	RM10	RT10	RC1A	起动器 额定电流(A) QC20	MSJB MSBB	接触器 额定电流(A) B	CJX	LCI-D	漏电保护器 脱扣器额定电流(A) DZ15L	DZ20L	负载线 通用橡套软电缆主芯线载面(mm²) 环境35℃	铜芯绝缘线芯线载面(mm²) 环境30℃
1	2	3	4	5	6	7	8	9	10	11	12	13	14	15	16	17
180M-2	22	42	295	100/100	100/80	100/80	100/100	63	45	45 (B45)		50	50	50	10.0	6.0
180L-4		43	298													
200L2-6		45	290													
225M-8		48	286													
220L1-2	30	57	398	200/125	200/125	100/100	200/120		65	65 (B65)		63	63	63	16.0	10.0
200L-4		57	398													
225M-6		60	387													
250M-8		63	378													
2202L-2	37	70	489	200/150	200/160		200/150	80	85	85 (B85)		80	80	80	16	10
225S-4		70	489													
250M-6		72	468													
280S-8		79	472													
225M-2	45	84	587	200/200			200/200			105 (B105)		95	100	100	25	16
225M-4		84	589													
280S-6		85	555													

续表

型号	电动机 功率(kW)	电动机 额定电流(A)	电动机 起动电流(A)	熔断器 BL1	熔断器 RM10	熔断器 RT10	熔断器 RC1A	起动器 QC20 额定电流(A)	起动器 MSJB/MSBB 额定电流(A)	接触器 B 额定电流(A)	接触器 CJX 额定电流(A)	接触器 LC1-D 额定电流(A)	漏电保护器 DZ15L 脱扣器额定电流(A)	漏电保护器 DZ20L 脱扣器额定电流(A)	负载线 通用橡套软电缆主芯线截面(mm²) 环境35℃	负载线 铜芯绝缘线主芯线截面(mm²) 环境30℃
(Y)	(2)	(3)	(4)	(5)	(6)	(7)	(8)	(9)	(10)	(11)	(12)	(13)	(14)	(15)	(16)	(17)
280M-8		93	559		200/200										16	16
315M-10		98	637													
250M-2	55	103	719		350/225				105		115 (CJ×4)			125		
250M-4		103	718													
280M-6		105	682												35	
315S-8		109	709													
315M2-10		120	780													25
280S-2	75	140	981		350/260				170	170 (B170)	185 (CJ×2)			160	50	
280S-4		140	978													
315S-6		142	923													
315M1-8		148	962											180	70	35
315M3-10		160	1040													

注：
1. 熔体的额定电流是按电动机轻载起动计算的。
2. 接触器的约（额）定发热电流均大于其额定（工作）电流，因而表中所选接触器均有一定承受过载能力。
3. MSJB、MSBB系列磁力起动器采用B系列接触器和T系列热继电器，表中所列数据为起动器额定（工作）电流，均小于其配套接触器的约（额）定发热电流，因而表中所选磁力起动器额定工作电流均有一定承受过载能力。类似地，QC20系列磁力起动器也有一定承受过载能力。
4. 漏电保护器的脱扣器额定电流是指其长延时动作电流整定值。
5. 负载线选配是按空气中明敷设条件考虑，其中电缆为三芯及以上电缆。

第9章 Chapter9

电 工 安 全

9-1 高层民用建筑普通标准层的消火栓设计有哪些要求?

答 除了没有可燃物的设备层外，高层建筑、裙房的各层，均需要设室内消火栓，并且需要符合以下一些要求与规定。

(1) 消火栓的栓口直径一般为 65mm，水带长度不得超过 25m，水枪喷嘴口径不得小于 19mm。

(2) 高层建筑的屋顶，需要设一个装有压力显示装置的检查用的消火栓。采暖地区，可以设在顶层出口处、水箱间内。

(3) 临时高压给水系统的每个消火栓的地方，需要设直接起动消防水泵的按钮，并且需要设有保护按钮的设施。

(4) 消防电梯间前室，需要设消火栓。

(5) 消火栓的间距，需要保证同层任何部位有两个消火栓的水枪充实水柱同时到达。

(6) 消火栓的间距，需要由计算来确定，并且高层建筑不得大于 30m，裙房不得大于 50m。

(7) 消火栓的水枪充实水柱，需要通过水力计算来确定，并且建筑高度不超过 100m 的高层建筑，不得小于 10m。建筑高度超过 100m 的高层建筑，不得小于 13m。

(8) 消火栓栓口的出水压力大于 0.50MPa 时，消火栓处需要设减压装置。

(9) 消火栓栓口的静水压力不得大于 0.80MPa。大于 0.80MPa 时，需要采取分区给水系统。

(10) 消火栓栓口离地面高度，一般大约为 1.10m，栓口出水方向需要向下或与设置消火栓的墙面相垂直。

(11) 消火栓需要采用同一型号规格。

(12) 消火栓需要设在走道、楼梯附近等明显易于取用的地点。

9-2 高层民用建筑气体灭火系统的设计有哪些要求？

答 （1）二万线以上的市话汇接局、六万门以上的市话端局程控交换机房、控制室、信令转接点室，需要设置气体灭火系统。

（2）国际电信局、大区中心、省中心与一万路以上的地区中心的长途通信机房、控制室、信令转接点室，需要设置气体灭火系统。

（3）省级或超过 100 万人口的城市，其广播电视发射塔楼内的微波机房、分米波机房、米波机房、变电室、配电室、不间断电源室，需要设置气体灭火系统。

（4）中央、省级治安、防灾和网、局级及以上的电力等调度指挥中心的通信机房、控制室，需要设置气体灭火系统。

（5）主机房建筑面积不小于 140m² 的电子计算机房中的主机房、基本工作间的已记录磁、纸介质的库，需要设置气体灭火系统。

（6）其他特殊重要设备室，需要设置气体灭火系统。

（7）当有备用主机、备用已记录磁、纸介质，并且设置在不同建筑中，或同一建筑中的不同防火分区内时，需要在规定的指定的房间内，采用预作用自动喷水灭火系统。

9-3 发生火灾与燃烧应具备哪三个必要条件？

答 发生火灾需要具备的三个必要条件为：可燃物、助燃物、火源或高温。

燃烧要具备的三个必要条件为：一定的含氧量、一定浓度、一定的着火能量。

9-4 建筑施工现场防火须知有哪些？

答 （1）从事金属焊接（气割）等作业人员，需要持证上岗。

（2）高层建筑，需要设置高压消防栓。

（3）绘制消防平面图，需要根据图设置消防设施。

（4）施工现场消防防火工作，需要贯彻预防为主、防消结合的方针，并且实行防火安全责任制。

（5）施工现场作业区，需要设置吸烟室，严禁到处吸烟。

（6）宿舍内，严禁使用煤气灶、热得快、电炒锅、煤油炉、电饭煲、电炉等。

（7）现场动用明火，需要有审批手续、动火监护人员。

（8）严格执行消防法律法规、用电安全规定、化学危险物品管理规定。

（9）严格遵守冬季、高温季节施工等防火要求。

9-5　建筑施工现场"十不准"的具体内容是什么？

答　建筑施工现场"十不准"的具体内容如下。

（1）不戴安全帽不准进现场。

（2）不准穿拖鞋与高跟鞋、赤膊或光脚进现场。

（3）电源开关不准一闸多用，没有经训练的职工，不准操作。

（4）吊装设备没有经检查或试吊，不准吊装，并且下面不准站人。

（5）井架等垂直运输不准乘人。

（6）酒后与带小孩不准进现场。

（7）没有防护措施不准高空作业。

（8）模板与易腐材料不准做脚手板使用，作业时不准打闹。

（9）木工场地与防火禁区不准吸烟。

（10）施工现场各种材料不准堆放杂乱。

9-6　建筑施工"十项安全措施"的具体内容是什么？

答　建筑施工"十项安全措施"的具体内容如下。

（1）电动机械、手持电动工具，需要设置漏电保护装置。

（2）根据规定使用安全三件宝——安全帽、安全带、安全网。

（3）机械设备的安全防护装置一定要齐全有效。

（4）脚手架材料、脚手架的搭设，需要符合有关规范与要求。

（5）配电线路架设，需要符合施工现场临时用电安全技术规范与要求。

（6）施工现场的危险部位，需要有警示标志。夜间，需要设红灯示警。

（7）塔吊、人货电梯、物料提升机等起重设备，需要有限位保险装置，不准"带病"运转，不准超载作业，不准在运转中维修保养。

（8）特种作业人员，需要持证上岗。

（9）严禁赤脚、穿高跟鞋、穿拖鞋进入施工现场。高处作业不准穿硬底、带钉易滑的鞋靴。

（10）在建工程的"四口"（通道口、楼梯口、预留洞口、电梯井口）、"五临边"（屋面周边、基坑周边、框架结构的施工楼层周边、没有安装栏杆的楼梯边、没有安装栏板的阳台边），需要采取防护措施。

9-7　建筑施工五大伤害是指哪五大？

答　建筑施工五大伤害是指：物体打击、触电、机械伤害、高处坠落、坍塌。导致建筑施工伤害事故发生的一些原因有：管理上的漏洞、人的不安全行为、物的不安全状态，任何违章指挥、冒险作业、违规操作、麻痹大意等都可能引发伤害事故。

9-8 建筑施工宿舍制度有哪些要求？

答 (1) 不准在墙上乱钉、乱写、乱画，损坏/浪费公物。

(2) 集体宿舍床位，只限员工本人使用，不得带外来人员来宿舍住宿。

(3) 宿舍房间内的清洁卫生工作有的由住房员工负责，实行轮值制度。

(4) 所有探视员工的亲属，需要经员工宿舍管理员批准后，才可以进入宿舍。

(5) 同事间需要和睦相处，不得以任何借口争吵、打架、酗酒。

(6) 严禁在宿舍范围内搞封建迷信、违法乱纪活动。

(7) 员工需要根据统一编号，使用各自的床、卧具等，不得私自随意调换、多占。

(8) 自觉把室内物品摆放整齐。

(9) 自觉保持宿舍安静，不得大声喧哗。

(10) 自觉节约水电，爱护公物。

9-9 建筑施工消防安全管理有哪些要求？

答 (1) 不得私自乱拉乱接电线、插座。

(2) 出入房间随手关门，注意提防盗贼。

(3) 禁止在员工宿舍范围内燃放烟花鞭炮。

(4) 宿舍内不得使用电热炊具、电熨斗、各种交流电器用具。

(5) 外出的员工，需要在规定时间内回宿舍。

(6) 自觉遵守公司各项消防安全制度。

9-10 季节施工安全须知有哪些？

答 (1) 暴雨、台风前后，需要重点检查工地临时设施、脚手架、施工机械设备、临时用电线路、基坑工程的安全。如果安全防护不足，需要及时整改。

(2) 冬季施工，需要加强防火、防冻、防滑、防中毒等工作。

(3) 高层建筑、烟囱、水塔的脚手架、物料提升机、易燃仓库、易爆仓库、塔吊、打桩机等机械，需要设临时避雷装置。

(4) 高温工作场所，需要加强通风、降温措施。

(5) 施工用电设备的电气开关，需要有防雨、防潮设施。

(6) 使用煤炭取暖的，需要有防止一氧化碳中毒的措施。

(7) 台风过后，如果发现倾斜、下沉、漏雨、变形、漏电等现象，需要及时修理加固。严重危险的，需要立即排除。

(8) 夏季作业，需要调整作息时间，采取防暑降温措施。

（9）现场道路，需要根据季节变化加强检查维护。

（10）斜道、脚手板，需要有防滑措施。

9-11 机械操作人员安全教育内容有哪些？

答 （1）不得使用平刨机、圆盘锯合用一台电动机的多功能木工机械。

（2）操作人员，需要熟悉作业环境、施工条件，并且听从指挥，遵守现场安全规则。

（3）电焊机一次侧，需要做好保护接零，并且装设漏电保护器，二次侧还需要装设二次空载降压保护器或触电保护器。

（4）高处作业的人员，需要挂好安全带，不得穿硬底鞋、拖鞋。严禁从高处投掷物件。

（5）机械作业时，操作人员不得擅自离开工作岗位或将机械交给非本机操作人员操作。

（6）进场施工机械设备安装后，需要根据规定进行验收，合格后方可使用，并且做好验收记录，验收人员履行签字手续。

（7）进行日作业两班与以上的施工机械设备，需要实行交接班制度。操作人员要认真填写交接班记录。

（8）施工机械操作人员、配合工作人员，需要根据规定穿戴劳动保护用品，长发不得外露。

（9）施工机械设备，需要根据其技术性能的要求正确使用。缺少安全装置、安全装置已失效的施工机械设备，不得使用。严禁使用倒顺开关控制设备。

（10）施工机械设备，需要做好保护接零，并且装设单机漏电保护器。

（11）施工机械设备的操作人员，需要身体健康，并且根据规定经过安全技术培训，取得操作证后，才可以独立操作。

（12）施工机械设备运转工作时，不得对其进行维修、保养、清理。

（13）使用施工机械设备与安全发生矛盾时，需要服从安全的要求。

（14）严禁拆除施工机械设备的自动控制机构、各种限位器等安全装置及监测、指示、仪表、警报等自动报警、信号装置。其调试、故障的排除，需要由专业人员负责进行。

（15）严禁无关人员进入作业区、操作室内。

9-12 什么是建筑高处作业？

答 高处作业又称为登高作业。凡在坠落高度基准面 2m 以上（含 2m），有可能坠落的高处进行作业，均称为高处作业。

建筑登高架设作业包括：作业范围，是指建筑安全施工；作业条件，是指 2m 及 2m 以上的高处。

9-13 高处作业有关术语定义、特点是怎样的？

答 高处作业有关术语定义、特点见表 9-1。

表 9-1　　　　　　　高处作业有关术语定义、特点

名称	解　说
坠落高度基准面	通过最低坠落着落点的水平面称作坠落高度基准面
最低坠落着落点	在作业位置可能坠落到的最低点，称作该作业位置的最低坠落着落点
高处作业高度	作业区各作业位置至相应坠落高度基准面间的垂直距离中的最大值，称作该作业区的高处作业高度
一级高处作业	高处作业的高度在 2～5m 时称作一级高处作业
二级高处作业	高处作业的高度在 5～15m 时称作二级高处作业
三级高处作业	高处作业的高度在 15～30m 时称作三级高处作业
特级高处作业	高处作业的高度在 30m 以上时称作特级高处作业
强风高处作业	强风高处作业是在阵风风力六级（风速 10.8m/s）以上的情况下进行的高处作业
异温高处作业	异温高处作业是在高温、低温环境内进行的高处作业
雪天高处作业	雪天高处作业是指在降雪时进行的高处作业
雨天高处作业	雨天高处作业是指在降雨时进行的高处作业
夜间高处作业	夜间高处作业是指在室外完全采用人工照明时进行的高处作业
带电高处作业	带电高处作业是指在接近与接触带电体条件下进行的高处作业
悬空高处作业	悬空高处作业是指在无立足点或无牢靠立足点的条件下进行的高处作业
抢救高处作业	抢救高处作业是指对突然发生的各种灾害事故，进行抢救的高处作业

9-14 高处作业的高度与坠落半径的关系是怎样的？

答 坠落范围半径 R 随高度 h 不同而不同，高处作业的高度与坠落半径的关系如下。

（1）高度 h 为 2～5m 时，半径 R 为 2m。

（2）高度 h 为 5（不含 5m）～15m 时，半径 R 为 3m。

（3）高度 h 为 15（不含 15m）～30m 时，半径 R 为 4m。

（4）高度 h 为 30m 以上（不含 30m）时，半径 R 为 5m。

说明：高度 h 为作业位置到底部的垂直距离。

9-15 高处作业安全要求有哪些?

答 高处作业安全的一些要求如下。

（1）不要站在钢筋管架上、模板、支撑上作业。

（2）乘人的外用电梯吊笼，需要有可靠的安全装置。除指派的专业人员外，禁止攀登起重臂、绳索与随同运料的提升机吊篮、吊装物上下。

（3）穿了厚底皮鞋或携带笨重工具的不许登高。

（4）从规定的通道上下，不得攀爬脚手架杆件。

（5）单面梯与地面夹角以 60°～70°为宜，禁止两人同时在梯上作业。如需接长使用，需要绑扎牢固。

（6）单位工程施工负责人，需要对工程的高处作业安全技术负责，并且建立相应的责任制。

（7）登高、攀登的设施，需要在施工组织设计中确定，攀登用具需要牢固可靠。

（8）登高脚手架没有经验收的不许工作。

（9）洞口在墙面的竖向洞口，除了需要在井口处设防护栏杆或固定栅门外，并且需要在井道内每隔 10m 设一道平网。

（10）对人员活动集中、出入口的地方的上方，需要搭设防护棚。

（11）防护棚搭设与拆除时，需要设警戒区，并且派专人监护。

（12）钢筋绑扎、安装骨架作业，需要搭设脚手架。不得站在钢筋骨架上作业或攀登骨架上下。

（13）高处作业安全设施的主要受力杆件，力学计算根据一般结构力学公式，强度、挠度计算根据现行有关规范进行。钢受弯构件的强度计算不考虑塑性影响，构造上需要符合现行相应规范的要求。

（14）高处作业的安全技术措施，需要在施工方案中确定，并且在施工前完成，最后经验收确认符合要求。

（15）高处作业的安全技术措施及其所需料具，必须列入工程的施工组织设计。

（16）高处作业的环境、通道，需要经常保持畅通，不得堆放与操作无关的物件。

（17）高处作业的人员，需要根据规定定期进行体检。

（18）高处作业所用材料要堆放平稳，工具需要随手放入工具袋（套）内。上下传递物件禁止抛掷。

（19）高空作业都需要挂安全带、高挂低用。

（20）高空作业时，禁止交叉作业。

（21）高空作业时，禁止抛掷材料或机具。

（22）高空作业时，没有安全帽、安全带的不许登高。

（23）高空作业时材料，需要固定防止滚动跌落。

（24）高空作业与地面联系，需要设通信装置，并且专人负责。

（25）各种拆除作业上面拆除时，下面不得同时进行清整。

（26）各种拆除作业物料临时堆放处，离楼层边沿不应小于 1m。

（27）工作边沿无维护设施，或维护设施高度低于 800mm 的，需要设置防护设施。

（28）患有心脏病、高血压、深度近视等症的不能登高作业。

（29）建筑施工过程中，需要采用密目式安全立网对建筑物进行封闭，或采取临边防护措施。

（30）建筑施工期间，需要采取有效措施对施工现场、建筑物的各种孔洞盖严并固定牢固。

（31）建筑外侧面临街道时，除了建筑立面采取密目式安全立网封闭外，还需要在临街段搭设防护棚，并且设置安全通道。

（32）建筑物的出入口，升降机的上料口等人员集中处的上方，需要设置防护棚。防护棚的长度不得小于防护高度的物体坠落半径的规定。

（33）交叉施工，不宜上下在同一垂直方向上作业。下层作业的位置，宜处于上层高度可能坠落半径范围以外，当不能满足要求时，需要设置安全防护层。

（34）浇注离地 2m 以上混凝土时，需要设置操作平台，不得站在模板或支撑杆上操作。

（35）脚手架、脚手板、梯子没有防滑措施或不牢固的不许登高。

（36）进入施工现场，需要戴安全帽。

（37）精神状态不佳的人不能登高作业。

（38）孔洞口较大的，除了需要在洞口采用安全网、盖板封严外，还需要在洞口四周设置防护栏杆。

（39）孔洞口较小的，需要采用坚实的盖板盖严，盖板需要能够防止移位。

（40）孔与洞口边的高处作业，需要设置防护设施，包括因施工工艺形成的深度在 2m 及以上的桩孔边、沟槽边，因安装设备、管道预留的洞口边等。

（41）没有安全防护设施时，禁止在屋架的上弦、支撑、木杆桁条、挑架的挑梁、未固定的构件上行走或作业。

（42）人字梯底脚要拉牢。在通道处使用梯子，需要有人监护、设置围栏。

（43）上下梯子时，要面对梯子，双手扶牢，不要持物件攀登。

（44）设置悬挑物料平台，需要根据现行的相关规范进行设计，必须将其荷载独立传递给建筑结构，不得以任何形式将物料平台与脚手架、模板支撑进行连接。

（45）施工前，需要逐级进行安全技术教育、交底，落实所有安全技术措施与人身防护用品，没有经落实的不得进行施工。

（46）高处作业中的安全标志、工具、仪表、电气设施、各种设备，需要在施工前加以检查，确认其完好，才能够投入使用。

（47）施工中对高处作业的安全技术设施，发现有缺陷、隐患时，需要及时解决。

（48）施工作业场所所有可能坠落的物件，需要一律先行撤除或加以固定。

（49）室外恶劣天气，不允许高空作业。

（50）水平工作面防护栏杆，需要用安全立网封闭，或在栏杆底部设置高度不低于 180mm 的挡脚板。

（51）水平工作面防护栏杆高度为 1.2m，坡度大于 1∶2.2 的屋面，周边栏杆高 1.5m，并且能够经受 1000N 外力。

（52）梯子不得垫高使用。梯脚底部，需要坚实并应有防滑措施，上端应有固定措施。折梯使用时，需要有可靠的拉撑措施。

（53）同一垂直面上下交叉作业时，需要设置有效的安全隔离、安全网。

（54）未经允许，任何人不得改动或拆除防护设施。

（55）无防护措施的情况下，不能在高空行走。

（56）悬空高处作业人员，需要挂牢安全带，安全带的选用与佩戴需要符合要求。

（57）悬空进行门窗安装作业时，严禁站在栏板上作业，并且必须挂牢安全带，以及把安全带拴牢在上方可靠物上。

（58）夜间没有充分照明的不许登高。

（59）在脚手架上作业或行走，需要注意脚下探头板。

（60）周边临空状态下进行高处作业时，需要有牢靠的立足处，并且视作业条件设置防护栏杆、张挂安全网、佩戴安全带等。

（61）作业人员，需要从规定的通道上下，不得任意利用升降机架体等施工设备进行攀登。

9-16 怎样预防土方坍塌事故？

答 （1）不得在坑壁上掏坑攀登上下，要从坡壁或爬梯上下。

（2）不得在挖机挖斗回旋半径内作业，防止机械伤害。

（3）不要在距离坑槽沟边1m的范围内堆土、堆料、停放机械，以防止土方坍塌。

（4）防止地面水流入坑槽内，引起土方坍塌。

（5）施工人员，需要根据安全交底进行挖掘作业。

（6）挖土需要从上而下进行开挖，严禁掏底开挖。

（7）作业中，需要注意土壁变化，发现裂纹、局部塌方等危险情况，需要及时撤离危险区域，并且报告现场施工负责人。

9-17 怎样预防挖孔桩人员伤亡事故？

答 （1）孔内护壁要挖一节打一节，不得漏打。

（2）人员需要经过培训，根据技术交底进行作业。

（3）下孔前，需要确认孔内没有有毒气体，以确保作业安全。

（4）一旦孔内发生紧急情况，孔上作业人员绝不能盲目进入孔内施救，需要立即报告现场负责人，并且及时采取可靠防护措施后方可进入孔内进行抢救。

（5）桩孔口，需要备有孔盖。停止作业或下班后，作业人员离开前，需要把孔口盖牢。

（6）作业人员，发现情况异常，如地下渗水、土壁坍塌、气味异常、头晕、胸闷等情况，需要立即停止作业，并且撤离。

（7）作业人员不得乘吊桶上下。

9-18 模板作业安全有哪些要求？

答 （1）安装模板，本道工序模板未固定前，不得进行下道工序的施工。

（2）安装模板，需要根据规定的程序进行。

（3）不能留有悬空模板，以防突然落下伤人。

（4）拆除模板时，不得采用大面积撬落的方法，以防伤人、损坏物料。

（5）大模板堆放，需要留有固定的堆放架，必须成对、面对面存放，以防碰撞、被大风刮倒。

（6）非工作人员不得进入拆模现场。

（7）模板的支柱，需要支撑在牢靠处，底部用木板垫牢，不得使用脆性材料铺垫。

（8）为保证模板的稳定性，除加设立柱外，还需要在沿立柱的纵向、横向加设水平支撑、剪刀撑。

（9）作业人员，不得在上下同一垂直面上作业，以防发生人员坠落、物体打击事故。

9－19　拆除作业安全有哪些要求？

答　（1）不得将墙体推倒在楼板上，以防将楼板压塌，发生事故。

（2）拆除工程施工前，需要先将电线、燃气管道、水管等干线与建筑物的支线切断、迁移。

（3）拆除建筑物，需要自上而下依次进行，不得数层同时拆除。

（4）拆除作业，需要严格根据拆除方案进行。

（5）拆下的散碎材料，需要用溜放槽溜下，清理运走。

（6）拆下的物料，不得向下抛掷，较大构件需要用吊绳、起重机吊下运走。

（7）非拆除人员，不得进入施工现场。

（8）机械、爆破、人工拆除作业现场，需要根据规定设围档。

（9）为确保未拆除部分建筑物的稳定，需要根据结构的特点，有的部分需要先进行加固。

（10）严禁掏底开挖。

9－20　安全警示标志有哪些？

答　常见的安全警示标志见表 9－2。

常见的安全警示标志

表 9 - 2

名称	解说	图例
禁止标志	禁止标志是不准或制止人们不安全行动的图形标志。其一般是在圆形内画一斜杠，并且用红色描画成较粗的圆环，也就是表示禁止，不允许的含义。其可以在圆环内画简易辨的图像，禁止标志圆环内的图像一般用黑色描画，背景色一般用白色	
警告标志	警告标志是提醒人们对周围环境引起注意的图形和标志。警告标志的几何图形一般为三角形，并且三角形的颜色一般用黄色，三角形边框与框内三角形内的图像一般用黑色	

续表

名称	解　说	图　例
指令标志	指令标志表示强制人们必须遵守某项规定，做出某种动作或采用防范措施的图形标志	必须戴防护眼镜　必须戴防护手套　必须戴防毒面具　必须戴防尘口罩　必须穿防护鞋　必须戴护耳器　必须戴安全帽　必须戴防护帽　必须系安全带　必须穿救生衣　必须穿防护衣
提示标志	提示标志是表示向人们提供某种信息的图形标志。其一般以绿色为背景的长方形、正方形几何图形，配以白色的文字、图形符号，并且用白色箭头构成提示标志的方向。提示标志分为一般提示标志和消防设备提示标志两种。一般提示标志是指出安全通道、太平门的方向	·紧急出口　·可动火区　·避险处

⬆9-21 导线运行最高温度是多少?

答 为防止线路过热，保证线路正常工作，导线运行时不得超过其最高温度。其最高温度见表9-3。

表9-3 导线运行最高温度

类 型	极限温度（℃）
裸线	70
铅包或铝包电线	80
塑料电缆	65
塑料绝缘线	70
橡皮绝缘线	65

⬆9-22 屏护有什么作用? 其种类有哪些?

答 屏护的一些作用包括防止触电事故、防止电弧飞溅、防止电弧短路。

屏护的种类包括永久性屏护装置、临时性屏护装置、移动性屏护装置等。

⬆9-23 加强绝缘的种类有哪些?

答 （1）双重绝缘，也就是工作绝缘与保护绝缘。

（2）总体绝缘，要求绝缘电阻不小于2MΩ。

（3）加强绝缘，要求绝缘电阻不小于5MΩ。

说明：加强绝缘设备，可以不必再接地。

⬆9-24 安全色的含义是怎样的?

答 安全色是表达安全信息含义的颜色，规定常见的颜色有红、黄、蓝、绿等颜色，其中：

红色——禁止、停止。

黄色——警告、注意。

蓝色——指令、必须遵守。

绿色——指示、通行、安全状态。

⬆9-25 在哪些情况下会导致人的不安全行为?

答 （1）安全装置失效。

（2）必须使用个人防护用品用具的作业或场合中，忽视其使用。

（3）不安全的装束。

（4）操作错误、忽视安全、忽视警告。

（5）存在分散注意力的行为。

（6）对易燃、易爆等危险物品处理错误。

（7）机器运转时，进行加油、修理、检查、调整、焊接、清扫等工作。

（8）冒险进入危险场所。

（9）攀、坐不安全的位置。

（10）使用不安全的设备。

（11）手代替工具操作。

（12）物体存放不当。

（13）在起吊物下作业、停留。

9-26　建筑等高处作业用的安全网有关术语含义是怎样的？

答　建筑等高处作业用的安全网有关术语含义见表9-4。

表9-4　　　　建筑等高处作业用的安全网有关术语含义

名称	英文	解　说
安全网	safety nets	用来防止人、物坠落，或用来避免、减轻坠落及物击伤害的网具。安全网一般由网体、边绳、系绳等构件组成
网体	net body	由单丝、线、绳等经编织或采用其他成网工艺制成的，构成安全网主体的网状物
边绳	side rope	沿网体边线与网体连接的绳
系绳	tied rope	把安全网固定在支撑物上的绳
筋绳	tendon rope	为增加安全网强度而有规则地穿在网体上的绳
菱形、方形网目边长	length of the rhombus and rectede mesh	相邻两个网绳结或节点之间的距离
规格	specification	用安全网的宽度（高度）和长度表示其规格，单位是 m
安装平面	setting surface	安全网支撑点所在的平面

名称	英文	解　说
平网	horizontal safety net	安装平面不垂直水平面，用来防止人或物坠落的安全网
立网	vertical safety net	安装平面垂直水平面，用来防止人或物坠落的安全网
密目式安全立网	fine mesh safety vertical net	网目密度不低于 800 目/100cm²，垂直于水平面安装用于防止人员坠落及坠物伤害的网。一般由网体、开眼环扣、边绳和附加系绳组成（GB 16909－1997）

9-27　安全网的分类与标记是怎样的？

答　根据功能，安全网可以分为平网、立网、密目式安全立网等。

安全网的标记一般由名称、类别、规格组成，字母 P、L、ML 分别代表平网、立网、密目式安全立网。

举例：

6 GB　16909 ×1.8 –ML 表示为宽 1.8m、长 6m 的密目式安全立网。

9-28　安全网的要求是怎样的？

答　（1）安全网可以采用锦纶、维纶、涤纶、其他的耐候性不低于上述品种（耐候性）的材料制成。

（2）安全网外观需要平整。

（3）边绳与网体连接需要牢固，平网边绳断裂强力不得小于 7000N。立网边绳断裂强力不得小于 3000N。

（4）菱形、方形网目的安全网，其网目边长不得大于 8cm。

（5）平网宽度不得小于 3m，立网宽（高）度不得小于 1.2m，密目式安全立网宽（高）度不得小于 1.2m。规格偏差：允许在 2% 以下。每张安全网质量一般不宜超过 15kg。

（6）同一张安全网上的同种构件的材料、规格、制作方法需要一致。

（7）系绳沿网边要均匀分布，相邻两系绳间距应符合表 9-5 规定。长度不小于 0.8m。当筋绳、系绳合一使用时，系绳部分必须加长，并且与边绳系紧后，再折回边绳系紧，至少形成双根。

表 9 - 5　　　　　　　　　　相邻两系绳间距

类　　别	相邻两系绳间距（m）
平网	≤0.75
立网	≤0.75
密目式安全立网	≤0.45

（8）安全网，需要由专人保管发放。

（9）安全网筋绳分布，需要合理，平网上两根相邻筋绳的距离不小于30cm，筋绳的断裂强力不大于 3000N。

（10）安全网类别相邻两系绳间距（m）的要求如下：0.75≤平网、0.75≤立网、0.45≤密目式安全立网。

（11）安全网上的每根系绳都需要与支架系结，四周边绳（边缘）需要与支架贴紧，系结需要符合打结方便，连接牢固又容易解开，工作中受力后不会散脱的原则。

（12）安全网所有节点必须固定。

（13）安全网在储存、运输中，必须通风、避光、隔热，同时避免化学物品的侵袭，袋装安全网在搬运时，禁止使用钩子。

（14）安装后的安全网，需要经专人检验后，方可使用。

（15）立网网面需要与水平面垂直，并且与作业面边缘最大间隙不超过 10cm。

（16）平网网面不宜绷得过紧，当网面与作业面高度差大于 5m 时，其伸出长度应大于 4m。当网面与作业面高度差小于 5m 时，其伸出长度应大于 3m。平网与下方物体表面的最小距离应不小于 3m。两层平网间距离不得超过 10m。

（17）使用时，应避免安全网周围有严重腐蚀性烟雾。

（18）使用时，应避免大量焊接或其他火星落入安全网内。

（19）使用时，应避免人跳进或把物品投入安全网内。

（20）使用时，应避免随便拆除安全网的构件。

（21）使用时，应避免在安全网内或下方堆积物品。

（22）使用中的安全网，受到较大冲击后，需要及时更换。

（23）使用中的安全网，需要进行定期或不定期的检查，并且及时清理网上落物污染。

（24）有筋绳的安全网安装时，还需要把筋绳连接在支架上。

（25）储存期超过两年者，需要检查。

9-29 正确使用安全带与穿好"三紧"工作服？

答 正确使用安全带与穿好"三紧"工作服的要求与方法见表9-6。

表9-6 正确使用安全带与穿好"三紧"工作服的要求与方法

项目	解　说
正确使用安全带	（1）安全带不能打结使用。 （2）安全带不能将钩直接挂在不牢固物与直接挂在非金属绳上使用。 （3）安全带要高挂低用。 （4）高处作业时，在无可靠安全防护设施时，需要先挂牢安全带后再作业
穿好三紧工作服	（1）金属切削机床（包括车、铣、刨、钻、磨、锯床等）操作人员，工作中要穿袖口紧、领口紧、下摆紧的工作服。 （2）金属切削机床操作时，不得戴手套，不得围围巾。 （3）金属切削机床操作时，女工需要将头发盘在工作帽内，长发不得外露

9-30 什么是工作火花与事故火花？

答 工作火花与事故火花的特点见表9-7。

表9-7 工作火花与事故火花的特点

名称	解　说
工作火花	工作火花是指电气设备正常工作时，或正常操作过程中产生的火花
事故火花	事故火花是指线路，或设备发生故障时出现的火花

9-31 事故常见类型有哪些？

答 安全帽不戴——出现物体打击事故。

动火、易燃品存放不当——出现火灾事故。

洞口临边——出现跌落、跌伤事故。

脚手架倾倒——出现砸伤、坠落事故。

临时电使用——出现触电（点击、电伤）事故。

✒ 9-32　间接接触触电与直接接触触电防护措施有哪些?

答　间接接触触电与直接接触触电的防护措施见表 9-8。

表 9-8　　　　　间接接触触电与直接接触触电的防护措施

名称	解　说
间接接触触电防护措施	(1) 采用不接地的局部等电位连接的保护。 (2) 采用电气隔离。 (3) 采用双重绝缘、加强绝缘的 Ⅱ 类电气设备。 (4) 将有触电危险的场所绝缘，构成不导电环境。 (5) 自动切断供电电源的保护，并且辅以等电位连接
直接接触触电的防护措施	(1) 采用安全电压。 (2) 采用保证安全距离的防护。 (3) 采用漏电保护装置。 (4) 采用屏护。 (5) 采用绝缘防护。 (6) 采用障碍防护

✒ 9-33　脱离电源的方法有哪些?

答　脱离电源的方法见表 9-9。

表 9-9　　　　　　　　　　脱离电源的方法

项目	解　说
脱离低压电源的方法	(1) 拉闸断电。 (2) 切断电源线。 (3) 用绝缘物品脱离电源
脱离高压电源的方法	(1) 拉闸停电。 (2) 短路法
脱离跨步电压的方法	(1) 断开电源。 (2) 穿绝缘靴或单脚着地跳到触电者身边，紧靠触电者头或脚把他拖成躺在等电位地面上，即可就地静养、进行抢救

9-34 触电急救的方法与要求有哪些?

答 触电急救的方法与要求见表9-10。

表9-10 触电急救的方法与要求

项目	解 说
触电急救的原则	(1) 发现有人触电时,首先要尽快地使触电人脱离电源,再根据触电人的具体情况,采取相应的急救措施。 (2) 遇到触电情况,不要紧张慌乱,需要首先通过电话通知急救部门。急救部门没有到现场前,需要及时对伤者采取有效的急救措施。 (3) 伤者有神志不清、抽搐、颈动脉摸不到搏动、心跳停止、瞳孔散大、呼吸停止、面色苍白等症状时,可以判断为心跳骤停。心跳骤停是临床时最紧急的情况,需要分秒必争、不失时机地进行抢救。 (4) 脱离电源时,救护人一定要判明情况,做好自身防护。 (5) 在触电人脱离电源的同时,要防止二次摔伤事故。 (6) 如果是夜间抢救,需要及时解决临时照明,以免延误抢救时机
触电后的急救措施	(1) 紧急抢救的方法如下:在心跳骤停的极短时间内,首先进行心前区叩击,连击2~3次,再进行胸外心脏按压、口对口人工呼吸。 (2) 心肺复苏具体操作方法:双手交叉相叠,用掌部有节律地按压心脏,该种做法的目的在于使血液流入主动脉、肺动脉,建立起有效循环。 (3) 口对口人工呼吸时,有活动假牙者,需要先将假牙摘下,并且清除口腔内的分泌物,保持呼吸道的通畅。再捏紧鼻孔吹气,使胸部隆起、肺部扩张。 (4) 心脏按压,需要与人工呼吸配合进行,每按心脏4~5次吹气一次,肺部充气时不可按压胸部

9-35 怎样处理施工中的一些受伤?

答 施工中受伤的处理方法与要点见表9-11。

表 9 - 11 施工中受伤的处理方法与要点

项目	解 说
骨折	（1）骨折治疗原则为复位、固定、功能锻炼。 （2）骨折的一般处理要求：轻柔、稳妥、不能擅动、及时送医处理。 （3）创口包扎，以防污物进入伤口。 （4）妥善固定，将受伤的上肢或下肢与身体固定，以防晃动加重伤势
中暑	（1）中暑原因：高温烈日环境下工作，通风不良引起体温升高，水电解质平衡失调与神经系统损伤等一系列症状，称作中暑。 （2）中暑的症状：大量出汗、头昏眼花、耳鸣、恶心、胸闷、心悸、注意力很难集中、四肢无力及发麻，伴有高温，严重时伴有昏厥、痉挛、皮肤苍白等休克表现。 （3）中暑轻度者的处理：将患者移到阴凉处休息，并且给以浓茶或淡盐水饮料。 （4）中度中暑者的处理：移到有空调或通风场所，并且给以清凉饮料、藿香正气丸、人参、十滴水、井水，并且用冰袋置于头、颈、四肢、大血管的分布区，同时用电扇吹风，必要时冰水灌肠。 （5）中暑如治疗不及时，可能会引发生命的危险。 （6）施工作业前，喝淡盐开水，备好中暑药品

附录　建筑电工试题库与参考答案

一、填空题（326 道）

1.《安全生产法》规定："生产经营单位的特种作业人员必须按照国家有关规定经专门安全作业培训，取得<u>特种作业操作资格证书</u>，方可上岗作业。

2.《劳动法》规定：用人单位必须建立、健全劳动安全卫生制度，严格执行国家劳动安全卫生规程和标准，对劳动者进行<u>劳动安全卫生教育</u>，防止劳动过程中的事故，减少职业危害。

3.《施工现场临时用电安全技术规范》（JGJ46——2005）规定：电缆干线应采用埋地或架空敷设<u>严禁沿地面明敷</u>，并应避免机械伤害和介质腐蚀。

4.《施工现场临时用电安全技术规范》（JGJ46——2005）规定：施工现场停止作业 <u>1</u> 小时以上时，应将动力开关箱断电上锁。

5.《施工现场临时用电安全技术规范》（JGJ46——2005）规定：所有配电箱均应标明其<u>名称</u>、<u>用途</u>并作出<u>分路</u>标记。

6.《施工现场临时用电安全技术规范》（JGJ46——2005）规定：所有配电箱门应<u>配锁</u>，配电箱和开关箱应由<u>专人</u>负责。

7.《施工现场临时用电安全技术规范》（JGJ46——2005）于 <u>2005</u> 年 <u>7</u> 月 1 日起施行。

8.《施工现场临时用电安全技术规范》规定：照明灯具的金属外壳必须<u>做保护接零</u>，单相回路的照明开关箱内必须装设漏电保护器。

9. 10kV 电力电缆的绝缘电阻不小于 <u>400MΩ</u>，1kV 低压电力电缆的绝缘电阻不小于 <u>10MΩ</u>。

10. 220 交流电的峰值是 <u>311V</u>。

11. CJ—60/3：交流接触器，ZO 型，额定电流 <u>60</u>A，<u>3</u> 极。

12. PE 线上严禁装设<u>开关或熔断器</u>，严禁通过工作电流，且严禁<u>断线</u>。

13. QC 6/S 表示磁力起动器电器，其额定电流是 <u>100A</u>。

14. QC—6/8 表示磁力起动器，6 表示<u>额定电流等级 100A</u>，8 表示<u>防护式有热继电器保护，可逆控制</u>。

15. TN—C 方式：电源中性点接地，用电设备保护接零的<u>三相四线制</u>供电系统。

16. TN－S 系统：电源中性点接地，用电设备保护接零的<u>三相五线</u>制供电系统。

17. TN 系统有三种类型，即 <u>TN—S</u> 系统，<u>TN—C—S</u> 系统，<u>TN—C</u> 系统。

18. TT 系统：电源中性点接地，<u>用电设备保护接地供电系统</u>。

19. VLV—（3×50＋1×25）SC50 表示<u>铝芯塑料电力</u>电缆、相线标称截面是 <u>50mm</u>，N 线标称截面是 <u>25mm</u>，穿管径 <u>50mm</u> 焊接钢管敷设。

20. VV—1(3×95＋1×50)SC100—FC 表示<u>铜芯塑料电力</u>电缆，相线截面 <u>95mm</u>，零线截面穿 <u>50mm</u> 管焊接钢管地面内敷设，埋深不小于 <u>0.8m</u>。

21. XRM—C315 表示（嵌入式照明）配电箱，出线回数是 <u>15</u> 回路，安装高度是 <u>1.4m</u>。

22. 安全电压分五个等级：<u>42V、36V、24V、12V、6V</u>。

23. 安全电压是指人体<u>较长时间接触而不致发生危险</u>的电压。

24. 安全防范技术通常分为三大类：<u>物理防范技术、电子防范技术</u>和<u>生物统计学防范技术</u>。

25. 安全工作规程中规定：设备对地电压高于 <u>250V</u> 为高电压；在 <u>250V</u> 以下为低电压；安全电压为 <u>36V</u> 以下；安全电流为 <u>10mA</u> 以下。

26. 安全色的颜色"红、蓝、黄、绿"4 种颜色分别代表<u>禁止、指令、警告、提示</u>。

27. 按触电事故发生频率看，一年当中 <u>6～9</u> 月事故最集中。

28. 按国际电工标准要求单根电线用作 PE 线时，铜线的截面有机械保护时不得小于 <u>$2.5mm^2$</u>。

29. 按照国标规定，高处作业是指凡在坠落高度基准面 <u>2m</u> 及以上有可能坠落的高处进行的作业。

30. 按照人体触及带电体和电流通过人体的途径，触电形式可分为三种：<u>单相触电，两相触电，跨步电压触电</u>。

31. 半导体二极管的基本特性是具有<u>单向导电性</u>。

32. 保证电气检修人员人身安全最有效的措施是<u>将检修设备接地并短路</u>。

33. 壁厚小于等于 <u>2mm</u> 的钢导管不应埋设于室外土壤内。

34. 避雷带采用直径不小于 ϕ8 镀锌圆钢，暗装引下线的直径不小于 ϕ12。

35. 变电站的主接线：变电站高压一次设备按一定的次序连接成的工作

电路，也称为一次电路或一次接线。

36. 变电站的作用是从电力系统接受电能、变换电压和分配电能。

37. 变电站常用直流电源有 蓄电池、硅整流、电容储能。

38. 变电站倒闸操作必须由两人执行，其中对设备熟悉者做监护人。

39. 变电站控制室内信号一般分为电压信号；电流信号；电阻信号。

40. 变电站事故照明必须是独立电源，与常用 照明 回路不能混接。

41. 变压器的电磁感应部分包括电路和磁路两部分。

42. 变压器的冷却方式有 油浸自冷式、油浸风冷式、强油风冷式和强油水冷却式。

43. 变压器的一、二次绕组的匝数比与相应的电压、电流的比例关系为 $N_1/N_2 = U_1/U_2 = I_1/I_2$。

44. 变压器内部故障时，瓦斯继电器上接点接信号 回路，下接地接开关跳闸回路。

45. 变压器油枕的作用是 调节油量、延长油的使用寿命。油枕的容积一般为变压器总量的 $1/10$。

46. 变压器中性点应与接地装置引出干线 直接 连接。

47. 不计电阻，电感为 10mH 的线圈接在 220V、5kHz 的交流电源上，线圈的感抗是 314Ω，线圈中的电流是 0.7A。

48. 测量二次回路的绝缘电阻应使用 1000V 绝缘电阻表。

49. 测量仪表种类很多，按用途分有电压表、电流表、钳流表、绝缘电阻表、万用表、电能表等。

50. 插座容量应与用电负载相适应，每一插座只允许接用 1 个用具。

51. 柴油发电机馈电线路连接后，两端的相序必须与原供电系统的相序一致。

52. 常用的交流电频率是 50Hz，它的周期是 0.02s。

53. 触电急救，首先要使触电者迅速脱离电源，越快越好。

54. 触电急救的三个步骤：迅速脱离电源、简单诊断、对症处理。

55. 触电人如意识丧失，应在 10s 内用看、听、试的方法判定其呼吸心跳的情况。

56. 穿管配线时，管内所穿导线的总面积不得超过管内面积的 40%。

57. 纯电感电路的功率因数为 0，纯电容电路的功率因数为 0，纯电阻电路的功率因数为 1。

58. 纯电容交流电路中电流与电压的相位关系为电流超前 90。

59. 纯电阻上消耗的功率与 <u>电阻两端电压的平方</u> 成正比。

60. 从安全角度考虑，设备停电必须有一个明显的<u>断开点</u>。

61. 从事特种作业的人员必须经过专门培训，方可<u>上岗作业</u>。

62. 从事特种作业人员，必须年满 <u>18</u> 周岁，要求身体健康，有下列病史者不能参加特种作业：<u>高血压、心脏病、精神病、癫痫病、恐高症</u>等。

63. 从照明范围大小来区别分为<u>一般照明</u>、<u>分区一般照明</u>、<u>局部照明</u>、<u>混合照明</u>。

64. 大容量的鼠笼式电动机可采用<u>星形—三角形换接</u>和<u>自耦变压器</u>等降压起动方式，绕线式电动机采用<u>转子绕组串联电阻</u>的方法来改善起动性能。

65. 大小和方向随时间变化的电流，称为<u>交流</u>。

66. 大型花灯的固定及悬吊装置，应按灯具重量的 <u>2</u> 倍做过载试验。

67. 带电设备着火时应使用 <u>干粉、1211、二氧化碳</u> 灭火器，不得使用<u>泡沫</u> 灭火器灭火。

68. 单相三孔插座，接线要求是：上孔接 <u>PE</u> 线，左孔接 <u>N</u> 线，右孔接 <u>L</u> 线。

69. 当灯具距地面高度小于 <u>2.4m</u> 时，灯的可接近裸露导体必须接地或接零可靠。

70. 当绝缘导管在砌体上剔槽敷设时，应采用强度等级不小于 <u>M10</u> 的水泥砂浆抹面保护。

71. 灯具标注：<u>表示建筑物内房间灯具安装数量、安装高度、安装功率、安装方式及灯具型号</u>的文字符号。

72. 灯具质量超过 <u>3kg</u> 应预埋吊钩，安装高度小于 <u>2.4m</u> 时，其灯具金属外壳要求接零保护。

73. 等电位连接：将建筑物内<u>接地干线、各种设备干管、防雷接地网</u>用导体进行电气连接。

74. 低压电线和电缆，线间和线对地间的绝缘电阻值必须大于 <u>0.5MΩ</u>。

75. 低压配电的系统包括<u>放射式配电系统</u>、<u>树干式配电系统</u>、<u>链式配电系统</u>、<u>变压器—干线式配电系统</u>。

76. 低压是指电气设备在对地电压为 <u>250V</u> 以下。

77. 低压线路，10m 电杆埋深 <u>1.7m</u>，在居民区敷设最低高度不小于 <u>6m</u>。导线最小截面，铜线是 <u>16mm²</u>，铝线是 <u>25mm²</u>。

78. 低压验电笔一般适用于交、直流电压为 <u>500V</u> 以下。

79. 电动工具的电源引线，其中黄绿双色线应作为 <u>保护接地线</u>使用。

80. 电动机的可接近裸露导体必须接地或接零。

81. 电动机的铭牌有这样的代号"IP44"，IP 在这里代表防护等级。

82. 电动机若采用 Y/△起动时，其起动电流为全压起动的 1/3 倍。

83. 电动势是衡量电源做功能力的一个物理量。

84. 电放电具有电流大，电压高的特点。

85. 电杆拉线如从导线之间穿过，应在高于地面 2.5m 处装设拉线绝缘子。

86. 电工在停电检修时，必须在停电检修回路闸刀处挂上正在检修，不得合闸警示牌。

87. 电焊机械的二次线应采用防水橡皮护套铜芯软电缆，电缆长度不应大于 30m，不得采用金属构件或结构钢筋代替二次线的地线。

88. 电击是最危险的触电事故，大多数触电死亡事故都是由它造成的。

89. 电缆出入电缆沟、竖井、建筑物、柜盘处及管子管口处要做 密封处理。

90. 电缆桥架跨越建筑物变形缝时应设 补偿装置。

91. 电力在大负荷运行过程中出现故障切断电源先拉壳式断路器、后拉隔离开关。

92. 电流互感器一次电流，是由一次回路的负载电流所决定的，它不随二次回路阻抗变化，这是与变压器工作原理的主要区别。

93. 安全电压为 36V 及以下的照明灯具。

94. 吊灯用钢管做灯杆时，钢管内径不应小于 10mm，钢管厚度不应小于 1.5mm。

95. 定时限过电流保护：过电流继电保护装置动作时间固定的，与过电流大小无关。

96. 电动机从起动开始到起动结束，起动电流是从大到小。

97. 镀锌和壁厚小于等于 2mm 的钢导管不得套管熔焊连接。

98. 断路保护开关，在运行中起到 跳闸断电、分断电流、与一级漏电配合保护作用。

99. 对 36V 电压线路的绝缘电阻，要求不小于 0.5MΩ。

100. 对不遵守安全生产法律法规或玩忽职守、违章操作的有关责任人员，要依法追究行政责任、民事责任和刑事责任。

101. 对配电箱、开关箱进行定期维修、检查时，必须将其前一级相应的电源隔离开关分闸断电，并悬挂"禁止合闸、有人工作"停电标志牌，严禁带电作业。

102. 对配电箱箱体厚度不得小于 1.5mm，箱体表面应做防腐处理。

103. 多股铜芯线与插接式端子连接前，端部应 拧紧搪锡。

104. 额定电压为 220/36V 的单相变压器，已知一次绕组的匝数为 1100匝，则二次绕组的匝数为 180 匝。

105. 若在二次侧接一只 9Ω 的电阻，流过电阻的电流为 4A，此时一次电流为 0.65A。

106. 两个 10Ω 的电阻，并联是 5Ω，串联是 20Ω。

107. 发光效率：电光源辐射的光通量与消耗电功率的比值。

108. 发生触电事故的危险电压一般是从 65V 开始。

109. 发生电气火灾后必须进行带电灭火时，应该使用 四氯化碳灭火器。

110. 防雷接地装置的接地极距离建筑物的外墙不小于 3m，接地极的间距不小于 5m。

111. 防雷装置：由接闪器，引下线和接地装置组成。

112. 高层建筑供电要符合保证供电可靠性、减少电能损耗、接线简单灵活三项基本原则。

113. 高压断路器或隔离开关的拉合操作术语应是 拉开、合上。

114. 高压设备发生接地故障时，人体接地点的安全距离：室内应大于4m，室外应大于 8m。

115. 根据我国现行《供用电规则规定》，高压供用户必须保证功率因数在 0.9 以上；其他用户不得低于 0.85。

116. 工厂内各固定电线插座损坏时，将会引起 触电伤害。

117. 工地所使用临时用电由建筑电工持证上岗负责，其他人员禁止接驳电源。

118. 人工接地装置或利用建筑物基础钢筋的接地装置必须在地面以上设测试卡。

119. 共用天线电视系统的前端箱主要设备有天线放大器、衰减器、混合器、宽频带放大器、调解器、调制器等。

120. 管线加接线盒的规定是：直管超过 30m 加接线盒，一个弯时超过20m 加接线盒；两个弯时超过 15m 加接线盒；三个弯时超过 8m 加接线盒。

121. 国家规定的交流工频额定电压 50V 及以下属于安全电压。

122. 汇流排：即母线，它是汇集电能和分配电能的装置。

123. 火灾控制器有感烟、感温、感光、可燃气体几种。

124. 火灾自动报警系统调试时，要连续运行 120h 无故障。

125. 火灾自动报警系统应 单独布线。

126. 计算负荷：负荷曲线中半小时最大平均功率，称为计算负荷，是选择线路及开关电器及变压器的重要依据。

127. 继电保护装置和自动装置的投解操作术语应是 投入、解除。

128. 架空线的档距不应大于 35m。

129. 架空线路的线间距不得小于 0.3m。

130. 架空线在一个档距内，每层导线的接头不得超过该层导线条数的 50%，而且每一条导线应只做 1 个接头。

131. 间接接触触电的主要保护措施是在配电装置中设置漏电保护器。

132. 建设部规范中规定在施工现场专用的中性点直接接地的电力线路中必须采用 TN—S 接零系统。

133. 建筑电气施工图主要由设计说明、电气平面图和电气系统图组成。

134. 建筑电气照明计算包括照度计算、照明分荷计算。

135. 建筑配电线路采用三相五线制，导线穿管敷设颜色规定是：A 相线是黄色、B 相线是绿色、C 相线是红色、N 线是淡蓝色，PE 保护线是黄绿双色。

136. 建筑施工场所临时用电线路的用电设备必须安装漏电保护器。

137. 建筑施工企业建立健全新入场工人的三级教育档案，必须有教育者和被教育者本人签字，培训教育完成后，应分工种进行考试或考核合格后，方可上岗作业。

138. 建筑施工现场必须采用接零保护系统，即具有专用保护零线 PE 线、电源中性点直接接地的 220/380V 三相五线制系统。

139. 建筑施工现场的接地种类分为：工作接地、保护接地、重复接地、防雷接地。

140. 建筑施工现场临时用电工程专用的电源中性点直接接地的 220/380V 三相四线制低压电力系统，必须符合下列规定：采用三级配电系统；采用 TN—S 接零保护系统；采用二级漏电保护系统。

141. 建筑物的防雷装置通常由接闪器、引下线、接地体三部分组成。

142. 建筑物景观照明灯具安装时，每套灯具的导电部分对地绝缘的电阻值大于 2MΩ。

143. 建筑照明线路的敷设采用明线敷设、暗线敷设。

144. 将 10 个 100Ω 的电阻串联，总电阻是 10Ω。

145. 将两只 4Ω 的电阻并联，再串联一只 5Ω 的电阻，其总电阻是 7Ω。

146. 交流弧焊机变压器的一次侧电源线长度不应大于 5m，其电源进线处必须设置防护罩。

147. 接地 PE 或接零 PEN 支线必须单独与接地 PE 或接零 PEN 干线相连接，不得串联连接。

148. 接地电阻：接地装置与土壤的接触电阻、土壤体电阻及接地体的电阻之和。

149. 接地线应采用绿黄双色多股软铜线。

150. 结构施工自二层起，凡人员进出的通道口包括井架、施工用电梯的进出通道口，均应搭设安全防护棚。

151. 金属导体的电阻值随着温度的升高而增大。

152. 金属电缆桥架及其支架全长应不少于 2 处与接地或接零干线相连接。

153. 禁止使用绿/黄双色线导线作电气设备的负载线。

154. 经验电挂牌才能操作维修。

155. 静电电压最高可达 数万伏，可现场放电，产生静电火花，引起火灾。

156. 聚光灯和碘钨灯等高热灯具距易燃物的防护距离不小于 500mm。

157. 绝缘棒的规格必须符合被操作设备的电压等级，切不可任意取用。

158. 绝缘靴的试验周期是六个月一次。

159. 绝缘子用 2500V 绝缘电阻表摇测 1min 后的稳定绝缘电阻值，不应小于 20MΩ。

160. 开关是结构最简单、应用最广泛的低压开关电器。其作用是隔离电源。

161. 开关箱应装设在用电设备附近便于操作处，与所操作使用的用电设备水平距离不宜大于 3m。

162. 开关箱与所控制的固定式用电设备水平距离应为 3m。

163. 开关箱中的刀开关可用于不频繁操作控制电动机的最大容量是 3kW。

164. 开关箱中漏电保护器额定漏电动作电流≤30mA 额定漏电动作时间≤0.1s。

165. 空低压线路，10m 电杆埋深 1.7m，在居民区敷设最低高度不小于 6m，导线最小截面，铜线是 $10mm^2$，铝线是 $16mm^2$。

166. 空气泡沫灭火器使用时，灭火器应始终保持 直立状态，否则会中断喷射。

167. 跨步电压：高压线接地点或防雷接地装置周围 20m 内，沿径向每 0.80m 两点的电位差。

168. 拉闸断电操作程序必须符合安全规程要求，即先拉负载侧，后拉电源侧，先拉断路器，后拉刀闸等停电作业要求。

169. 雷雨天气需要巡视室外高压设备时，应穿绝缘靴，并不得 接近避雷器、避雷针和接地装置。

170. 力的国际单位是 N。

171. 利用万用表电阻挡判别二极管的极性时，若测得其正向电阻较小，则红表笔所接的是二极管的负极（填"正"或"负"）。

172. 临时用电工程必须经编制、审核、批准部门和使用单位共同验收，合格后方可投入使用。

173. 临时用电架空线路档距不得大于 35m。

174. 临时用电设备在 5 台及 5 台以上或设备总容量在 50kW 及 50kW 以上者，应编制临时用电施工组织设计。

175. 临时用电设备在 5 台及以上或设备总容量在 50kW 及以上者，应编制临时用电施工组织设计。

176. 临时用电施工组织设计及变更时，必须履行编制、审核、批准程序。

177. 楼宇自动化集成系统可以提供的服务有安全性服务、舒适性服务、可用性服务。

178. 漏电保护器参数选择应当合理，开关箱内的漏电保护器的额定漏电动作电流不得大于 30mA，额定漏电动作时间应小于 0.1s。

179. 漏电保护器的使用是防止 触电事故。

180. 漏电保护器后不得采用重复接地，否则送不上电。

181. 漏电保护器通常在图纸上用 RCD 表示。

182. 埋设在墙内或混凝土内的绝缘导管应采用中型以上的导管。

183. 每个设备和器具的端子接线不多于 2 根。

184. 每张操作票只能填写一个操作任务，每操作一项，做一个 记号"√"。

185. 面对单相三孔插座，右孔应接相线，左孔接零线，上孔接保护线。

186. 某电动机的型号是 Y132S2－2，其中的 Y 表示 Y 系列鼠笼式电动机，在 50Hz 的电源工作时，它的同步转速是 <u>3000r/min</u>。若转差率是 4%，则实际转速是 <u>2880r/min</u>。

187. 某电容量为 31.8μF 的电容器，接在 220V，50Hz 的交流电源上，其容抗为 <u>100Ω</u>，电流为 <u>2.2A</u>。

188. 某取暖器的额定值是 1000W/220V，则其额定电流是 <u>4.55A</u>，正常工作时的电阻是 <u>48.4Ω</u>。

189. 某三相异步电动机的额定功率为 1kW，转速为 970r/min，电源频率为 50Hz，则该电动机的极数为 <u>6</u> 极，转差率为 <u>0.03</u>。

190. 某正弦交流电压 $u = 220\sqrt{2}\sin\left(314t - \dfrac{\pi}{4}\right)$ V，其最大值为 <u>$220\sqrt{2}$</u> V，有效值为 <u>220</u>V，频率为 <u>50</u>Hz，角频率为 <u>314</u>，初相位为 $-\dfrac{\pi}{4}$。

191. <u>欧姆定律、克希荷夫定律、叠加原理</u>是交流电路的三个基本参数。

192. 配电盘（箱）、开关、变压器等各种电气设备附近不得<u>堆放易燃、易爆、潮湿和其他影响操作的物件</u>。

193. 配电线路必须按照<u>三级配电两级保护</u>进行设计。

194. 配电线路采用三相五线制，导线穿管敷设颜色规定是：A 相线是<u>黄色</u>，B 相线是<u>绿色</u>，C 相线是<u>红色</u>，N 线是淡蓝色，PE 保护线是 <u>黄绿相间色</u>。

195. 配电箱的电器安装板上必须分设 <u>N 线</u>端子板和 <u>PE 线</u>端子板。

196. 配电箱应<u>每班</u>检查巡视一次。

197. 配电装置和电动机械相连接的 PE 线应为截面不小于 <u>2.5m</u> 的绝缘多股铜线。

198. 配电装置送电操作顺序应是<u>总配电箱/配电柜→分配电箱→开关箱</u>。

199. 配电装置停电操作顺序应是<u>开关箱→分配电箱→总配件箱/配电柜</u>。

200. 气焊作业，氧气与乙炔瓶，距明火距离不小于 <u>10</u>m，两种气瓶的距离也应保持 5m 以上。

201. 钳形电流表主要用于在不断开线路的情况下直接测量<u>线路电流</u>。

202. 抢救触电伤员时正确的抢救体位是<u>仰卧位</u>。

203. 热继电器的作用主要是用于电动机的<u>过载</u>保护。

204. 人工接地装置或利用建筑物基础钢筋的接地装置必须在地面以上

设测试卡。

205. 人体触电的方式包括<u>单相触电</u>，<u>两相触电</u>，<u>跨步电压触电</u>。

206. 人体在电磁场作用下，由于<u>电磁波辐射</u>将使人体受到不同程度的伤害。

207. 如果工作场所潮湿，为避免触电，使用手持电动工具的人应<u>站在绝缘胶板上操作</u>。

208. 若装设的补偿电容器过多而形成过补偿时，功率因数便<u>小于 1</u>。

209. 三级配电漏电开关选择其额定漏电动作电流不得大于<u>30mA</u>、额定漏电动作时间不得大于 0.1s。

210. 三级配电中，<u>开关箱</u>必须装设漏电保护器，其额定动作电流不大于<u>30mA</u>，额定漏电动作时间应小于<u>0.1s</u>。

211. 三检制：即"<u>自检、互检、交接检</u>"制度，是电气施工员在施工现场控制工程质量，实现工程质量预控的重要手段。

212. 三孔插座，接线要求是：上孔接 <u>PE 线</u>，左孔接 <u>N 线</u>，右孔接 <u>L 线</u>。

213. 三相四线供电体系中，线电压是指<u>两根不同相线</u>之间的电压，相电压是指<u>相线与中线</u>之间的电压，且 $U_L = \sqrt{3} U_P$。

214. 三相四线制可输送<u>220、380V</u> 电压。

215. 三相相线（L1、L2、L3）N 线、PE 线的颜色标记有<u>依次为黄、绿、红、淡蓝色、绿/黄双色</u>规定。

216. 三相异步电动机的额定功率为 1kW，转速为 970r/min，电源频率为 50Hz，则该电动机的极数为<u>6</u>极，转差率为<u>0.03</u>，额定转矩为<u>9.8N·m</u>。

217. 三相异步电动机的基本结构是由<u>定子</u>和<u>转子</u>两大部分组成。其中，转子绕组有<u>鼠笼式</u>和绕线式两种形式。

218. 三相异步电动机的接线方式有 <u>Y 形</u>和<u>△形</u>两种。

219. 三相异步电动机运行时，如果一相断开，则会出现嗡嗡声，<u>且温度升高</u>。

220. 三相异步电动机作星形联结时，其中性点<u>无须接入中性线</u>。

221. 设计交底是<u>设计单位</u>向<u>施工技术人员</u>交代设计意图的行之有效的办法。

222. 剩余电流断路器是利用电气线路或电气设备发生<u>单相</u>接地短路故障时产生的剩余电流来切除故障线路或设备电源的保护器。

223. 施工工长在施工前必须向施工小组下达<u>任务书</u>和<u>技术质量、安全</u>书面交底。

224. 施工图预算：是工程开工前，由建设单位或施工单位根据正式设计图纸，按预算定额，费用定额编制工程造价<u>经济</u>文件。

225. 施工图预算中直接费是指<u>人工费、材料设备费、机械费</u>。

226. 施工现场临时用电采用的三级配电箱是指（总）配电箱、（分）配电箱、（开关）箱。

227. 施工现场内严禁使用电炉，使用碘镍灯时，灯与易燃物的距离大于 <u>300</u>MM，室内不准使用功率超过 <u>100W</u> 的灯泡，严禁使用床头灯。

228. 施工现场用电工程中，PE 线上每处重复接地的接地电阻值不应大于 <u>10Ω</u>。

229. 施工现场用电系统中，工作零线的颜色应是<u>淡蓝色</u>。

230. 施工现场用火必须报<u>消防部门</u>检查批准，开用火证方可作业。

231. 施工现场照明设施的接电应采取的防触电措施<u>为切断电源</u>。

232. 施工用电总配电箱、分配电箱以及开关箱中，都要装隔<u>离开关</u>。

233. 施工组织设计分类主要包括<u>分部工程施工方案、单位工程施工组织设计和项目总施工组织设计</u>三种。

234. 施工组织设计是整个施工过程中<u>技术经济</u>文件，也是开工前必须做的一项<u>重要</u>工作。

235. 使三相异步电动机反转的方法是<u>任意对调两根电源线</u>。

236. 使用的电气设备按有关安全规程，其外壳应有<u>保护性接零或接地</u>防护措施。

237. 使用电气设备时，由于维护不及时，当 <u>导电粉尘或纤维</u>进入时，可导致短路事故。

238. 使用绝缘棒时，操作者的手握位置不得超过护环。

239. 使用三相四线制供电压器，零线电流不应超过低压额定电流的 <u>25%</u>。

240. 使用绝缘电阻表时应按规定的转数摇动。一般规定为：<u>120r/min</u>。

241. 事故隐患泛指生产系统中存在的导致事故发生的人的不安全行为、<u>物的不安全状态</u>以及管理上的缺陷。

242. 室内照明线路的用电设备，每一回路的总容量不应超过 <u>2kW</u>。

243. 室外 220V 灯具距离地面不得低于 <u>3m</u>，室内 220V 灯具距离地面不得低于 <u>2.5m</u>。

244. 室外固定式灯具的安装高度应≥3m。

245. 室外埋地敷设的电缆导管，埋深不应小于0.7m。

246. 手持及移动式电动机具所装设的漏电保护器，其漏电动作电流不大于15mA，时间不应大于0.1s。

247. 疏散通道上的标志灯间距不应大于20m。

248. 所谓220V的交流电压，是指它的：有效值。

249. 特种作业人员，必须积极主动参加培训与考核。既是法律法规的规定，也是自身工作，生产及生命安全的需要。

250. 特种作业资格证书在全国通用。

251. 填写操作票，须包括操作任务、操作顺序、发令人、操作人、监护人及操作时间等。

252. 停车场的读卡根据所用的卡片感应距离的不同，分为短距离、中长距离和远距离读卡器。

253. 停车场管理系统的基本组成有停车场入口系统、停车场出口系统、管理系统。

254. 停电检修时，在一经合闸即可送电到工作地点的开关或刀闸的操作把手上，应悬挂"禁止合闸，有人工作"标示牌。

255. 通电导体在磁场中受到的电磁力，方向可用左手定则来确定。

256. 通过导线的电流增大一倍时，则导线产生的热量将会增大四倍。

257. 通过人身的安全直流电流规定在50mA以下。

258. 危险性较大的特殊场所，当灯具距地面高度小于2.4m时，应使用额定电压为36V及以下的照明灯具。

259. 为防止静电火花引起事故，凡是用来加工、储存、运输各种易燃气、液、粉体的设备金属管、非导电材料管都必须接地。

260. 为了使用安全，电流互感器的二次侧一定需要接地，运行时二次绕组不得开路；电压互感器的二次绕组不得短路。

261. 我国安全生产的基本方针是安全第一，预防为主，综合治理。

262. 我国规定的安全电压为42V、36V、24V、12V、6V 5个等级。

263. 相对而言，直流电流对人的伤害程度一般较轻。

264. 二氧化碳灭火器适于扑灭电气火灾。

265. 胸到左手是最危险的电流途径（触电）。

266. 在距接地点20m以外的周围的电位近于零。

267. 线路标注：电气线路中表示导线型号、截面规格、敷设方式及部位要求和方式的文字说明符号。

268. 相同长度和相同截面积的几种金属线材，它们的电阻值由大到小排列符合条件的是：$R_{铁} > R_{铝} > R_{铜}$。

269. 相线 L1（A）、L2（B）、L3（C）相序的绝缘颜色依次为黄、绿、红色；N 线的颜色为淡蓝色；PE 线的绝缘颜色为绿/黄双色。

270. 心肺复苏法胸外按压要以均匀速度进行，每分钟 100 次，每次按压和放松的时间相等。

271. 行灯的电源电压不应大于 36V。

272. 压力传感器是将压力转换成电流或电压的器件，可以用来测量压力和液位。

273. 验电装拆接地线的操作术语是 装设、拆除。

274. 一般的自动控制系统由被控对象、检测仪表或装置调节器/控制器和执行器几个基本部分组成。

275. 一般家庭宜选择动作时间为 0.1s 以内，动作电流在 30mA 以下的漏电保护器。

276. 一般居民住宅、办公场所，若以防止触电为主要目的，应选用漏电动作电流为 30mA 的漏电保护开关。

277. 一度电可以供 40W 白炽灯工作 25h。

278. 一盏 220V/100W 的灯正常发光 8h。若 1kW·h 的电价为 0.55 元，则用该灯照明需付的电费是 0.44 元。

279. 一只表盘面上标有额定电流为 5（10）A 的单相功率表，它的最大计量用电功率可为 2.2kW。

280. 移动式电动工具及其开关板（箱）的电源线必须采用铜芯橡皮绝缘护套或铜芯聚氯乙烯绝缘护套软线。

281. 乙炔瓶应放置在距离明火至少 10m 以外的地方，严禁倒放。

282. 已执行的操作票注明"已执行"。作废的操作应注明"作废"字样。这两种操作票至少要保存 三个月。

283. 异步电动机的调速有变极调速，变频调速，变转差率调速几种。

284. 异步电动机基本结构由定子和转子两大部分组成。

285. 应用工频交流电的白炽灯，实际上每秒钟分别亮暗 100 次。

286. 由电流方向确定线圈产生的磁场方向，应运用右手螺旋定则。

287. 由电流方向确定直导体产生的磁场方向，应运用右手螺旋定则。

288. 有两个 6Ω 的电阻并联，测量到的阻值是 3Ω。

289. 有一个 220V100W 白炽灯接在 220V 电源上，它的工作电流是 0.45A。

290. 有一个 $2\mu F$ 的电容器接在直流 220V 电路中，它的持续电流是 0A。

291. 有一个电容器接在交流 220V 电路中，电流是 1A，它的有功功率是 0W。

292. 与金属导体的电阻无关的因素是外加电压。

293. 遇有 6 级以上强风、浓雾等恶劣气候，不得进行露天攀登与悬空高处作业。

294. 遇有电气设备着火时，应立即将该设备的电源切断，然后进行灭火。

295. 火灾自动报警系统调试时，要连续运行 120h 无故障。

296. 在变压器的图形符号中 Y 表示三相线圈星形联结。

297. 在潮湿场所或金属构架上严禁使用 I 类手持式电动工具。

298. 在带电设备周围严禁使用皮尺、线尺、金属尺进行测量工作。

299. 在倒闸操作中若发生疑问时，不准擅自更改操作票，待向值班调度员或值班负责人报告，弄清楚后再进行操作。

300. 在腐蚀性土壤中，人工接地体表面应采取如下措施镀锌或铜。

301. 在基坑四周的临时栏杆可采用钢管并打入地面 50～70cm 深。

302. 在交流电动机相关计算中，字母 S 代表的是转差率。

303. 在交流电路中，零线即是对地无电压的线。

304. 在交流接触器控制的正反转电路中，若 KM1 与 KM2 同时吸合，将会导致两相短路，所以在设计控制电路时，一定要采取连锁措施，防止这种事件的发生。

305. 在晶体管的输出特性中有三个区域分别是截止区、放大区和饱和区。

306. 在施工现场检查电气负载电流时，不用把线路断开，就可以直接测量负载电流大小的仪表是钳形电流表。

307. 在使用直流电压表的时候，如果把接线柱的正负极接反，指针会反转。

308. 在下列办法中，不能改变交流异步电动机转速的是改变供电电网的电压。

309. 在遇到高压电线断落地面时，导线断落点 20m 内，禁止人员进入。

310. 在阻、容、感串联电路中，只有电阻是消耗电能，而电感和电容只是进行能量变换。

311. 绝缘电阻表主要用来测量各种<u>绝缘电阻</u>。

312. 照明：被照工作面单位面积接受的光通量，叫<u>照度</u>。单位：勒克司。

313. 照明器电光源的种类有<u>白炽灯</u>、<u>碘钨灯</u>、<u>荧光灯</u>、<u>汞灯</u>、<u>钠灯</u>、<u>金属卤化物灯</u>等。

314. 正弦交流电压 $u = 2\sin\left(314t - \dfrac{\pi}{3}\right)$ V，其最大值为 <u>2</u>V，有效值为 $\underline{\sqrt{2}}$ V，角频率为 <u>314</u>，频率为 <u>50</u>Hz，初相位为 $-\dfrac{\pi}{3}$。

315. 值班人员因工作需要移开遮栏进行工作，要求的安全距离是 10kV 时 <u>0.7m</u>，35kV 时 <u>1.0m</u>，110kV 时 <u>1.5m</u>，220kV 时 <u>3.0m</u>。

316. 值班运行工的常用工具有<u>钢丝钳</u>、<u>螺丝刀</u>、<u>电工刀</u>、<u>活扳手</u>、<u>尖嘴钳</u>、<u>电烙铁</u>和<u>低压验电笔</u>等。

317. 智能建筑弱电技术，以<u>信息技术</u>为主，是实现<u>智能建筑功能</u>的主要技术手段，具有广阔的发展前景。

318. 智能建筑弱电系统是以<u>建筑环境</u>和<u>系统集成</u>为平台，主要通过<u>综合布线系统</u>作为传输网络基础通道，由各种弱电技术与建筑环境的各种设施有机结合和综合运用形成各个子系统，从而构成了符合智能建筑功能等方面要求的建筑环境。

319. 中度一氧化碳中毒昏迷的患者，若呼吸微弱甚至停止，必须立即<u>进行人工呼吸</u>。

320. 中央空调的系统包括<u>冷水机组</u>、<u>冷冻水循环系统</u>和<u>冷却水系统</u>。

321. 重复接地及作用：N 线或 PE 线在多地点接地，作用：（1）<u>防止 N 线断线造成 N 线对地电压过高使用电设备外壳带电发生触电危险</u>；（2）<u>降低三相负载电压不平衡程度</u>。

322. 周期与频率的关系是<u>反比</u>。

323. 装用漏电保护器，是<u>基本保安措施和安全技术措施</u>。

324. 字母 jy 表示的防护性能是<u>绝缘</u>。

325. 总配电箱应设在靠近电源地方，分配电箱应设置在<u>用电设备或负载相对集中</u>地方，分配电箱与开关箱的距离不得超过 <u>30</u>m，开关箱与其控制的固定式用电设备的水平距离不宜超过 <u>3</u>m。

326. 总配电箱应装设三表，<u>电能表</u>、<u>电流表</u>、<u>电压表</u>。

二、判断题 (587 道)

1.《建设工种安全生产管理条例》规定：建设单位在编制工程概算时，应当确定建设工程安全作业环境及安全施工措施所需费用。（√）

2.《建筑法》规定：施工现场安全由建筑施工企业负责。实行施工总承包的，由总承包单位负责。分包单位向总承包单位负责，服从总承包单位对施工现场的安全生产管理。（√）

3. 220V、100W 的电烙铁其电阻应为 484Ω。（√）

4. 380V/220V 的三相四线制供电线路可以提供给电动机等三相负载用电，同时还可以供给照明等单项用电。（√）

5. BV 型绝缘电线的绝缘层厚度，截面 2.5～6mm² 的不小于 0.8mm，截面 10～16mm² 的不小于 1mm。（√）

6. DDC 控制器又称模拟控制器。（×）

7. DZ 型断路器使用中一般不能调整过电流脱扣器的整定电流值。（√）

8. $i_1 = 10\sin(628t + 600)$，$i_2 = 20\sin(314t - 300)$，两个交流电的相位差为 900。（×）

9. $i_1 = 10\sin(628t + 600)$，$i_2 = 20\sin(628t - 300)$，两个交流电的相位差为 900。（√）

10. TN－C－S 系统中的一部分设备保护接地，另一部分设备保护接零。（×）

11. TN－C 系统通常称为三相四线系统，其特点是 N 与 PE 分开。（×）

12. TN－S 系统是指电源中性点接地，中性线与保护线分开的系统。（√）

13. TN－S 系统通常称为三相五线系统，其特点是 N 与 PE 分开。（√）

14. 安全警示标志应当明显、保持完好、便于从业人员和社会公众识别。（√）

15. 安全帽在使用时，不出现帽壳、帽衬有裂痕或损坏现象，就可继续使用。（×）

16. 安装电工、焊工、起重吊装工和电气调试人员等，按有关要求持证上岗。（√）

17. 安装闸刀开关时，应保证闸刀向上推为合闸，向下拉为断路。（√）

18. 按照接地的作用，将钢筋混凝土构架接地属于保护接地。（×）

19. 保护接地和保护接零的作用是不相同的。（√）

20. 保护接零是接地的形式之一。（×）

21. 保护零线必须采用绝缘导线。（√）

22. 保护零线在特殊情况下可以断线。（×）

23. 避雷针实际是引雷针，将高压云层的雷电引入大地，使建筑物、配电设备避免雷击。（√）

24. 变电站的作用是从电力系统接受电能和分配电能。（×）

25. 变电站停电时，先拉隔离开关，后切断断路器。（×）

26. 变风量空气温度的调节是靠送风温度的改变来实现的。（×）

27. 变配电的主接线电器设备中表示"电流互感器"的文字符号是：TA。（√）

28. 变配电的主接线电器设备中表示"断路器"的文字符号是：QS。（×）

29. 变配电的主接线电器设备中表示"隔离开关"的文字符号是：QF。（×）

30. 变配电的主接线电器设备中表示"熔断器"的文字符号是：FU。（√）

31. 变压器负载运行时效率等于其输入功率除以输出功率。（×）

32. 变压器可以将直流电压升高或降低。（×）

33. 变压器是一种静止的电气设备，它只能传递电能而不能产生电能。（√）

34. 不引出中性线的三相供电方式叫三相三线制，一般用于高压输电系统。（√）

35. 不准酒后或有过激行为之后进行维修作业。（√）

36. 部分电路欧姆定律的表达式：$U = IR$。（√）

37. 采用 36V 安全电压后，就一定能保证绝对不会再发生触电事故了。（×）

38. 采用直接起动的电动机，在同一电力网引起的电压偏差、波动不大于正常电压的 15%，经常起动的要求不大于 10%。（√）

39. 操作者有权拒绝违章指挥和强令冒险作业。（√）

40. 测量电流的电流表内阻越大越好。（×）

41. 测量电压时，不论低压线路还是高压线路，用普通电压表可直接测量。（×）

42. 测量交流时，一般用磁电式仪表。（×）

43. 测量接地电阻前，须将仪表调零后再进行接线。（√）

44. 测量接地电阻时，被测接地体和两个辅助接地极应成一直线。（√）

45. 测量接地电阻时，被测接地体与两个接地极的连接不应与地下金属管道或地上高压架空线路平行走向。（√）

46. 测量接地装置的电阻时，电位极（P1）距被测接地体不得小于40m，电流极（C1）距被测接地体不得小于20m。（×）

47. 测量直流时，仪表的正极接线路负极，仪表的负极接线路的正极。（×）

48. 插座是最常用的低压电器，其中的接地极应连接在保护零线上。（√）

49. 常用的电工工具有验电笔、电工刀、螺丝刀、钢丝钳、尖嘴钳、斜口钳、剥线钳等。（√）

50. 常用电工仪表按工作电流分为直流仪表、交流仪表、交直两用仪表。（√）

51. 常用电工仪表按工作原理分为磁电式、电磁式、电动式、感应式等。（√）

52. 潮湿和易触及带电梯场所的照明，电源电压不得大于24V。（√）

53. 承力建筑钢结构构件上，可热加工开孔。（×）

54. 除电工外，其他人员不得随意从事电气设备及电气线路的安装、维修和拆除。（√）

55. 除设计要求外，电缆桥架水平安装的支架间距为1.5～3m。（√）

56. 触电的危险程度完全取决于通过人体电流的大小。（×）

57. 触电急救的第一步是使触电者迅速脱离电流，第二步是立即送往医院。（×）

58. 触电急救有效的急救在于快而得法，即用最快的速度，施以正确的方法进行现场救护，多数触电者是可以复活的。（√）

59. 触电事故是由电流的能量造成的，触电是电流对人体的伤害。（√）

60. 穿过漏电保护器的N线仍可作PEN线用。（×）

61. 串联电路中各元件上的电流相等。（√）

62. 垂直干线子系统布线走线应选择干线线缆最短、最经济、最安全的路由。（√）

63. 对纯电感线圈直流电来说，相当于短路。（√）

64. 纯电阻单相正弦交流电路中的电压与电流，其瞬间时值遵循欧姆定律。（√）

65. 瓷插式熔断器在使用时，只要熔体能够装入熔器，就符合安装要求。（×）

66. 磁场可用磁力线来描述，磁铁中的磁力线方向始终是从 N 极到 S 极。（×）

67. 从各相首端引出的导线叫相线，俗称火线。（√）

68. 从三相绕组始端引出的三根导线分别是端线、相线或者火线，从中性点引出的线称为中线，以红颜色标出。（×）

69. 从事特种作业的劳动者必须经过专门培训并取得特种作业资格。（√）

70. 从业人员发现直接危及人身安全的紧急情况时，应在完成工作任务后撤离作业场所。（×）

71. 从中性点引出的导线叫中性线，当中性线直接接地时称为零线，又叫地线。（√）

72. 错误操作和违章作业造成的触电事故较少。（×）

73. 大自然中雷电的形式有：片状、线状及球形。（√）

74. 带电灭火必须使用不导电的灭火剂，如干粉灭火器。（√）

75. 带电灭火可以远距离使用高压水枪灭火。（×）

76. 带电设备着火时，应使用干式灭火器、CO_2 灭火器等灭火，不得使用泡沫灭火器。（√）

77. 单相二线线路中，零线截面不小于相线的 50%。（×）

78. 单相异步电动机为了产生旋转磁场，常用的方式有电容分相式和罩极式，它们的输出功率都比较大。（×）

79. 单相用电设备的接入应尽可能使三相电力变压器三相负载平衡。（√）

80. 当安装电线导管时，管长度每超过 20m，有一个弯曲时，中间应增设接线盒或拉线盒。（√）

81. 当变压器一次绕组通以直流电时，二次绕组不能感应出电动势。（√）

82. 当测量接在通电电路的电阻的大小时，可以直接用欧姆表进行测量。（×）

83. 当导体在磁场内运动时，导体内总会产生感应电动势。（×）

84. 当电路中的参考点改变时，某两点间的电压也将随之改变。（×）

85. 当电源电压等于 380V 时，无论三相负载是 Y 接或△接，其有功功率

都是按 $P=\sqrt{3}UI\cos\varphi$ 计算的，因此数值也是相同的。（√）

86. 当工作线路上有感应电压时，应在工作地点加挂辅助保安线。（√）

87. 当人体直接碰触带电设备中的一相时，电流通过人体流入大地，这种触电现象称为单相触电。（√）

88. 当三相负载不平衡时，在零线上出现零序电流，零线对地呈现电压，可能导致触电事故。（√）

89. 当三相异步电动机的定子绕组中有一相或两相电源线断路时，电动机仍能正常起动，但功率有所降低。（×）

90. 当线路明配电线保护管时，弯曲半径不宜小于管外径的 10 倍。（√）

91. 导管和线槽在建筑物变形缝处，应设补偿装置。（√）

92. 导体对电流的阻碍作用叫做电阻。（√）

93. 导线 RVS 可用于室内照明及插座回路中作固定敷设用。（×）

94. 导线的安全载流量，在不同环境温度下，应有不同的数值，环境温度越高，安全载流量越大。（×）

95. 导线的截面选择应考虑：机械强度、载流量和电压损失的要求，一般情况下取三者中的最大值。（√）

96. 导线的选择主要是选择导线的种类和导线的截面。（√）

97. 导线敷设在吊顶或天棚内，可不穿管保护。（×）

98. 导线截面的选择主要是依据线路负荷计算结果，其他方面可不考虑。（×）

99. 灯具安装接线后，进行系统导线绝缘测试。（×）

100. 灯具的安装高度低于 2.4m 时，应做接零或接地保护。（√）

101. 灯具的绝缘电阻值不小于 2MΩ，开关、插座的绝缘电阻值不小于 5MΩ。（√）

102. 灯具平面布置的方式为：长方形、正方形、菱形。（√）

103. 登高作业时必须设专人监护。（√）

104. 等电位联结是将设备的金属外壳通过同一条接地线与接地体连接。（×）

105. 低压电力网中，电源中性点接地电阻不超过 4Ω。（√）

106. 低压断路器能对电路适时控制和保护。（√）

107. 低压断路器只能通断负荷电流，不能在负荷侧发生过载、短路时自动切断电源。（×）

108. 低压隔离开关的主要作用是检修时，实现电气设备与电源隔离。（√）

109. 低压隔离开关在使用中一般与低压断路器串联。（√）

110. 低压接户线的对地距离，不应该低于 2.5m。（√）

111. 低压临时照明若装设得十分可靠，也可采用"一线一地制"供电方式。（×）

112. 碘钨灯、聚光灯等高热灯具与易燃物的距离应不小于 500mm。（√）

113. 电操作顺序为，总配电箱→分配电箱→开关箱。（×）

114. 电磁式仪表可直接用于直流和交流测量。（√）

115. 电动机的额定功率是指电动机的输入功率。（×）

116. 电动机工作温度的极限值主要取决于环境温度。（×）

117. 电动机外壳一定要有可靠的保护接地或接零。（√）

118. 电动机在运行中，其起动装置出现冒烟或起火现象，应立即停止运行。（√）

119. 电动机在运行中，突然出现温升过高，应注意监视运行。（×）

120. 电动势的实际方向规定为从正极指向负极。（×）

121. 电杆埋深长度宜为杆长的 1/10 加 0.6m。（√）

122. 电感线圈具有"通交流，阻直流；通高频，阻低频"的特性。（×）

123. 电感线圈在直流电路中相当于短路。（√）

124. 电工和用电人员工作时，必须按规定穿戴绝缘防护用品，使用绝缘工具。（√）

125. 电工可以穿防静电鞋工作。（×）

126. 电工作业登在人字梯上操作时，不能采取骑马式站立，以防止人字梯自动滑开时造成失控摔伤。（√）

127. 电功建筑机械带电零件与机体间的绝缘电阻不应低于 1MΩ。（×）

128. 电焊机的外壳必须有可靠的接零或接地保护。（√）

129. 电焊机械的二次线应采用防水橡皮护套钢芯软电缆，电缆长度不应大于 50m，其护套不得破裂，接头必须绝缘，防水包扎防护好，不应有裸露带电部分。（×）

130. 电焊钳过热后严禁浸在水中冷却后使用。（√）

131. 电荷向一定方向的移动就形成电流。（√）

132. 电击是电流通过人体内部，破坏人的心脏、神经系统、肺部的正常工作造成的伤害。（√）

133. 电缆的保护层是保护电缆缆芯导体的。（×）

134. 电缆的首端、末端和分支处应设标志牌。（√）

135. 电缆敷设前绝缘测试合格，才能敷设电缆。（√）

136. 电缆线路应采用埋地或架空敷设，严禁沿地面明设。（√）

137. 电缆在电缆沟内敷设时，电压低的电缆应敷设在电压高的上面。（×）

138. 电缆在电缆沟内敷设时，应在每根支架上加以固定，以确保电缆之间的水平间距要求。（√）

139. 电流的基本单位是安培，简称"安"，用字母"A"表示。（√）

140. 电流互感器的一次、二次回路都不允许接熔断器。（×）

141. 电流互感器的一次电流取决于二次电流，二次电流大，一次电流也变大。（×）

142. 电流互感器是将高压系统中的电流或低压系统中的大电流变成低压标准的小电流（5A 或 1A）。（√）

143. 电路是由电源、负载、开关经导线连接而成的闭合回路。（√）

144. 电路有空载、负载和短路三种运行状态。（√）

145. 电路中的交流电流的大小和方向是随时间作周期性变化的。（√）

146. 电路中的直流电流的大小和方向是随时间而变化的。（×）

147. 电路中各点电位的高低与参考点选取有关。（√）

148. 电路中两点的电位分别是 $V_1 = 10V$，$V_2 = -5V$，这 1 点对 2 点的电压是 15V。（√）

149. 电路中两点间的电位差，叫电压。（√）

150. 电能表上标注的额定电流是指括号内的数字。（×）

151. 电气控制系统采用三相五线制，工作零线、保护零线应始终分开，保护零线应采用绿/黄双色线。（√）

152. 电气设备因运行需要而与工作零线连接，称保护接零。（×）

153. 电气设备正常情况下不带电的金属外壳和机械设备的金属构架与保护零线连接，称保护接零或接零保护。（√）

154. 电气照明常用白炽灯泡的瓦数越大，它的电阻便越小。（×）

155. 电气照明计算包括照度计算和照明负载计算。（√）

156. 电器设备功率大，功率因数当然就大。（×）

157. 电容 C 是由电容器的电压大小决定的。（×）

158. 电位高低的含义，是指该点对参考点间的电流大小。（×）

159. 电线、电缆穿管前，应清除管内杂物和积水。（√）

160. 电线、电缆的回路标记应清晰，编号要准确。（√）

161. 电压的基本单位是伏特，简称"伏"，用字母"V"表示。（√）

162. 电压互感器的一次、二次回路都不允许接熔断器。（√）

163. 电源线接在插座上或接在插头上是一样的。（×）

164. 电阻并联电路中，各电阻承受的电压相等。（√）

165. 电阻并联时的等效电阻值比其中最小的电阻值还要小。（√）

166. 电阻串联电路中，各电阻承受的电压相等。（×）

167. 电阻的基本单位是欧姆，简称"欧"，用字母"Ω"表示。（√）

168. 吊篮是悬挂机构架设于建筑物上，提升机驱动悬吊平台通过钢丝绳沿立面上下运行的一种常设悬挂设备。（×）

169. 顶管施工管道内的照明应采用 36V 电压。（√）

170. 动力和照明工程的漏电保护装置可不做模拟动作试验。（×）

171. 动力开关箱和照明开关箱可以合设在一个配电箱内，并保证接线正确。（×）

172. 动力开关箱与照明开关箱必须分设。（√）

173. 动力配电箱的闸刀开关可以带负载拉开。（×）

174. 镀锌的钢导管不得熔焊跨接接地线。（√）

175. 短路电流大，产生的电动力就大。（×）

176. 短路和断路不是同一种工作状态。（√）

177. 短路和断路是同一种工作状态。（×）

178. 短路是电路的一种工作状态。（×）

179. 对称三相 Y 接法电路，线电压最大值是相电压有效值的 3 倍。（×）

180. 对触电人进行人工呼吸救护时，吹气时间约为 2s，换气时间约为 3s。（√）

181. 对电气安全规程中的具体规定，实践中应根据具体情况灵活掌握。（×）

182. 对电气设备及线路、施工机械电动机的绝缘电阻值，每年至少检测两次。（√）

183. 对电源来讲，前级熔丝应小于后级，熔体才会有选择性。（×）

184. 对混凝土搅拌机、钢筋加工机械、木工机械、盾构机械等设备进行清理、检查、维修时，必须首先将其开关箱分闸断电，呈现可见电源分断点，并关门上锁。（√）

185. 对施工现场存在的安全问题，有权提出建议、检举和控告。（√）

186. 对于容量大于 100kVA 的变压器，高压侧要采用隔离开关和断路器控制线路通断。（√）

187. 对智能小区的系统、功能、硬件配置和软件的要求，建设部住宅产业化办公室制定的《全国住宅小区智能化系统示范工程建设要点与技术手册》中做出了明确的规定。（×）

188. 盾构机械的负荷线必须固定牢固，距地高度不得小于 2.5m。（√）

189. 多台电焊机集中使用时，应接在三相电源同一网络上。（×）

190. 额定电压交流 1kV 及以下、直流 1.5kV 及以下的应为低压电器设备、器具和材料。（√）

191. 额定电压交流 1kV 及以下的应为低压电器设备、器具和材料。（√）

192. 发电机组电源必须与外电线路并列运行。（×）

193. 发电机组电源不能与外电线路并列运行。（√）

194. 发生跨步电压电击时，大部分电流不通过心脏，只能使人感觉痛苦，没有致命危险。（×）

195. 发生两相触电时，作用于人体上的电压等于相电压，触电后果往往很严重。（×）

196. 发生人身触电时，应立即切断电源，然后方可对触电者紧急救护，严禁在未切断电源之前与触电者直接接触。（√）

197. 发生危及人身安全的紧急情况时，特种作业人员无权停止作业或撤离危险区域。（×）

198. 发现有触电者应立即用手去拉触电者，使其脱离电源。（×）

199. 防爆导管应采用倒扣连接。（×）

200. 防雷接地不属于保护性接地。（×）

201. 非镀锌电缆桥架间的连接板的两端跨接铜芯接地线的最小允许截面为 4mm^2。（√）

202. 分配电箱的电器配置在采用二级漏电保护的配电系统中、分配电箱中也必须设置漏电保护器。（×）

203. 敷设在竖井内和穿越不同防火区的桥架，按设计要求位置，应有

防火隔堵措施。（√）

204. 负载电功率为正值表示负载吸收电能，此时电流与电压降的实际方向一致。（√）

205. 感知电流、摆脱电流和心室颤动电流一般与体重成正比，体重越轻越敏感。（×）

206. 钢筋机械的金属基座必须与 PE 线做可靠的电气连接。（√）

207. 隔离开关应设置于电源出线端，应采用具有可见分断点的隔离开关。（×）

208. 各级配电装置均应配锁，并由专人负责开启和关闭上锁。（√）

209. 各种熔断器的额定电流必须合理运用，严禁在施工现场利用铁丝、铝丝等非专用的熔丝替代。（√）。

210. 根据用电设备的重要性，电力负荷分为三级，其中的一级负荷应有两个独立电源供电。（√）

211. 工作零线必须经过漏电保护器，保护零线不得经过漏电保护器。（√）

212. 工作零线断开会造成三相电压不平衡，烧坏电气设备。（√）

213. 工作零线和保护零线均应穿过漏电保护器。（×）

214. 工作面上单位面积接收的光通量称亮度。（×）

215. 功率计算可以用叠加定理。（×）

216. 功率因数越低，电源电压与负荷电流间的相位差就越小。（√）

217. 供暖系统的管道无爆炸的危险，可以用于自然接地体。（×）

218. 固定式配电箱、开关箱的中心点与地面的垂直距离应为 1.4～1.6m。（√）

219. 光源的显色性可用显色指数 Ra 来表示。（√）

220. 光源在某一特定方向单位立体角内的光通量称光强。（√）

221. 焊件进行临时点固时可由配合焊工作业的人员进行。（×）

222. 很有经验的电工，停电后不一定非要再用验电笔测试便可进行检修。（×）

223. 互感器是按比例变换电压或电流的设备。（√）

224. 户外垂直导线在包扎绝缘胶布时，应从下向上包。（×）

225. 护套线在同一墙面转弯时，弯曲半径应不小于护套线宽度的 3～6 倍。（√）

226. 黄色透明带灯的按钮多用于显示工作状态或间歇状态。（√）

227. 混凝土机械电机的金属外壳或基座与 PE 线连接必须可靠，连接点不得少于 2 处。（√）

228. 火灾报警系统除了火灾探测器完成火灾的自动探测外，还需要手动报警按钮联动控制模块，声光报警，信号输入模块、总线隔离模块。（√）

229. 几个不等值的电阻串联，每个电阻中流过的电流也不相等。（×）

230. 继电器既可以做过载保护，也可以做短路保护。（×）

231. 加在电阻上的电压增大到原来的 2 倍时，它所消耗的电功率也增大到原来的 2 倍。（×）

232. 架空电缆可利用现场的脚手架敷设。（×）

233. 架空电缆严禁沿脚手架、树木或其他设施敷设。（√）

234. 架空电缆应沿电杆、支架或墙壁敷设，用绝缘子固定，并用绝缘线绑扎。（√）

235. 架空线可以使用裸导线，并应符合高度要求。（×）

236. 架空线路必须有短路保护和过载保护。（√）

237. 架空线严禁架设在树木、脚手架及其他设施上。（√）

238. 架设临时线路时，应先安装用电设备一端，最后安装电源侧一端。（√）

239. 检查刀形状时只要将刀开关拉开，就能确保安全。（×）

240. 建筑和建筑工地的供电一般采用 380/220V 三相四线制低压配电系统。（√）

241. 建筑施工企业必须为从事危险作业的职工办理意外伤害保险，支付保险费。（√）

242. 建筑施工现场的外电供电系统，一般为中性点直接接地的三相四线制系统。（√）

243. 将一根条形磁铁截去一段仍为条形磁铁，它仍然具有两个磁极。（√）

244. 降低功率因数，对保证电力系统的经济运行和供电质量十分重要。（×）

245. 降压变压器一次绕组匝数 N_1 大于二次绕组匝数 N_2。（√）

246. 交流纯电阻电路中，电阻总是要消耗功率的。（√）

247. 交流电焊机械应配装防二次侧触电保护器。（√）

248. 交流弧焊机变压器的一次侧电源线长度不应大于 5m。（√）

249. 交流接触器的安装对周围环境没有特殊要求。（×）

250. 交流接触器具备过电流保护功能。（×）

251. 交流接触器可以用来实现电动机的起动、正反转运行及其他电力负荷的控制。（√）

252. 交流接触器能够切断短路电流。（×）

253. 交流接触器是用来频繁接通和分断主电路的开关电器。（√）

254. 交流中性点接地属于功能性接地。（√）

255. 接地体安装完毕后，应用现场的建筑垃圾土迅速回填，并应分层夯实。（×）

256. 接地体和接地线焊接在一起称为接地装置。（√）

257. 接地体之间的连接必须是焊接。（√）

258. 接地线与接地体的连接应采用搭接焊接。（√）

259. 接地装置由接地体和接地线组成。（√）

260. 金属导管严禁对口熔焊连接。（√）

261. 金属电缆支架、电缆导管必须接地或接零可靠。（√）

262. 金属电器安装板与金属箱体应做电气连接。（√）

263. 进出线中的 N 线必须通过 N 线端子板连接；PE 线必须通过 PE 线端子板连接。（√）

264. 进户线与总表线规定要采用铜芯线，因为铜的导电性比铝好。（×）

265. 进入落地式配电箱的电线保护管，管口宜高出配电箱基础面 50～80mm。（√）

266. 经批准的免检产品或认定的名牌产品，当进场验收时，宜不做抽样检测。（√）

267. 绝缘材料的电阻系数，将随着温度的升高而降低。（×）

268. 绝缘良好的绝缘垫属于基本安全用具。（×）

269. 绝缘线要绑扎固定在绝缘子上，也可缠绕在树木等其他物体上。（×）

270. 绝缘鞋（靴）胶料部分无破损，且每年做一次预防性试验。（×）

271. 绝缘鞋和绝缘靴都属于低压基本安全用具。（×）

272. 绝缘鞋是一种安全鞋，具有良好的绝缘性，能够有效防止触电，同时可当作雨鞋用。（×）

273. 开关箱的电源进线端严禁采用插头和插座做活动连接。（√）

274. 开关箱内可不设漏电保护器。（×）

275. 开关箱内使用漏电保护器，一般应选择其动作电流数值 300mA。（×）

276. 开关箱中的隔离开关只可直接控制照明电路和容量不大于 3.0kW 的动力电路，但不应频繁操作。（√）

277. 开关箱中的漏电保护器的额定漏电动作电流不应大于 30mA，额定动作时间不应大于 0.1s。（√）

278. 可用铝导体做接地体和地下接地线。（×）

279. 控制系统均是利用反馈原理组成的闭环系统。（√）

280. 劳动功能障碍分为十个伤残等级，最重的为十级，最轻的为一级。（×）

281. 劳动者不能胜任工作，经过培训仍不能胜任工作的，用人单位可以与其解除劳动合同。（√）

282. 劳动者对用人单位管理人员违章指挥、强令冒险作业，有权拒绝执行，对危害生命安全和人身健康的行为，有权提出批评、检举和控告。（√）

283. 劳动者对用人单位管理人员违章指挥、强令冒险作业，有权拒绝执行，对危害生命安全和人身健康的行为，有权提出批评、检举和控告。（√）

284. 劳动者应当完成劳动任务，提高职业技能，执行劳动安全卫生规程，遵守劳动纪律和职业道德。（√）

285. 雷击时，如果作业人员孤立处于暴露区并感到头发竖起时，应该立即双膝下蹲，向前弯曲，双手抱膝。（√）

286. 雷雨天气土壤湿润，比较适宜测量防雷设备接地体的接地电阻。（×）

287. 利用系数法是配电负荷的计算方法。（√）

288. 连续运行工作制的三相交流异步电动机可以用于断续运行工作制负载，同理也可以用于短时运行工作制负载。（√）

289. 两个同频率正弦量相等的条件是最大值相等。（×）

290. 亮度越高则空间越亮。（√）

291. 漏电保护器的试验按钮允许频繁试验操作。（×）

292. 漏电保护器后面的工作零线需做重复接地。（×）

293. 漏电保护器每天应进行起动漏电试验按钮式跳一次，试跳不正常时严禁使用。（√）

294. 漏电保护器每周应进行起动漏电试验按钮式跳一次，试跳不正常时严禁使用。（×）

295. 漏电保护器是用于在电路或电器绝缘受损发生对地短路时防止人身触电和电气火灾的保护电器。（√）

296. 漏电保护器应装设在总配电箱、开关箱靠近负荷的一侧，且可用于起动电气设备的操作。（×）

297. 漏电保护器主要是对可能致命的触电事故进行保护，不能防止火灾事故的发生。（×）

298. 铝导线和铜导线的电阻都随温度的升高而升高。（√）

299. 螺口灯头及其接线应符合相线接在与中心触头相连的一端，零线接在与螺纹口相连的一端。（√）

300. 埋地电缆路径应设方位标志。（√）

301. 没有电压就没有电流，没有电流就没有电压。（×）

302. 每台用电设备必须有各自专用的开关箱。（√）

303. 每相负载的端电压叫负载的相电压。（√）

304. 模块控制器（MBC）是一种直接数字控制组（DDC），它不但可以作为现场控制器使用，也可以作为独立控制器及小型建筑自动化控制系统独立运行。（√）

305. 配电变压器低压侧并联电容器可以补偿电网中的无功损耗，减少线损，提高用电设备的使用效率。（√）

306. 配电柜内应装设电源隔离开关，分断时应有明显可见的分断点。（√）

307. 配电室建筑的耐火等级不低于二级，同时室内应配置可用于扑灭电气火灾的灭火器。（×）

308. 配电室内，单列布置的配电柜后面的维护通道宽度应不小于0.8m。（×）

309. 配电室内，配电柜侧面的维护通道宽度应不小于1m。（√）

310. 配电室内的母线L1（A）应涂刷成红色。（×）

311. 配电室内的母线L2（B）应涂刷成绿色。（√）

312. 配电室位置的选择应做到周围环境灰尘少、潮气少、震动少、无腐蚀介质、无易燃易爆物、无积水。（√）

313. 配电线路控制、保护设备的规格选择由负荷的计算电流决定。（√）

314. 配电箱、开关箱的送电操作顺序为：开关箱—分配电箱—总配电箱。（×）

315. 配电箱、开关箱的停电操作顺序为：开关箱—分配电箱—总配电箱。（√）

316. 配电箱、开关箱内必须设置在任何情况下能够分断、隔离电源的开关电器。（√）

317. 配电箱、开关箱内的连接导线分支头应采用焊接并作绝缘包扎。（√）

318. 配电箱、开关箱内的连接导线分支头应采用螺栓压接。（×）

319. 配电箱、开关箱内的连接线应使用多股铝芯绝缘导线。（×）

320. 配电箱的电源进线端可以采用插头和插座做活动连接。（×）

321. 配电箱的金属材料、铁制盘及电器的金属外壳，可不作保护接地（或保护接零）。（×）

322. 配电箱电器安装板上的 N 线和 PE 线端子必须分设。（√）

323. 配电箱电器安装板上的 N 线和 PE 线端子应固定在一个端子板上，用螺栓固定。（×）

324. 配电箱和开关箱的隔离开关可以采用普通断路器。（×）

325. 配电箱和开关箱中的 N、PE 接线端子板必须分别设置。其中，N 端子板与金属箱体绝缘；端子板与金属箱体电气连接。（√）

326. 配电装置的漏电保护器应于每次使用时用试验按钮试跳一次，只有试跳正常后才可继续使用。（√）

327. 配电装置进行定期检查、维修时，必须悬挂"禁止合闸，有人工作"标志牌。（√）

328. 配电装置内不得放置任何杂物，尤其是易燃易爆物、腐蚀介质和金属物，且经常保持清洁。（√）

329. 配管经过伸缩缝时，应加接线盒、补偿装置等。（√）

330. 频率、周期和初相位都是反映交流电变化快慢的物理量。（×）

331. 频率高时，电路中电容相当于短路，电感相当于开路。（√）

332. 起重机机体必须作防雷接地，同时必须与配电系统 PE 线连接。（×）

333. 钳形电流表可在不断电的情况下测量电流。（√）

334. 钳形电流表在测量中不得带电切换挡位开关。（√）

335. 钳型电流表有使用方便的特点，所以在操作中可不戴绝缘手套。（×）

336. 桥式整流电路能将交流电变换成平稳的直流电。（×）

337. 清洗电动机械时可以不用关掉电源。（×）

338. 全电路欧姆定律的表达式：$E = I\ (R + r_0)$。（√）

339. 全电路欧姆定律的表达式：$U = IR$。（×）

340. 热继电器可以作为电动机的过载保护和短路保护。（×）

341. 热继电器只宜作过载保护，不宜作短路保护。（√）

342. 人触电以后，供电线路上的熔断器应该能够迅速熔断。（×）

343. 人工垂直接地体通常采用 L40×4 角钢制作。（√）

344. 人们常用"负载大小"来指负载电功率大小，在电压一定的情况下，负载大小是指通过负载的电流的大小。（√）

345. 人体触电致死，是由于肝脏受到严重伤害。（×）

346. 人体的两个部位同时接触具有不同电位的两处，则在人体内有电流通过，加在人体两个不同接触部位的电位差，称接触电压。（√）

347. 人体能感觉的电流一般为 10mA。（×）

348. 熔断器的额定电流必须大于或等于所装熔体的额定电流。（√）

349. 熔断器熔体额定电流应不小于线路计算电流。（√）

350. 熔断器主要用作电路的短路保护。（√）

351. 如触电人员出现外伤，应先处理外伤后，再进行抢救。（×）

352. 如果把一个 24V 的电源正极接地，则负极的电位是 −24V。（√）

353. 如使用 II 类手持电动工具，即可不设装漏电保护器。（×）

354. 入侵探测器在探测范围内，任何小动物或长 150mm、直径 30mm 具有与小动物类似的红外辐射特性的圆筒大小物体都应使探测器报警。（×）

355. 若干电阻串联时，其中阻值越小的电阻，通过的电流也越小。（×）

356. 三相变压器的额定电流是指一次、二次的线电流。（√）

357. 三相变压器的额定电压是指一次、二次的相电压。（×）

358. 三相变压器用来变换三相电压，三相绕组的连接方式有 Y/Y₀、Y/△等连接组。（√）

359. 三相电动机缺相运行时间过长，将会烧毁电动机。（√）

360. 三相电动势达到最大值的先后次序叫相序。（√）

361. 三相电流不对称时，无法由一相电流推知其他两相电流。（√）

362. 三相电路中，相电流就是流过相线的电流。（×）

363. 三相电路中，相电压就是相与相之间的电压。（×）

364. 三相电路中严禁在零干线上装设熔丝或开关。（√）

365. 三相对称电源接成三相四线制，目的是向负载提供两种电压，在低压配电系统中，标准电压规定线电压为380V，相电压为220V。（√）

366. 三相负载的交流电路中的总功率 $P = \sqrt{3}U_L I_L \cos\phi$。（×）

367. 三相负载作三角形联结时，线电压等于相电压。（√）

368. 三相负载作星形联结时，线电流等于相电流。（√）

369. 三相或单相的交流单芯电缆，可单独穿于钢导管内。（×）

370. 三相交流电路中，三相总的有功功率等于各相有功功率之和。（√）

371. 三相交流异步电动机根据负载形式的不同，可以任意选择定子绕组是Y接或△形接法。（×）

372. 三相四线回路中的中性线上，需装熔断器。（×）

373. 三相四线直入式有功电能表的零线必须进、出表。（√）

374. 三相异步电动机按部件的作用可分为："机""电""磁"三类。（√）

375. 三相异步电动机的额定功率即为机械轴上的输出功率。（√）

376. 三相异步电动机的转速取决于电源频率和磁极对数，而与转差率无关。（×）

377. 三相异步电动机的转子电流是由定子旋转磁场感应产生的。（√）

378. 三相异步电动机铭牌上标注的额定功率表示电动机在额定状态下，转轴上输出的机械功率。（√）

379. 三相异步电动机铭牌上额定电压为相电压。（×）

380. 三相异步电动机旋转磁场的转速 n_1 与磁极对数 P 成反比，与电源频率成正比。（√）

381. 三相异步电动机主要由定子和转子两大部分组成。（√）

382. 闪电是指电气设备接触不良，产生的电火花。（×）

383. 设备的绝缘电阻一般用万用表高阻挡来测量。（×）

384. 设计图纸上的线路只表示线路的走向，所以与导线数目无关。（×）

385. 生产经营单位发生生产安全事故时，事故现场有关人员应当立即报告本单位负责人。（√）

386. 生产经营单位应当按国家标准或者行业标准为从业人员无偿提供合格的劳动保护用品，也可以货币形式或其他物品替代。（×）

387. 剩余电流动作型保护装置就是漏电保护器。（√）

388. 施工现场用电工程的二级漏电保护系统中，漏电保护器可以分设于分配电箱和开关箱。（×）

389. 施工单位视情况在尚未竣工的建筑物内设置员工集体宿舍。（×）

390. 施工升降机导轨上、下极限位置均应设置限位开关。（√）

391. 施工现场的分配电箱应设在电气设备或负荷相对集中的区域。（√）

392. 施工现场的分配电箱与开关箱的距离不得超过 50m。（×）

393. 施工现场的开关箱与其控制的固定式用电设备的水平距离不宜超过 3m。（√）

394. 施工现场的临时用电系统严禁利用大地做相线或零线。（√）

395. 施工现场动力开关箱与照明开关箱可以合设。（×）

396. 施工现场架设或使用的临时用电线路，当发生故障或过载时，就有可能造成电气失火。（√）

397. 施工现场开关箱内的漏电保护装置，选用的漏电电流数值应在 15～30mA 范围内。（√）

398. 施工现场可使用现有的螺纹钢做接地体或接地线。（×）

399. 施工现场临时用电工程中，因漏电保护需要，将电气设备正常情况下不带电的金属外壳和机械设备的金属构件接地。（√）

400. 施工现场临时用电工程中，因运行需要的接地，称保护接地。（×）

401. 施工现场内可使用电炉。（×）

402. 施工现场内所有防雷装置的冲击接地电阻值不得大于 30Ω。（√）

403. 施工现场配电系统应采用三级配电、两级保护，设置总配电箱、开关箱，实行分级配电。（×）

404. 施工现场配置的开关箱内应设置不少于 2 个插座。（×）

405. 施工现场设置总配电箱应远离电源的区域。（×）

406. 施工现场停、送电的操作顺序是：送电时，总配电箱—分配电箱—开关箱；停电时，开关箱—分配电箱—总配电箱。（√）

407. 施工现场停止作业 1h 以上时，应将动力开关箱断电上锁。（√）

408. 施工现场下班停止工作时，必须将班后不用的配电装置分闸断电并上锁。（√）

409. 施工现场应设置配电箱、开关箱的两级保护配电。（×）

410. 施工现场用电工程的二级漏电保护系统中，漏电保护器可以分设于分配电箱和开关箱中。（×）

411. 施工现场自备发电机组的电源必须与外电线路电源连锁，严禁并列运行。（√）

412. 施工现场自备发电机组应采用独立设置的 TN－S 接零保护系统。（√）

413. 使用 1：1 安全隔离变压器时，其二次端一定要可靠接地。（√）

414. 使用电压表测量直流电压和交流电压的接线方法都是与被测电路并联。（√）

415. 使用普通的绝缘电阻表也可测量接地电阻。（×）

416. 使用前，应对绝缘电阻表先做一次开路和短路检查实验。（√）

417. 使用前，应将验电器在确有电源处试测，证明验电器确实良好，方可使用。（√）

418. 使用钳形电流表时，若不清楚被测电流大小，应由大到小逐级选择合适挡位进行测量。（√）

419. 使用行灯的灯头与灯体结合应牢固，灯头处应装开关。（×）

420. 使用绝缘电阻表测量电动机定子绕组与机壳间的绝缘电阻时，将定子绕组接在 E 端钮上，机壳与 L 端钮相接。（×）

421. 使用绝缘电阻表测量电缆绝缘电阻时，G 端的测试线应当缠绕在被测电缆线芯绝缘表面。（√）

422. 使用绝缘电阻表测量电缆绝缘电阻时，G 端的测试线应当接地。（×）

423. 使用绝缘电阻表测量线路对地的绝缘电阻时，将被测线路介于 L 端钮，E 端钮与地线相接。（√）

424. 使用绝缘电阻表前，必须切断被测设备的电源，并接地短路放电。（×）

425. 使用绝缘电阻表前，应先调好机械零点。（×）

426. 使用绝缘电阻表摇测电动机绝缘电阻时，将定子绕组接在 L 端钮，机壳与 E 连接。（√）

427. 使用绝缘电阻表摇测电动机绝缘电阻时，可将 L 或 E 接至电动机的外壳。（×）

428. 使用中的电流互感器，其二次侧绝对不允许短路。（×）

429. 使用中的电压互感器，其二次侧绝对不允许短路。（√）

430. 事故火花是指电气设备正常工作时或正常操作过程中产生的火花。（√）

431. 视在功率就是有功功率加上无功功率。（×）

432. 视在功率为电路两端的电压与电流有效值的乘积。（√）

433. 室内非埋地明敷主干线距地面高度不得小于 2.5m。（√）

434. 室内进入落地式柜内的导管管口，应高出柜的基础面 50～80mm。（√）

435. 室内配线无须设短路保护和过载保护。（×）

436. 室外使用的电焊机应设有防水、防晒、防砸的机棚，不必备有消防用品。（×）

437. 室形指数和室空腔比都是描述房间形状的物理量，其本质是相同的，所以大小也相同。（×）

438. 手持式用电设备所选用漏电保护装置的漏电电流数值应为 30mA。（×）

439. 鼠笼式电动机的起动性能优于绕线式电动机。（×）

440. 鼠笼式异步电动机所用熔断器熔体的额定电流，可选择为电动机额定电流的 1～2 倍。（×）

441. 送电操作顺序为：开关箱→分配电箱→总配电箱。（×）

442. 所谓"广义的搂宇自动化系统"，应该包括：火灾自动检测报警系统。（√）

443. 塔式起重机的机体已经接地，其电气设备的外露可导电部分不再与 PE 线连接。（×）

444. 塔式起重机的机体已经接地，其电器设备的外露可导电部分可不再与 PE 线连接。（×）

445. 特种作业人员的操作证可由单位统一保管，作业时可不带。（×）

446. 特种作业人员具有小学毕业文化程度即可持证上岗。（×）

447. 铁壳开关装有机械连锁装置，使开关闭合后不能开启箱盖。（√）

448. 铁心内部环流称为涡流，涡流所消耗的电功率，称为涡流损耗。（√）

449. 停电操作顺序为：总配电箱→分配电箱→开关箱。（×）

450. 通常情况下，前级空气开关的规格应比后级开关大一级以上。（√）

451. 通过电阻上的电流增大到原来的 2 倍时，它所消耗的电功率也增

大到原来的 2 倍。（×）

452. 同一建筑物、构筑物的电线绝缘层颜色选择应一致。（√）

453. 同一交流回路的导线应穿于同一钢管内。（√）

454. 同一交流回路的电线应穿于同一金属导管内，管内电线可有接头。（×）

455. 脱离低压电源的方法可用"拉""切""挑""拽""垫"五个字来概括。（√）

456. 万用表使用后，应将其波段开关置于直流电流最大挡。（×）

457. 万用表使用后，应将转换开关旋至空挡或交流电压最大挡。（√）

458. 万用表用完，应将转换开关拨至交直流电压最高挡或 OFF 挡。（√）

459. 为防止雷电过电压的危害，在变压器高压侧线路架空引入线入口处必须加装羊角保险。（√）

460. 为了防止触电可采用绝缘、防护、隔离等技术措施以保障安全。（√）

461. 为了防止因电动机反转而损坏生产机械，电动机连接机械负载前应先校对相序，如果电动机反转，必须调换电源三条相线。（×）

462. 为了防止用电器过载和短路，在漏电保护器前每根导线上都必须安装熔电器。（×）

463. 为取得合格的小接地电阻值，垂直打入地下的接地体越长越好。（×）

464. 未经教育培训或者教育培训考核不合格的人员，可以先上岗作业，然后在根据工作内容进行培训。（×）

465. 我国现行照度标准中，工作面的参考高度一般定为 0.75m。（√）

466. 我国现行照度标准中的数据是指工作面上必须达到的平均照度值。（√）

467. 无功功率就是没用的功率。（×）

468. 无论是测直流电或交流电，验电器的氖灯炮发光情况是一样的。（×）

469. 五芯电缆中的淡蓝色必须用作 N 线。（√）

470. 五芯电缆中的绿/黄色必须用作 PE 线。（√）

471. 线管在混凝土楼板、墙内敷设时，其覆盖层厚度一般不应小于 15mm，在有防火要求的场所，不应小于 30mm。（√）

472. 线路检查时采用的短接方法是电路的一种工作状态。（×）

473. 线圈本身的电流变化而在线圈内部产生电磁感应的现象，叫作互感现象。（×）

474. 线圈右手螺旋定则是：四指表示电流方向，大拇指表示磁力线方向。（√）

475. 限位开关主要用作机械运动位移限制的控制开关和安全连锁控制开关。（√）

476. 相电压就是两条相线之间的电压。（×）

477. 相线间的电压就是线电压。（√）

478. 项目经理部安全检查每月应不少于三次，电工班组安全检查每日进行一次。（√）

479. 星形接法是将各相负载或电源的尾端连接在一起。（√）

480. 行程开关是将机械信号转变为电信号的电器元件。（√）

481. 需要三相五线制配电的电缆线路必须采用五芯电缆。（√）

482. 需要三相五线制配电的电缆线路可以采用四芯电缆外架一根绝缘导线代替。（×）

483. 需要系数法是平均照度的计算方法，它是光通量计算法中的一种。（×）

484. 旋转磁场的转速与电源的频率成正比。（√）

485. 选用电能表时，需考虑相数、额定电流和额定电压等参数。（√）

486. 选用绝缘电阻表规格的基本参数是电压等级。（√）

487. 压电式压力传感器是利用某些材料的压电效应原理制成的，具有这种效应材料如：压电陶瓷，压电晶体。（√）

488. 要使三相异步电动机反转，只需将三相电源中任意两相对调。（√）

489. 要使三相异步机反转，只需将三相电源中任意两相对调。（√）

490. 一般场所开关箱中漏电保护器的额定漏电动作电流应不大于30mA，额定漏电动作时间不应大于0.1s。（√）

491. 一般情况下，当建筑物高度低于15m时，可不设防雷装置。（√）

492. 一般线路设计不必考虑架设位置，也不必考虑是否妨碍现场道路通畅和其他施工机械的运行。（×）

493. 一般照明电源对地电压不应大于250V。（√）

494. 一段电路的电压 $U_{ab}=-10V$，该电压实际上是 a 点电位高于 b 点

电位。（×）

495. 一个开关箱可以直接控制 2 台及 2 台以上用电设备（含插座）。（×）

496. 一个线圈电流变化而在另一个线圈产生电磁感应的现象，叫作自感现象。（×）

497. 一只 220V、100W 的灯泡与一只 220V、25W 的灯泡串联后接在 220V 的直流电源上，则 220V、100W 的灯泡较亮。（×）

498. 移动式配电箱、开关箱应装设在坚固、稳定的支架上，其中心点与地面的垂直距离应为 0.8～1.6m。（√）

499. 异步电动机采用 Y—△降压起动时，定子绕组先按△联结，后改换成 Y 联结运行。（×）

500. 异步电动机的转速，即是其旋转磁场的转速。（×）

501. 异步电动机起动时定子绕组的电流约为定子额定电流的 4～7 倍，即起动电流。（√）

502. 用电设备的开关箱中设置了漏电保护器以后，其外露可导电部分可不需连接 PE 线。（×）

503. 用胸外挤压法抢救触电者时，应用力挤压、不间歇。（×）

504. 用一般的电流表测量电流时需要切断电源，用钳型电流表不用切断电源。（√）

505. 用于消防的电源由总箱引出专用回路供电，并必须设置漏电保护器。（√）

506. 用于正、反向运转的控制电器，可用手动双向转换开关。（×）

507. 用指针式万用表的电阻挡时，红表笔对应的是表内部电源的正极。（√）

508. 用作人工接地体的金属材料不得采用螺纹钢或铝材。（√）

509. 由于外用电梯梯笼内有控制开关，所以电梯梯笼内外可以不装紧急停止开关。（×）

510. 由于用人单位的原因与劳动者订立的劳动合同，对劳动者造成损害的，用人单位应当承担赔偿责任。（√）

511. 有两个频率和初相位不同的正弦交流电压 u_1 和 u_2，若它们的有效值相同，则最大值也相同。（×）

512. 有人低压触电时，应该立即将他拉开。（×）

513. 有中性线的三相供电方式叫三相四线制，它常用于低压配电系

统。（√）

514. 雨天不宜进行现场的露天焊接作业。（√）

515. 雨天穿用的胶鞋，在进行电工作业时也可暂作绝缘鞋使用。（×）

516. 预防过载造成火灾的措施中，可以根据生产程序和需要，采取先使用后控制的方法，把用电时间错开。（×）

517. 运用一定的手段把非电量（如温度、湿度、压力、流量、液位等）参数转变为电量参数然后进行检测。（√）

518. 在 TN－C－S 系统中，为了保证中性线与 PE 线的电气通路，应在每个配电箱处将零线与 PE 线进行可靠连接。（×）

519. 在 TN－S 配电系统中，PE 线不允许断线，也不允许进入漏电保护器。（√）

520. 在 TN－S 配电系统中，PE 线上也需加装熔断器。（×）

521. 在 TN 系统中，必须在总配电箱处做重复接地，中间处和末端处还必须做重复接地。（√）

522. 在 TN 系统中，必须在总配电箱处做重复接地，中间处和末端处可不做重复接地。（×）

523. 在 TN 系统中，严禁将单独敷设的工作零线再做重复接地。（√）

524. 在 TN 系统中保护中性线每一处重复接地装置的接地电阻值不应大于 10Ω。（√）

525. 在保护接零的中性线上，不得装设开关或熔断器。（√）

526. 在潮湿或高温或有导电灰尘的场所，应该用正常电压供电。（×）

527. 在城市市区内的建设工程，施工单位应当对施工现场实行封闭围挡。（√）

528. 在充满可燃气体的环境中，可以使用手动电动工具。（×）

529. 在纯电容电路中，电压在相位上滞后电流 $\pi/2$。（√）

530. 在纯电阻电路中，电压在相位上滞后电流 $\pi/2$。（×）

531. 在导线敷设中，接线盒、开关盒、插座盒及灯头盒内导线应留有 $100\sim150mm$ 的余量。（√）

532. 在低压 TN 系统中，电缆线路和架空线路在每个建筑物的进线处，不需做重复接地。（×）

533. 在低压 TN 系统中，架空线路干线和分支线的终端 PEN 线和 PE 线应做重复接地。（√）

534. 在低压触电事故中可以用一只手抓住他的衣服或鞋子将触电者拉

离电源。（×）

535. 在电磁感应中，感应电流和感应电动势是同时存在的；没有感应电流，也就没有感应电动势。（×）

536. 在电动机的电气控制线路中，如果使用熔断器作短路保护，就不必再装设热继电器作过载保护。（×）

537. 在电感线路中为提高功率因数可以采用并联电容器。（√）

538. 在吊灯灯具安装中，当其质量超过 3kg 时，则应预埋吊钩或螺栓进行固定。（√）

539. 在感性用电设备两端并联适当的电容，可提高线路的功率因数。（√）

540. 在高土壤电阻率地带，可采用水平延长接地体的办法降低接地电阻，但延长距离一般不超过 60～80m。（√）

541. 在高压电线下面，可以搭设较矮的临时建筑物，但不得堆放易燃材料。（×）

542. 在锅炉等金属容器内检修时，其照明要采用 36V 安全行灯。（×）

543. 在进户线穿钢管沿墙敷设中，当导线线径太大时，可采用一根导线穿一根钢管的方式敷设，以降低所穿钢管直径，满足土建及安装要求。（×）

544. 在进户线穿钢管沿墙敷设中，当导线线径太大时，可采用一根导线穿一根钢管的方式敷设，以降低所穿钢管直径，满足土建及安装要求。（×）

545. 在进行灯具平面的选择布置时应考虑满足距高比的要求。（√）

546. 在距离线路或变压器较近，有可能误攀登的建筑物上，必须挂有"禁止攀登，有电危险"的标示牌。（√）

547. 在均匀磁场中，磁感应强度 B 与垂直于它的截面积 S 的乘积，叫做该截面的磁通密度。（√）

548. 在任何情况下，使用万用表的黑表笔都应插在标有"—"或"＊"的插孔。（√）

549. 在三相四线制低压供电网中，三相负载越接近对称，其中性线电流就越小。（√）

550. 在三相五线制配电的电缆线路中必须采用五芯电缆。（√）

551. 在施工现场使用时间不长的电缆线路，可以沿地面敷设。（×）

552. 在使触电者脱离电源时，救护人员不得采用金属和其他潮湿的物

品作为救护工具。（√）

553. 在使用手电钻、电砂轮等手持电动工具时，为保证安全，应该装设漏电保护器。（√）

554. 在室内配线中，用作 PE 线的绝缘导线应选用黄绿相间的花绿色导线，并严禁将此种颜色的导线用于相线或零线。（√）

555. 在特别潮湿等高度触电危险的工作场所，电气设备应采用 36V、24V 或 12V 的安全电压供电。（×）

556. 在提高功率因数时采用并联电容器，电容有消耗能量。（×）

557. 在同一电路中，导体中的电流跟导体两端的电压成反比，跟导体的电阻成正比，称作欧姆定律。（×）

558. 在同一配电系统中，可将一部分外露可导电部分做保护接地，另一部分做成保护接零。（×）

559. 在线管配线中，当线管必须与上下水管靠近敷设时，其间距应不小于 0.1m。（√）

560. 在一个系统上可以采用部分设备接零、部分设备接地的混合做法。（×）

561. 在一个用电电路中，各台用电设备的最大荷载一般是不会在同一时间出现的。（√）

562. 在易燃、易爆场所的照明灯具，应使用密闭形或防爆形灯具，在多尘、潮湿和有腐蚀性气体的场所的灯具，应使用防水防尘型。（√）

563. 在照明电路的保护线上应该装设熔断器。（×）

564. 在中性点直接接地的电力系统中，为了保证接地的作用和效果，除在中性点处直接接地外，还须在中性线上的一处或多处再做接地，称重复接地。（√）

565. 暂设工程的照明灯具应采用拉线开关控制。（√）

566. 闸刀开关用胶木盖子分隔电弧，具有灭弧能力，可以开断带负载的电动机电路。（×）

567. 绝缘电阻表可以测量绝缘电阻，也可以测量接地电阻。（×）

568. 照明变压器严禁使用自耦变压器。（√）

569. 照明灯具的金属外壳可不接保护中性线。（×）

570. 照明配电系统中，每一支路的工作电流不应超过 16A。（×）

571. 正弦交流电的有效值，就是与其热效应相等的直流值。通常都用有效值来表示正弦交流电的大小。（√）

572. 正弦交流电的周期与角频率的关系互为倒数。（×）

573. 正弦交流电中的角频率就是交流电的频率。（×）

574. 正弦量可以用相量表示，所以正弦量也等于相量。（×）

575. 直导线在磁场中运动一定会产生感应电动势。（×）

576. 制冷站水系统开机顺序，冷却塔风机——冷却水泵——冷冻水泵——冷水机组。关机顺序：冷水机组——冷却水泵——冷冻水泵——冷却塔风机。（×）

577. 中线可以接入熔断器或闸刀开关。（×）

578. 中线上安装开关或熔断器。（√）

579. 重复接地属于保护性接地。（√）

580. 重复接地装置的连接线，可通过漏电保护器的工作零线相连接。（×）

581. 主要设备、材料、成品和半成品进场检验结论应有记录。（√）

582. 自感电动势的方向总是与产生它的电流方向相反。（×）

583. 自耦变压器专门用于提供安全电压。（×）

584. 总配电箱、分配电箱在设置时要靠近电源的地方，分配电箱应设置在用电设备或负荷相对集中的地方。（√）

585. 总配电箱的电器应具备电源隔离，正常接通与分断电路，以及短路、过载和漏电保护功能。（√）

586. 总配电箱总路设置的漏电保护器必须是三相四极型产品。（√）

587. 最大值是正弦交流电在变化过程中出现的最大瞬时值。（√）

三、名词解释（28 道）

1. 保护接零——将电气设备的金属外壳与供电系统的中性零线相连接称为保护接零。

2. 变压器——利用电磁感应的原理，将某一数值的交变电压转变成频率相同的另一种或几种不同数值交变电压的电器设备。

3. 标示牌——用来警告人们不得接近设备和带电部分，指示为工作人员准备的工作地点，提醒采取安全措施，以及禁止微量某设备或某段线路合闸通电的通告示牌。可分为警告类、允许类、提示类和禁止类等。

4. 灯具——照明电光源（灯泡和灯管）、固定安装用的灯座、控制光通量分布的灯罩及调节装置等构成了完整的电气照明器具。

5. 低压配电系统的类型——放射式，树干式，变压器——干线式，链式。

6. 电磁转矩——如果旋转磁场的旋转方向改变，那么转子的旋转方向也随之改变。这个转矩称为电磁转矩。

7. 电缆——由芯线（导电部分）、外加绝缘层和保护层三部分组成的电线称为电缆。

8. 电力网——电力网是电力系统的一部分，它是由各类变电站和各种不同电压等级的输、配电线路连接起来组成的统一网络。

9. 电力系统——由各种电压的电力线路将发电厂、变压所和电力用户联系起来的一个发电、变电、输电、配电和用电的整体。

10. 电流互感器——又称仪用变流器，是一种将大电流变成小电流的仪器。

11. 动力系统——发电厂、变电站及用户的用电设备，其相间以电力网及热力网（或水力）系统连接起来的总体叫做动力系统。

12. 二次设备——对一次设备进行监视、测量、操纵控制和保护作用的辅助设备，如各种继电器、信号装置、测量仪表、录波记录装置以及遥测、遥信装置和各种控制电缆、小母线等。

13. 负荷开关——负荷开关的构造与隔离开关相似，只是加装了简单的灭弧装置。它也是有一个明显的断开点，有一定的断流能力，可以带负载操作，但不能直接断开短路电流，如果需要，要依靠与它串接的高压熔断器来实现。

14. 高压断路器——又称高压开关，它不仅可以切断或闭合高压电路中的空载电流和负载电流，而且当系统发生故障时，通过继电保护装置的作用，切断过载电流和短路电流。它具有相当完善的灭弧结构和足够的断流能力。

15. 高压验电笔——用来检查高压网络变配电设备、架空线、电缆是否带电的工具。

16. 接地线——是为了在已停电的设备和线路上意外地出现电压时保证工作人员的重要工具。按部颁规定，接地线必须是 $25mm^2$ 以上裸铜软线制成。

17. 绝缘棒——又称令克棒、绝缘拉杆、操作杆等。绝缘棒由工作头、绝缘杆和握柄三部分构成。它供在闭合或断开高压隔离开关，装拆携带式接地线，以及进行测量和试验时使用。

18. 空气断路器（自动开关）——是用手动（或电动）合闸，用锁扣保持合闸位置，由脱扣机构作用于跳闸并具有灭弧装置的低压开关，目前被广泛用于 500V 以下的交、直流装置中，当电路内发生过载、短路、电压降低或消失时，能自动切断电路。

19. 跨步电压——如果地面上水平距离为 0.8m 的两点之间有电位差，当人体两脚接触该两点，则在人体上将承受电压，此电压称为跨步电压。最大的跨步电压出现在离接地体的地面水平距离 0.8m 处与接地体之间。

20. 母线——电气母线是汇集和分配电能的通路设备，它决定了配电装置设备的数量，并表明以什么方式来连接发电机、变压器和线路，以及怎样与系统连接来完成输配电任务。

21. 三相交流电——由三个频率相同、电动势振幅相等、相位差互差 120°角的交流电路组成的电力系统，叫三相交流电。

22. 三相四线制——在星形联结的电路中除从电源三个线圈端头引出三根导线外，还从中性点引出一根导线，这种引出四根导线的供电方式称为三相四线制。

23. 相位差——两个同频率正弦交流电的相位角之差。

24. 相序——就是相位的顺序，是交流电的瞬时值从负值向正值变化经过零值的依次顺序。

25. 一次设备——直接与生产电能和输配电有关的设备称为一次设备。包括各种高压断路器、隔离开关、母线、电力电缆、电压互感器、电流互感器、电抗器、避雷器、消弧线圈、并联电容器及高压熔断器等。

26. 异步电动机的同步转速——指加在电动机输入端的交流电产生的旋转磁场的速度。

27. 遮栏——为防止工作人员无意碰到带电设备部分而装设的屏护，分为临时遮栏和常设遮栏两种。

28. 正弦交流电的三要素——最大值、角频率、初相位。

四、问答题（59 道）

1. "安全生产法"规定的从业人员的安全生产权利和义务有哪些？

答　五项权利是：知情权、建议权；批评、检举、控告权；合法拒绝权；遇险停、撤权；保（险）外索赔权。四项义务：遵章作业的义务；佩戴和使用劳动防护用品的义务；接受安全生产教育培训的义务；安全隐患报告义务。

2. 《安全生产法》第二十三条规定是什么？

答　生产经营单位的特种作业人员，必须按照国家有关规定经专门的安全作业培训，取得特种作业操作资格证书，方可上岗作业。

3. CT 的容量有标伏安（VA）有标欧姆（Ω）的？它们的关系？

答　CT 的容量有标功率伏安的，就是二次额定电流通过二次额定负载所消耗的功率伏安数：$W_2 = I_2 Z_2$，有时 CT 的容量也用二次负载的欧姆值来表示，其欧姆值就是 CT 整个二次串联回路的阻抗值。CT 容量与阻抗成正比，CT 二次回路的阻抗大小影响 CT 的准确级数，所以 CT 在运行时其阻抗值不超过铭牌所规定容量伏安数和欧姆值时，才能保证它的准确级别。

4. DS－110/120 型时间继电器的动作值与返回值如何测定？

答　调节可变电阻器升高电压，使衔铁吸入，断开刀闸冲击的加入电压，衔铁应吸合，此电压即为继电器的动作电压，然后降低电压，则使衔铁返回原位的最高电压为返回电压。对于直流时间继电器，动作电压不应大于额定电压的 65%，返回电压不应小于额定电压的 5%，对于交流时间继电器，动作电压不应大于额定电压的 85%，若动作电压过高，则应调整弹簧弹力。

5. DX－11 型信号继电器的动作值返回值应如何检验？

答　试验接线与中间继电器相同，对于电流型继电器，其动作值应为额定值的 70%～90%，对于电压型信号继电器，其动作值应为额定值的 50%～70%。返回值均不得低于额定值的 5%，若动作值、返回值不符合要求，可调整弹簧拉力或衔铁与铁心间的距离。

6. DX－11 型信号继电器的检验项目有哪些？

答　外部检查；内部和机械部分检验；绝缘检验；直流电阻测量；动作值检验；接点工作可靠性检验。

7. 什么是 TN－S 接零保护系统？

答　在 TN—S 系统中，从电源中性点起设置一根专用保护零线，使工作中性线和保护中性线分别设置，电气设备的外露可导电部分直接与保护中性线相连以实现接零，这样就构成了 TN—S 接零保护系统。

8. U_{ab} 是表示 a 端的电位高还是 b 端的高？暗线敷设的特点是怎样的？

答　$U_{ab} > 0$ 时，A 相位大于 B 相位。$U_{ab} < 0$ 时，B 相位大于 B 相位。暗线敷设优点是表面看不见导线美观，防腐蚀损伤，使用寿命长，缺点是安装费用大，维修不方便。

9. 白炽灯、日光灯等电灯吊线的截面最小应选择多大？

答　不小于 0.75mm 的绝缘软线。

10. 变压器大修有哪些内容？

答　（1）吊出器身，检修器身（铁心、线圈、分接开关及引线）。

（2）检修箱盖、储油柜、安全气道、热管油门及套管。

（3）检修冷却装置及滤油装置。

（4）滤油或换油，必要时干燥处理。

（5）检修控制和测量仪表、信号和保护装置。

（6）清理外壳，必要时油漆。

（7）装配并进行规定的测量和试验。

11. 变压器干燥处理的方法有哪些？

答 变压器干燥处理的方法有：感应加热法；热风干燥法；烘箱干燥法。

12. 变压器停电的顺序是什么？

答 变压器停电的顺序是：先停负荷侧，再停电源侧面，送电时顺序相反。

13. 变压器为什么不能使直流电变压？

答 变压器能够改变电压的条件是，一次侧施以交流电势产生交变磁通，交变磁通将在二次侧产生感应电动势，感应电动势的大小与磁通的变化率成正比。当变压器以直流电通入时，因电流大小和方向均不变，铁心中无交变磁通，即磁通恒定，磁通变化率为零，故感应电动势也为零。这时，全部直流电压加在具有很小电阻的绕组内，使电流非常之大，造成近似短路的现象。而交流电是交替变化的，当一次绕组通入交流电时，铁心内产生的磁通也随之变化，于是二次圈数大于一次时，就能升高电压；反之，二次圈数小于一次时就能降压。因直流电的大小和方向不随时间变化，所以恒定直流电通入一次绕组，其铁心内产生的磁通也是恒定不变的，就不能在二次绕组内感应出电动势，所以不起变压作用。

14. 测量电容器时应注意哪些事项？

答 （1）用万用表测量时，应根据电容器和额定电压选择适当的挡位。例如，电力设备中常用的电容器，一般电压较低只有几伏到几千伏，若用万用表 R×10kΩ 挡测量，由于表内电池电压为 15～22.5V，很可能使电容击穿，故应选用 R × 1kΩ 挡测量。

（2）对于刚从线路上拆下来的电容器，一定要在测量前对电容器进行放电，以防电容器中的残存电量向仪表放电，使仪表损坏。

（3）对于工作电压较高，容量较大的电容器，应对电容器进行足够的放电，放电时操作人员应做好防护措施，以防发生触电事故。

15. 常用继电器有哪几种类型？

答　按感受元件反应的物理量的不同，继电器可分为电量的和非电量的两种，属于非电量的有瓦斯继电器、速度继电器、温度继电器等。

16. 触电机会比较多，危险性比较大的场所，照明应用什么样的灯具？

答　局部照明和手提照明应采用额定电压 36V 以下的安全灯，并应配用行灯变压器降压。

17. 单位工程竣工验收应具备的条件是什么？

答　(1) 工程项目按照工程合同规定和设计与施工图纸要求已全部施工完毕，也就是说施工单位在竣工前所进行的竣工预检中发现的扫尾工程已全部解决，达到了国家规定的竣工条件，能够满足使用功能的要求。

(2) 竣工工程已达到窗明、地净、水通、灯亮及采暖通风设备运转正常的要求。

(3) 设备调试、试运转达到设计要求。

(4) 人防工程、电梯工程和消防报警工程已提前通过国家有关部门的竣工验收。

(5) 建筑物周围 2m 以内的场地已清理完毕。

(6) 竣工技术档案资料齐全，已整理完毕。

18. 导线接头的三个原则是什么？

答　不降低原导线的机械强度；接头电阻不大于原导线的导体电阻；不降低原导线的绝缘强度。

19. 导线截面的安全载流量应该怎样选择？

答　应大于最大的连续负荷电流。

20. 导线截面选择的三个原则是什么？

答　导线截面选择的三个原则是：按机械强度选择；按导线的安全载流量选择；按线路允许的电压损失选择。

21. 低压电力电缆敷设前应做哪些检查和试验？

答　应做检查：外观检查；质量检查；相位检查。符合设计要求，应做试验：导通试验；绝缘电阻测试；验潮测试；直流耐压及泄漏电流试验。

22. 电动机与机械之间有哪些传动方式？

答　靠背轮式直接传动；皮带传动；齿轮传动；蜗杆传动；链传动；摩擦轮传动。

23. 电光源的主要技术参数有哪些？

答　电光源的主要技术参数包括：光通量；发光效率；显色指数；色温；平均寿命。

24. 电光源分为哪几类？

答 电光源分为：热辐射光源，放电光源。

25. 电焊机在使用前应注意哪些事项？

答 新的或长久未用的电焊机，常由于受潮使绕组间、绕组与机壳间的绝缘电阻大幅度降低，在开始使用时容易发生短路和接地，造成设备和人身事故。因此在使用前应用绝缘电阻表检查其绝缘电阻是否合格。起动新电焊机前，应检查电气系统接触器部分是否良好，认为正常后，可在空载下起动试运行。证明无电气隐患时，方可在负载情况下试运行，最后投入正常运行。直流电焊机应按规定方向旋转，对于带有通风机的要注意风机旋转方向是否正确，应使用由上方吹出，以达到冷却电焊机的目的。

26. 电动机安装完毕后在试车时，若发现振动超过规定值的数值，应从哪些方面去找原因？

答 转子平衡未核好；转子平衡快松动；转轴弯曲变形；联轴器中心未核正；底装螺钉松动；安装地基不平或不坚实。

27. 电动机运转时，轴承温度过高，应从哪些方面找原因？

答 润滑脂牌号不合适；润滑脂质量不好或变质；轴承室中润滑脂过多或过少；润滑脂中夹有杂物；转动部分与静止部分相擦；轴承走内圈或走外圈；轴承型号不对或质量不好；联轴器不对中；皮带拉得太紧；电动机振动过大。

28. 电动机转子为什么要校平衡？哪类电动机的转子可以只核静平衡？

答 电动机转子在生产过程中，由于各种因素的影响（如材料不均匀铸件的气孔或缩孔，零件重量的误差及加工误差等）会引起转子重量上的不平衡，因此转子在装配完成后要校平衡。六极以上的电动机或额定转速为 1000r/min 及以下的电动机），其转子可以只校静平衡，其他的电动机转子需校动平衡。

29. 电缆线路的接地有哪些要求？

答 （1）当电缆在地下敷设时，其两端均应接地。

（2）低压电缆除在特别危险的场所（潮湿、腐蚀性气体导电尘埃）需要接地外其他环境均可不接地。

（3）高压电缆在任何情况下都要接地。

（4）金属外皮与支架可不接地，电缆外皮如果是非金属材料如塑料橡皮管以及电缆与支架间有绝缘层时其支架必须接地。

（5）截面在 $16mm^2$ 及以下的单芯电缆为消除涡流外的一端应进行接地。

30. 电力变压器按其作用可分为哪几种？

　　答　电力变压器按其作用可分为：升压变压器，降压变压器和配电变压器。

31. 电力变压器的额定容量如何选择确定？

　　答　（1）一台电力变压器：$S_N \geqslant S$。

　　（2）两台电力变压器：明备用，每台 $S_N \geqslant S$；暗备用，每台 $S_N \geqslant 0.7S$。

32. 电力负载分为几类？各有什么要求？

　　答　电力负载分为三类：一级负载，采用两种独立的供电电源，一备一用，保证一级负载供电的连续性；二级负载，采用双回路供电即有两条电线，一备一用；三级负载，无特殊要求，一般采用单回路供电，但在可能的情况下，尽力提高供电的可靠性。

33. 电力系统由哪几部分组成？

　　答　电力系统的组成部分为：发电机，电力网，用电设备。

34. 电流速断保护的特点是什么？

　　答　无时限电流速断不能保护线路全长，它只能保护线路的一部分，系统运行方式的变化，将影响电流速断的保护范围，为了保证动作的选择性，其起动电流必须按最大运行方式（即通过本线路的电流为最大的运行方式）来整定，但这样对其他运行方式的保护范围就缩短了，规程要求最小保护范围不应小于线路全长的 15%。另外，被保护线路的长短也影响速断保护的特性，当线路较长时，保护范围就较大，而且受系统运行方式的影响较小，反之，当线路较短时，所受影响就较大，保护范围甚至会缩短为零。

35. 电路的基本组成部分？

　　答　最基本的电工电路由电源、导线、负载和控制器组成的。

36. 电路的主要作用有哪些？

　　答　电路的主要作用有：实现电能的输送和变换；实现信息的处理和传递。

37. 电路具有哪几种特殊状态？

　　答　电路的特殊状态有：负载状态，开路状态，短路状态。

38. 电路由哪几部分组成？

　　答　电路的组成部分有：电源，负载，连接电源和负载的中间环节。

39. 电气保护系统有几种形式？安全电压等级有几种？

　　答　电气保护系统有：TT 系统、TN 系统（TN－C、TN－S、

TN—C—S）、IT 系统。安全电压等级有：42V、36V、24V、12V、6V。

40. 电气上的"地"是什么？

答 电气设备在运行中，如果发生接地短路，则短路电流将通过接地体，并以半球面形成地中流散，由于半球面越小，流散电阻越大，接地短路电流经此地的电压降就越大。所以在靠近接地体的地方，半球面小，电阻大，此处的电流就高，反之，在远距接地体处，由于半球面大，电阻小其电位就低。试验证明，在离开单根接地体或接地极 20m 以外的地方，球面已经相当大，其电阻为零，我们把电位等于零的地方，称作电气上的"地"。

41. 电气施工组织设计编制的要求中，哪几种情况电气安装工程需编制电气专业施工组织设计？

答 （1）工程施工面积在 3 万 m² 及以上工程。

（2）具有 10kV 变电配电系统的工程。

（3）具有火灾自动报警系统的工程。

（4）具有电视共用天线、闭路电视、电视监控、防盗报警系统的工程。

（5）具有楼宇自控系统综合布线的工程。

42. 对称三相电源的幅值，角频率，相位相差有什么特点？

答 幅值相等，角频率相同，相位互查 120°。

43. 对断路器控制回路有哪几项要求？

答 断路器的控制回路，根据断路器的型式，操动机构的类型以及运行上的不同要求，而有所差别，但其基本上接线是相似的，一般断路器的控制回路应满足以下几项要求：合闸和跳闸线圈按短时通过电流设计，完成任务后，应使回路电流中断；不仅能手动远方控制，还能在保护或自动装置动作时进行自动跳闸和合闸；要有反映断路器的合闸或跳闸的位置信号；要有区别手动与自动跳、合闸的明显信号；要有防止断路器多次合闸的"跳跃"闭锁装置；要能监视电源及下一次操作回路的完整性。

44. 对继电器有哪些要求？

答 动作值的误差要小；触点要可靠；返回时间要短；消耗功率要小。

45. 对于单相线路或接有单台容量比较大的单相用电设备线路，零线截面应该怎样选择？

答 应和相线截面相同。

46. 二级漏电保护系统？

答 根据现场情况：在总配电箱处设置漏电保护器，或在分配电箱处设置漏电保护器，作为初级漏电保护，在总开关箱处设置末级漏电保护器，这样就形成了施工现场临时用电线路和设备的二级漏电保护。

47. 反应电量的种类?

答 一般分为:按动作原理分,包括电磁型、感应型、整流型、晶体管型;按反应电量的性质分,包括电流继电器和电压继电器;按作用分,包括电间继电器、时间继电器、信号继电器等。

48. 防止电气设备外壳带电的有效措施是什么?

答 按有关规定和要求保护接地及保护接零是防止电气设备绝缘损坏时外壳带电的有效措施。

49. 感觉电流、摆脱电流、致命电流各是多少?

答 (1)感觉电流:指引起人的感觉的最小电流(1~3mA)。

(2)摆脱电流:指人体触电后能自主摆脱电源的最大电流(10mA)。

(3)致命电流:指在较短的时间内危及生命的最小电流(30mA)。

50. 感应型电流继电器的检验项目有哪些?

答 感应型电流继电器是反时限过流继电器,它包括感应元件和速断元件,其常用型号为 GL-10 和 GL-20 两种系列,在验收和定期检验时,其检验项目如下:外部检查;内部和机械部分检查;绝缘检验;始动电流检验;动作及返回值检验;速动元件检验;动作时间特性检验;触点工作可靠性检验。

51. 高层建筑供电必须符合哪些基本原则?

答 保证供电可靠性,减少电能损耗,接线简单灵活。

52. 高层建筑物防雷装置由哪些装置组成?

答 高层建筑物防雷装置由:接闪器(包括避雷针、避雷带);避雷引下线;均压环及均压带;接地装置组成。

53. 高压隔离开关主要功能是什么?

答 不带负载实现分、合闸送电操作;停电检修保证维修人员和高压设备安全。

54. 根据功能照明分为几类?

答 工作照明,事故照明,警卫值班照明,障碍照明,彩灯和装饰照明。

55. 根据性质照明方式分为几类?

答 一般照明,局部照明,混合照明。

56. 工长(施工员)的安全生产职责是什么?

答 (1)认真执行上级有关安全生产规定,对所管辖班组的安全生产负直接领导责任。

（2）认真执行安全技术措施，针对生产任务特点，向班组进行详细安全交底并对安全要求随时检查实施情况。

（3）随时检查施工现场内的各项防护设施、设备的完好和使用情况，不违章指挥。

（4）组织领导班组学习安全操作规程，开展安全教育活动，检查职工正确使用个人防护用品。

（5）发生工伤事故及未遂事故要保护现场，立即上报。

57. 工程设计变更、洽商的种类？

答 纯技术型工程设计变更、洽商；纯经济型工程设计变更、洽商；技术经济混合型工程设计变更、洽商。

58. 工作、重复、避雷接地装置的接地电阻值分别是多少？

答 工作接地装置的接地电阻值≤4Ω；重复接地装置的接地电阻值≤10Ω；避雷接地装置的接地电阻值≤30Ω。

59. 公共天线电视系统由哪些部分组成？前端设备有哪些？

答 公共天线电视系统主要由接收天线、前端设备、传输分配网络及用户终端组成。其中前端设备包括天线、天线放大器、衰减器、滤波器、混合器、调解器、调制器、宽频带放大器。